21世纪全国高职高专机电系列技能型规划教材

机械图样的识读与绘制

主　编　刘永强
副主编　马彬彬
参　编　赵　峰　曹秀洪　王　欣
主　审　王　颖

北京大学出版社
PEKING UNIVERSITY PRESS

内 容 简 介

本书坚持以就业为导向，以能力为本位，注重实践技能训练的特点，突出绘图和读图能力的培养。

本书不再采用传统的学科体系的知识结构组织方式，而是采用重在能力培养的基于工作任务的项目化教学方法，按照由浅入深的原则，将绘制和识读机械图样所需的能力和知识分解为5个项目共17个工作任务，前3个项目培养使用绘图仪器的能力以及绘制简单平面图形所需的基本能力，后两个项目则是以一级减速器为工作载体，培养识读和绘制各类零件图和装配图的能力。每个工作任务的载体均来自真实案例，且具有代表性。

书后附录部分节选了部分最新颁布的国家标准，涉及有关极限与配合、螺纹、常用标准件、常用金属材料、常用零件的结构要素等内容，以方便查阅。

本书不仅可以满足高职高专的机电一体化专业、数控技术专业、模具设计与制造专业、机械制造与自动化专业的教学要求，也可作为近机类专业的教材，还可作为从事机械产品设计与制造的技术人员、自学人员的参考书。

图书在版编目(CIP)数据

机械图样的识读与绘制 / 刘永强主编. —北京：北京大学出版社，2013.8
(21世纪全国高职高专机电系列技能型规划教材)
ISBN 978-7-301-22916-3

Ⅰ. ①机… Ⅱ. ①刘… Ⅲ. ①机械图—识别—高等职业教育—教材②机械制图—高等职业教育—教材 Ⅳ. ①TH126

中国版本图书馆CIP数据核字(2013)第173130号

书　　名：机械图样的识读与绘制
著作责任者：刘永强　主编
策 划 编 辑：张永见　赖　青
责 任 编 辑：张永见
标 准 书 号：ISBN 978-7-301-22916-3/TH·0360
出 版 发 行：北京大学出版社
地　　址：北京市海淀区成府路205号　100871
网　　址：http://www.pup.cn　新浪官方微博:@北京大学出版社
电 子 信 箱：pup_6@163.com
电　　话：邮购部62752015　发行部62750672　编辑部62750667　出版部62754962
印 刷 者：北京鑫海金澳胶印有限公司
经 销 者：新华书店
787毫米×1092毫米　16开本　19.25印张　449千字
2013年8月第1版　2013年8月第1次印刷
定　　价：36.00元

前　言

高等职业教育的目标是培养具备工程实践能力的一线工程技术人员。目前，高等职业院校都在围绕“工学结合、校企合作”的培养模式进行专业课程教学方法的改革，相应教材也应进行适应性改革，为学生专业技能的提高创造有利条件。

本书以工作任务驱动课程模式理念为指导，以职业活动为主线，以培养学生的识图和绘图能力为出发点，精心设计了 5 个项目共 17 个工作任务，每个工作任务均来源于企业真实工作案例。通过工作任务加强技能训练，体现了以学生为中心、以行动为导向的教学理念和以综合职业能力培养为目标的课程建设思路。

本书主要有以下特点。

(1) 以培养学生的识图和绘图能力为目的，将读图和绘图所需的技能按循序渐进的原则编排工作任务，根据基于工作任务的项目化教学要求组织内容。

(2) 工作任务以生产实际中的典型实例为载体，首先提出要解决的问题，再介绍解决问题的方法，使学生学有目的、学以致用，极大地提高学生的学习积极性。

(3) 强调以学生为主体，引导团队集体协作，学生在完成任务的过程中学习相关理论，掌握职业技能。

(4) 紧跟当前机械工业发展的步伐，注意最新《机械制图》、《技术制图》国家标准的更新，全书采用截止本书出版前正式发布的最新标准。

本书不包含《计算机绘图》部分内容。

此外，同时出版配套的《机械图样的识读与绘制习题集》，并提供相应的电子课件和习题集答案。

本书适用于 72～100 学时的高等职业学院机电类专业和近机类专业，也可作为中高级职业资格与就业培训教材，还可供工程技术人员自学参考。

本书由泰州职业技术学院刘永强任主编，泰州职业技术学院马彬彬任副主编。泰州职业技术学院的赵峰、曹秀洪、王欣等参与了编写。本书由泰州职业技术学院王颖主审。

此外，在本书的编写过程中，得到了江苏飞船齿轮厂龚仁春高工、江苏锋陵集团泰州锋陵农业装备有限公司闵杭临高工、江苏微特利电机制造有限公司马卫国部长、施红亮部长等技术人员的大力支持和帮助，他们为本书的示例提供了大量真实素材。

由于编者水平有限，虽经反复校对，但书中难免存在疏漏或不足之处，恳请广大读者批评指正。

编　者

2013 年 3 月

目　录

绪论

一、学习本课程的目的和任务

在现代化的工业生产中，各种机器、仪器或建筑物等都是依照图样来生产或施工的。因此，图样是生产的依据。所谓图样，就是根据投影原理、标准或有关规定表示的工程对象，并有必要的技术说明的“图”。在设计机器时，设计者要通过图样来表达设计思想、意图和要求；在制造机器时，制造者在做毛坯、加工、检验以及装配各个环节，都要以图样作为依据；在使用机器时，使用者要通过图样来了解机器的结构特点和性能，进行操作、维修和保养。因此，图样是工程界通用的技术语言，又被称为“工程师的语言”，是传递和交流技术信息和思想的媒介和工具。

本课程是一门学习识读和绘制机械图样的原理和方法的专业基础课，主要研究机械图样。通过本课程的学习，可为学习后续的机械基础和专业课程以及发展自身的职业能力打下坚实的基础。

二、本课程的主要内容和基本要求

本课程包含多个工作任务，这些工作任务基本涵盖了绘图工具的使用、正投影法基本原理、机械图样的表示法、零件图的识读与绘制、装配图的识读与绘制等部分。

学完本课程应达到以下基本要求。

(1) 通过学习绘图仪器的使用，应掌握常用绘图工具和用品的使用方法，了解和熟悉国家标准《机械制图》、《技术制图》的基本规定，初步掌握绘图基本技能。

(2) 正投影法基本原理是识读和绘制机械图样的理论基础，是本课程的基础和核心内容，同时也是本课程的难点。通过学习正投影作图基础、立体及其表面交线、组合体的作图等，应掌握运用正投影法表达空间形状的图示方法，并具备一定的空间想象和思维能力。

(3) 机械图样的表示法包括图样的基本表示法和常用机件及标准结构要素的特殊表示法。熟练掌握并正确运用各种表示法是识读和绘制机械图样的重要基础。

(4) 零件图、装配图的识读和绘制是本课程学习的最终目的。通过学习应了解各种技术要求的符号、代号和标记的含义，具备识读和绘制中等复杂程度的零件图和装配图的能力。

三、本课程的学习方法

1. 要勤于“想象”

本课程的核心内容是学习如何用二维平面图形来表达三维空间形体，以及由二维平面图形想象三维空间物体的形状。因此，学习本课程最重要的方法就是要能够将物体的平面投影与空间形状紧密联系，做到“由物想图”和“由图想物”。既要想象构思物体的形状，又要思考作图的投影规律，逐步提高空间想象能力和思维能力。

2. 学与练相结合

要熟练掌握机械图样的识读与绘制，就要多做练习，才能使所学知识得到巩固。虽然本课程的教学目标首要是“识读图样”，但是“绘制机械图样”也是机械专业技术人员的一项基本功。所以要“读绘结合”，通过作图训练促进识图能力的培养。

3. 要坚持理论联系实际

要认真学习投影原理，通过一系列的作图实践，掌握投影的基本概念和应用方法。要做到多看、多想、多画，反复进行由物到图和由图到物的思考和作图实践，这是学好本课程的关键。

4. 要按照正确的方法和步骤作图

在作图过程中，一定要养成正确使用绘图工具的习惯。认真掌握制图的基本知识，遵守国家标准《技术制图》、《机械制图》的有关规定，学会查阅和使用有关标准和手册。

5. 要认真负责、严谨细致

图样在生产中起着非常重要的作用，绘图或识图的差错都会给生产带来巨大的损失。所以，在学习过程中就要养成认真负责、严谨细致的工作作风和职业习惯，这是工程技术人员最根本的素质。

项目1

使用绘图工具绘制平面图形

机械图样能够反映各类机械零件的形状特征、尺寸加工要求。每个机械零件都可以看成一系列如圆、圆弧、矩形、正六边形等简单几何图形的集合，如图 1.1 所示的轴承座零件，其各个视图都是由直线、圆、圆弧等简单几何图形所构成的。所以，掌握绘制简单几何图形的方法是学习绘制机械图样的第一步。

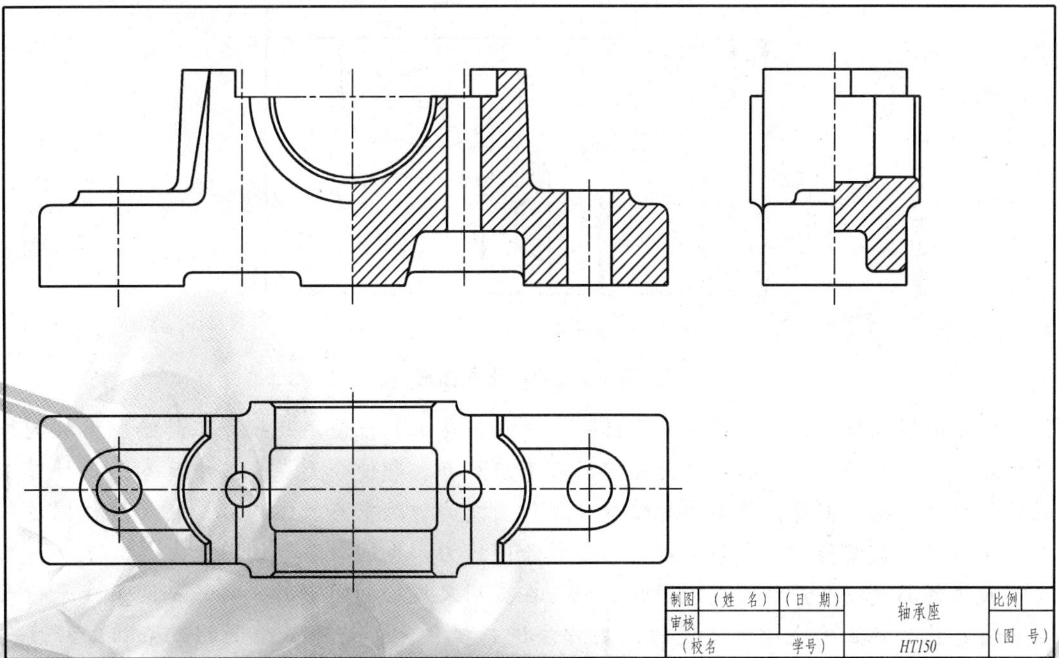

图 1.1　轴承座零件图

任务 1.1 绘制简单几何图形

学习目标

能力目标	(1) 能正确使用尺规等常用绘图工具； (2) 能正确绘制各种图线； (3) 能应用尺规等工具绘制正多边形等简单图形； (4) 养成良好的作图习惯
知识目标	(1) 掌握使用尺规等常用绘图工具绘制各类直线的方法； (2) 掌握各类图线的画法及应用； (3) 掌握尺寸标注的规定

任务引入

尺规绘制图 1.2 所示的图形，并标注尺寸，要求比例为 2∶1，注意线型的画法。

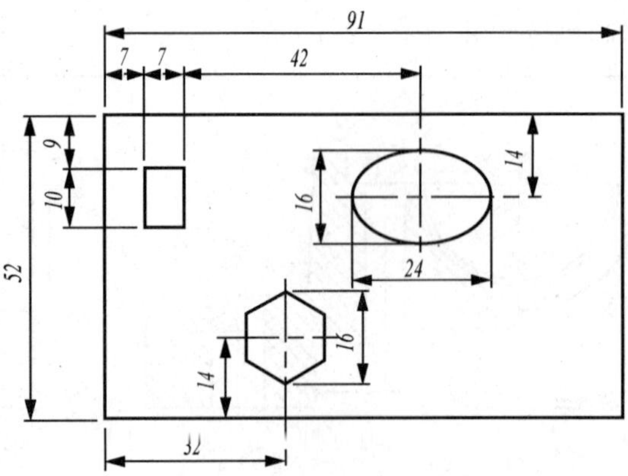

图 1.2 简单平面图形

绘制图样的传统工具是丁字尺、圆规、三角板等工具。使用尺规等工具绘制机械图样是机械设计人员的一项基本功，无论何时都不应放弃。即使今天在企业中基本上用计算机软件代替尺规绘制图样，依旧要把培养尺规作图能力作为重点教学内容。在尺规作图过程中，不仅能直接掌握作图的基本规定，培养绘图能力，也间接培养读图能力。

尺规作图是一个严谨的技能操作过程。在应用尺规绘制图形时，要保证两条线平行或者垂直，就必须正确地按照尺规的使用方法进行操作。如何保证绘制的线条粗细程度一致，就必须正确把铅笔芯削成扁铲状。本任务以圆、矩形、正五边形、正六边形和椭圆为载体，训练应用尺规等绘图工具绘制简单图形的方法和技巧。

相关知识

1.1.1 常用绘图工具和用品

选择正确的绘图方法和正确地使用绘图工具、仪器，是保证绘图质量和加快绘图速度的重要方面。因此，必须养成正确使用、维护绘图工具和仪器的良好习惯。

1. 常用绘图工具及其使用方法

1）图板、丁字尺和三角板

(1) 图板。图板是绘图时铺贴图纸的垫板，是用来固定图纸的，要求表面平坦光洁。图板的左边是丁字尺移动的导引边，是图中所有直线条的基准，故而要求一定要平直光滑，不能有缺损。绘图时将图纸用胶带纸固定在图板上。常用的图板型号有 0 号、1 号、2 号 3 种。

(2) 丁字尺。丁字尺可以单独用来绘制水平线，也可结合三角板绘制垂直线、特殊角度的斜线。丁字尺由尺头和尺身两部分组成。绘图时，一定要使尺头紧贴图板的左边，然后用丁字尺的工作边画线。移动丁字尺时，用左手稍向下向内用力，右手放在尺身上，一起推动丁字尺上下移动，把丁字尺调整到合适的位置，然后用左手压住丁字尺画线。画水平线时从左到右，铅笔前后方向应与直面垂直，而与画线前进方向倾斜约 30°。为了保证绘图的准确性，不可用尺身的下边缘画线；绘制同一张图纸，只能用同一把丁字尺和图板的同一侧导边为工作边，如图 1.3 所示。

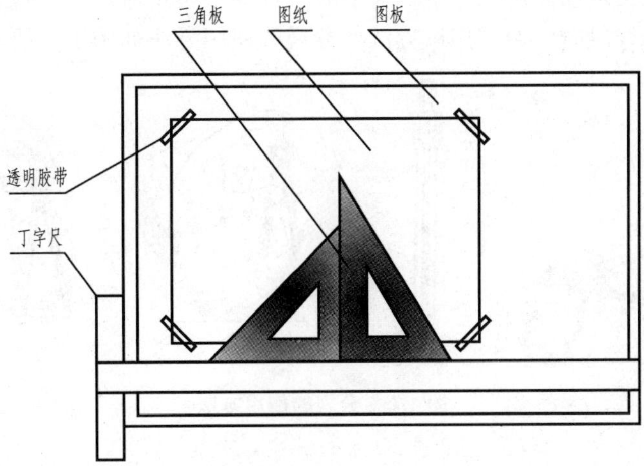

图 1.3　图板和丁字尺

(3) 三角板。一副绘图用三角板有两块，一块是 45°三角板，一块是 30°和 60°三角板。三角板可以配合丁字尺绘制垂直线和某些特定角度的倾斜线。用一块三角板可以绘制与水平线成 30°、45°、60°的斜线；用两块三角板可以绘制与水平线成 15°、75°、105°和 165°的斜线；也可绘制任意斜线，如图 1.4 所示。

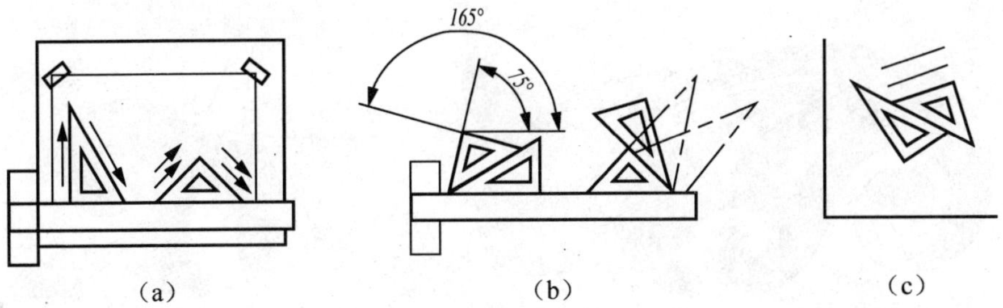

图 1.4　三角板的使用方法

2）圆规和分规

圆规用来画圆和圆弧。圆规在使用前应先调整针脚，使针尖略长于铅芯，铅芯应削成楔形，以便画出粗细均匀的圆弧。画图时应尽量使钢针和铅芯都垂直于纸面，钢针的台阶与铅芯尖应平齐，使用方法如图 1.5 所示。

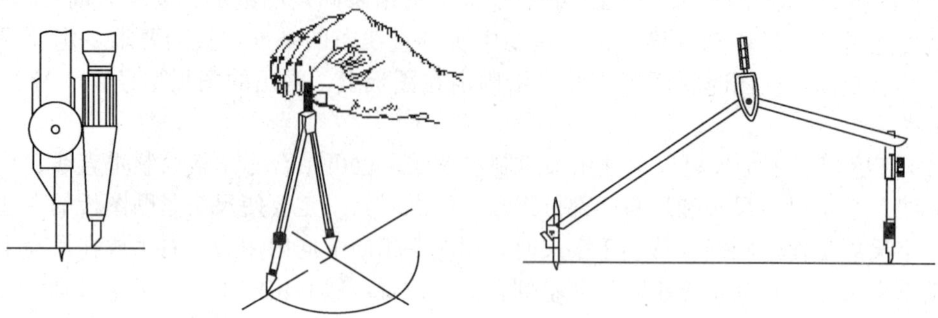

图 1.5　圆规的使用方法

分规主要用来量取线段长度或者等分已知线段。分规的两个针尖应调整平齐，在并拢后应能对齐。从三角板或比例尺上量取长度时，针尖不要正对尺面，应使针尖与尺面保持倾斜。用分规等分线段时，通常用试分法。分规的使用方法如图 1.6 所示。

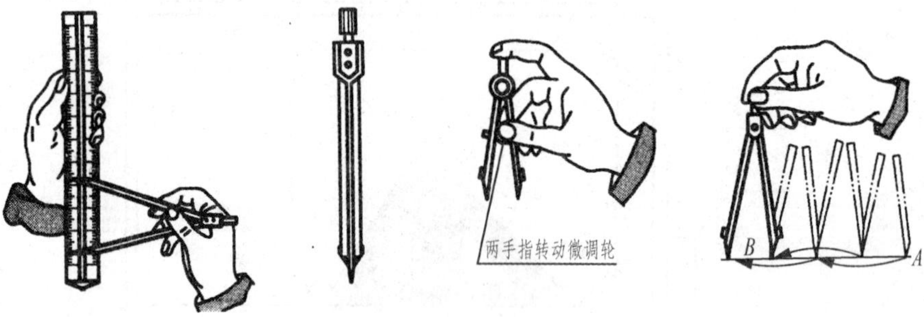

图 1.6　分规的使用方法

2. 绘图用品

1）曲线板

曲线板主要用来绘制光滑连接已知一系列点的自由曲线。绘制前首先要定出曲线上足够的点，再徒手用铅笔轻轻地将各点光滑地连接起来，然后从一端开始，找出曲线板上与所画曲线曲率大致相同的一段，沿曲线板描出这段曲线；如此直至最后一段。曲线板使用方法如图 1.7 所示，注意前后相邻的两端曲线至少要有 3 个点是重合的，这样描绘的曲线才光滑。

图 1.7　曲线板及其使用方法

2）铅笔

常用绘图铅笔的铅芯按软硬程度的不同分别用 B、HB、H 前的数字表示。字母 B 前的数字越大表示铅芯越软，画出的线越黑；字母 H 前的数字越大表示铅芯越硬，画出的线越淡。标号 HB 表示铅芯软硬适中。画图时，通常用 H 或 2H 铅笔画底稿(草图)；用 B 或 HB 铅笔加粗加深全图；写字时用 HB 铅笔。

画图时铅笔可根据用途不同削成锥形和扁铲形两种，如图 1.8 所示。锥形铅笔用来画细线和书写文字，扁铲形铅笔用作加深加粗图线，其断面为矩形。加深时的图线宽度一般在 0.6～0.8mm。

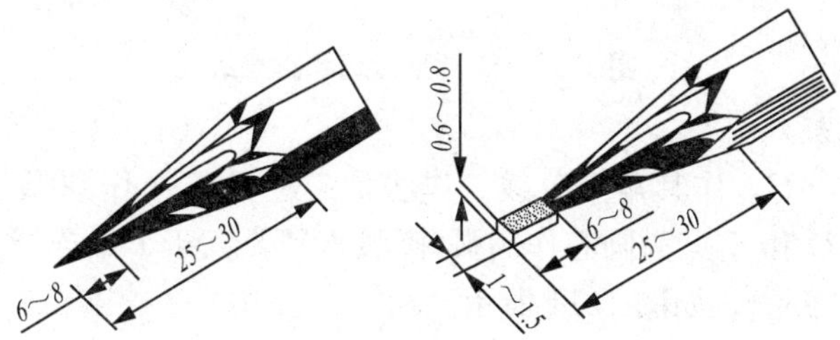

（a）锥形　　（b）矩形

图 1.8　铅笔芯形状

3）其他用品

除了以上绘图工具和用品之外，尺规绘图时还应准备白色软橡皮、擦图片、点圆规、刀片、砂纸、量角器、胶带纸、扫灰屑的小毛刷、防止幅面污浊的面纸等。

3. 使用尺规绘制水平线、垂直线、平行线、角平分线

1）绘制水平线和铅垂线

绘制水平线和铅垂线时一定要使用丁字尺，切忌不使用丁字尺只使用三角板，这样绘出的直线不能保证其水平和垂直。绘制方法如图 1.9 所示。

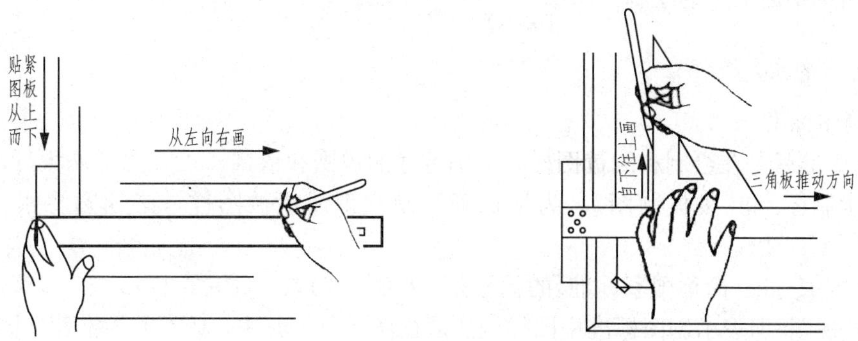

（a）　　（b）

图 1.9　绘制水平线和铅垂线线

2）绘制平行线和垂直线

两块三角板配合使用可以绘制平行线和垂直线。如图 1.10(a)所示，用三角板绘制直线过点 K 且平行于直线 AB，图 1.10(b)描述如何绘制直线过点 K 且垂直于直线 AB。

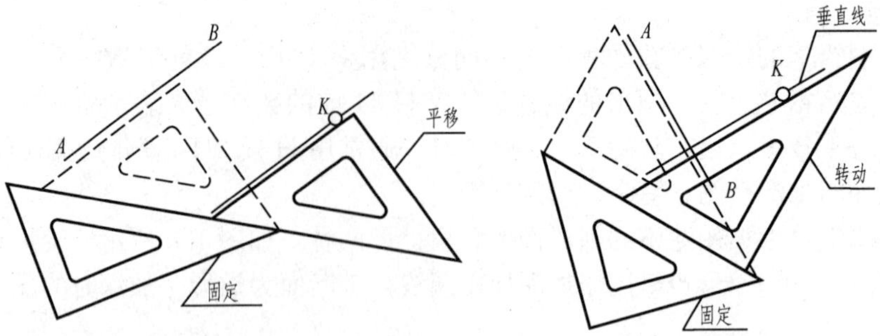

(a) 绘制平行线　　(b) 绘制垂直线

图 1.10　绘制平行线和垂直线

3) 绘制角平分线

已知直线 AB 和 AC，作其角平分线。作法是：过交点 A 作圆弧与 AB 和 AC 分别交于 D 和 E 点，再以 D 和 E 点为圆心作圆弧(圆弧直径要大于 DE 连线)，两段圆弧交于 K 点，作 AK 即为角平分线，如图 1.11 所示。

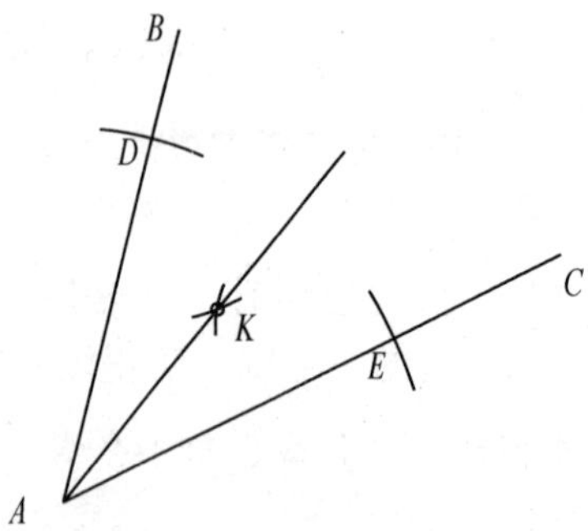

图 1.11　角平分线的作法

1.1.2　简单平面图形的绘制方法

1. 图线的规定及画法

1) 制图标准

制图标准就是在绘制和阅读图样时必须遵守的规则和依据。工程界的两大标准为国家标准《技术制图》和《机械制图》。为了正确绘制和识读机械图样，必须熟悉相关标准和规定。

我国国家标准(简称国家标准)的代号是“GB”。例如，GB/T 17451—1998《技术制图 图样画法 视图》即表示制图标准中图样画法的视图部分。其中，GB/T 为推荐性国家标准，17451 为发布序号，1998 为年号。需要说明的是，《机械制图》适用于机械图样，而《技术制图》则普遍适用于工程界各种专业技术图样。

2) 图线(GB/T 4457.4—2002《机械制图　图样画法　图线》)

(1) 图线的型式。绘制几何图形时，图线的类型、线条的宽度等都必须符合国家标准的规定。国家标准对图线规定了 9 种基本线型。机械图样中常用的线型名称、型式、图线宽度及画法见表 1-1，主要应用如图 1.12 所示。

表 1－1　图线的名称、型式、宽度及应用(GB/T 4457.4—2002)

图线名称	图线型式	图线宽度	图线应用
粗实线		粗(d)	可见轮廓线、相贯线、螺纹牙顶线、螺纹长度终止线、齿顶圆、剖切符号用线
细实线		细($d/2$)	过渡线、尺寸线及尺寸界线、指引线和基准线、剖面线、重合断面的轮廓线、短中心线、螺纹牙底线
波浪线		细($d/2$)	断裂处的边界线 视图与剖视图的分界线
细虚线		细($d/2$)	不可见轮廓线
粗虚线		粗(d)	允许表面处理的表示线
细点画线		细($d/2$)	轴线、对称中心线、分度圆、孔系分布的中心线、剖切线
粗点画线		粗(d)	限定范围表示线
双折线		细($d/2$)	断裂处的边界线 视图与剖视图的分界线
细双点画线		细($d/2$)	相邻辅助零件的轮廓线、可动零件的极限位置轮廓线、轨迹线、毛坯图中制成品的轮廓线、工艺结构的轮廓线、中断线

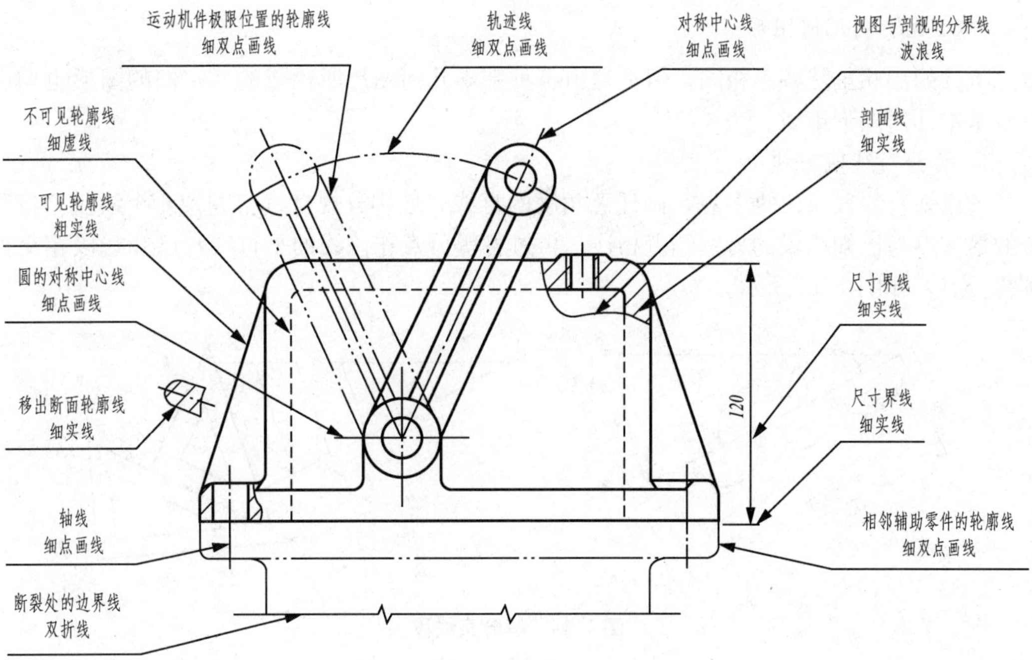

图 1.12　图线应用示例

(2) 图线宽度。机械图样中粗细两种线宽的比例关系为 2∶1。粗线宽度 d 通常在 0.6～0.8mm。

特别提示

注意事项

◆ 在同一图样中，同类图线的宽度应一致，虚线、点画线、双点画线的线段长度和间隔应大致相同。

◆ 绘制圆的对称中心线时，圆心应在细点画线线段的相交处，点画线应超出轮廓线约 3mm。若圆较小，可用细实线代替细点画线。

◆ 细虚线和细点画线与其他图线应以画相交。若细虚线在粗实线的延长线上时，细虚线与粗实线应有空隙，如图 1.13 所示。

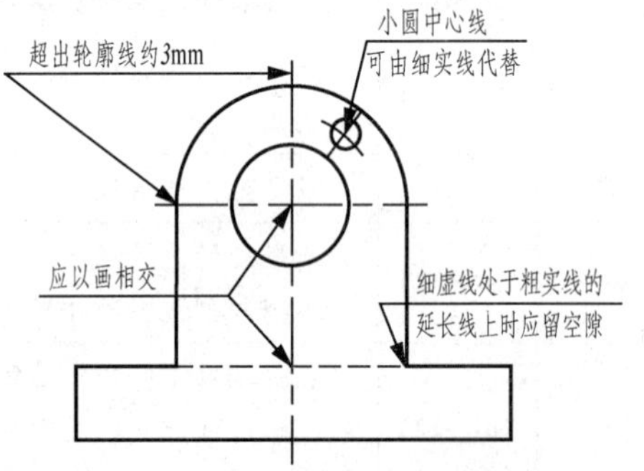

图 1.13　图线画法的注意事项

2. 尺规绘制几何图形

机件的形状虽然各不相同，但都是由各种基本几何图形所构成的。它们的图形也均由一些基本几何图形组成。

1) 等分直线段方法

过已知直线段 AB 的 A 点，画任意角度的直线，使用分规自 A 点量取 n 个线段。将等分的最末点与已知线段的另一端点相连，再过各等分点作该线的平行线与已知线段相交得到等分点，如图 1.14 所示。

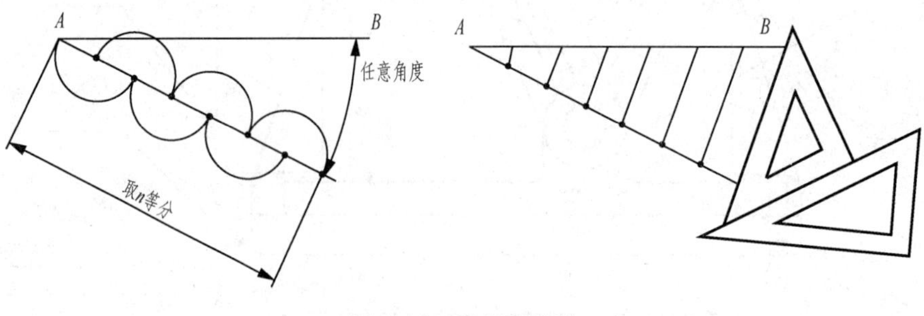

图 1.14　等分直线段

2) 正六边形作法

作正六边形有采用圆规作图和三角板作图两种方法。

(1) 用圆规作正六边形。分别以已知圆在在水平直径上的两处交点 A、D 为圆心，以

已知圆的半径 R 为半径作圆弧，与圆交于 F、B、E、C 点，依次连接 A、B、C、D、E、F 点即可得到圆内接正六边形，如图 1.15(a)所示。

(2) 用三角板作正六边形。以 60°三角板配合丁字尺作过圆与水平对称中心线的交点平行线，共作 4 条斜边，再以丁字尺作上、下水平边，即得圆内接正六边形，如图 1.15(b)所示。

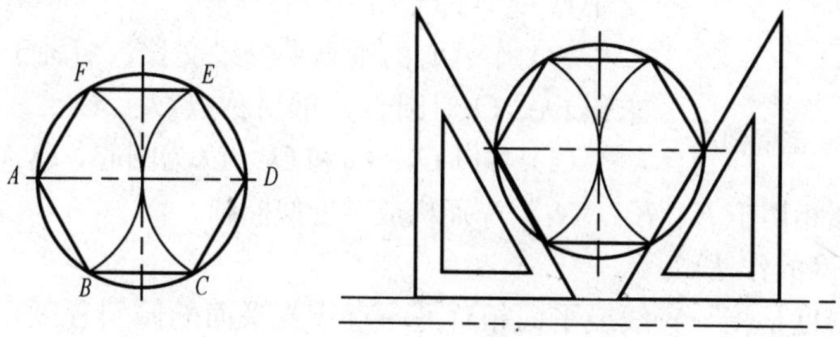

(a)　　　　(b)

图 1.15　画圆内接正六边形

3) 正五边形作法

(1) 已知圆如图 1.16(a)所示，作 BO 的中点 K；

(2) 以 K 点为圆心，KA 为半径画弧，得点 C，AC 即为正五边形的边长，如图 1.16(b)所示；

(3) 等分圆周得 5 个顶点，将顶点连成五边形即可，如图 1.16(c)所示。

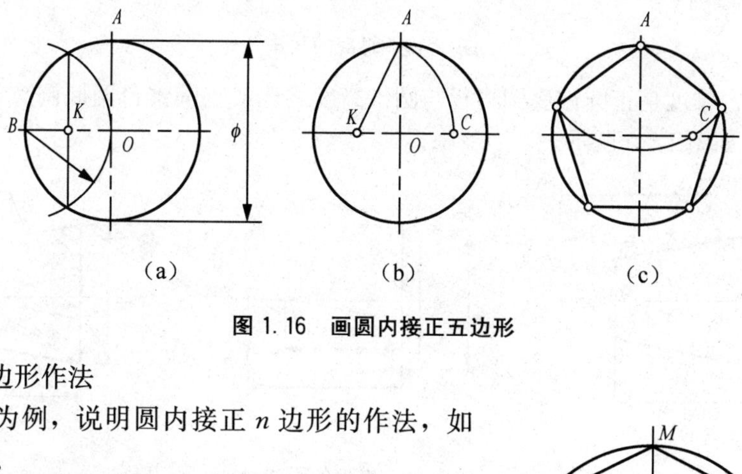

(a)　　　　(b)　　　　(c)

图 1.16　画圆内接正五边形

4) 正 n 边形作法

以 n=7 为例，说明圆内接正 n 边形的作法，如图 1.17 所示。

(1) 七等分铅垂线段 MN；

(2) 以 M 点为圆心，MN 为径作弧，交水平中心线于点 S；

(3) 延长连线 $S2$、$S4$、$S6$(也可连接奇数点)，与圆周相交得到点 A、B、C；

(4) 作出 A、B、C 的对称点 D、E、F 点，依次连接各点即可得到正七边形。

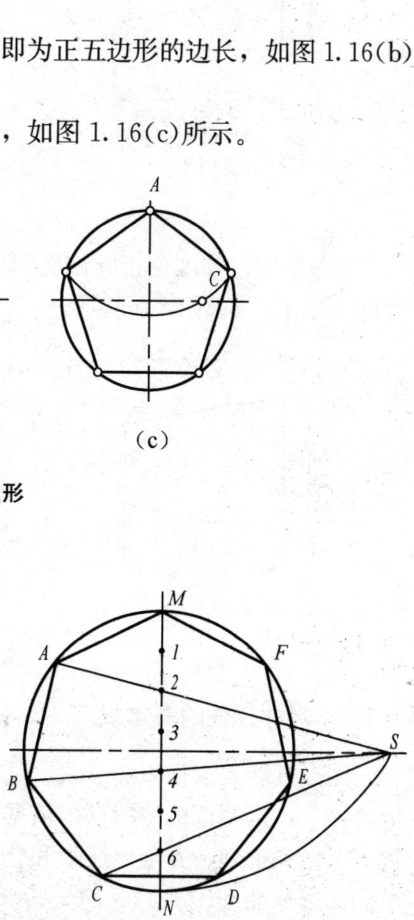

图 1.17　画圆内接七边形

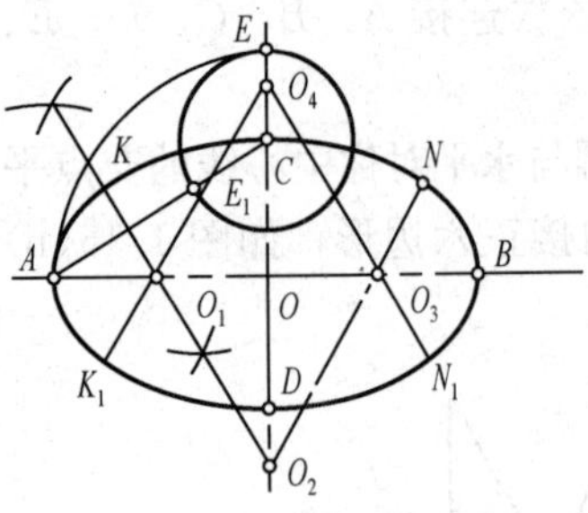

图 1.18 四心圆法画椭圆

5) 椭圆的作法(四分圆法)

如图 1.18 所示，具体步骤如下。

(1) 过 O 分别作长轴 AB 及短轴 CD。

(2) 连 A、C，以 O 为圆心，OA 为半径作圆弧与 OC 的延长线交于点 E，再以 C 为圆心，CE 为半径作圆弧与 AC 交于点 E_1，即 $CE_1=OA-OC$。

(3) 作 AE_1 的垂直平分线交长、短轴于两点 O_1、O_2，并求出 O_1、O_2 对圆心 O 的对称点 O_3、O_4。

(4) 各以 O_1、O_3 和 O_2、O_4 为圆心，O_1A 和 O_2C 为半径画圆弧，使 4 段圆弧相切于 K、K_1、N_1、N 而构成一近似椭圆。

6) 斜度和锥度的作法

(1) 斜度。斜度是指一直线或平面相对另一直线或平面的倾斜程度。其大小用倾斜角的正切表示，并把比值写成 $1:n$ 的形式，即斜度 $=\tan\alpha=H:L=1:n$。采用斜度符号标注时，符号的斜线方向应与斜度方向一致，如图 1.19 所示。

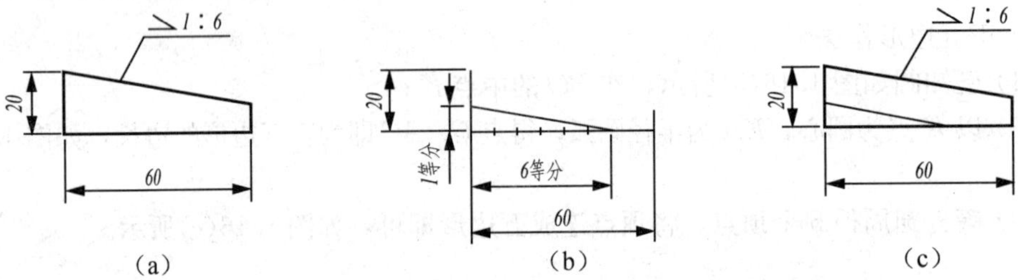

图 1.19 斜度的画法

(2) 锥度。锥度是正圆锥底圆直径与圆锥高度之比或正圆锥台两底圆直径之差与圆锥台高度之比，如图 1.20 所示。

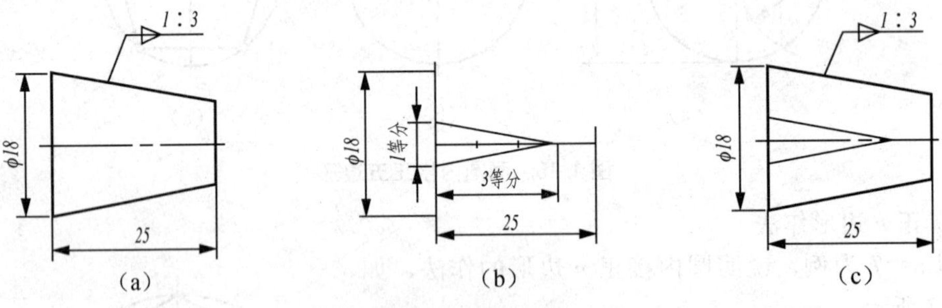

图 1.20 锥度的画法

1.1.3 尺寸标注的基本规定

图形只能表示物体的形状，其大小是由标注的尺寸确定的。尺寸是机械图样中的重要内容之一，是制造机件的直接依据。因此，在标注尺寸时，必须严格按照国家标准的有关规定，做到正确、齐全、清晰和合理。

国家标准 GB/T 4458.4—2003《机械制图 尺寸注法》和 GB/T 16675.2—2012《技术制图 简化表示法 第 2 部分：尺寸注法》对尺寸标注的基本方法作了规定，在绘制、阅读图样时必须严格遵守。

1. 基本规则

(1) 机件的真实大小应以图样上所注尺寸数值为依据，与图形的大小及绘图的准确度无关。

(2) 机件的每一尺寸，一般只标注一次，并应标注在反映该结构最清晰的图形上。

(3) 图样中的尺寸默认以 mm 为单位，此时不需标注计量单位的代号或名称，如采用其他单位，则必须注明相应的计量单位的代号或名称。

(4) 图样中所标注的尺寸，为该图样所示机件的最后完工尺寸，否则应另加说明。

2. 尺寸的组成

标注尺寸由尺寸界线、尺寸线和尺寸数字 3 个要素组成，如图 1.21 所示。

尺寸界线和尺寸线用细实线绘制。尺寸线的终端有箭头[图 1.22(a)]或斜线[图 1.22(b)]两种形式。通常机械图样采用箭头形式，而建筑图样采用斜线。当没用足够的空间画箭头时，可采用实心小圆点代替，如图 1.22(c)所示。

尺寸数字一般写在尺寸线的上方。

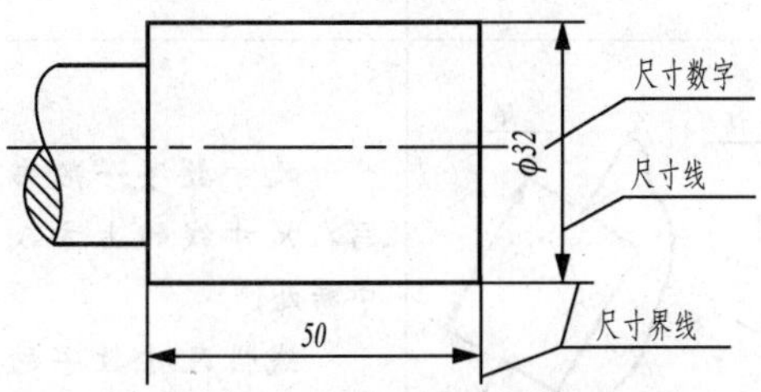

图 1.21　标注尺寸的要素

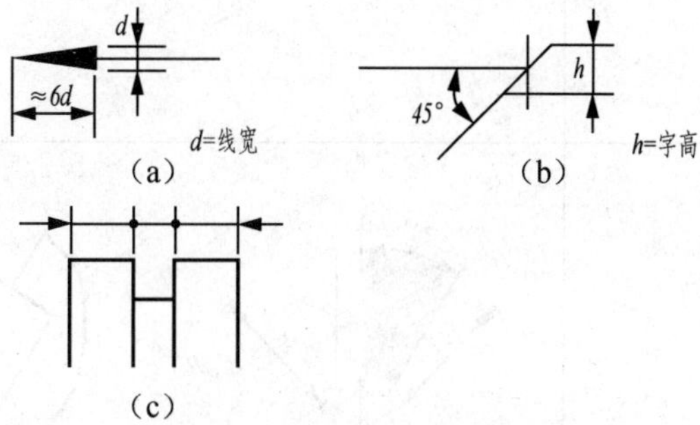

图 1.22　尺寸线的终端形式

尺寸线、尺寸界线和尺寸数字的相关说明见表 1-2。

表 1-2　标注尺寸要素的相关说明

项　目	图　　例	说　　明
尺寸界线	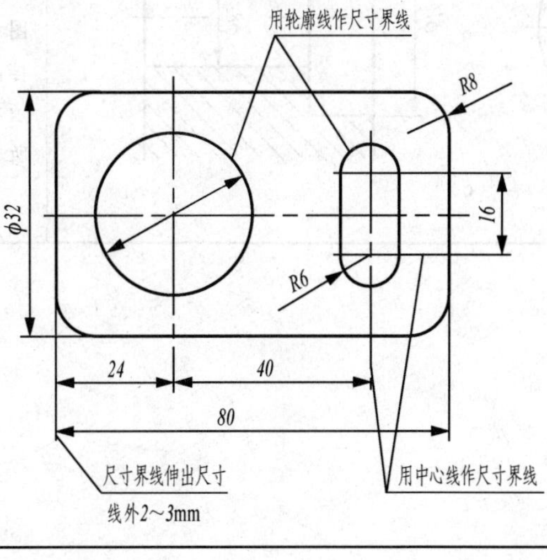	尺寸界线用细实线绘制，一般由图形的轮廓线、轴线或对称中心线处引出。也可利用轮廓线、轴线或对称中心线本身作尺寸界线； 尺寸界线超出尺寸线 2～3mm 左右，尺寸界线一般应与尺寸线垂直，必要时允许倾斜

续表

项　目	图　　例	说　　明
尺寸线	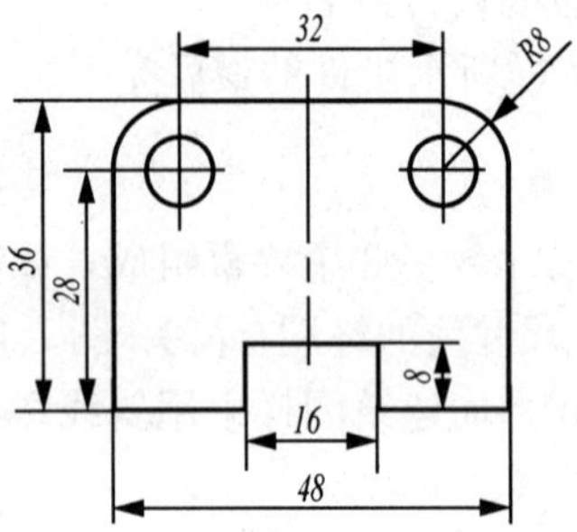	尺寸线不得由其他任何线代替，也不得画在其他图线的延长线上，并应避免尺寸线之间相交； 线性尺寸的尺寸线应与所标注的线段平行。相互平行的尺寸线，大尺寸在外，小尺寸在内，尽量避免尺寸界线与尺寸线相交，且平行尺寸线间的间距尽量保持一致，一般约为 5～10mm
尺寸数字	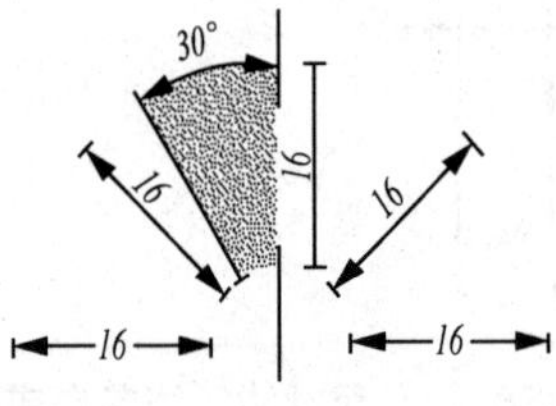（a）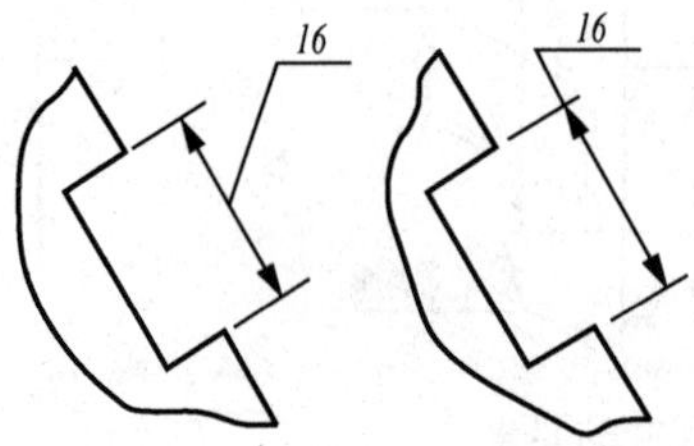（b） 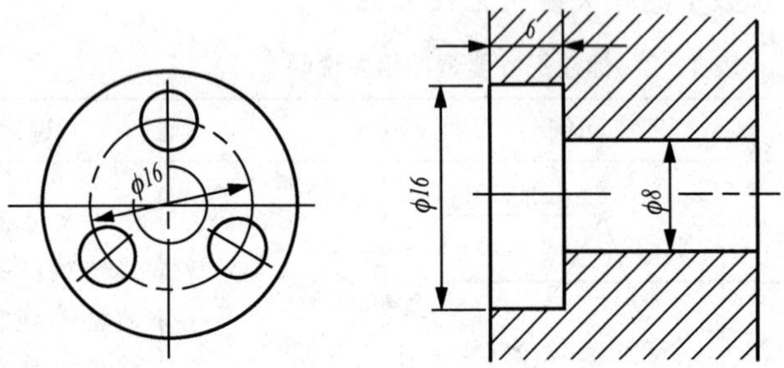（c）	尺寸数字一般书写在尺寸线的上方或中断处； 线性尺寸数字的注写方向如图（a）所示，并尽量避免在 30°范围内标注尺寸，当无法避免时，可按图（b）所示的形式标注； 尺寸数字不能被图样上的任何图线遮挡，当不可避免时，必须将线断开，如图（c）所示

3. 尺寸注法示例

尺寸标注示例见表 1－3。

表 1-3 尺寸标注示例

项目	图例	说明
直线尺寸的注法	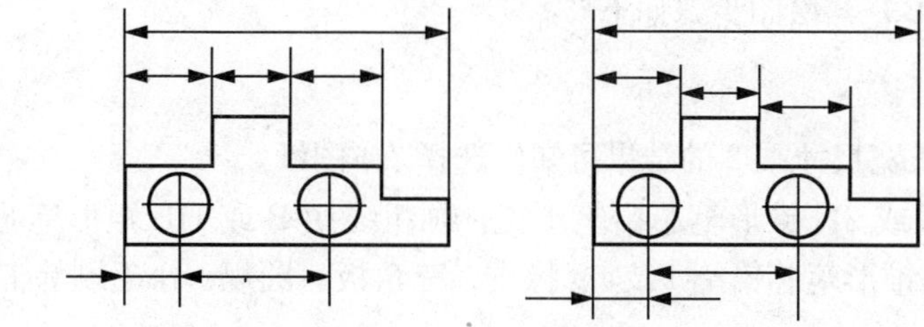 (a) 正确 (b) 错误	同一方向的连续尺寸，保证尺寸线在一条线上
	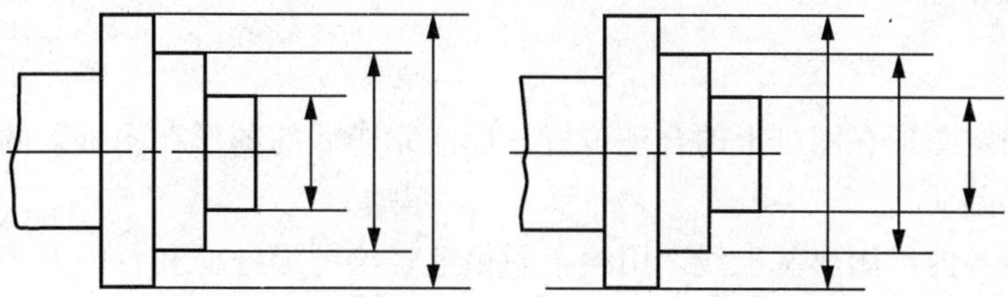 (a) 正确 (b) 错误	同一方向的不同大小尺寸，遵循“内小外大”原则，避免尺寸线与尺寸界线相交
直径尺寸的注法	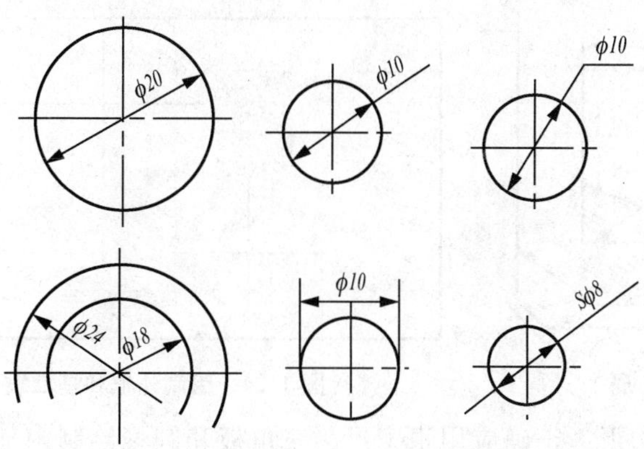	(1) 标注直径，应在尺寸数字前加注符号“φ”； (2) 直径尺寸线应通过圆心或平行直径； (3) 直径尺寸线圆周或尺寸界线接触处画箭头终端； (4) 不完整圆的尺寸线应超过半径； (5) 标注球面的直径或半径，在符号“*R*”或“φ”前加注符号“*S*”
小尺寸注法	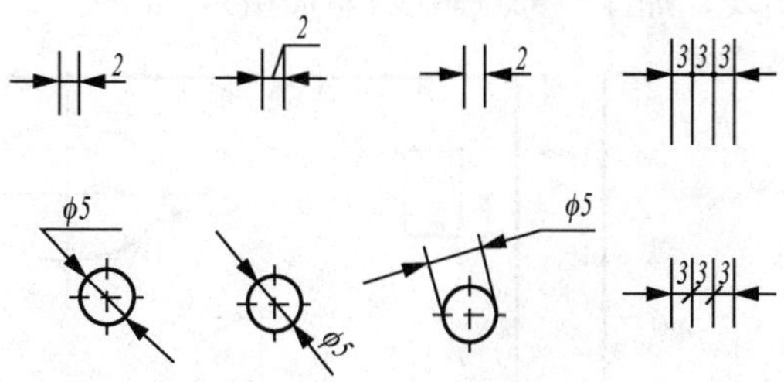	(1) 小图形没地方标尺寸时，箭头可放在尺寸界线外面，尺寸数字可写在尺寸界线外面或引出标注，也允许用圆点或斜线代替箭头； (2) 标注小直径或小半径时，箭头和数字都可布置在尺寸界线外面，但尺寸线一定要过圆或圆弧的中心，或箭头指向圆心

任务实施

尺规绘制图 1.2 所示图形，其绘图步骤如下。

1. 绘图准备

(1) 选择图纸。由图形长宽尺寸乘 2 的结果可知应选择 A4 图纸。

(2) 准备铅笔(草图用 H 或 2H 锥形笔芯铅笔 1 支，画粗线用 B 或 HB 矩形笔芯铅笔 1 支，加深点画线用 B 或 2B 锥形笔芯铅笔 1 支)、橡皮、三角板、圆规、小毛刷等工具。

2. 固定图纸

用透明胶带固定图纸四角。

3. 绘制草图

(1) 布局。布局指确定图形在图纸上的合理位置。标注完毕后的图形在图纸上的位置尽量居中，如图 1.23 所示。

(2) 绘制图形外框及各内部图形基准线。用绘草图铅笔轻绘图形外框和各内部子图形基准线，落笔要轻，绘出图形线条要淡，如图 1.24 所示。

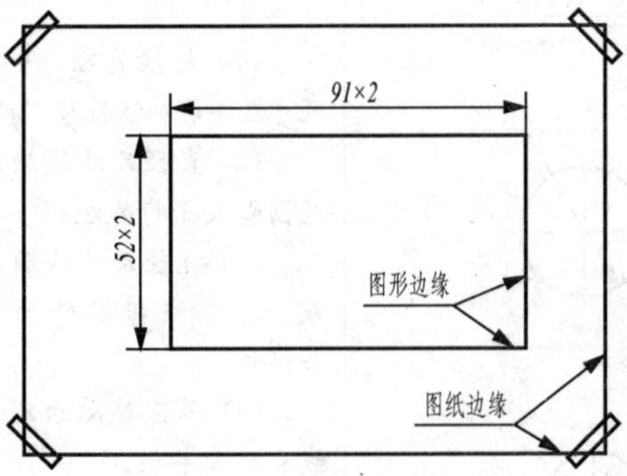

图 1.23 固定图纸并布局

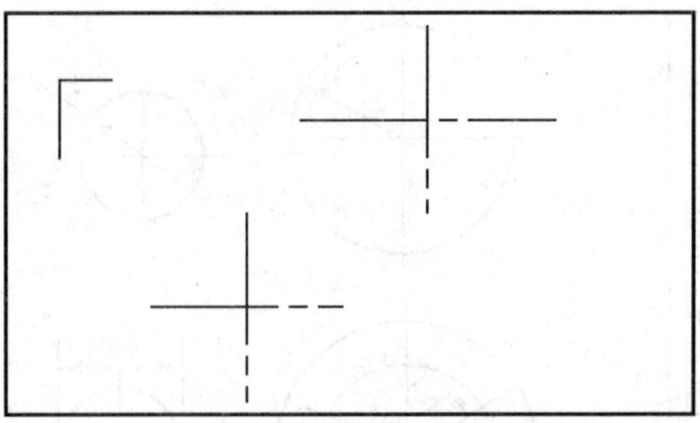

图 1.24 绘制外框和基准线

(3) 绘制矩形、椭圆和六边形。正确应用丁字尺、三角板和圆规绘制内部图形草图，如图 1.25 所示。

4. 检查加深图形

图形检查无误后加粗全部粗实线，加深全部点画线(非加粗)，如图 1.26 所示。

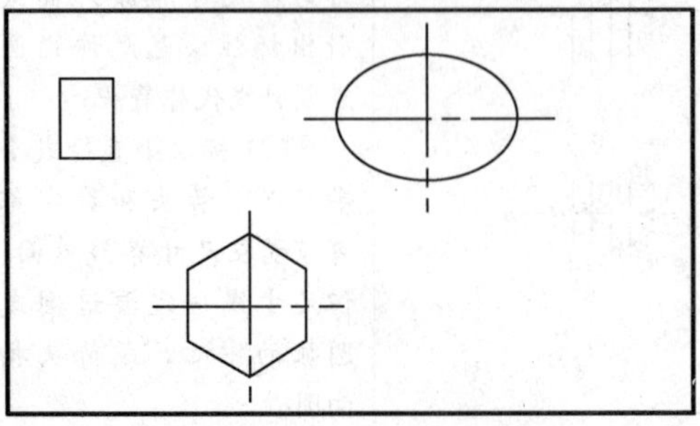

图 1.25 绘制内部图形草图

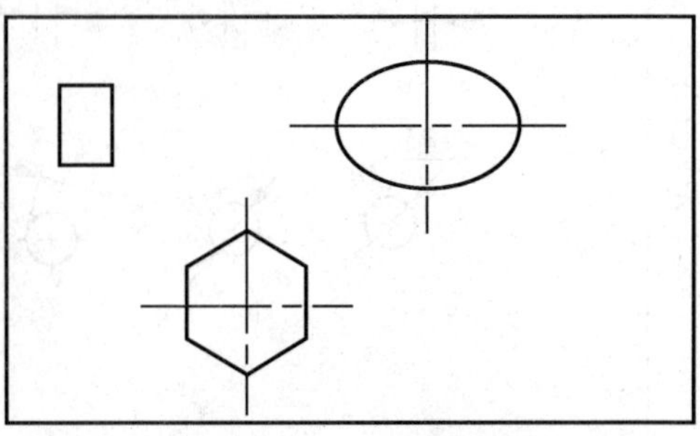

图 1.26 加粗加深图形

5. 标注全部尺寸

尺寸标注原值尺寸，如图 1.27 所示。

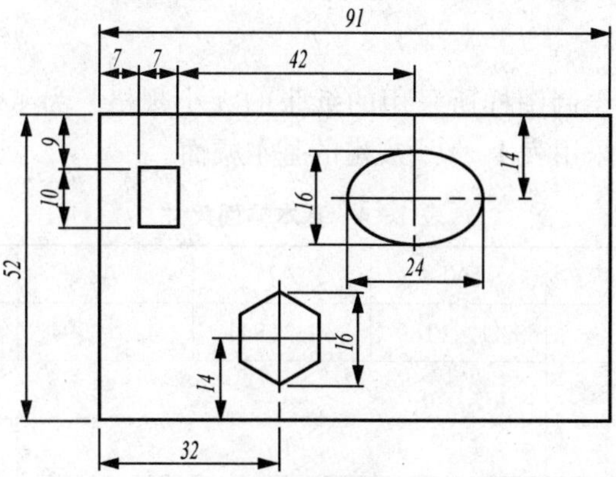

图 1.27 标注尺寸

任务 1.2 绘制图框和标题栏

学习目标

知识目标	(1) 掌握最新国家标准的规定； (2) 掌握图纸幅面、图框和标题栏的格式； (3) 掌握文字书写和比例绘图的相关规定
能力目标	(1) 能正确查看国家标准和行业标准； (2) 能正确绘制图框和标题栏； (3) 能在图纸中正确书写文字

任务引入

机械图样上的信息不仅要表达机械零件或装配体的形状、尺寸和装配关系信息，还必须遵循一定的绘图标准。图形必须绘制在一定规格的图框之内，图框的大小要符合相关标准。图样中也要包含如制图者和审核者姓名、图样名称、图纸编号、绘图日期、所用材料等信息。这些信息要注写在标题栏中，书写的文字也要遵循相关标准。所以掌握图框和标题栏的画法，掌握文字和字符的注写是本任务的重点内容。

相关知识

1.2.1 图框及标题栏

1. 图框及标题栏简介

图框和标题栏都是技术制图中的一般规定术语，图框是指图纸上限定绘图区域的线框，一般分为内框和外框；标题栏是在图框右下角的一个表格，其中包含了图纸的绘制者、审核者、绘制日期、绘制比例、单位、图纸名称等相关信息。

图框和标题栏的绘制必须严格按照国家标准或行业标准进行。

2. 图纸幅面和格式(GB/T 14689—2008)

1) 图纸幅面

图纸幅面尺寸是指绘制图样所采用的纸张的大小规格。为了便于管理和合理使用纸张，绘制图样时应优先采用表 1-4 所规定的基本幅面。

表 1-4 基本幅面尺寸 (单位 mm)

幅面代号		A0	A1	A2	A3	A4
尺寸 $B \times L$		841×1189	594×841	420×594	297×420	210×297
边框	a	25				
	c	10			5	
	e	20		10		

必要时也允许选用与基本幅面短边成正整数倍增加的加长幅面。如图 1.28 所示，粗实线所示为基本幅面，细实线和虚线所示为加长幅面。

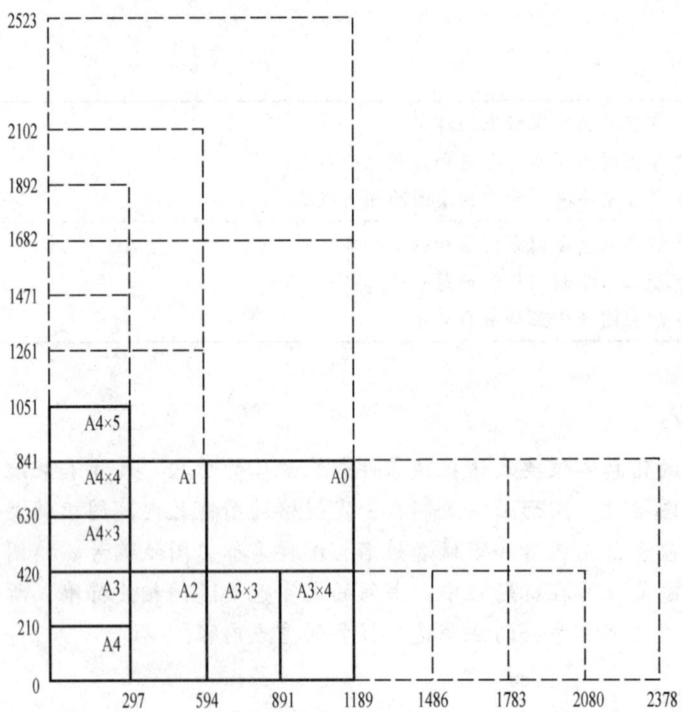

图 1.28 图纸的幅面尺寸

2) 图框格式

图框格式分留装订边[图 1.29(a)]和不留装订边[图 1.29(b)]两种，但同一产品的图样只能采用同一种格式，并均应画出图框线及标题栏。

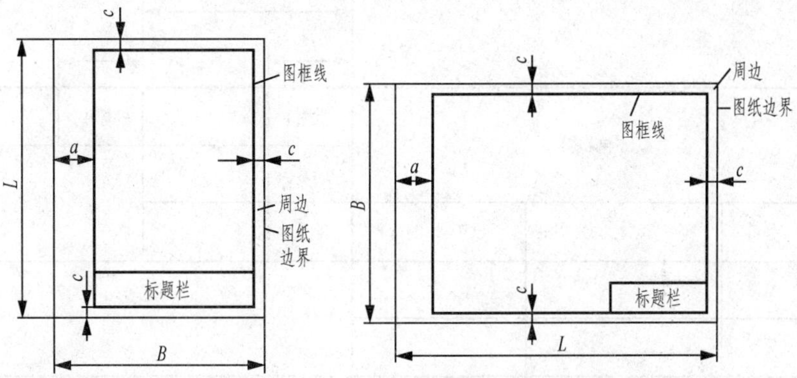

（a）留有装订边的图框格式

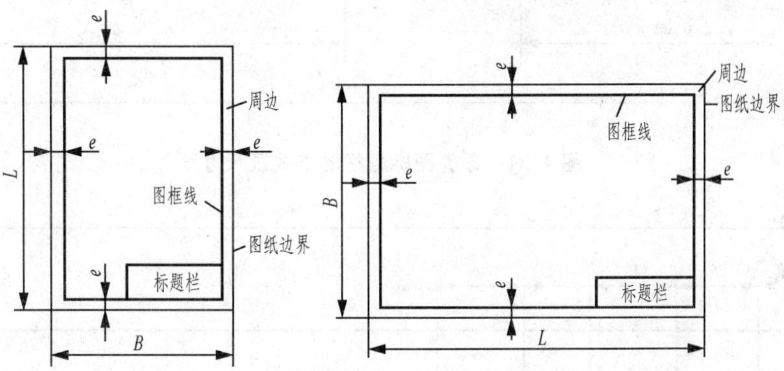

（b）不留有装订边的图框格式

图 1.29　图框格式

3）对中符号和看图方向

为复制图纸时定位方便，在图纸各边长的中点处要画出对中符号(粗实线)，如图 1.30 所示。

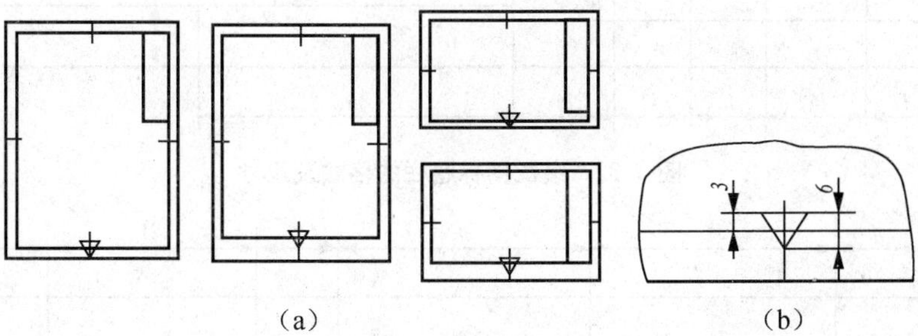

（a）　　（b）

图 1.30　有对中符号的图框格式和对中符号尺寸

4）标题栏(GB/T 10609.1—2008)

标题栏是由名称、代号区、签字区、更改区和其他区域组成的栏目。标题栏的基本要求、内容、尺寸和格式由 GB/T 10609.1—2008《技术制图　标题栏》规定。标题栏位于图纸右下角，底边与下图框线重合，右边与右图框线重合。

零件图采用图 1.31 所示的标题栏，装配图标题栏的格式如图 1.32 所示，也可采用图 1.33 所示的制图作业用简化装配图标题栏。

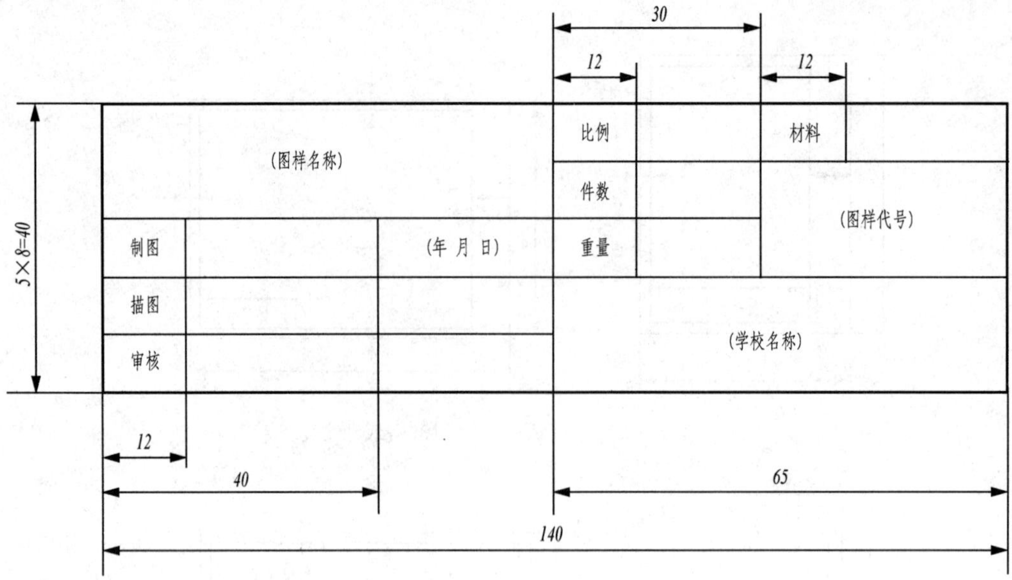

图 1.31　零件图标题栏的格式及尺寸

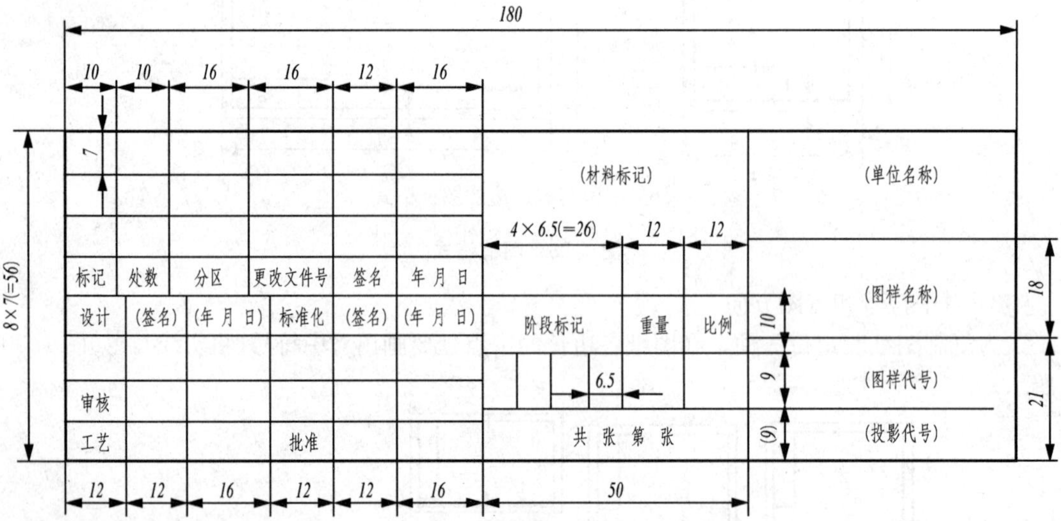

图 1.32　装配图标题栏的格式及尺寸

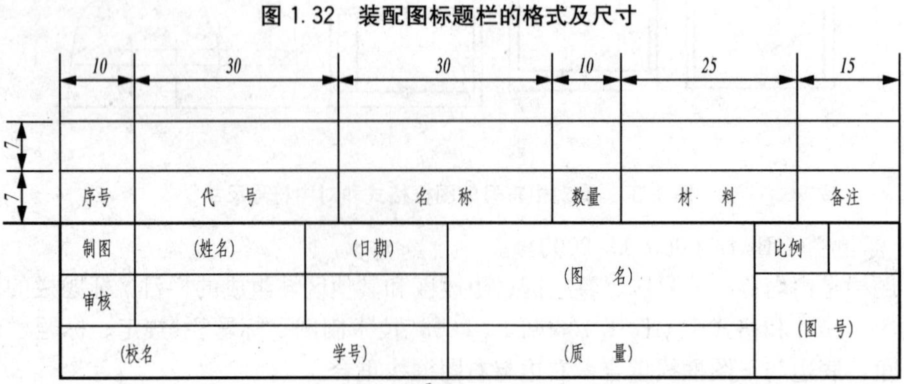

图 1.33　制图作业用装配图简化标题栏和明细表

1.2.2 字体及比例

1. 字体(GB/T 14691—1993)

GB/T 14691—1993《技术制图 字体》规定了图样中汉字、数字、字母的书写格式。图样中书写字体必须做到：字体端正、笔划清楚、间隔均匀、排列整齐。字体的高度(h，单位：mm)系列为1.8、2.5、3.5、5、7、10、14、20。字高以“字号”称之，如5号字即字高为5mm。若要书写更大的字，字高应按比例递增。汉字为长仿宋体，并采用国家正式公布的简化字，字宽约为字高的2/3。字高不应小于3.5号，以避免字迹不清。书写要点是“横平竖直、注意起落、结构均匀、填满方格”。书写示例如图1.34所示。

10号字

字体工整 笔画清楚 间隔均匀 排列整齐

7号字

横平竖直注意起落结构匀称填满方格

5号字

技术制图机械电子数控模具编辑件计算仿宋级学院职业工程自动化微绘

3.5号字

螺纹轮轴承零件图配图绘制识读比例字体尺寸阶梯转全半局部断面剖图标注表达

图1.34 长仿宋字体

常用字母为拉丁字母和希腊字母，数字为阿拉伯数字和罗马数字。字体分直体和斜体，斜体字字头向右倾斜，与水平线约成75°角。用作指数、分数、极限偏差、注脚等的数字及字母，一般采用小一号的字体。示例如图1.35～图1.39所示。

图1.35 拉丁字母(大写)

图 1.36　拉丁字母(小写)

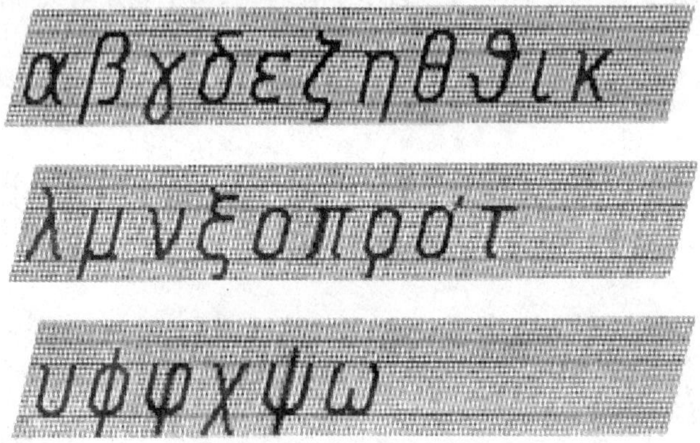

图 1.37　希腊字母(小写)

图 1.38　阿拉伯数字

图 1.39　罗马数字

2. 比例(GB/T 14690—1993)

比例是指图样中图形与实物相应要素的线性尺寸之比。图样比例分为原值比例、放大比例和缩小比例 3 种。原值比例是比值等于 1 的比例，如 1∶1；缩小比例是比值小于 1 的比例(大而简单的机件)，如 1∶3；放大比例是比值大于 1 的比例(小而复杂的机件)，如 4∶1。

绘制图样时，应根据实际需要优先选用表 1-5 中第一系列规定的比例，必要时允许选用第二系列规定的比例。

表 1-5　常用比例

种类	比　例	
	第一系列	第二系列
原值比例	1：1	
缩小比例	1：2　1：5　1：10　1：1×10^n 1：2×10^n　1：5×10^n	1：1.5　1：2.5　1：3　1：4　1：6 1：1.5×10^n　1：2.5×10^n 1：3×10^n　1：4×10^n　1：6×10^n
放大比例	2：1　5：1　1×10^n：1 2×10^n：1　5×10^n：1	2.5：1　4：1　2.5×10^n：1 4×10^n：1

绘制同一物体的各视图时，应采用相同比例，并将采用的比例统一填写在标题栏的“比例”项内。

任务 1.3　绘制手柄

学习目标

知识目标	(1) 线段的类型——已知线段、中间线段、连接线段； (2) 连接圆弧的圆心求法
能力目标	(1) 能够正确分析连接线段的类型； (2) 能够正确确定连接圆弧的圆心； (3) 能够平滑地绘制连接圆弧

任务引入

手柄是一种典型的圆弧连接零件，广泛应用于各类机器中。如图 1.40 所示，手柄平面图形是由一些线段连接而成的几个封闭线框所构成，有些可以根据所给定的尺寸直接画出；而有些线段则需利用线段连接关系，找出潜在的补充条件才能画出。在绘制它的图形时，要根据图形的构成和图中尺寸，确定画图步骤；在标注尺寸时，需根据线段间的关系，分析需要标注什么尺寸。标注出的尺寸要齐全，没有多标、少标和自相矛盾的现象。

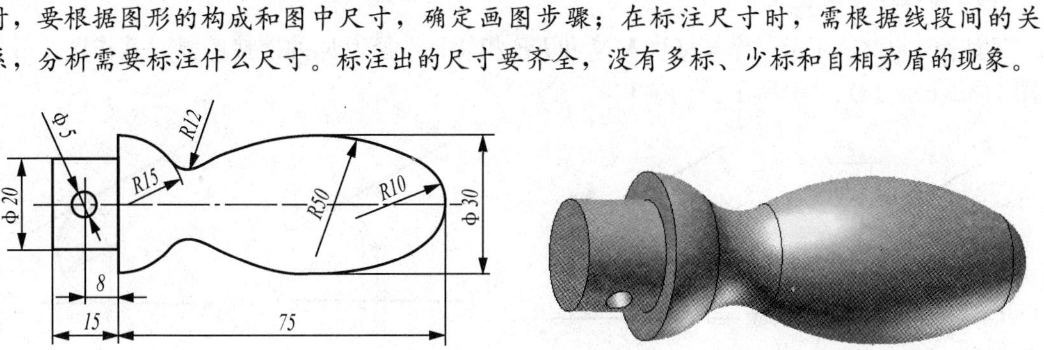

图 1.40　手柄

通过本任务可以掌握连接圆弧的绘制方法。

相关知识

1.3.1 圆弧连接

用一段圆弧光滑地连接相邻两已知线段(直线或圆弧)的作图方法称为圆弧连接。例如在图 1.41 中，用圆弧 $R16$ 连接两直线，用圆弧 $R12$ 连接一直线和一圆弧，用圆弧 $R35$ 连接两圆弧等。要保证圆弧连接光滑，作图时必须先求作连接圆弧的圆心以及连接圆弧与已知线段的切点，以保证连接圆弧与线段在连接处相切。

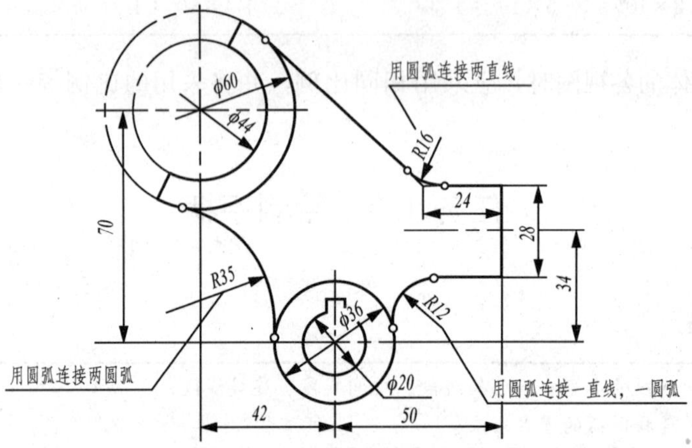

图 1.41 圆弧连接的 3 种情况

特别提示

作连接圆弧的步骤如下。

(1) 确定连接圆弧的圆心；

(2) 求圆弧与线段的切点；

(3) 画连接圆弧并描粗。

1. 圆弧连接两直线

如图 1.42(a)所示，作与直线 MN 和 EF 相切且半径为 R 的连接圆弧。其作图步骤如图 1.42(b)、(c)、(d)所示。

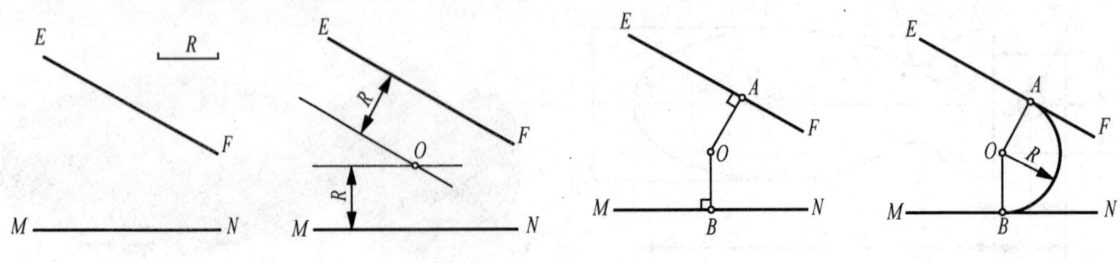

图 1.42 圆弧连接两直线

2. 圆弧连接已知直线和圆弧

如图 1.43(a)所示，用半径为 R 的圆弧光滑连接半径为 R_1 的圆和直线 MN。其作图步骤如图 1.43(b)、(c)、(d)所示。

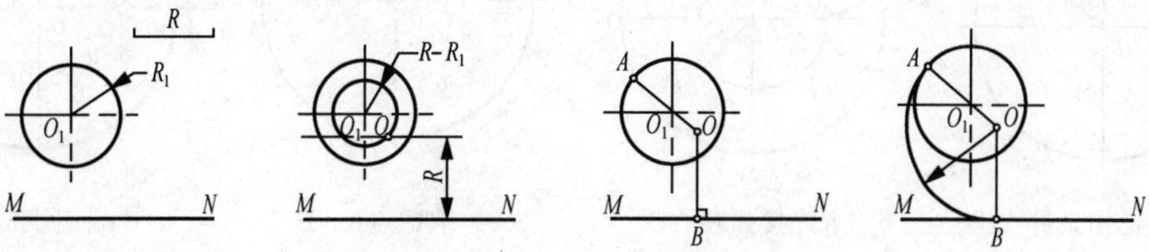

（a）已知条件　（b）求连接弧圆心O　（a）求切点A、B　（d）画圆弧并描粗

图 1.43　圆弧连接已知直线和圆弧

3. 圆弧外切两已知圆弧

如图 1.44(a)所示，作半径为 R_1 和 R_2 两圆的外切圆弧，其作图步骤如图 1.44(b)、(c)、(d)所示。

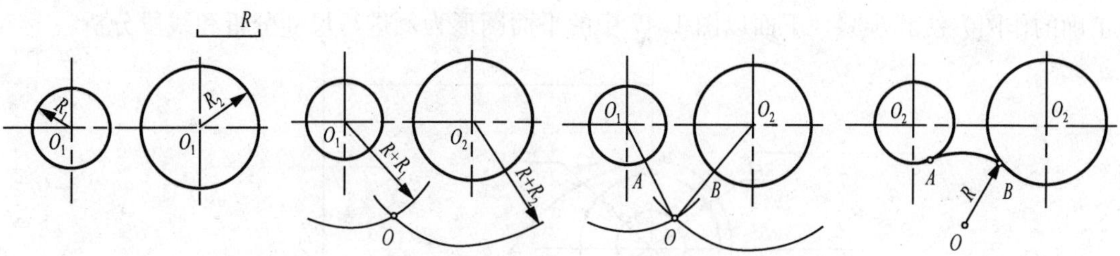

（a）已知条件　（b）求连接弧圆心O　（c）求切点A、B　（d）画圆弧并描粗

图 1.44　圆弧外切两已知圆弧

4. 圆弧内切两已知圆弧

如图 1.45(a)所示，作半径为 R_1 和 R_2 两圆的内切圆弧，其作图步骤如图 1.45(b)、(c)、(d)所示。

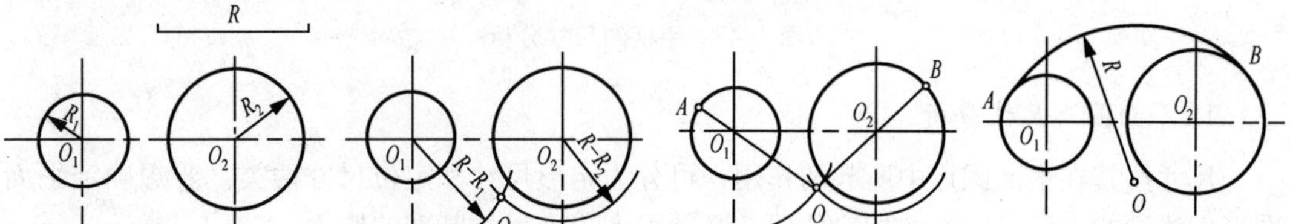

（a）已知条件　（b）求连接弧圆心O　（c）求切点A、B　（d）画圆弧并描粗

图 1.45　圆弧内切两已知圆弧

5. 圆弧分别内外切两已知圆弧

如图 1.46(a)所示，作半径为 R 的连接圆弧，与半径为 R_1 的圆弧外切，与半径为 R_2 的圆弧内切。其作图步骤如图 1.46(b)、(c)、(d)所示。

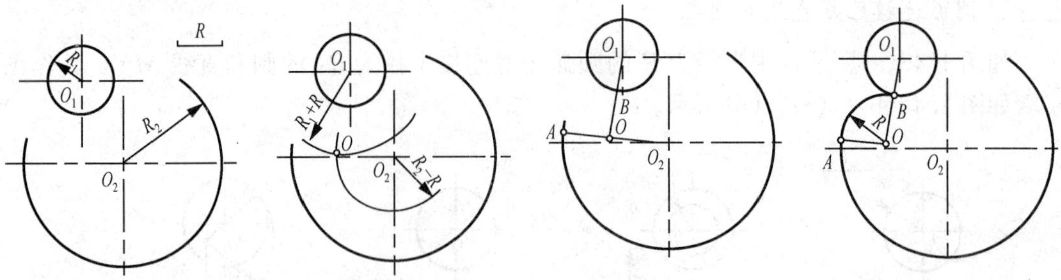

（a）已知条件　（b）求连接弧圆心O　（c）求切点A、B　（d）画圆弧并描粗

图 1.46　圆弧分别内外切两已知圆弧

1.3.2　平面图形的分析与作图

平面图形是由若干直线和曲线封闭连接组合而成。这些线段之间的相对位置和连接关系根据给定的尺寸来确定。在平面图形中，有些线段的尺寸已完全给定，可以直接画出，而有些线段要按照相切的连接关系画出。因此，绘图前应对所绘图形进行分析，从而确定正确的作图方法和步骤。下面以图 1.47 中的平面图形为例进行尺寸分析和线段分析。

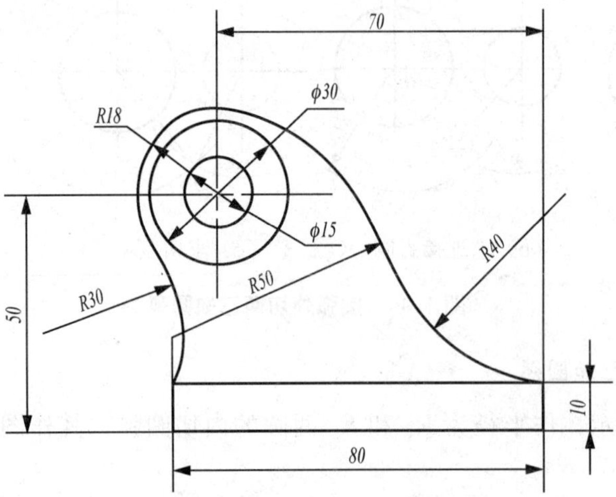

图 1.47　手柄的尺寸分析

1. 平面图形尺寸分析

尺寸按其在平面图形中所起的作用，可分为定形尺寸和定位尺寸两类。要想确定平面图形中线段的上下、左右的相对位置，必须引入一个尺寸基准的概念。

1）基准

基准是标注尺寸的起点。对于平面图形而言，常用的基准是对称图形的对称线，较大圆的中心线或较长的直线。

2）定形尺寸

确定平面图形上各线段形状大小的尺寸称为定形尺寸，如直线的长度、圆及圆弧的直径或半径，以及角度大小等，如图 1.47 中的 $\phi 15$、$\phi 30$、$R18$、$R40$、$R50$ 以及 80、10 均为定形尺寸。

3）定位尺寸

确定平面图形上的各线段或线框间相对位置的尺寸称为定位尺寸，如图 1.47 中确定 ϕ15 和 ϕ30 圆心位置的尺寸 50 和 70。但要注意，有时一个尺寸既是定形尺寸，又是定位尺寸，如尺寸 80 是矩形的长，属定形尺寸，也是 R50 圆弧水平方向的定位尺寸。

2. 平面图形中圆弧连接的线段分析

平面图形中，有些线段具有完整的定形尺寸和定位尺寸，可根据标注的尺寸直接画出；有些线段的定形和定位尺寸并未全部标出，要根据已注出的尺寸和该线段与相邻线段的连接关系，通过几何作图才能画出。因此，通常按线段的尺寸是否标注齐全将线段分为 3 种。

1）已知线段

定形和定位尺寸全部标注出的线段，如图 1.47 中的 ϕ15、ϕ30 的圆，R18 的圆弧，80 和 10 矩形的长、宽等。

2）中间线段

标注出定形尺寸和一个方向的定位尺寸，必须依靠相邻线段间的连接关系才能画出的线段，如图 1.47 中的 R50 圆弧。

3）连接线段

只标注出定形尺寸，未标注出定位尺寸的线段，其定位尺寸需根据该线段与相邻两线段的连接关系，通过几何作图方法求出，如图 1.47 中的 R30 和 R40 圆弧。

3. 平面图形画图步骤

画平面图形的步骤，可归纳如下(图 1.48)。

(1) 画出基准线，并根据各个封闭图形的定位尺寸画出定位线，如图 1.48(a)所示；

(2) 画出已知线段，如图 1.48(b)所示；

(3) 确定中间圆弧的圆心并确定与已知线段的切点，画出中间线段，如图 1.48(c)所示；

(4) 画出连接线段，如图 1.48(d)所示；

(5) 描粗轮廓线，如图 1.48(e)所示。

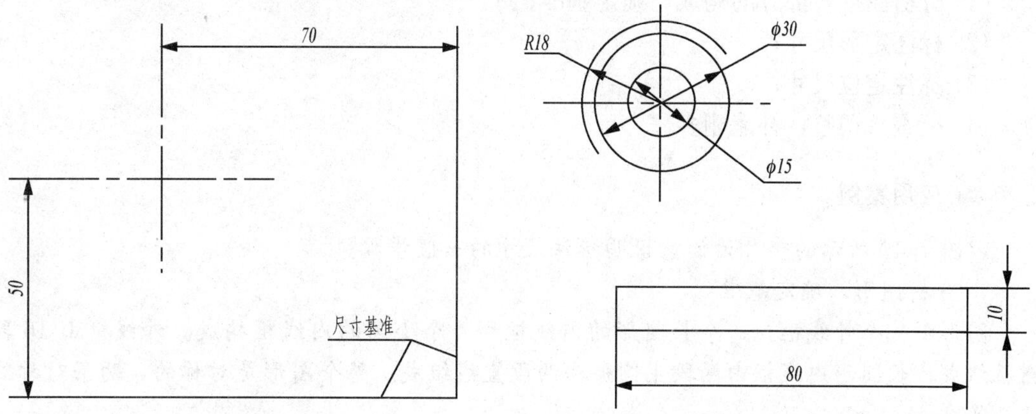

(a) 画出基准线　　(b) 画出已知线段

图 1.48　平面图形的绘制过程

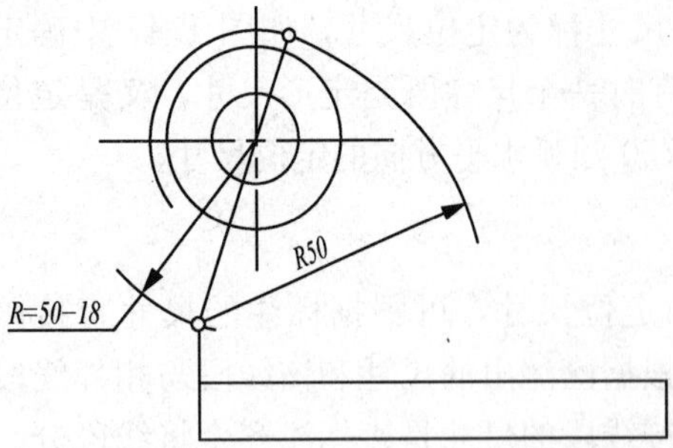

（c）画出中间线段

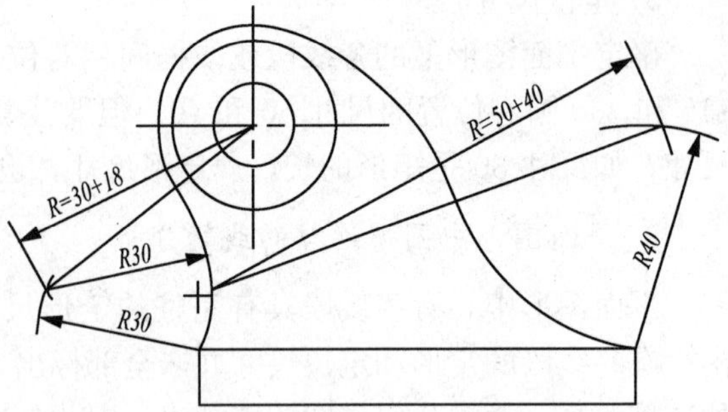

（d）画出连接线段

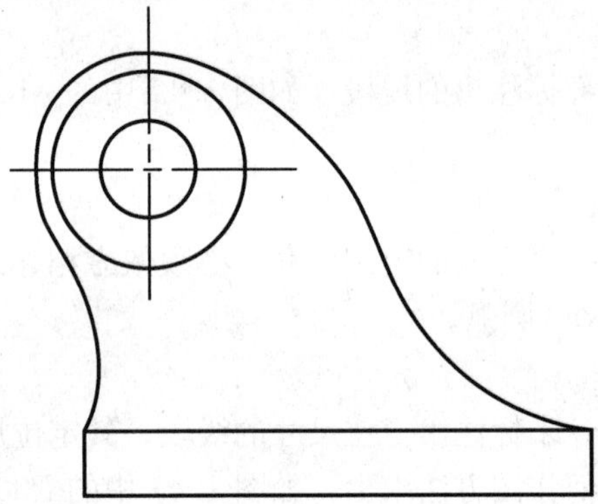

（e）描粗轮廓线

图 1.48 平面图形的绘制过程（续）

4. 平面图形的尺寸标注

平面图形画完后，需按照正确、完整、清晰的要求来标注尺寸，标注尺寸时要考虑：①需要标注哪些尺寸，才能做到齐全，不多不少，没有自相矛盾的现象；②怎样标注才能清晰，符合国家标准的有关规定。

标注尺寸的一般步骤如下。

(1) 分析图形各部分的构成，确定基准；

(2) 标注定形尺寸；

(3) 标注定位尺寸；

(4) 检查、调整，补遗删多。

应用案例

以图 1.49 所示的垫片为例，说明标注尺寸的一般步骤。

1. 分析图形，确定基准

图形由一个外线框，一个长圆形的内线框和 4 个小圆的内线框构成。外线框由 16 段圆弧组成，长圆形内线框由两段半圆弧和两段直线组成。整个图形是对称的，两条对称线就是基准。

2. 标注定形尺寸

国家标准规定：当图形具有对称线时，分布在对称线两边的相同结构，可只标注其中一边的结构尺寸，具体如下。

(1) 外线框 16 段圆弧只需注出 R_1、R_2、R_3、R_4、R_5；

(2) 内线框长圆形只需注出 R；

(3) 小圆只需注出 ϕ。

3. 标注定位尺寸

(1) 外线框圆弧 R_1、R_2 和内线框 4 个小圆 ϕ 的定位尺寸，需标注出 L_1 和 L_2。圆弧 R_3 和 R_4 为中间弧，应分别标注出一个方向的定位尺寸 L_3 和 L_4。

(2) 内线框长圆形标注出两个半圆的圆心定位尺寸 L_5。

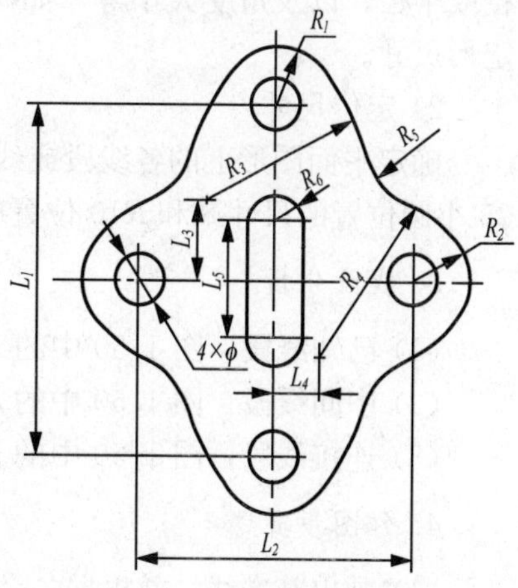

图 1.49　平面图形分析

4. 检查

(1) 标注尺寸要完整。外线框的圆弧 R_1 和 R_2 为已知弧，由 L_1、L_2 定位，L_1、L_2 也是 4 个小圆 ϕ 的定位尺寸。圆弧 R_3 和 R_4 为中间弧，分别由 L_3 和 L_4 给出一个方向的定位尺寸。R_5 为连接弧，不需标注定位尺寸。内线框长圆形注出 R_6 和定位尺寸 L_5，两直线为连接线段，不注尺寸。以上所给尺寸符合线段连接规律，尺寸完整。

(2) 标注尺寸要清晰，遵守国家标准规定。在本例中要注意：尺寸线箭头不应画在切点处；尺寸线要尽量避免与其他线相交；尺寸排列要整齐，小尺寸的尺寸线靠近图形，大尺寸的尺寸线应放在小尺寸的外侧等。

任务实施

绘制如图 1.40 所示的手柄。

1. 分析基准

高度方向对称，故对称线是高度基准；在长度方向上，根据装配工作的特点，可知尺寸 8 的尺寸界线所在平面是长度基准，如图 1.50 所示。

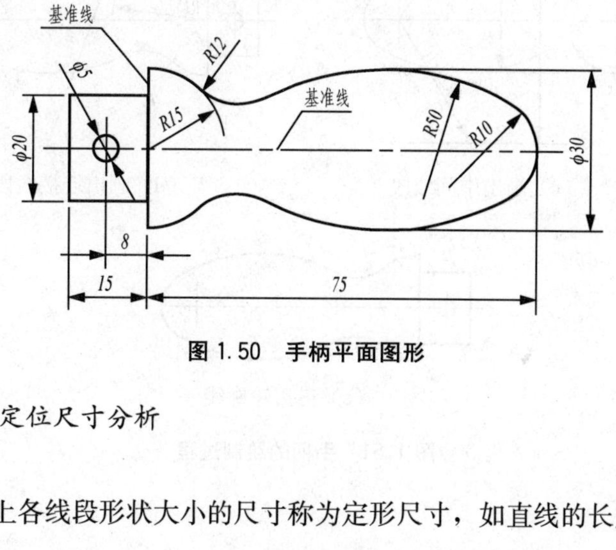

图 1.50　手柄平面图形

2. 定形尺寸与定位尺寸分析

1) 定形尺寸

确定平面图形上各线段形状大小的尺寸称为定形尺寸，如直线的长度、圆及圆弧的直径或半径，以及角度大小等，如图 1.50 中的 ϕ20、ϕ5、R15、R12、R50、R10、15 均为定形尺寸。

2) 定位尺寸

确定平面图形上的各线段或线框间相对位置的尺寸称为定位尺寸，如图 1.50 中确定 ϕ5 小圆位置的尺寸 8 和 R10 位置的 75 均为定位尺寸。

3. 线段分析

(1) 已知线段：图 1.50 中的 R15、R10。

(2) 中间线段：图 1.50 中的 R50。

(3) 连接线段：图 1.50 中的 R12。

4. 作图步骤

(1) 画出基准线，并根据各个封闭图形的定位尺寸画出定位线，如图 1.51(a)所示；

(2) 画出已知线段，如图 1.51(b)所示；

(3) 确定中间圆弧的圆心并确定与已知线段的切点，画出中间线段，如图 1.51(c)所示；

(4) 画出连接线段，如图 1.51(d)所示；

(5) 描粗轮廓线，如图 1.51(e)所示。

描粗轮廓线后，可标注尺寸（略）。

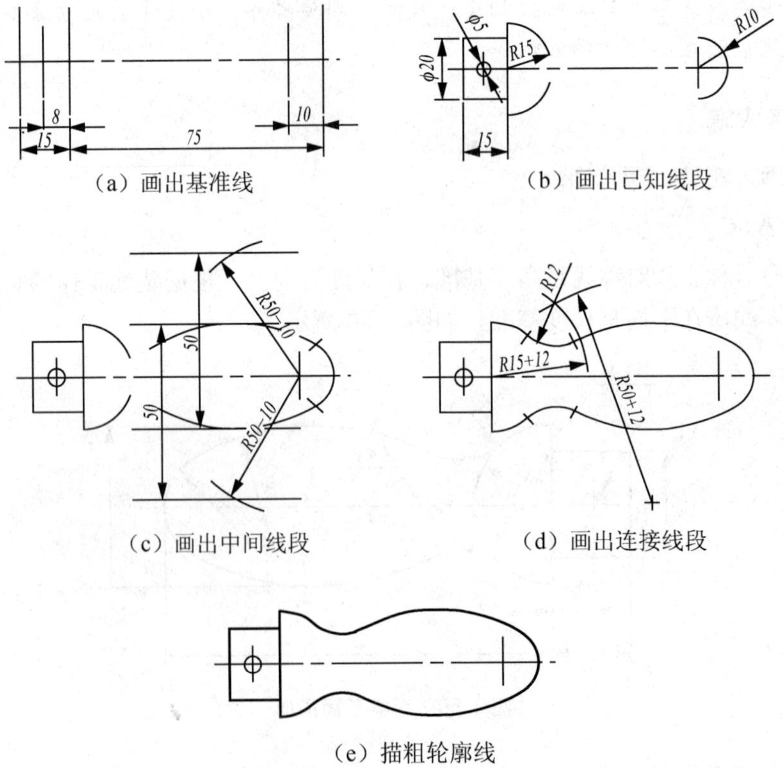

图 1.51　手柄的绘制过程

归纳总结

尺规作图的操作步骤

1. 画图前的准备工作

准备好必须的绘图工具和仪器，将图纸固定在图板的适当位置，使绘图时丁字尺、三角板移动自如。

2. 布置图形

根据所画图形的大小和选定的比例合理布局。图形尽量匀称、居中，并要考虑标注尺寸的位置，确定图形的基准线。

3. 画底稿(草图)

底稿宜用H或2H铅笔淡淡画出。画底稿的一般步骤是：先画轴线或对称中心线，再画主要轮廓，然后画细节。

4. 铅笔描深

描深图线前，要仔细检查底稿，纠正错误，擦去多余的作图辅助线和图面上的污迹，按标准线型描深图线。描深图线的顺序如下。

(1)描深全部细线(H或2H铅笔)。

(2)描深全部粗实线(HB或B铅笔)：先描深圆和圆弧，后描深直线；先描深水平线(先上后下)，再描深垂直线、斜线(先左后右)。

5. 标注尺寸和填写标题栏

按国家标准有关规定在图样中标注尺寸并填写标题栏。

项目小结

(1) 通过本项目的学习和训练，应当能够掌握常用绘图工具、仪器和用品的正确使用方法，主要是丁字尺、三角板、圆规、铅笔等的正确使用方法。并通过系列作图实践，总结出作图的体会，以提高绘图效率。

(2) 几何作图主要是平面图形的作图原理和作图方法，要掌握常用的各类直线的作图方法，掌握应用等分圆作多边形的方法，掌握斜度和锥度以及圆弧连接的画法。

(3) 要能对平面图形的尺寸和线段进行分析，拟定作图和尺寸标注的顺序。

(4) 要能正确地画底稿，掌握加深图线的方法、步骤和技能，这对高速度、高质量地作图是非常重要的。

(5) 初学者易犯错误如下。

① 不愿固定图纸，认为固定图纸费时、费事，导致作图不准确；

② 不习惯使用丁字尺及配合使用丁字尺和三角板，导致作图速度慢、质量差；

③ 不注意选择合适的图纸幅面，也不注意图形的布局，使整个图面布置得不匀称；

④ 边画草图边加深；

⑤ 画图不认真，检查不仔细，图线连接部位有缺口或长出现象。

凡以上错误，都应及早纠正，养成良好的作图习惯。

项目 2 组合体的三视图

各类机械零件都是由一些如棱柱体、圆柱体、圆锥体和圆球体等的基本体“相加”或“相减”所得。一般不太复杂的零件在图纸上需以三视图表达出它的形状信息和尺寸信息。当然，有些很简单的零件只需一个或两个视图也足以表达它的形状，比较复杂的零件则是3个视图不足以表达出它的形状。图 2.1(a)和(b)是一简单零件的三视图和轴测图。

掌握三视图的基本理论和画法是学习制图的基础。

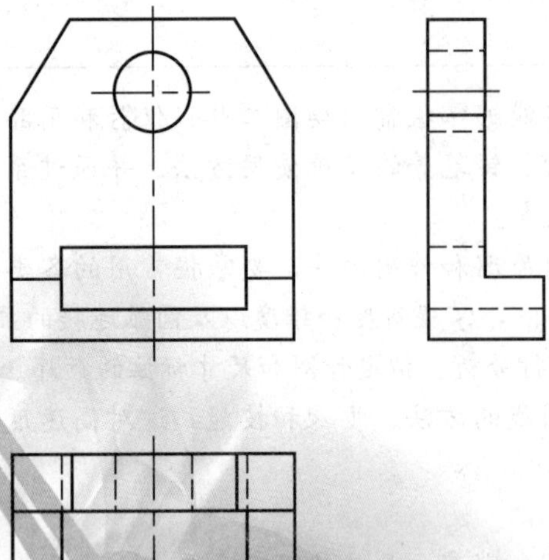

(a)

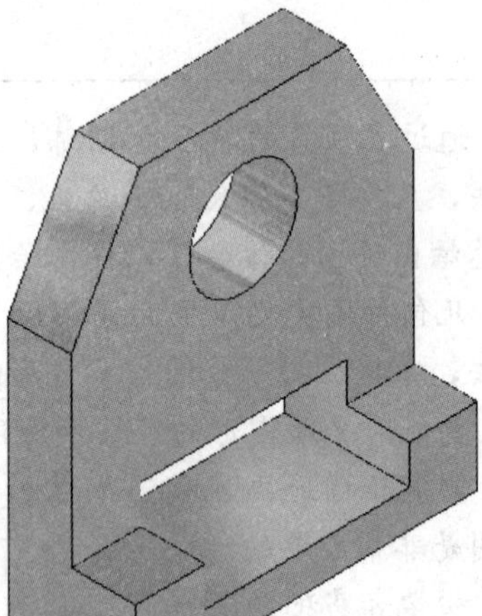

(b)

图 2.1　简单零件的三视图和轴测图

任务 2.1　绘制直角弯板的三视图

学习目标

知识目标	(1) 掌握点的投影规律； (2) 掌握直线的投影规律及点在直线上的投影； (3) 掌握平面的投影规律及平面上的点和直线的投影
能力目标	(1) 能够正确理解三投影面体系； (2) 能够正确绘制点、线、面的三面投影； (3) 能够正确绘制简单形体的三视图

任务引入

在工程图中，各类零件图和装配图多是以三视图的形式存在。无论是设计人员、制造工人、装配工人、维修人员都要能够看懂三视图。而要看懂三视图就必须要掌握基本投影理论。本任务以直角弯板的三视图绘制作为工作载体，详细阐述正投影基础及点、线、面的投影理论。

任务要求：尺规绘制如图 2.2 所示的直角弯板的三视图，尺寸自定。

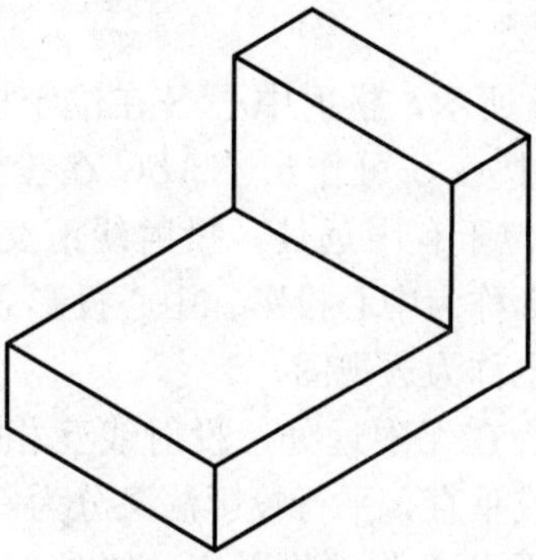

图 2.2　直角弯板

相关知识

2.1.1　三面投影的理论基础

1. 投影的基本概念和分类

1) 投影法介绍

人们在长期的社会实践中发现物体在某一光源的照射下，会在地下或墙上产生影子。例如，手影、皮影戏中的影像，这种现象叫做投影。人们从这种现象得到启发，经过科学地抽象，找出了影子和物体间的几何关系，从而获得投影法。如图 2.3 所示，在空间有一平面 H(通常用一平行四边形表示)，在 H 之外有一点 S(画小圆圈表示)，S 和平面 H 之间有一空间点A(画小圆圈表示)，连接SA并延长与H平面交于a(画小圆圈表示)，点a称为空间点A在投影面H的投影。

其中，射线SA称为投射线；平面H称为投影面；点S称为投射中心。

像上述这种投射线通过物体向投影面投射并在投影面上产生图像的方法，称为投影法。

由图2.3不难看出，投影有如下特点：当投射线方向和投影面确定以后，点在该投影面上的投影是唯一的。反之，已知空间点的一个投影，并不能确定空间点的位置。如图2.4所示，已知投影a，其投射线上的点A、A_1、A_2、…、A_n的投影都是a。

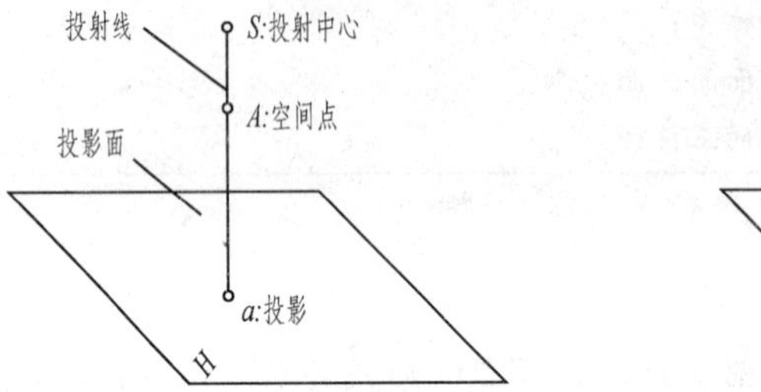

图2.3 投影方法

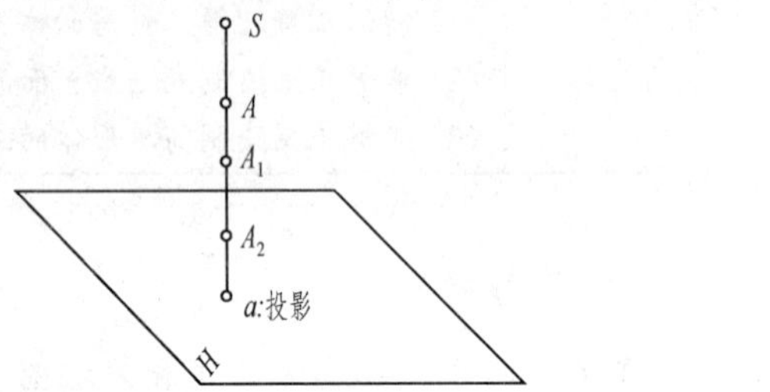

图2.4 投影的特点

特别提示

空间点用大写字母表示，点在各投影面上的投影均用小写字母表示。

2) 投影的分类

(1) 中心投影法。如图2.5所示，投射中心S在位于投影面H有限远处，$\triangle ABC$位于S和平面H之间。由投射中心S可作出$\triangle ABC$在投影面H上的投影。$\triangle abc$就是$\triangle ABC$的投影。这种投射中心位于有限远处，投射线汇交于一点的投影法，称为中心投影法。用中心投影法所得的投影称为中心投影。中心投影立体感强，通常用来绘制建筑物或产品富有逼真感的立体图，也称为透视图。

(2) 平行投影法。投射中心在无限远处，投射线互相平行的投影方法称为平行投影法。按照投射线与投影面倾斜或垂直，平行投影法又分为斜投影法和正投影法。

① 斜投影法。投射线与投影面倾斜的投影法，如图2.6所示。

② 正投影法。投射线与投影面垂直的投影法，如图2.7所示。

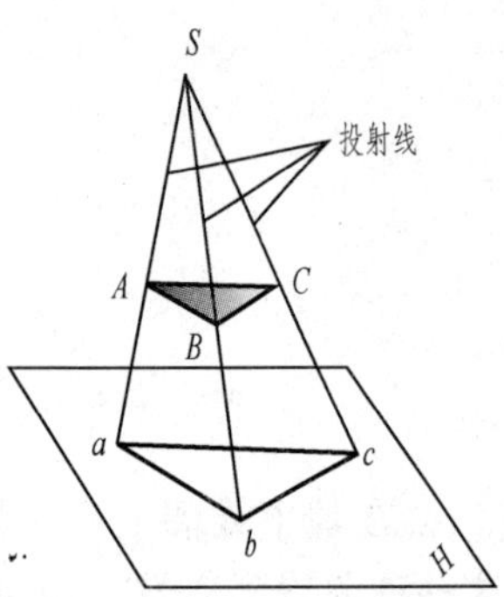

图2.5 中心投影法

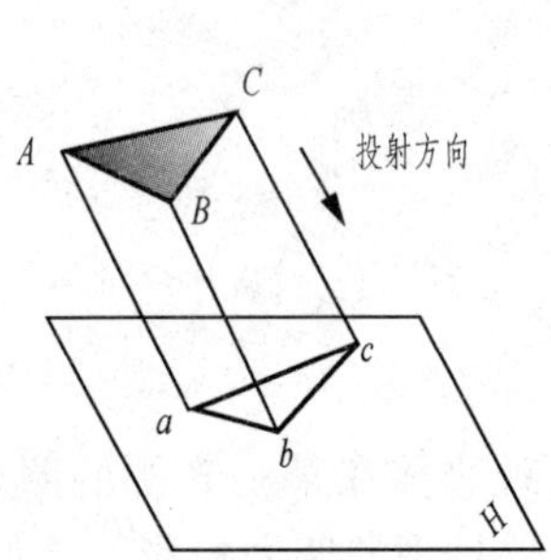

图2.6 斜投影法

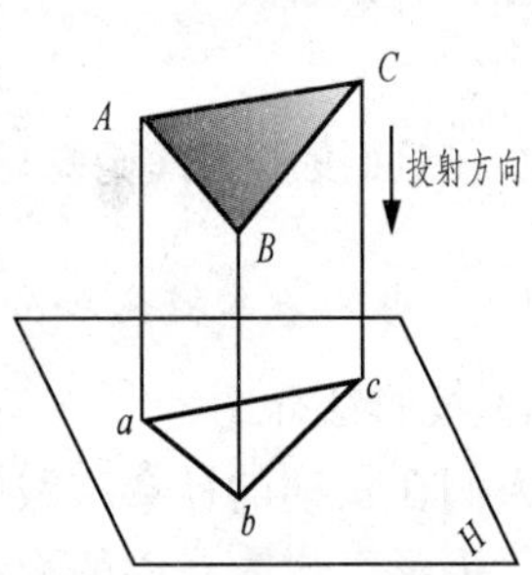

图2.7 正投影法

由于正投影法所得到的正投影能准确反映物体的形状和大小，度量性好，作图简便，因此，机械图样是采用正投影法绘制的。如不做特别说明，所有的图形都采用“正投影”。

2. 正投影的基本性质

1）真实性

当直线段或平面图形平行于投影面时，其投影反映直线的实长或平面的实形，如图 2.8 所示。

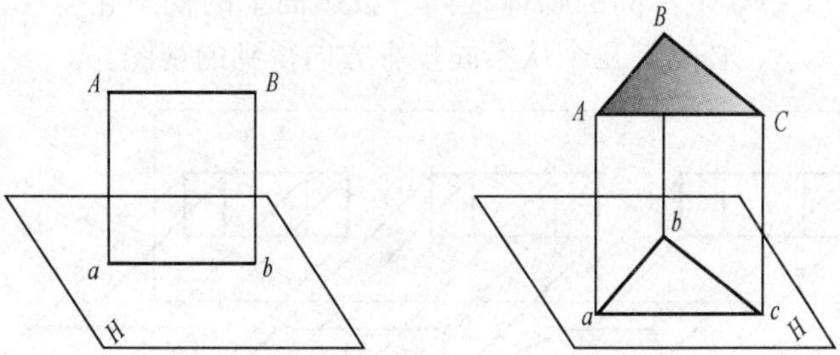

图 2.8 直线及平面图形平行于投影面时的投影

2）积聚性

当直线或平面图形垂直于投影面时，直线的投影积聚成点，平面图形的投影积聚成直线，如图 2.9 所示。

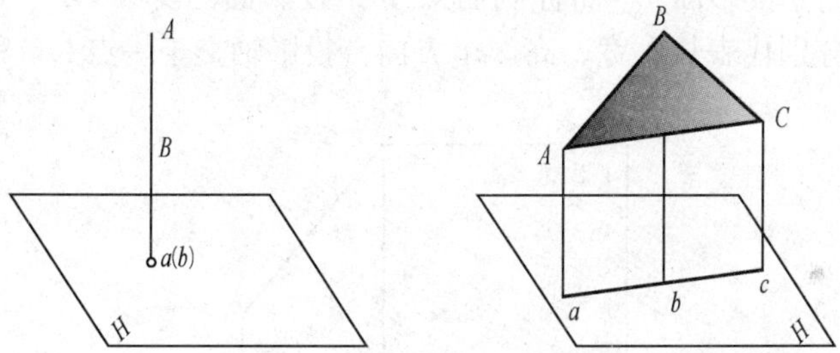

图 2.9 直线及平面图形垂直于投影面时的投影

3）类似性

当直线或平面图形既不平行也不垂直于投影面时，直线的投影仍然是直线，平面图形的投影是原图形的类似形，但直线或平面图形的投影小于实长或实形，如图 2.10 所示。

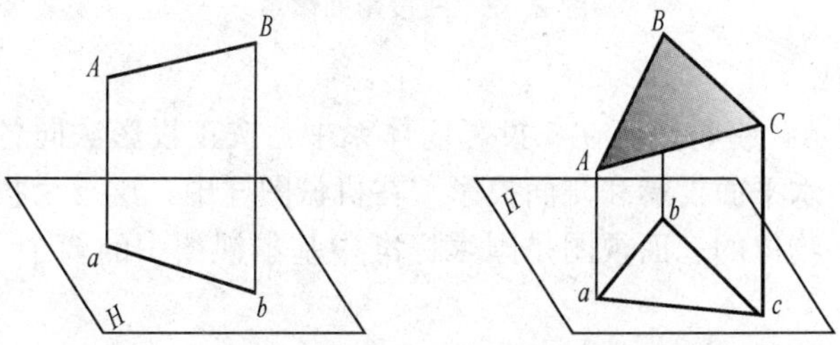

图 2.10 直线及平面图形倾斜于投影面时的投影

此外，正投影还有平行性，即空间相互平行线段的投影仍然相互平行；定比性，即空间平行线段的长度比在投影中保持不变；从属性，即几何元素的从属关系在投影中不会发生改变，如属于直线的点的投影必属于直线的投影，属于平面的点和线的投影必属于平面的投影等性质。

3. 形体的三视图

用正投影法绘制出物体的图形称为视图。

1）三投影面体系的建立

一般情况下，在正投影中，物体的一个视图不能完整地表达物体的大小，也不能区分不同的物体。图 2.11 中 3 个不同的物体在同一投影面上的视图完全相同。因此，要反映物体的完整形状和大小，必须有几个从不同投影方向得到的视图。

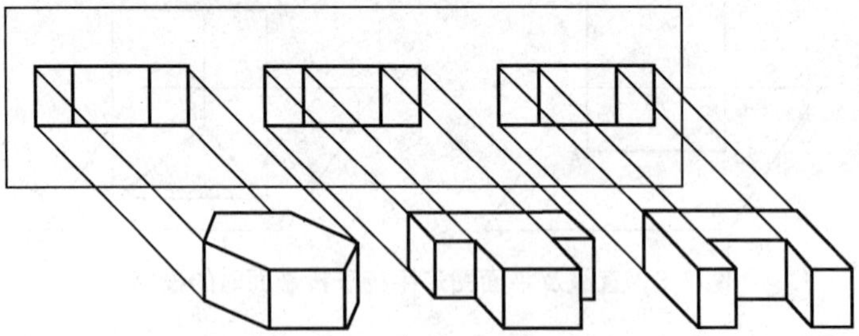

图 2.11 一个视图不能确定物体形状

如图 2.12 所示，设 3 个互相垂直的投影面：正立投影面 V(简称正面)、水平投影面 H(简称水平面)、侧立投影面 W(简称侧面)。3 个投影面的交线 OX、OY、OZ 称为投影轴，也互相垂直，分别代表长、宽、高 3 个方向。投影轴交于一点 O，称为原点。

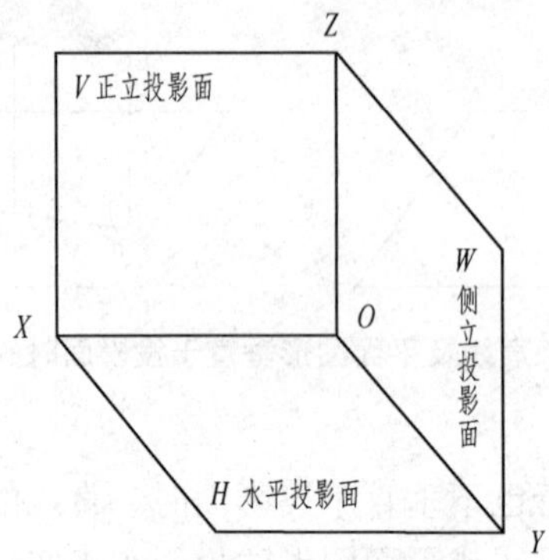

图 2.12 三投影面体系

2）三视图的形成

如图 2.13(a)所示，将物体放在三投影面体系中，按正投影法向各投影面投影，即可分别得到正面投影、水平面投影和侧面投影。在机械图样中，这三个投影也称为“视图”。在 3 投影面体系中，物体的三面视图是国家标准中基本视图中的 3 个[①]，规定的名称分别如下。

主视图——由前向后投射，在正面上所得的视图；

俯视图——由上向下投射，在水平面上所得的视图；

左视图——由左向右投射，在侧面上所得的视图。

① 国家标准规定基本视图共有 6 个。

为了画图和看图方便，必须使处于空间位置的三视图在同一个平面上表示出来。如图 2.13(b)所示，规定正面不动，将水平面绕 OX 轴旋转 90°，将侧面绕 OZ 轴旋转 90°，使它们与正面处在同一平面上。如图 2.13(c)所示，在旋转过程中，OY 轴一分为二，随 H 面旋转的 Y 轴用 Y_H 表示，随 W 面旋转的 Y 轴用 Y_W 表示。由于三视图不需画出投影面和投影轴，所以在去掉投影面的边框和投影轴后，即可得到如图 2.13(d)所示的三视图。

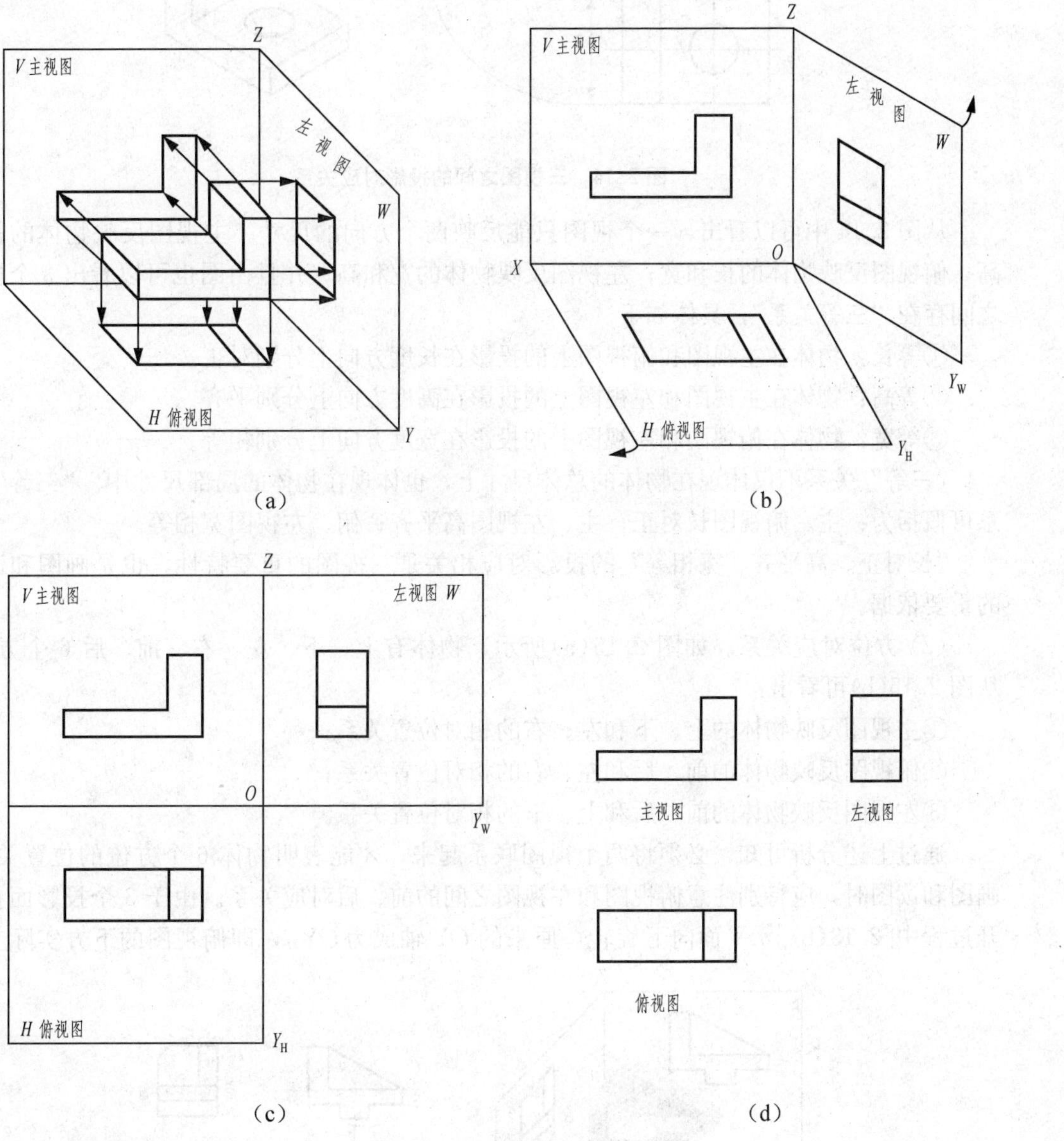

图 2.13　三视图的形成

3) 三视图之间的对应关系

(1) 投影对应关系。从三视图的形成过程可以看出，三视图间的位置关系是俯视图在主视图的正下方，左视图在主视图的正右方。按此位置配置的三视图，不需注写其名称。

如图 2.14 所示，物体有 3 个方向的尺寸。通常规定：物体左右之间的距离为长(X)；前后之间的距离为宽(Y)；上下之间的距离为高(Z)。

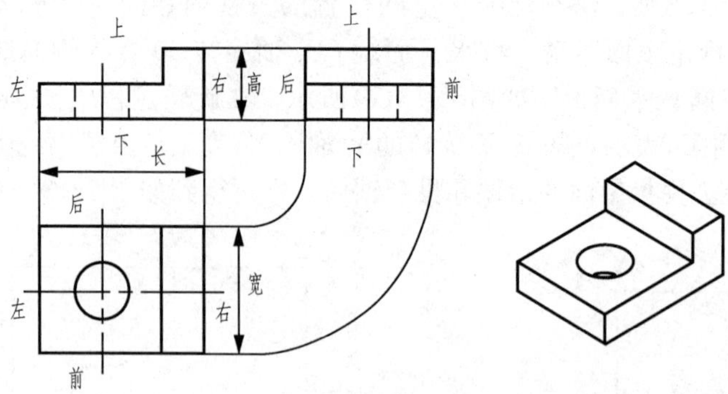

图 2.14　三视图之间的投影对应关系

从图 2.14 中可以看出，一个视图只能反映两个方向的尺寸。主视图反映物体的长和高；俯视图反映物体的长和宽；左视图反映物体的宽和高。并且由图也可以看出 3 个视图之间存在“三等关系”，具体如下。

①等长：物体在主视图和俯视图上的投影在长度方向上分别对正。

②等高：物体在主视图和左视图上的投影在高度方向上分别平齐。

③等宽：物体在俯视图和左视图上的投影在宽度方向上分别相等。

“三等”关系不仅体现在物体的总体尺寸上，也体现在物体的局部尺寸中。“三等”关系可概括为：主、俯视图长对正；主、左视图高平齐；俯、左视图宽相等。

“长对正、高平齐、宽相等”的投影对应相关是三视图的重要特性，也是画图和读图的重要依据。

(2) 方位对应关系。如图 2.15(a)所示，物体有上、下、左、右、前、后 6 个方位。从图 2.15(b)可看出：

①主视图反映物体的上、下和左、右的相对位置关系；

②俯视图反映物体的前、后和左、右的相对位置关系；

③左视图反映物体的前、后和上、下的相对位置关系。

通过上述分析可知，必须将两个视图联系起来，才能表明物体 6 个方位的位置关系。画图和读图时，应特别注意俯视图和左视图之间的前、后对应关系。由于 3 个投影面在展开过程中[2.13(b)]水平面向下旋转，原来的 OY 轴成为 OY_H，即俯视图的下方实际上表

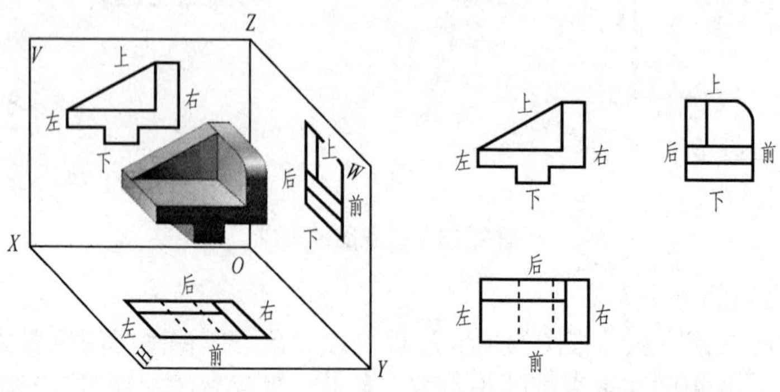

(a)　　　　　　　　(b)

图 2.15　三视图的方位对应关系

示物体的前方，俯视图的上方表示物体的后方；当侧面向右旋转时，原来的 OY 轴成为 OY_W，即左视图的右方实际上表示物体的前方，左视图的左方表示物体的后方。也就是说，在俯、左视图中，靠近主视图的边，表示物体的后面，远离主视图的边，则表示物体的前面。所以，物体的俯、左视图不仅宽相等，还应保持前、后位置的对应关系。

2.1.2　点的投影

点、线、面是构成物体最基本的几何元素，一个物体的结构无论多么复杂，其组成都离不开上述几何元素。为了正确地绘制物体的投影图，除了掌握投影法，还必须研究点、线、面这些几何元素的投影规律与特性。

1. 点在两投影面体系中的投影

1) 两投影面体系的组成

如图 2.16(a)所示，两投影面体系的组成如下。

(1) 两个互相垂直的投影面。

正立投影面(正投影面)V：处于正面直立的投影面。

水平投影面 H：处于水平位置的投影面。

(2) 投影轴 OX 轴：面 V 与面 H 的交线。

2) 点的两面投影图

如图 2.16(a)所示，在两面投影体系中，有一空间点 A，过点 A 分别作垂直于面 V、面 H 的投射线 Aa'、Aa，分别与面 V、H 相交得点 A 的正面(V 面)投影 a' 和水平面(H 面)投影 a。图 2.16(a)为点的投影立体图，也可称为直观图。目的是把空间的问题放在平面来研究，于是可按照下列方法展开投影面。

使面 V 不动，将面 H 绕 OX 轴向下旋转 90°，使其与面 V 位于同一平面，如图 2.16(b)所示，即为点 A 的投影面展开图。在实际画图时，不必画出投影面的边框和点 a_X，于是得到点 A 的投影图，如图 2.16(c)所示。

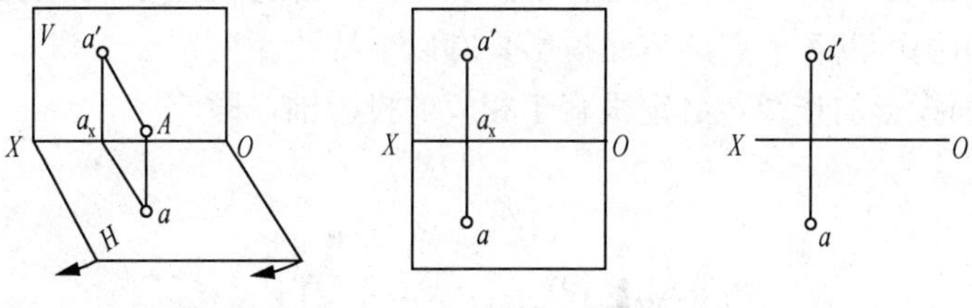

(a) 立体图　　(b) 投影面展开图　　(a) 投影图

图 2.16　点的两面投影图

3) 点的两面投影特性

由图 2.16(b)和(c)可以得到点的两面投影特性如下。

(1)点的投影连线垂直于投影轴，即

$$a'a \perp OX$$

(2) 点的投影与投影轴的距离，等于该点与相邻投影面的距离，即

$a'a_X = aA =$ 点 A 到 H 面的距离

$a_Xa = a'A =$ 点到 V 面的距离

如果已知一点的两面投影，由点的两面投影特性，就能确定该点的空间位置。

2. 点在三面投影体系中的投影

1）三投影面体系的组成

虽然由点的两面投影已经能够确定点的位置，但有时在实践中，用两投影面图示某些几何形体，还不够清晰。为了反映物体的完整形状，在两投影面体系的基础上，再加上一个与 V 面、H 面都垂直的 W 面，于是就形成了一个三面投影面体系，如图 2.17 所示。

在三面投影体系中，3 个投影轴两两垂直。

2）点的三面投影及其特性

如图 2.18(a)所示，在三面投影体系中，有一空间点 A，由点 A 分别作垂直于 V 面、H 面、W 面的投射线，交得点 A 的正面投影 a'，水平面投影 a，侧面投影 a''。关于空间点及其投影的标记规定为：空间点用大写字母 A、B、C…表示；水平面投影用相应小写字母 a、b、c…表示；正面投影用相应小写字母右上角加一撇 a'、b'、c'…表示；侧面投影用相应小写字母右上角加两撇 a''、b''、c''…表示。

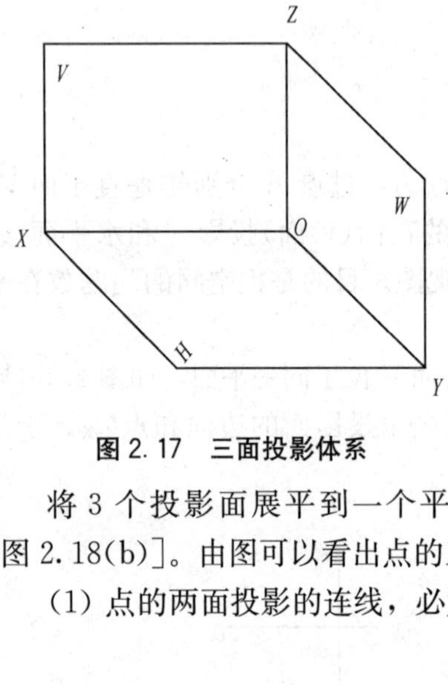

图 2.17　三面投影体系

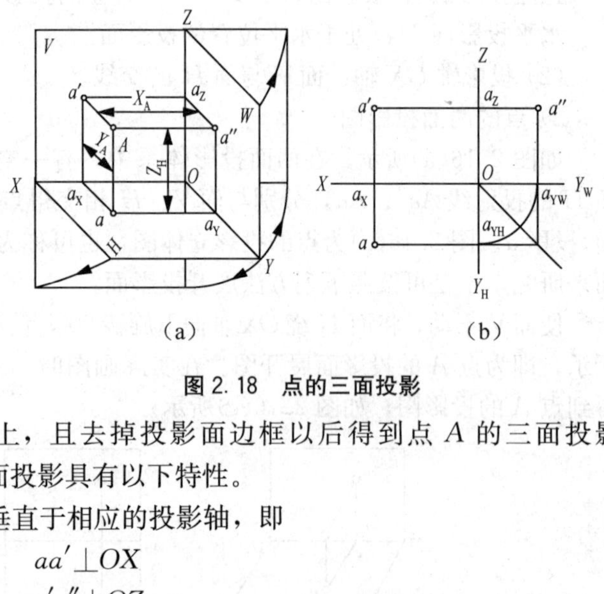

图 2.18　点的三面投影

将 3 个投影面展平到一个平面上，且去掉投影面边框以后得到点 A 的三面投影[图 2.18(b)]。由图可以看出点的三面投影具有以下特性。

(1) 点的两面投影的连线，必定垂直于相应的投影轴，即

$$aa' \perp OX$$

$$a'a'' \perp OZ$$

$$aa_{YH} \perp OY_H，a''a_{YW} \perp OY_W$$

(2) 点的投影到投影轴的距离，等于空间点到相应的投影面的距离，即

$$a'a_X = a''a_Y = A\text{ 点到 }H\text{ 面的距离}$$

$$aa_X = a''a_Z = A\text{ 点到 }V\text{ 面的距离}$$

$$aa_Y = a'a_Z = A\text{ 点到 }W\text{ 面的距离}$$

根据以上投影特性，在点的三面投影中，只要知道其中任意两个面的投影，就可以求作第三投影。

特别提示

点的面 H 投影与面 W 投影的连线分为两段，一段在面 H 上，垂直于面 H 上的 OY_H 轴，另一段在面

W上，垂直于面W上OY_W轴，两者交汇于过O点的45°辅助线上。所以在投影图中，为了作图方便，可用过点O的45°辅助线帮助作图。

应用实例 2-1

已知点的正面投影和水平投影，如图2.19(a)所示，试求其侧面投影。

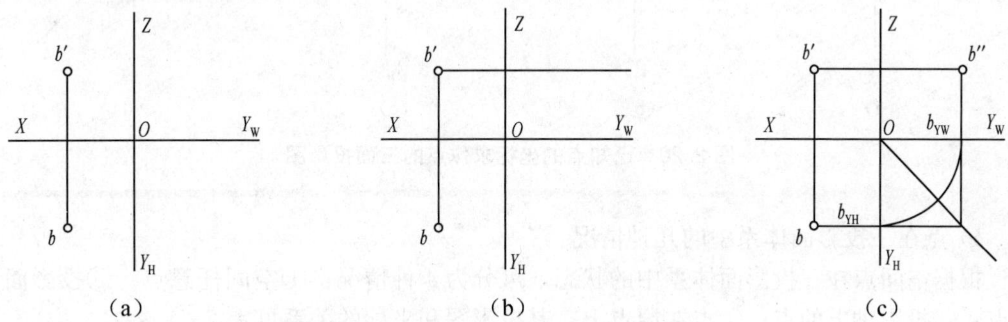

图2.19　已知点的两面投影求第三面投影

作图：

(1) 由b'作Z轴的垂线，并延长，如图2.19(b)所示；

(2) 由b作Y_H轴的垂线，得b_{YH}，用45°辅助线或圆弧将b_{YH}移至b_{YW}($Ob_{YH}=Ob_{YW}$)，然后从b_{YW}作Y_W轴的垂线，同过b'作与Z轴的垂线相交，得到交点即为b''，如图2.19(c)所示。也可量取$bb_{YH}=b'b_{YW}$。

3) 点的三面投影与直角坐标的关系

通过上述分析知道，点的投影到投影轴的距离等于空间点到投影面的距离，那么空间点到投影面的距离就等于点相应的空间坐标值，即：$Aa''=Oa_X=X_A$，$Aa'=Oa_Y=Y_A$，$Aa=Oa_Z=Z_A$。

投影图描述了点在三投影面体系中的位置，如果将三投影面体系看作是一个空间直角坐标系，投影轴OX、OY、OZ就是3个坐标轴，O点就是坐标原点，那么点在投影体系中的位置就可以用坐标来确定。由此可见，点的坐标与其投影之间有一一对应的关系，也就是说，已知一点的坐标可以做出点的三面投影图；反之，已知点的三面投影也可以求出其相应的坐标，从而确定点在空间的位置。

应用实例 2-2

已知点A的坐标A(15，10，20)，求点A的三面投影。

作图：

(1) 画投影轴OX、OY_H、OY_W、OZ，建立三投影面体系。

(2) 沿OX轴正方向量取15，得到a_X，如图2.20(a)所示。

(3) 过a_X作OX轴的垂线，并使$a_Xa=10$，$a_Xa'=20$，分别得到a和a'，如图2.20(b)所示。

(4) 过a'点作OZ轴的垂线，并使$a_Za''=10$，得到a''，如图2.20(c)所示。

还可利用45°斜线，求得a''，如图2.20(d)所示。a、a'、a''即为点A的三面投影。

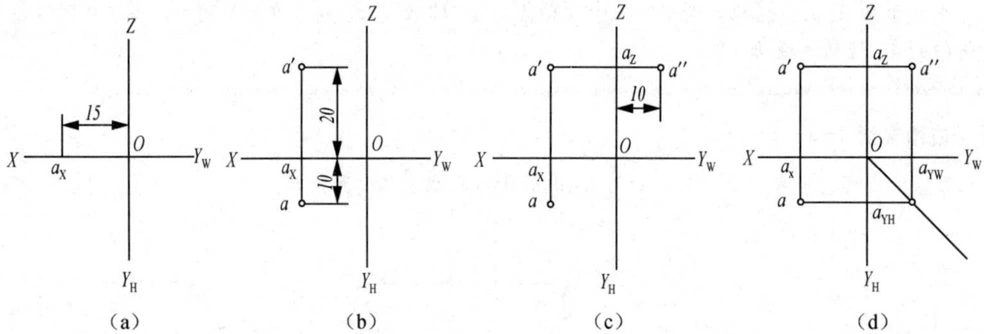

图 2.20　已知点的坐标求作点的三面投影图

4）点在三投影面体系中的几种情况

根据空间点在三投影面体系中的状态，可分为 4 种情况：①空间任意点；②投影面上的点；③投影轴上的点；④点在原点上。其投影图和坐标的关系见表 2-1。

表 2-1　各种位置点的投影图例及投影特性

点的位置	投影图例	投影图特性
一般位置	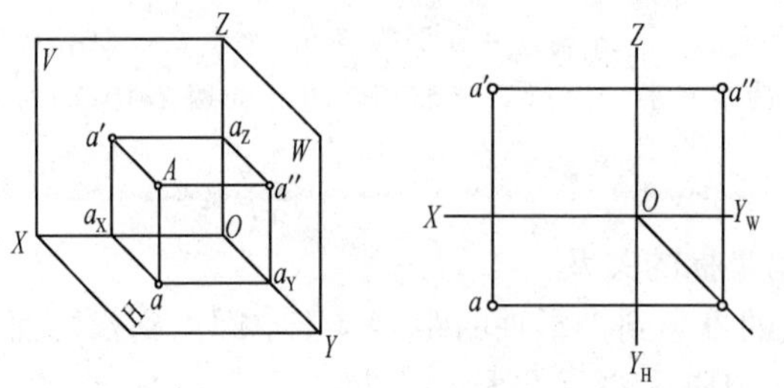	点的 3 个坐标值均不为零。点的三面投影都在相应投影面上
在投影面上	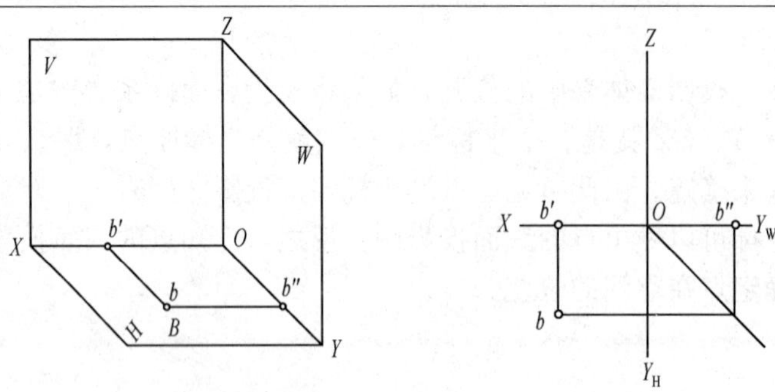 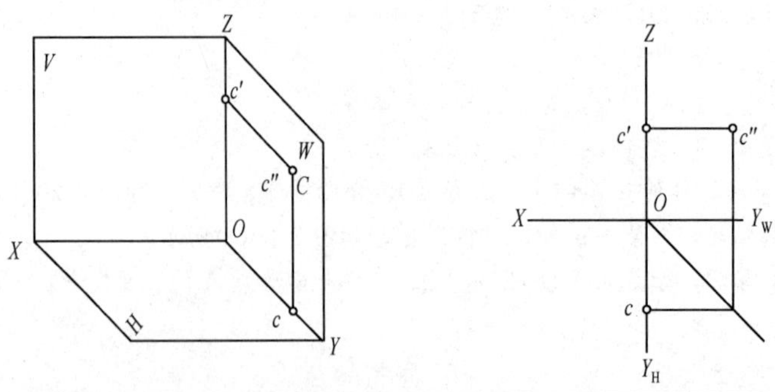	点的一个坐标值为零。点的一面投影在点所在的投影面上，另两面投影在相应投影轴上

续表

点的位置	投影图例	投影图特性
在投影轴上	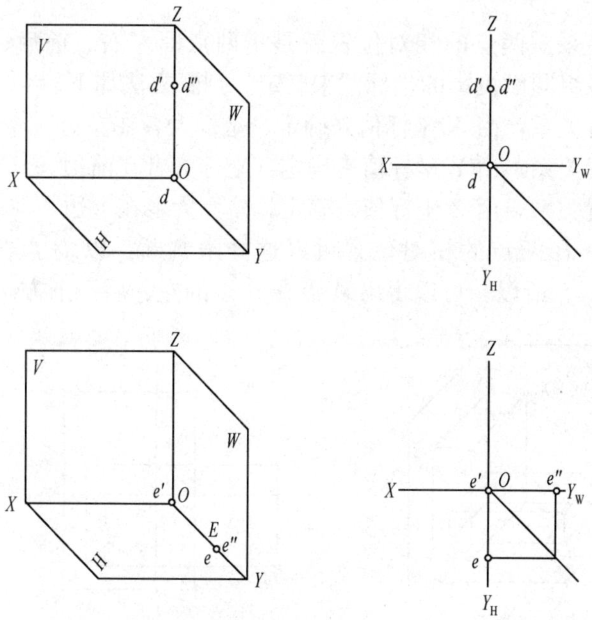	点的两个坐标值为零。点的两面投影在投影轴上，另一面投影与原点重合
在原点	点的3个坐标值都为零。点的3个投影与空间点都重合在原点上	

应用实例 2-3

如图2.21(a)所示，已知点A的两面投影(a'、a'')，求作第三面投影a。

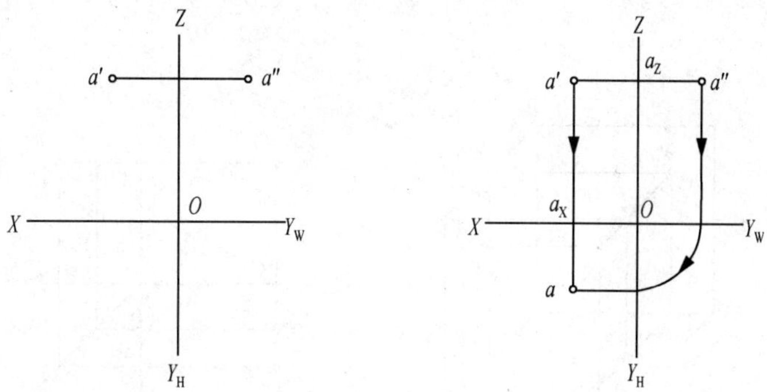

(a)　　　　　　　　　　(b)

图2.21　已知点的两面投影求其第三面投影

分析：点的每一面投影，都反映了它的两个坐标，其两面投影就包含了点的3个坐标，这样就可以利用点的投影与坐标的关系求出点的第三面投影。

作图：

(1) 根据点的投影规律，过a'作OX轴的垂线，a必然在这条垂线上；

(2) 因为 $Y_A=aa_X=a''a_Z$，如图 2.21(b)所示，自 a'' 按箭头所指方向连线，使与 aa' 交于 a，a 即为所求。

5) 两点的相对位置

(1) 两点相对位置关系。两点的相对位置就是指两点间左右、前后、上下的位置关系，可以通过投影图上各组同面投影的坐标差来确定。判断方法如下。

两点间的左、右位置关系，由 X 坐标值来确定，坐标大者在左边。

两点间的前、后位置关系，由 Y 坐标值来确定，坐标大者在前边。

两点间的上、下位置关系，由 Z 坐标值来确定，坐标大者在上边。

如图 2.22 所示，A、B 两点的相对位置可以这样来判断：以 B 点为基准点，已知 $x_A>x_B$、$y_A<y_B$、$z_A<z_B$，所以，可以得出 A 点在 B 点的左、后、下方。

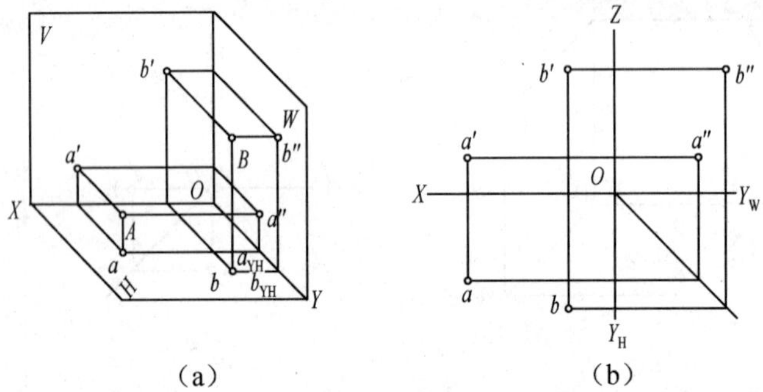

图 2.22　空间两点的相对位置

(2) 重影点。当两点的两个坐标相等时，该两点位于同一投射线上，它们在投射线所垂直的投影面上的投影是重合的，这两个点就称为该投影面的一对重影点。利用这对点不同的坐标值，就可以判断这对重影点的可见性。如图 2.23(a)所示，E、F 两点 $X_e=X_f$、$Z_e=Z_f$，位于垂直 V 面的同一条投射线上，e' 和 f' 重合，由于 $Y_e>Y_f$，这表示点 E 位于点 F 的前方。根据“前遮后”的原则，可判断 e' 可见，f' 不可见，用（f'）表示，如图 2.23(b)所示。

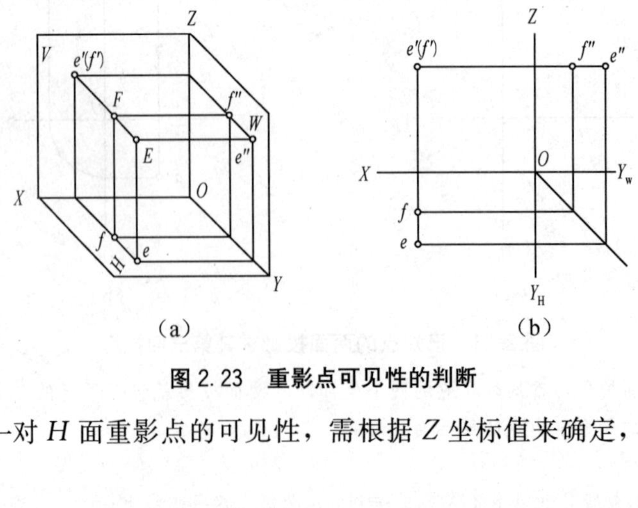

图 2.23　重影点可见性的判断

同理：判断一对 H 面重影点的可见性，需根据 Z 坐标值来确定，Z 坐标大者可见，即“上遮下”；

判断一对 W 面重影点的可见性，需根据 X 坐标值来确定，X 坐标大者可见，即“左遮右”。

应用实例 2-4

如图 2.24(a)所示为点 A 的三面投影，已知点 B 在点 A 的左方 15mm、后方 5mm、上方 10mm，点 C 在点 A 的正后方 10mm 处，试求作 B、C 两点的三面投影。

分析：题中给出的 B、C 与 A 点的相互位置，即为这两点与 A 点的坐标差，利用坐标差就可以确定 B、C 点的投影。

作图：

(1) 自 a_X、a_{YH}、a_Z 分别向左、向后、向上量取 15mm、5mm、10mm，得到 b_X、b_{YH}、b_Z。

(2) 根据点的投影规律，作出 B 点的三面投影 b、b'、b''。如图 2.24(b)所示。

(3) 从 A 的水平投影 a 沿 aa_X 方向量取 10mm，得到 c。

(4) $ac=c_{YH}$，根据投影关系求出 c''。

(5) C 点的正面投影 c' 与 a' 重合，为一对重影点，a' 可见，c' 不可见，如图 2.24(c)所示。

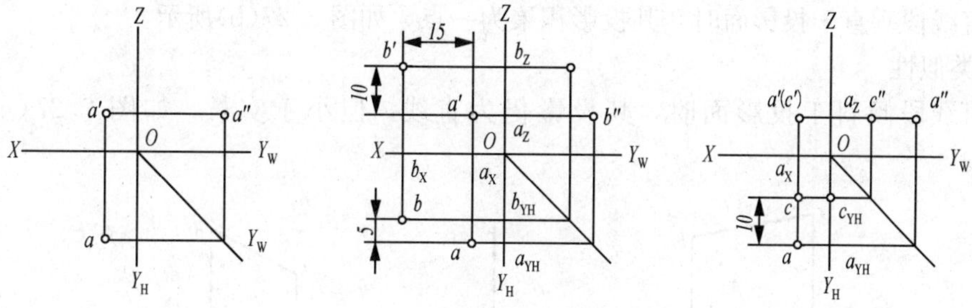

(a)　　(b)　　(c)

图 2.24　根据点的相对位置确定点的三面投影

2.1.3　直线的投影

1. 直线的投影

直线可以看成点按照一定的方向运动所形成的轨迹。因此，直线是由无数个点组成的，直线的投影可看作直线上所有点在投影面上投影的集合。从几何角度看，直线的投影是过直线上各点向投影面作投射线，各投射线所形成的平面与投影面的交线。由于两点可以确定一条直线[图 2.25(a)]，要作空间直线 AB 的投影，只要做出其上面的任意两个点 A、B 在投影面 H 的投影 a、b，然后，连接 ab 即为 AB 在面 H 的投影。由于直线是可以向两端无限延长的，为了方便研究问题，通常用直线上的一段线段，例如 AB 来表示直线，用 AB 的投影 ab 表示该直线的投影，如图 2.25(b)所示。在三面投影中，如图 2.26 所示，只需分别连接直线 AB 上两端点的同面投影 ab、$a'b'$、$a''b''$，即得直线 AB 的三面投影。

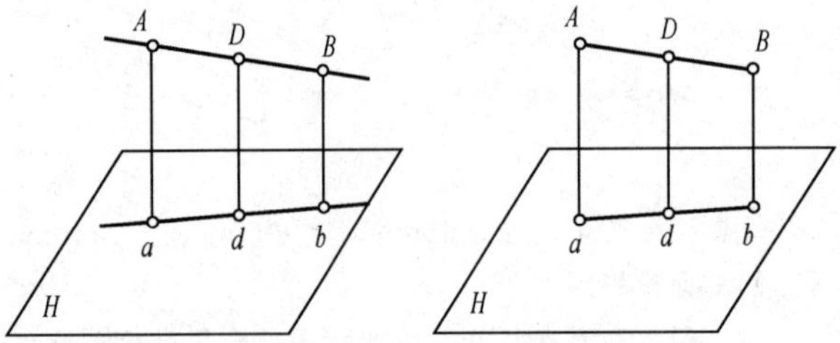

(a) 直线在平面上的投影 (b) 线段在平面上的投影

图 2.25 直线投影图

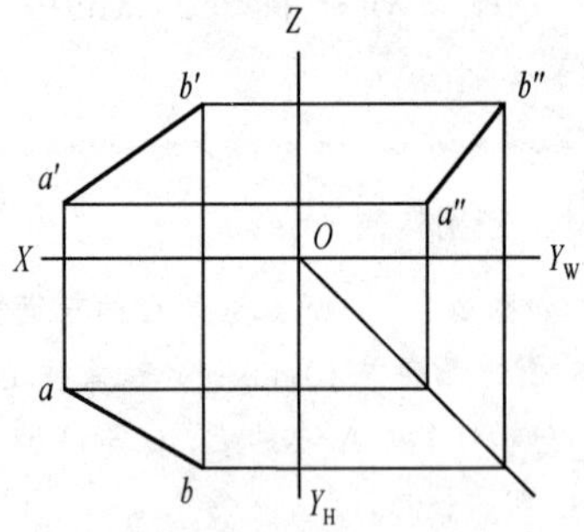

图 2.26 直线的三面投影图

2. 直线的投影特性

1) 真实性

当直线段平行于投影面时，其投影反映实长，如图 2.27(a)所示，$ab=AB$。

2) 积聚性

当直线段垂直于投影面时，其投影积聚为一点，如图 2.27(b)所示。

3) 类似性

当直线段倾斜于投影面时，其投影仍为直线，但小于实长，如图 2.27(c)所示，$ab<AB$。

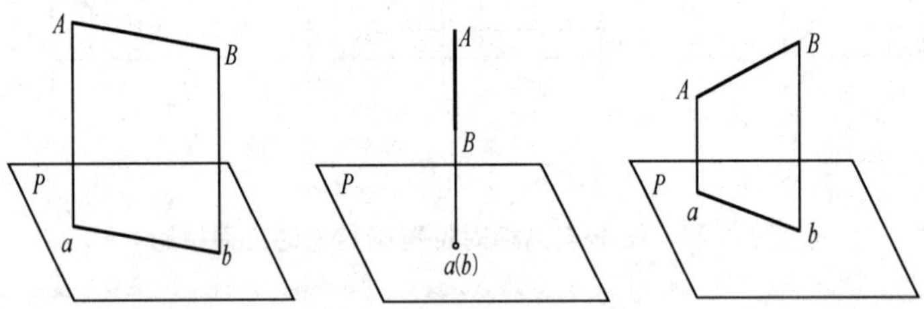

(a) 真实性 (b) 积聚性 (c) 类似性

图 2.27 直线投影的基本性质

3. 直线上的点的投影特性

由于直线的投影可看作直线上所有点在投影面上投影的集合，因此，直线上点的投影有下列特性。

1) 从属性

若点在直线上，则点的投影必在直线的同面投影上。

2) 定比性

若点在直线上，则点分割直线段之比，等于投影后点分割直线段之比。如图 2.28 所示，即 $AC:CB=ac:cb=a'c':c'b'=a''c'':c''b''$。上述两点反之亦成立。

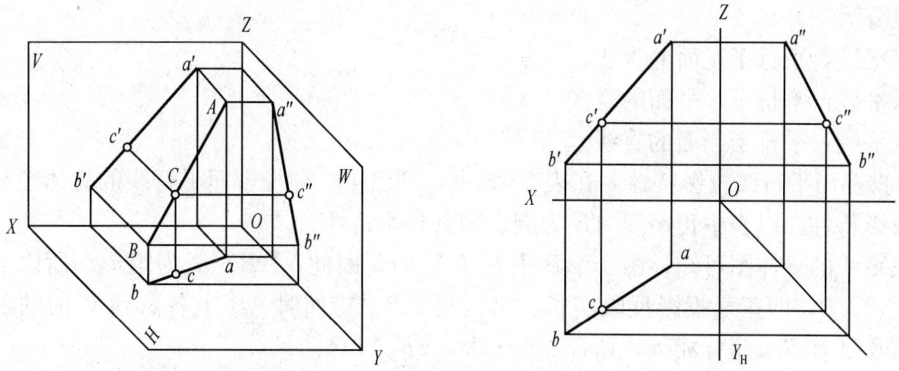

（a）立体图　　　　（b）投影图

图 2.28　直线上点的投影特性

应用实例 2－5

如图 2.29(a)、(b)所示，作出分线段 AB 为 1∶4 的点的两面投影。

分析：

由直线上点的投影特性，可将 AB 的一个投影分为 1∶4，然后，得出点 C 的另一投影。

作图：

(1) 如图 2.29(c)所示，由 a 作任意直线，在其上量取 5 个单位长度，得 B_0。

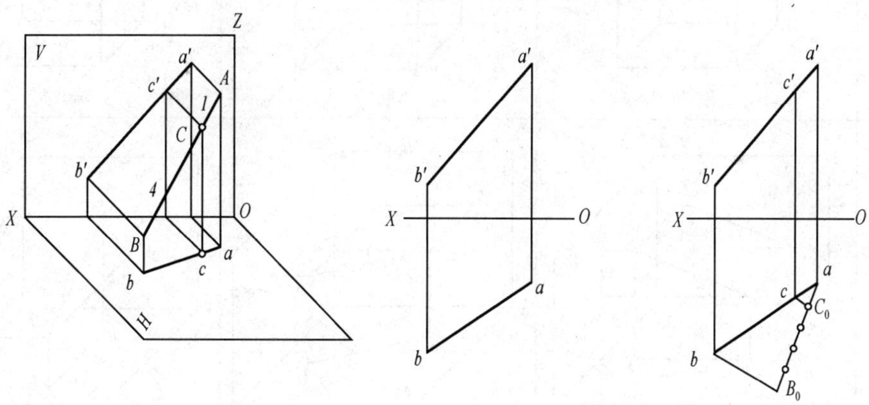

（a）　　　　（b）　　　　（c）

图 2.29　求分线段 AB 为 1∶4 的点

(2) 在 aB_0 上取 C_0 使 $aC_0 : C_0B_0 = 1:4$，连接 B_0 和 b，作 $C_0c /\!/ B_0b$ 与 ab 相交得点 C 的水平投影 c。

(3) 由 c 作垂直于 OX 轴的投影线，与 $a'b'$ 相交得点 C 的正面投影 c'。

4. 各种位置直线的投影特性

直线按与投影面相对位置可分为 3 类：投影面平行线、投影面垂直线、一般位置直线。前两类又统称为特殊位置直线。直线和投影面的夹角称为直线对投影面的倾角，通常用 α、β、γ 分别表示直线对面 H、V、W 的倾角。

1) 投影面平行线

(1) 投影面平行线。只平行于一个投影面的直线称为投影面平行线，见表 2－2。投影面平行线分为三种。

①正平线：平行于正面的直线。

②水平线：平行于水平面的直线。

③侧平线：平行于侧面的直线。

(2) 投影面平行线投影特性。在表 2-2 中，列出了 3 种投影面平行线的立体图、投影图及其投影特性。以表中正平线 AB 为例说明其投影特性。

由正平线的立体图可知：由于 AB 平行于 V 面，因此，$ABb'a'$ 为矩形，所以 $a'b'/\!/AB$，$a'b'=AB$，即正面投影反映实长。又因为 $AB/\!/V$ 面时 AB 上各点到 V 面的距离相等，也就是其各点 y 坐标相等，所以 $ab/\!/OX$，$a''b''/\!/OZ$。

而 $ab=AB\cos\alpha<AB$，$a''b''=AB\cos\gamma<AB$，即 AB 的水平面投影 $ab/\!/OX$ 轴，侧面投影 $a''b''/\!/OZ$ 轴，且小于实长。

由于 $a'b'/\!/AB$，$ab/\!/OX$，$a''b''/\!/OZ$，因此，$a'b'$ 与 OX 轴的夹角，是 AB 对 H 面的真实倾角 α；$a'b'$ 与 OZ 轴的夹角，是 AB 对 W 面的真实倾角 γ。

表 2-2　投影面平行线投影特性

名　称	正平线	水平线	侧平线
实例图	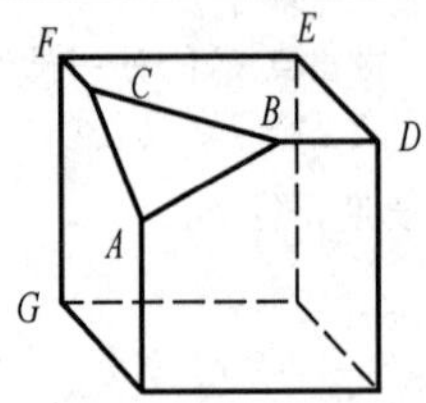 正平线AB	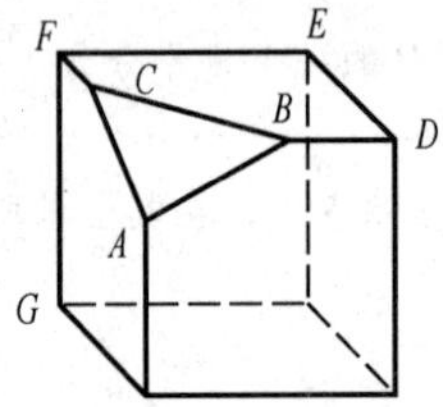 水平线BC	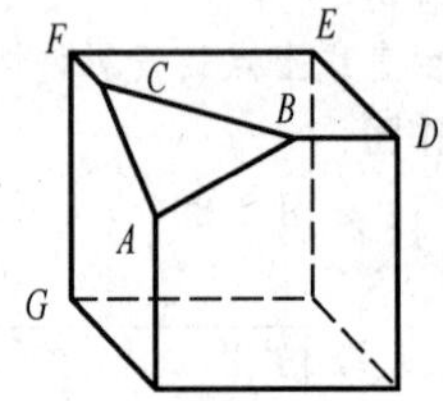 侧平线AC
立体图	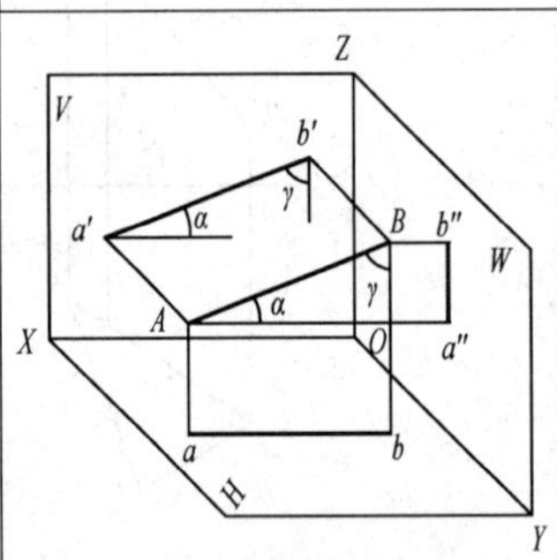 正平线AB	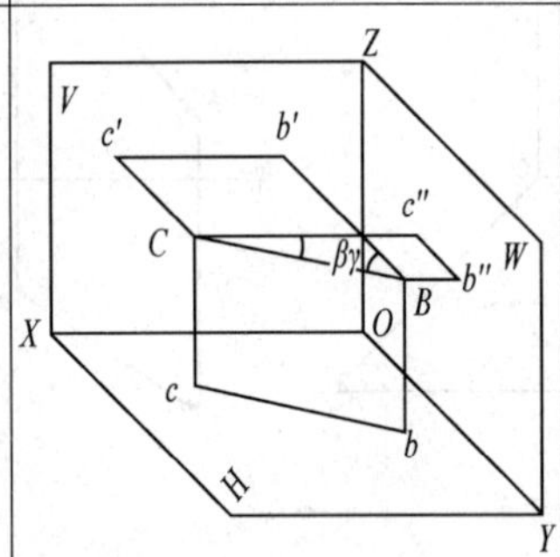 水平线BC	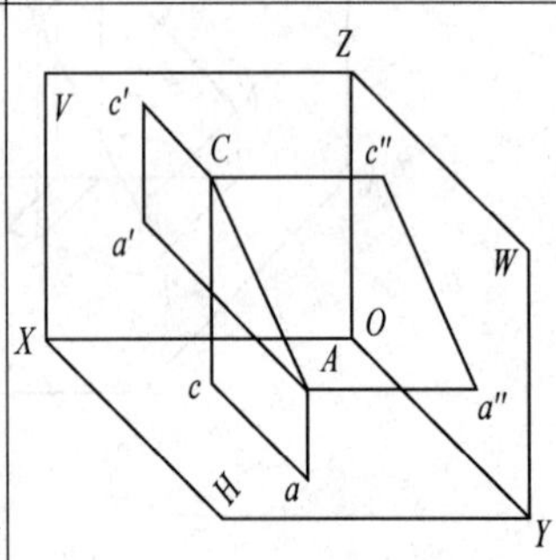 侧平线AC
投影图	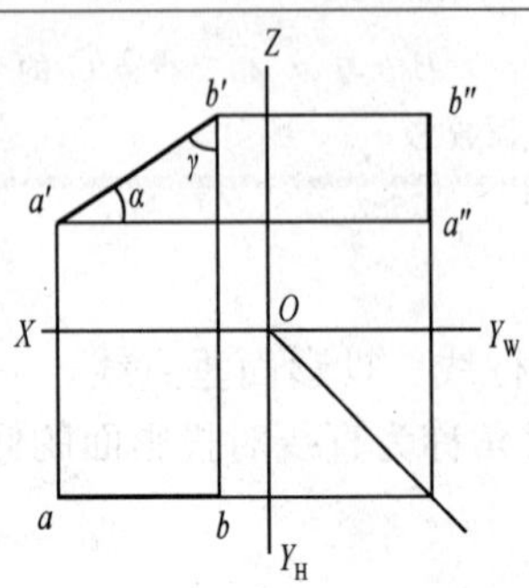 正平线AB	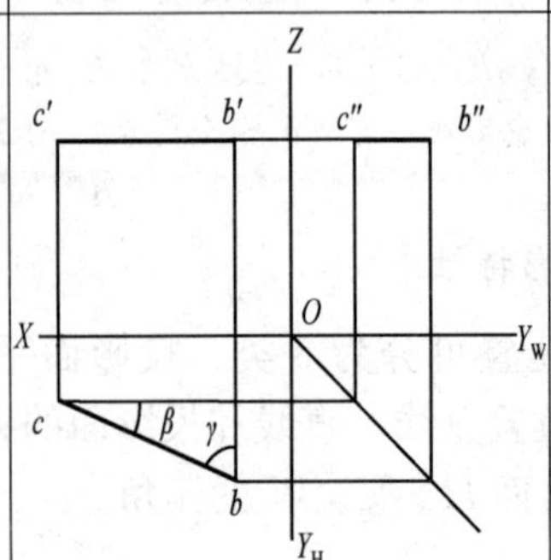 水平线BC	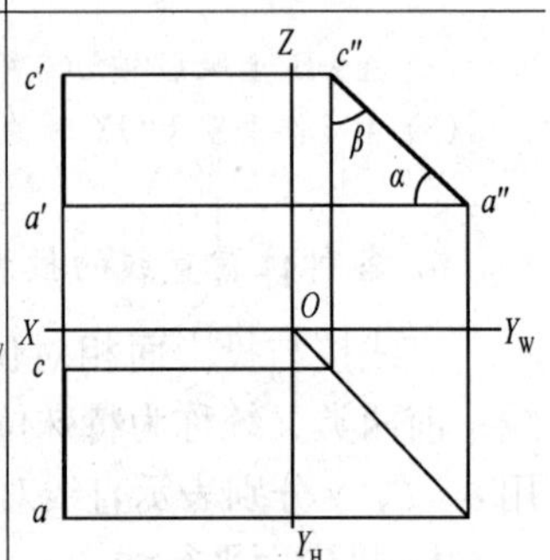 侧平线AC

续表

名　称	正平线	水平线	侧平线
投影特性	(1)其正面投影反映实长，与 OX、OZ 的夹角，分别是对 H 面、W 面的真实倾角 α、γ； (2) 水平面投影 $ab \parallel OX$ 轴，侧面投影 $a''b'' \parallel OZ$ 轴，且小于实长	(1) 其水平面投影反映实长，与 OX、OY_H 的夹角，分别是对 V 面、W 面的真实倾角 β、γ； (2) 正面投影 $c'b' \parallel OX$ 轴，侧面投影 $c''b'' \parallel OY_W$ 轴，且小于实长	(1) 其侧面投影反映实长，与 OZ、OY_W 的夹角，分别是对 V 面、H 面的真实倾角 β、α； (2) 正面投影 $a'c' \parallel OZ$ 轴，水平面投影 $ac \parallel OY_H$ 轴，且小于实长

因此，正平线的投影特性如下。

① 其正面投影反映实长，与 OX、OZ 的夹角，分别是对 H 面、W 面的真实倾角 α、γ。

② 水平面投影 $ab \parallel OX$ 轴，侧面投影 $a''b'' \parallel OZ$ 轴，且小于实长。

同理可得水平线、侧平线的投影特性，见表 2-2。

综上所述，对于投影面的平行线其投影特性可归纳如下。

① 在它所平行的投影面上的投影反映实长，与相应投影轴的夹角，反映与相应的投影面的夹角。

② 其他两个投影分别平行相应的投影轴，且小于实长。

2) 投影面垂直线

(1) 投影面垂直线。垂直于一个投影面的直线，称为投影面垂直线，见表 2-3。投影面垂直线分为 3 种。

① 正垂线：垂直于正面的直线。

② 铅垂线：垂直于水平面的直线。

③ 侧垂线：垂直于侧面的直线。

(2) 投影面垂直线投影特性。在表 2-3 中，列出了 3 种投影面垂直线的立体图、投影图及投影特性。以表中正垂线 DE 为例说明其投影特性。

表 2-3　投影面垂直线投影特性

名称	正垂线	铅垂线	侧垂线
实例图	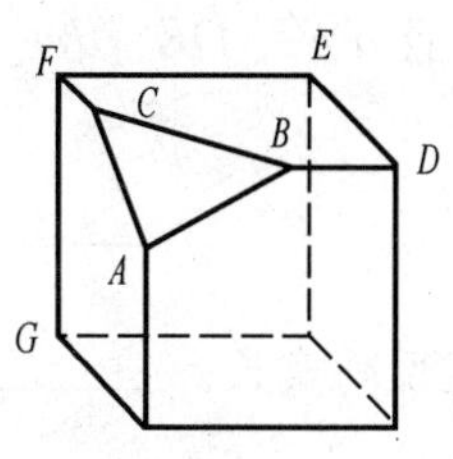 正垂线DE	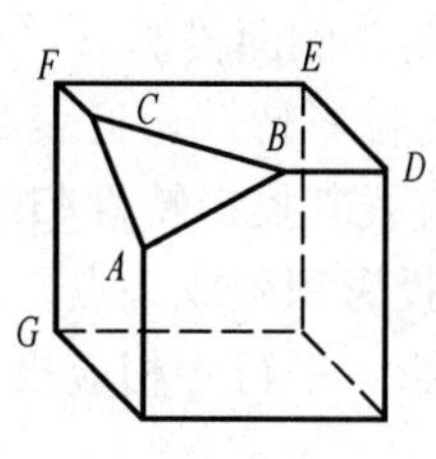 铅垂线FG	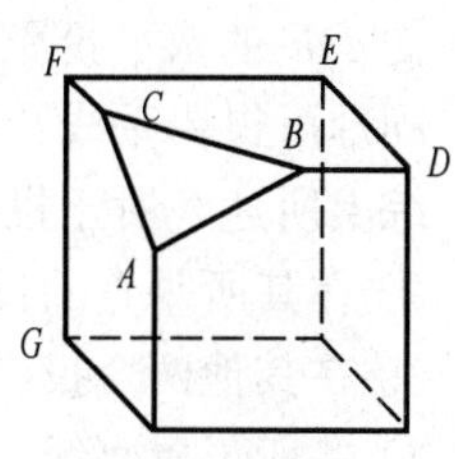 侧垂线FE

续表

名称	正垂线	铅垂线	侧垂线
立体图	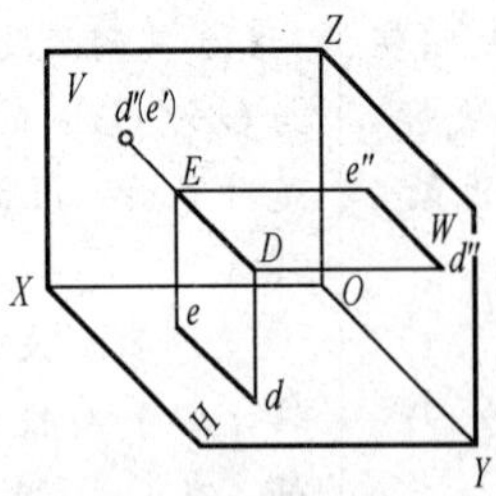 正垂线DE	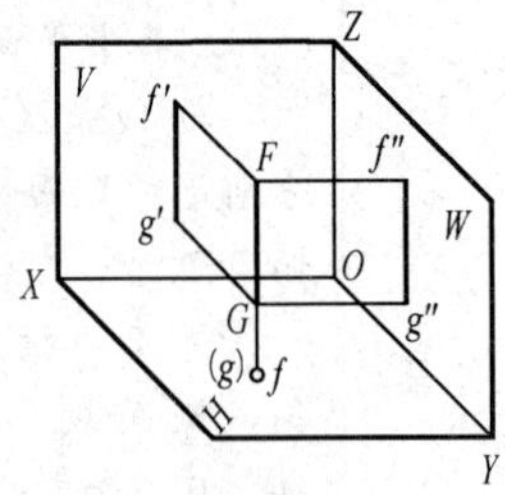 铅垂线FG	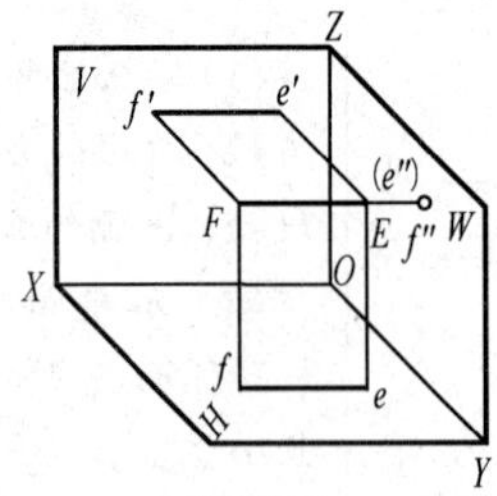 侧垂线FE
投影图	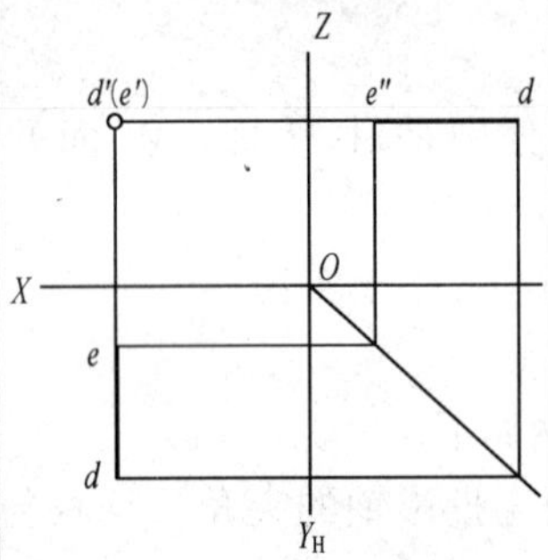 正垂线DE	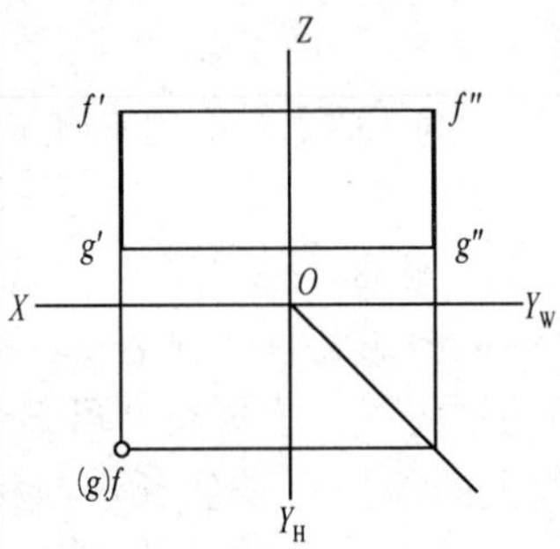 铅垂线FG	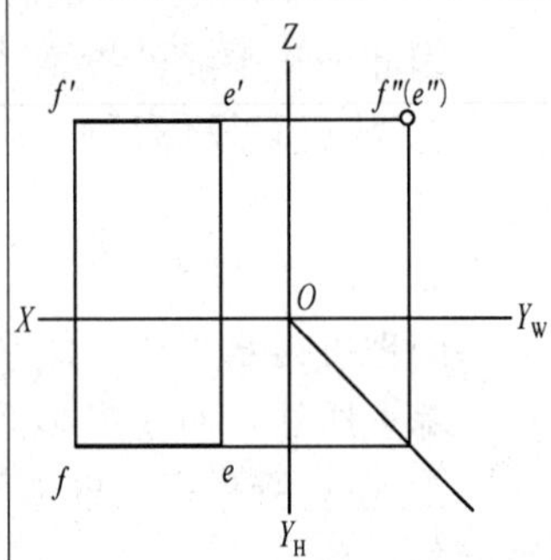 侧垂线FE
投影特性	(1) 其正面投影积聚成一个点； (2)DE 的水平面投影 de // OY_H，侧面投影 $d''e''$ // OY_W，且 $d''e''=DE$、$de=DE$	(1) 其水平面投影积聚成一个点； (2)FG 的正平面投影 $f'g'$ // OZ 轴，侧面投影 $f''g''$ // OZ 轴，且 $f'g'=FG$，$f''g''=FG$	(1) 其侧面投影积聚成一个点； (2)EF 的正面投影 $e'f'$ // OX 轴，水平面投影 ef // OX 轴，且 $e'f'=EF$，$ef=EF$

在正垂线 DE 的立体图中，由于 DE⊥面 V，所以其正面投影 $d'e'$ 积聚成一点，而 DE//W 面，DE//H 面，DE 上各点的 X 坐标、Z 坐标分别相等，所以 de//OY_H，$d''e''$ // OY_W，且 $de=DE$、$d''e''=DE$。

因此，正垂线的投影特性如下。

① 在正面投影积聚成一个点。

② DE 的水平投影 de // OY_H，侧面投影 $d''e''$ // OY_W，且 $d''e''=DE$、$de=DE$。

同理可得铅垂线、侧垂线的投影特性，见表 2-3。

综上所述，对于投影面垂直线其投影特性归纳如下。

① 在其所垂直的投影面的投影积聚成一点。

② 在其他两个投影面的投影，平行于相应投影轴，且反映实长。

3）一般位置直线

一般位置直线是与 3 个投影面都倾斜的直线，如图 2.30 所示。其三面投影的长度均缩短，AB 的各面投影与投影轴的夹角，不反映 AB 与投影面的真实倾角。其投影特性如下。

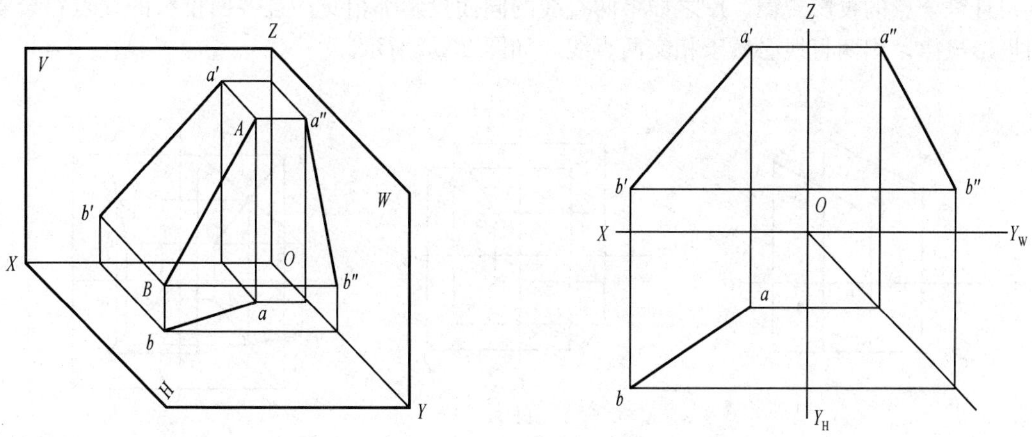

图 2.30　一般位置直线

(1) 3 个投影都倾斜于投影轴。

(2) 投影长度小于直线实长。

(3) 投影与投影轴的夹角，不反映直线对投影面的倾角。

5. 两直线的相对位置

空间两直线的相对位置有平行、相交和交叉 3 种情况。前两种位置的直线称为共面直线，后一种位置的直线称为异面直线。

1) 两直线平行

若空间两直线平行，则它们的同面投影必然互相平行；反之，如果两直线的同面投影互相平行，则空间两直线必平行，如图 2.31 所示。

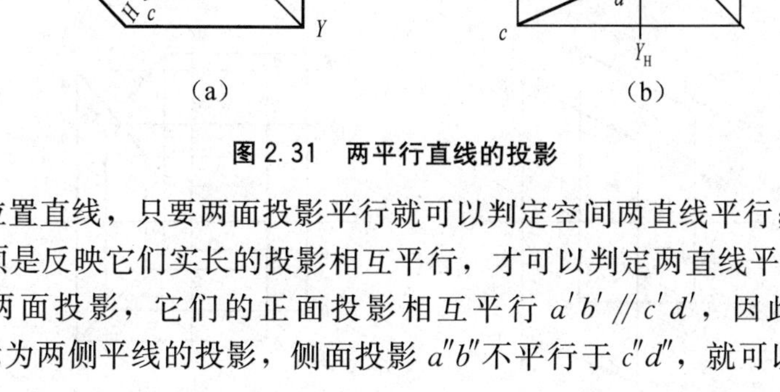

图 2.31　两平行直线的投影

对于一般位置直线，只要两面投影平行就可以判定空间两直线平行；而对于投影面平行线，则必须是反映它们实长的投影相互平行，才可以判定两直线平行。图 2.32(a)为两正平线的两面投影，它们的正面投影相互平行 $a'b' /\!/ c'd'$，因此 $AB /\!/ CD$；而图 2.32(b)所示为两侧平线的投影，侧面投影 $a''b''$不平行于 $c''d''$，就可以断定两侧平线不平行。

2) 两直线相交

若两直线相交，则两直线的同面投影必相交，交点同时属于两直线，为两直线的共有点，且符合点的投影规律。反之如果两直线的同面投影都相交，且各面投影的交点符合点的投影规律，则两直线必属于相交两直线，如图 2.33 所示。

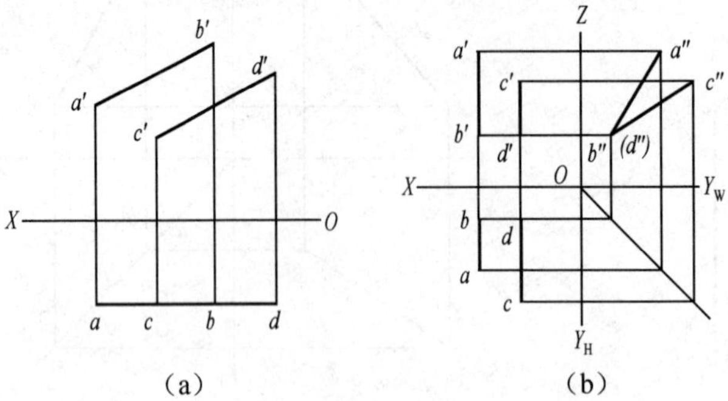

图 2.32　判断两条投影面平行线是否平行

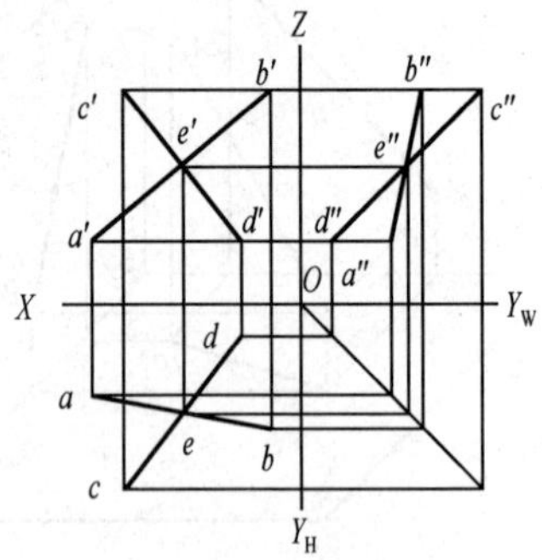

图 2.33　两直线相交

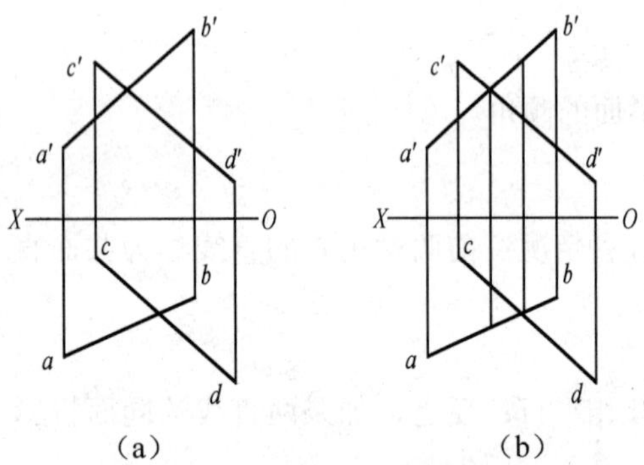

图 2.34　判断空间两直线是否相交

应用实例 2-6

如图 2.34(a) 所示，试判断直线 *AB* 和 *CD* 是否相交。

分析：由图 2.34(b)可知，两直线的两面投影各自相交，若其交点符合点的投影规律，才可确定两直线为相交两条直线。

通过对 *AB* 和 *CD* 两直线投影关系的分析可知，两直线投影的交点不符合点的投影规律，因此，*AB* 和 *CD* 两直线为不相交。

3）两直线交叉

既不平行，又不相交的两条直线称为交叉两直线。如图 2.32(b)、2.34、2.35 所示。

交叉两直线的投影可能有一组或两组是平行的，但决不会 3 组同面投影都互相平行，如图 2.35 所示。

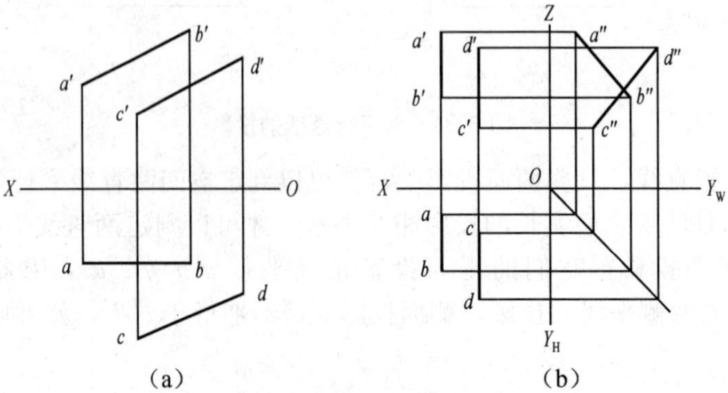

图 2.35　交叉两直线的投影(一)

交叉两直线的投影可以有一组、两组甚至3组是相交的，但它们的交点一定不符合点的投影规律。若其中有一直线为投影面平行线时，则一定要检查直线在3个投影面上的投影交点是否符合点的投影规律，如图2.36(a)所示。

如图2.36(b)所示，*ab* 和 *cd* 的交点实际上是 *AB* 上Ⅰ点与 *CD* 上Ⅱ点的重合投影，Ⅰ、Ⅱ称为对 *H* 面的一对重影点。由于 $Z_1>Z_2$，所以从 *H* 面上的投影，1可见，2是不可见的。同理，Ⅲ、Ⅳ点的可见性也可判断，读者可自己分析。

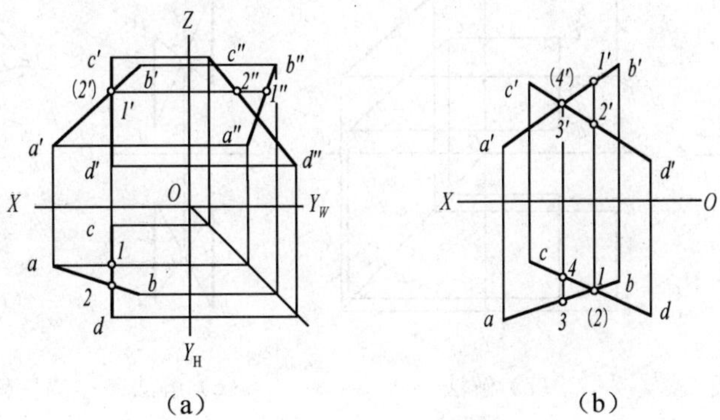

图2.36　交叉两直线的投影(二)

应用实例2-7

如图2.37(a)所示，判断两侧平线的相对位置。

分析：

由于是两侧平线，有左右距离差，它们一定不相交。

解法一

作图：

如图2.37(b)所示，添加 *W* 面，将两面投影添加成三面投影，作出直线 *AB*、*CD* 的 *W* 面的投影 $a''b''$ 和 $c''d''$。如两者平行，则 *AB*//*CD*；否则 *AB* 和 *CD* 交叉。按作图结果图2.37(b)所示，可判定*AB*//*CD*。

解法二

作图：

假设两侧平线 *AB*、*CD* 是两条平行线，则 *AB* 和 *CD* 在一个平面内，分别连接 *AD*、*BC*，它们一定交于一点，否则，*AB*、*CD* 是两条交叉直线。如图2.37(c)所示，分别连接 $a'd'$ 和 $b'c'$、*ad* 和 *bc*。由于 $a'd'$ 和 $b'c'$ 的交点与 *ad* 和 *bc* 的交点符合点的投影特性，所以可判定 *AB*//*CD*。

此种解题方法还可进一步思考，如果连接 *AC* 和 *BD* 是否也可以？

解法三

分析：

前面已经分析过 *AB* 和 *CD* 一定不相交，那么只有平行或交叉。可以先检查 *AB* 和 *CD* 在向前或向后、向上或向下的指向是否一致。

(1) 若不一致，则 *AB* 和 *CD* 交叉；

(2) 若一致，*AB* 和 *CD* 可能平行也可能交叉；再继续检查 $a'b'$ ∶ *ab* 是否等于 $c'd'$ ∶ *cd*。如果 $a'b'$ ∶ $ab=c'd'$ ∶ *cd*，则 *AB*//*CD*；否则，*AB* 和 *CD* 交叉。

从图2.37(a)中可以看出：*AB* 和 *CD* 的方向都是向前、向下的，所以需要进一步判别 $a'b'$ ∶ *ab* 是否等于 $c'd'$ ∶ *cd*。

作图：

(1) 如图 2.37(d)所示，$a'b'$上量取$a'1=ab$；

(2) 过a'作一直线，在其上分别量取$a'2=cd$、$a'3=c'd'$；

(3) 连接 1 和 2，b'和 3。若 $12/\!/b'3$，则 $a'b':ab=c'd':cd$；即 $AB/\!/CD$。

按图 2.37(d)所示的作图结果，结论为 $AB/\!/CD$。

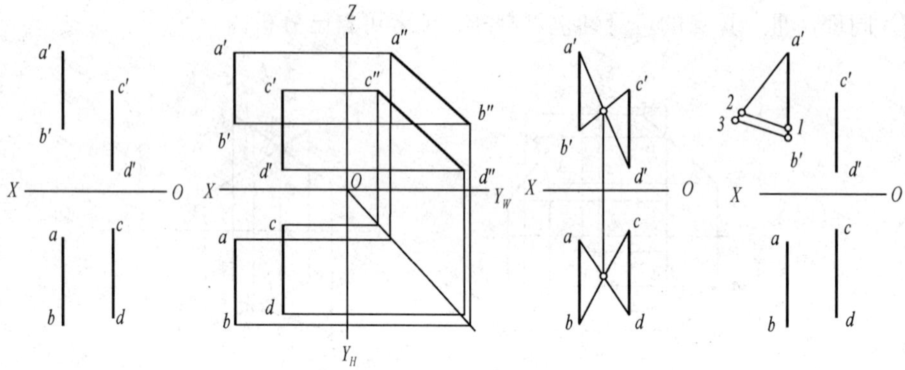

(a) 两侧平线　(b) 解法一　(c) 解法二　(d) 解法三

图 2.37　判断两直线的相对位置

2.1.4　平面的投影

1. 平面的表示法

由初等几何学可知，不在同一直线上的 3 点可以表示一个平面，如图 2.38(a)所示。由此可推广到用图 2.38(b)～(e)所表示的几何元素来表示平面。

(1) 一直线和不在该直线上的一点，如图 2.38(b)所示。

(2) 相交两直线，如图 2.38(c)所示。

(3) 平行两直线，如图 2.38(d)所示。

(4) 任意平面图形，如图 2.38(e)所示。

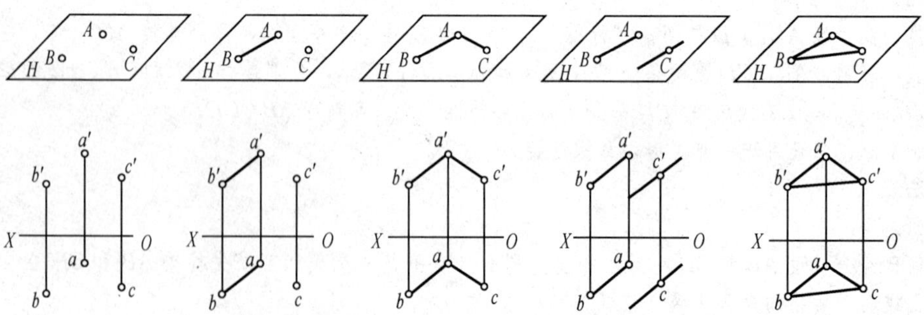

(a)　(b)　(c)　(d)　(e)

图 2.38　平面的几何元素表示法

除此之外，还可以用迹线表示一个平面。所谓迹线，是指平面与投影面的交线。平面 P 与 H 面、V 面和 W 面的交线，分别称为水平迹线、正面迹线和侧面迹线，依次用 P_H、P_V和 P_W表示，如图 2.39 所示。

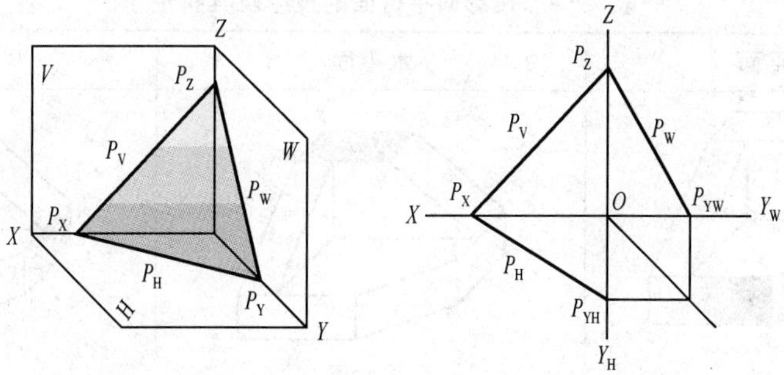

(a)　　　　　　　　(b)

图 2.39　平面迹线

2. 平面的投影特性

1) 真实性

当平面平行于投影面时，其投影反映实形，如图 2.40(a)所示，$\triangle abc=\triangle ABC$。

2) 积聚性

当平面垂直于投影面时，其投影积聚为一条直线，如图 2.40(b)所示。

3) 类似性

当平面倾斜于投影面时，其投影为原形的类似形，如图 2.40(c)所示。

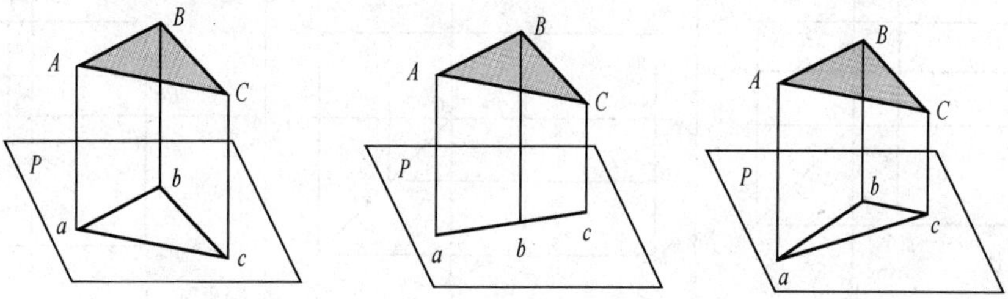

(a) 真实性　　　　(b) 积聚性　　　　(c) 类似性

图 2.40　平面投影的基本性质

3. 各种位置平面的三面投影及特性

根据平面在三投影体系中的位置可分为 3 类：投影面平行面、投影面垂直面、一般位置平面。前两种又称为特殊位置平面。

1) 投影面平行面

平行于一个投影面而与另两个投影面垂直的平面称为投影面平行面。投影面平行面又分为 3 种。

(1) 水平面。平行于 H 面的平面，垂直于 V 和 W 面。

(2) 正平面。平行于 V 面的平面，垂直于 H 和 W 面。

(3) 侧平面。平行于 W 面的平面，垂直于 V 和 H 面。

表 2-4 列举了 3 种投影面平行面的投影及其投影特性。

表 2-4　投影面平行面的投影及其特性

名称	正平面	水平面	侧平面
实例图	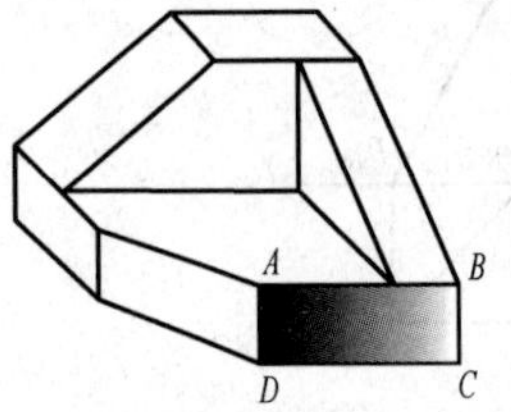 正平面ABCD	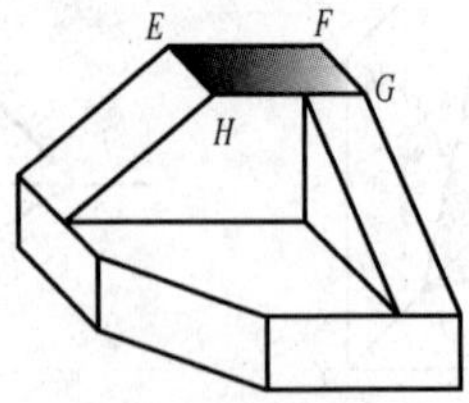 水平面EFGH	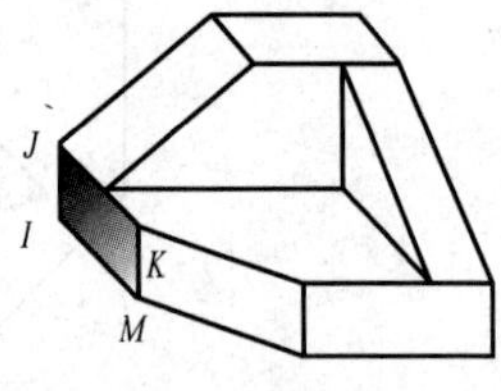 侧平面IJKM
立体图	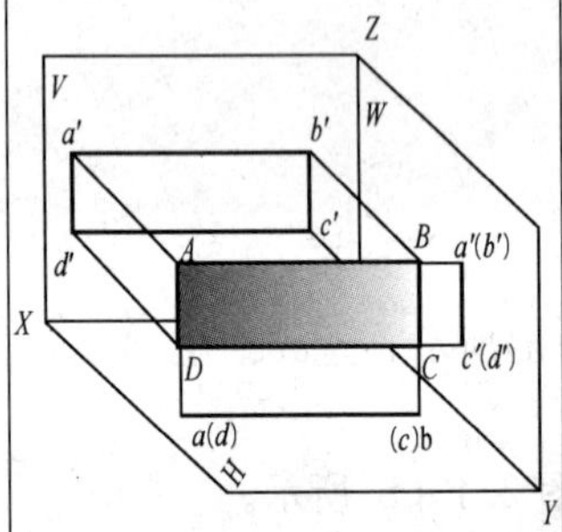 正平面ABCD	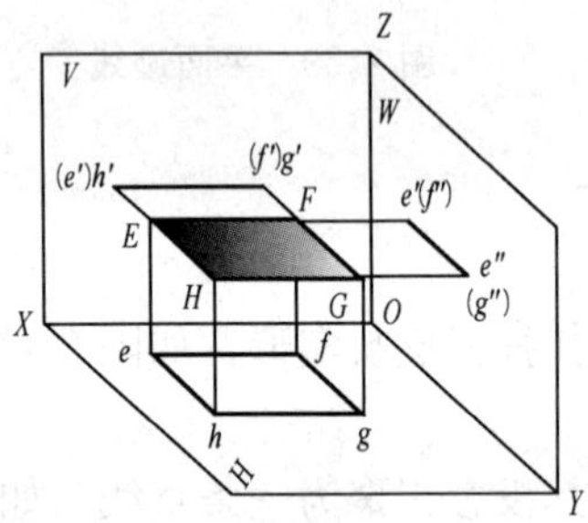 水平面EFGH	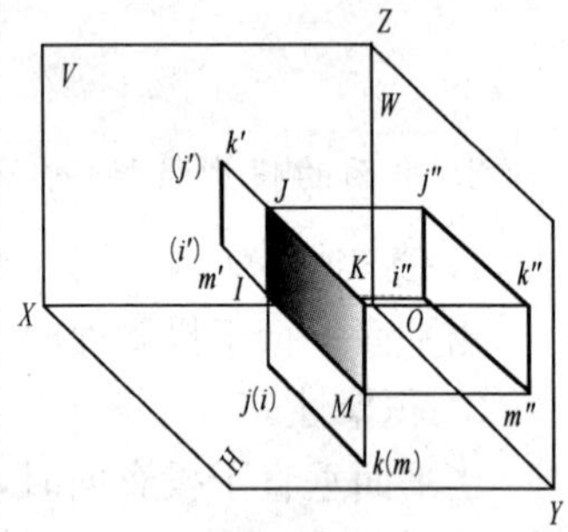 侧平面IJKM
投影图	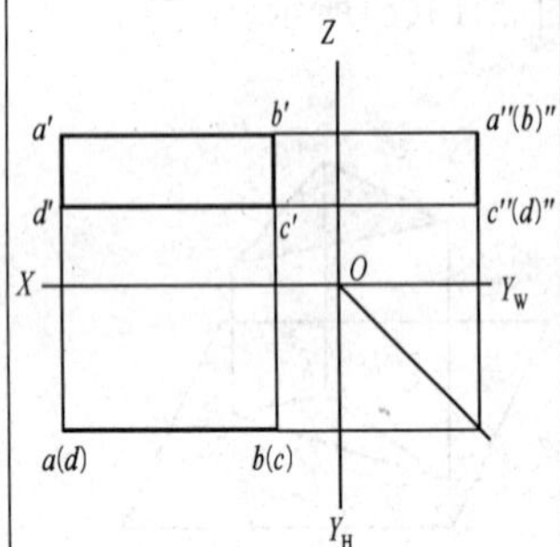	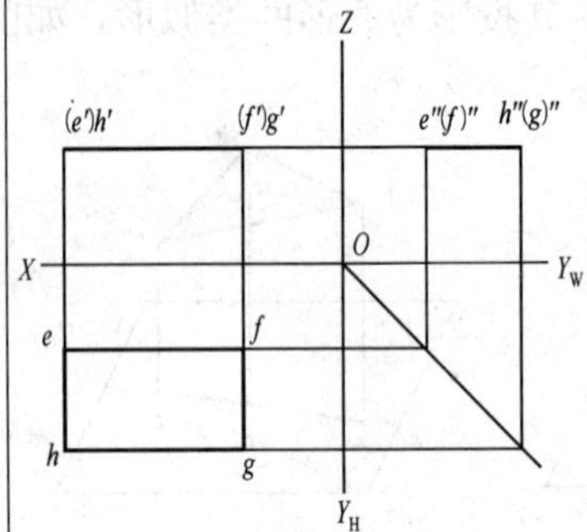	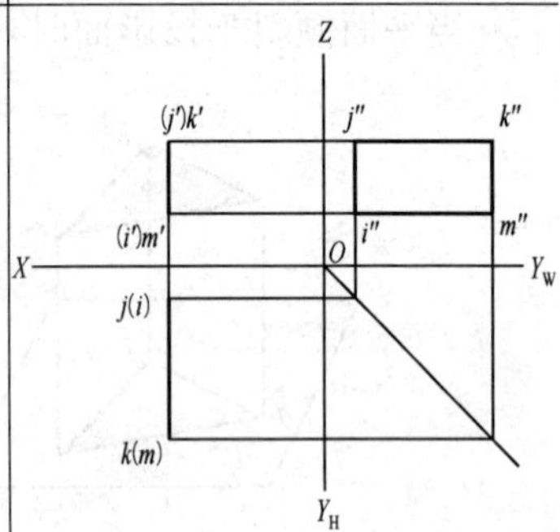
投影特性	(1) 在正面的投影反映实形；(2) 在 H 面投影积聚成一条直线，平行于 OX 轴；在 W 面投影积聚成一条直线，平行于轴 OZ	(1) 在水平面的投影反映实形；(2) 在 V 面投影积聚成一条直线，平行于 OX 轴；在 W 面投影积聚成一条直线，平行于轴 OZ	(1) 在侧面的投影反映实形；(2) 在 V 面投影积聚成一条直线，平行于 OZ 轴；在 H 面投影积聚成一条直线，平行于 OZ_H 轴

可见，对于投影面的平行面，其投影特性可归纳如下。

(1) 在它所平行的投影面上投影反映实形。

(2) 其另外两个投影积聚成直线，且平行于相应的投影轴。

2) 投影面垂直面

垂直于一个投影面而与另两个投影面倾斜的平面称为投影面垂直面。投影面垂直面又分为 3 种。

(1) 铅垂面。垂直于 H 面的平面，倾斜于 V 和 W 面。

(2) 正垂面。垂直于 V 面的平面，倾斜于 H 和 W 面。

(3) 侧垂面。垂直于 W 面的平面，倾斜于 V 和 H 面。

表 2-5 列举了 3 种投影面垂直面的投影及其投影特性。

表 2-5 投影面垂直面的投影图例及特性

名称	正垂面	铅垂面	侧垂面
实例图	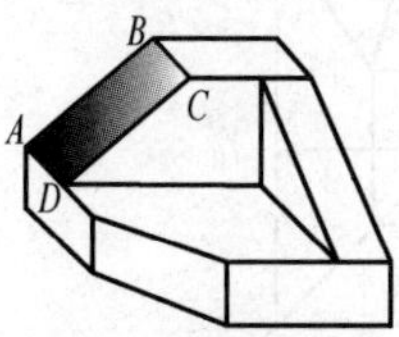 正垂面ABCD	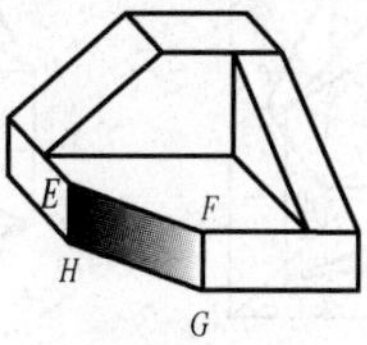 铅垂面EFGH	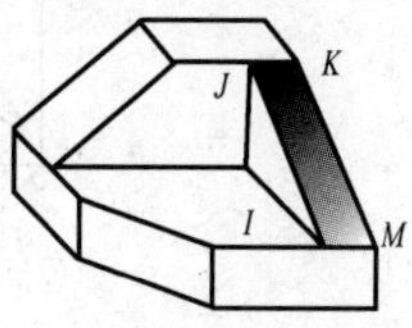 侧垂面IJKM
立体图	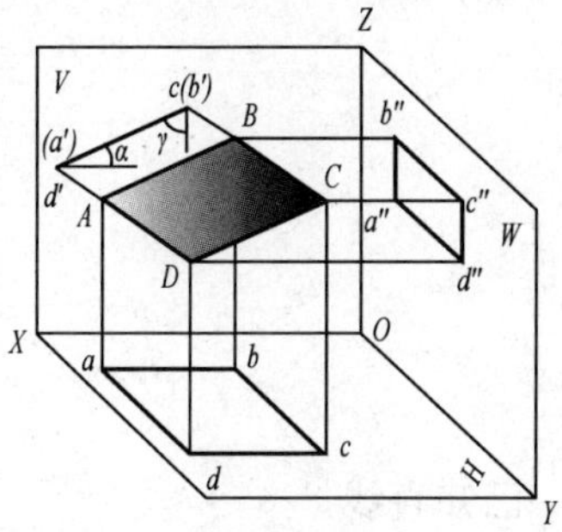 正垂面ABCD	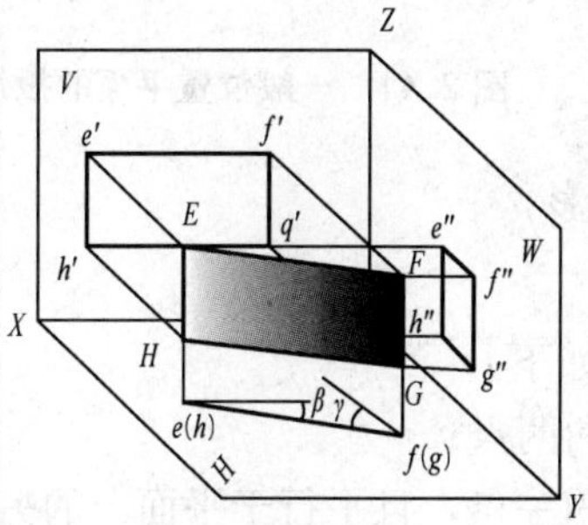 铅垂面EFGH	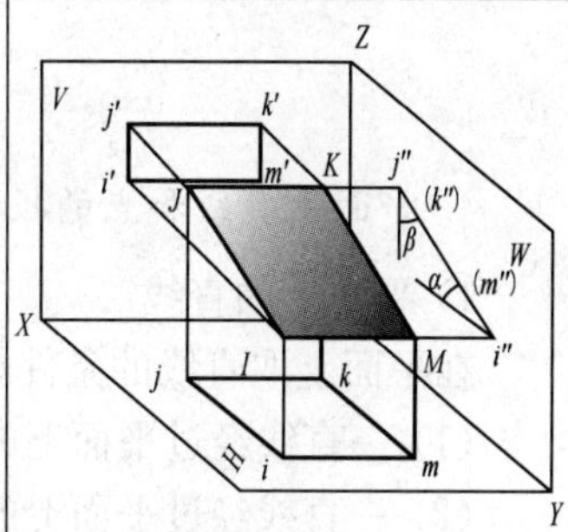 侧垂面IJKM
投影图	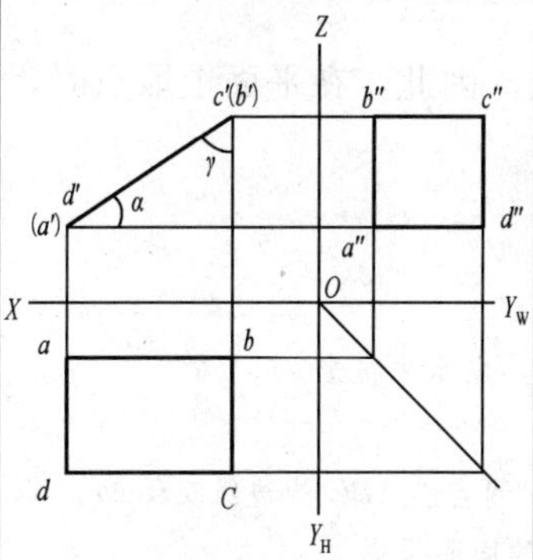	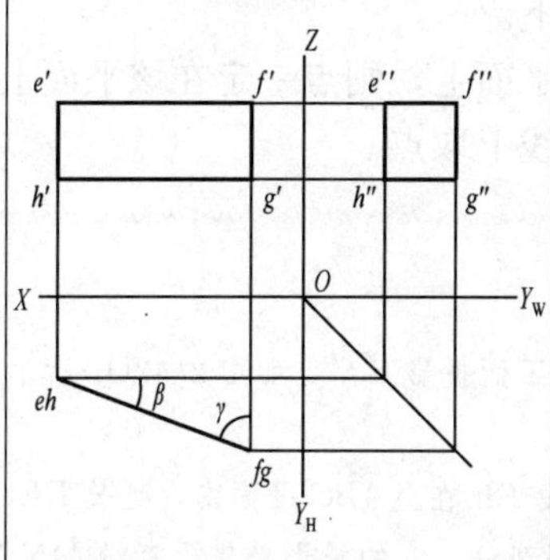	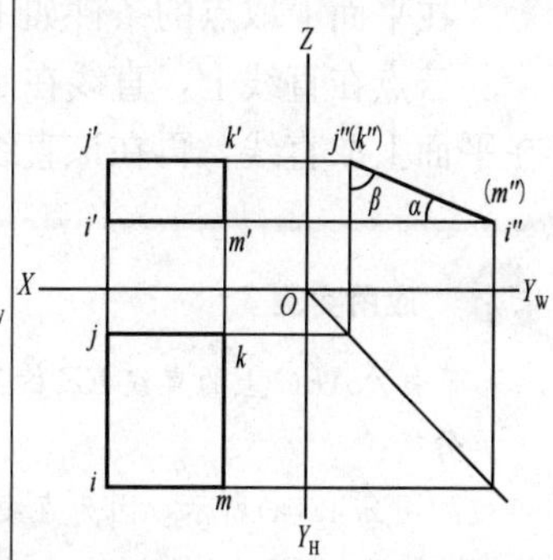
投影特性	(1) 在正面投影积聚成直线，该直线与 OX 轴的夹角反映与 H 面夹角 α，与 OZ 轴的夹角反映与 W 面夹角 γ； (2) 在水平面和侧面的投影具有类似性，且面积缩小	(1) 在水平面投影积聚成直线，该直线与 OX 轴的夹角反映与 V 面夹角 β，与 OY_H 轴的夹角反映与 W 面夹角 γ； (2) 在正面和侧面的投影具有类似性，且面积缩小	(1) 在侧面投影积聚成直线，该直线与 OY_W 轴的夹角反映与 H 面夹角 α，与 OZ 轴的夹角反映与 V 面夹角 β； (2) 正面和水平面的投影具有类似性，且面积缩小

可见，对于投影面的垂直面，其投影特性可归纳如下。

(1) 在所垂直的投影面上的投影，积聚成直线；该投影与投影轴的夹角，分别反映平面与相应投影面的夹角。

(2) 在另两投影面上的投影具有类似性，面积缩小。

3) 一般位置平面

对 3 个投影面都处于倾斜的平面称为一般位置平面。

如图 2.41 所示，由于平面$\triangle ABC$倾斜于 3 个投影面，所以它的三面投影$\triangle abc$、$\triangle a'b'c'$、$\triangle a''b''c''$均为原形的类似形，不反映实形，也不反映该平面与投影面的倾角。

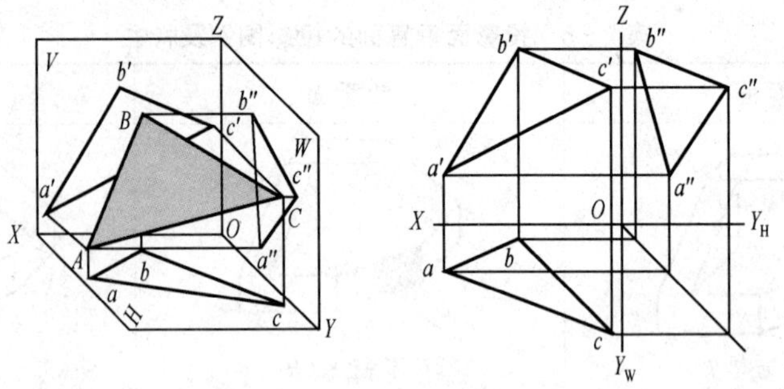

图 2.41　一般位置平面的投影

4. 平面上直线和点的投影

1）平面上的直线

在平面上取直线的条件如下。

（1）一直线经过平面上的两点；

（2）一直线经过平面上的一点，且平行于平面上的另一已知直线。

2）平面上的点

在平面上取点的条件如下。

若点在直线上，直线在平面上，则点一定在该平面上。因此，在平面上取点时，应先在平面上取直线，再在该直线上取点。

应用实例 2-8

已知$\triangle ABC$上的直线 EF 的正面投影 $e'f'$，如图 2.42(b)所示，求水平投影 ef。

分析：

如图 2.42(a)所示，因为直线 EF 在$\triangle ABC$平面内，延长 EF，可与$\triangle ABC$的边线交于 M、N，则直线 EF 是$\triangle ABC$上直线 MN 的一部分，它的投影必属于直线 MN 的同面投影。

作图：

（1）延长 $e'f'$ 与 $a'b'$ 和 $b'c'$ 交于 m'、n'，由 $m'n'$ 求得 m、n，如图 2.42(c)所示。

（2）连 m、n，在 mn 上由 $e'f'$ 求得 ef，如图 2.42(d)所示。

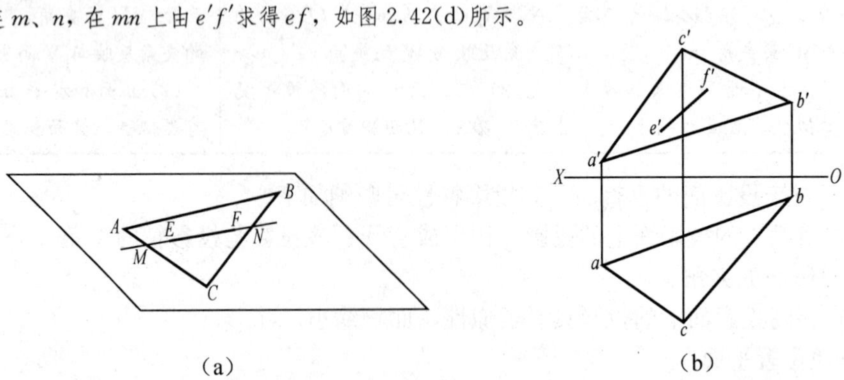

图 2.42　求作平面上的直线

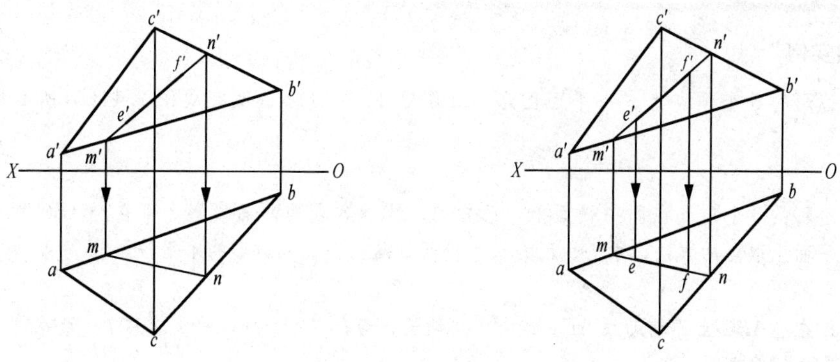

（c）　　　　　　　　（d）

图 2.42　求作平面上的直线（续）

应用实例 2－9

如图 2.43(a)所示，已知△*ABC* 上点 *E* 的正面投影 *e′* 和点 *F* 的水平投影 *f*，求作它们的另一面投影。

分析：

因为点 *E*、*F* 在△*ABC* 上，故过 *E*、*F* 在△*ABC* 平面上各作一条辅助直线，则点 *E*、*F* 的两个投影必定在相应的辅助直线的同面投影上。

作图：

(1) 如图 2.43(b)所示，过 *e′* 做一条辅助直线Ⅰ、Ⅱ的正面投影 1′2′，使 1′2′∥*a′b′*，求出水平投影 1、2；然后过 *e′* 作 *OX* 轴的垂线与 12 相交，交点 *e* 即为点 *E* 的水平投影。

(2) 过 *f* 作辅助直线的水平投影 *fa*，*fa* 交 *bc* 于 3，求出正面投影 *a′*3′，过 *f* 作 *OX* 轴的垂线与 *a′*3′ 的延长线相交，交点即为点 *F* 的正面投影 *f′*。

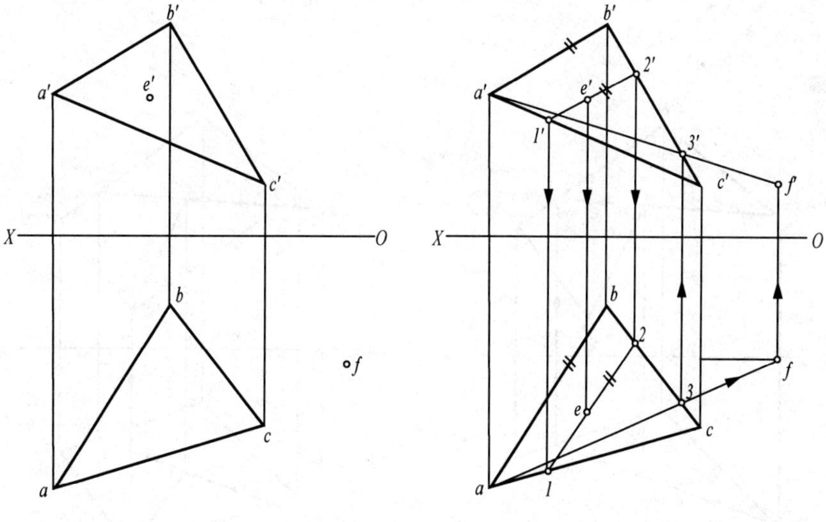

（a）　　　　　　　　（b）

图 2.43　求作平面上的点

应用实例 2-10

已知五边形的5个顶点组成一平面图形，如图2.44(a)所示。试完成图2.44(b)所示图形的水平投影。

分析：

因为五边形的5个顶点在同一平面上，已知A、B、C3点的两面投影，可在△ABC所确定的平面上，应用在平面上取点的方法，求D、E的水平投影，从而完成五边形的水平投影。

作图：

(1) 过E在△ABC上作辅助线AF：连$a'e'$并延长，与$b'c'$交于f'，由f'求得f；连af，由e'求得e，如图2.44(a)和(c)所示。

(2) 过D在△ABC上作辅助线$DG/\!/BC$：过d'作$d'g'/\!/b'c'$得g'，由g'求得g；作$dg/\!/bc$，由d'求得d，如图2.44(a)和(d)所示。

(3) 连ae、ed和dc，完成五边形$ABCDE$的水平面投影。

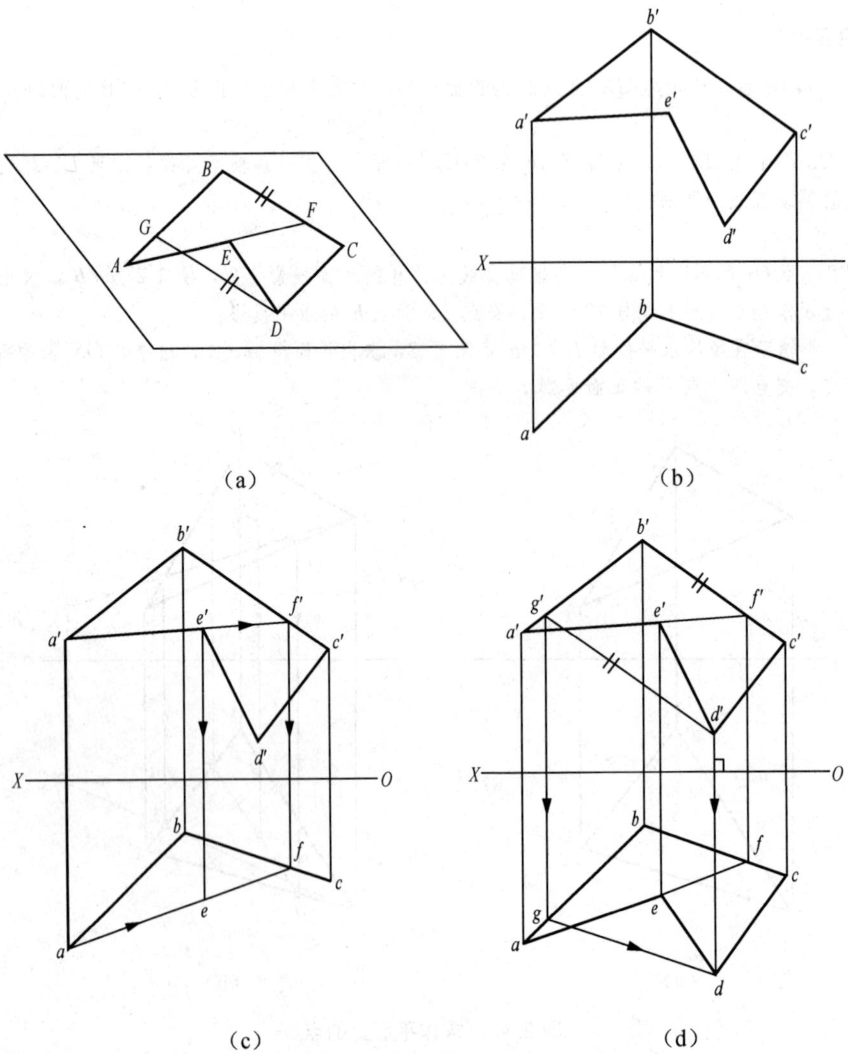

图2.44 完成五边形的投影

任务实施

1. 分析

如图 2.45(a)所示，直角弯板由 8 个平面组成。若将直角弯板按照特殊位置放置，即将底面 *BCHI* 平行于 *H* 面，右面 *GHIJ* 平行于 *W* 面，前面 *CDEFGH* 平行于 *V* 面，则可知这 8 个平面均为特殊位置平面，具体如下。

(1) 正平面：平面 *CDEFGH*(前面)和平面 *ABIJKL*(后面)。

(2) 水平面：平面 *FGJK*(上平面)、*ADEL*(中平面)、*BCHI*(下平面)。

(3) 侧平面：平面 *ABCD*(左立面)、*EFKL*(中立面)、*GHIJ*(右立面)。

分析出以上特点后，可利用特殊位置平面的投影特性分别作出各平面的三面投影，将之次第相连，即可得到直角弯板的三视图。

2. 作图

(1) 建立三面投影体系，作水平面 *BCHI* 的三面投影。水平面投影反映实形，其他两面投影集聚为直线，如图 2.45(b)所示；

(2) 作侧平面 *ABCD* 的三面投影。侧面投影反映实形，其他两面投影集聚为直线，如图 2.45(c)所示；

(3) 作水平面 *ADEL* 的三面投影。水平面投影反映实形，其他两面投影集聚为直线，如图 2.45(d)所示；

(4) 做侧平面 *EFKL* 的三面投影。侧面投影反应实形，其他两面投影集聚为直线，如图 2.45(e)所示；

(5) 作水平面 *FGJK* 的三面投影。水平面投影反映实形，其他两面投影集聚为直线，如图 2.45(f)所示；

(6) 作侧平面 *GHIJ* 的三面投影。侧面投影反映实形，其他两面投影集聚为直线，如图 2.45(g)所示；

(7) 作正平面 *CDEFGH* 和 *ABIJKL* 的三面投影。实际上这两个平面上各点的投影已经作出，并且已经按照正确顺序相连，平面投影无需再做。此两面在正平面上的投影形状相同，且重合。在水平面上和侧面上的投影集聚为直线；

(8) 去做作图痕迹，可得直角弯板的三视图如图 2.45(h)所示。

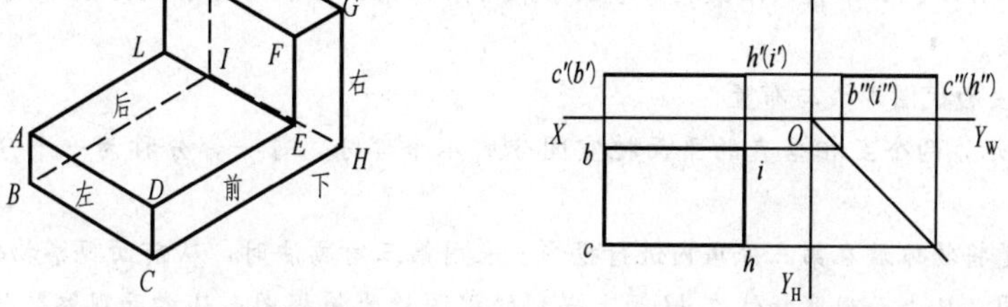

(a) 直角弯板轴测图　　(b) 作水平面BCHI的三面投影

图 2.45　直角弯板轴测图

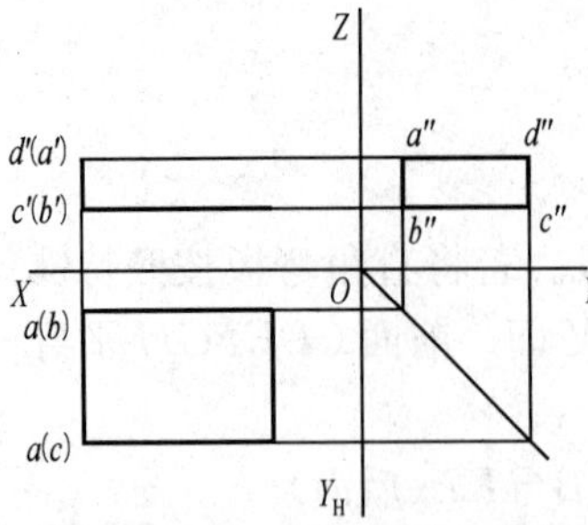

（c）作侧平面ABCD的三面投影

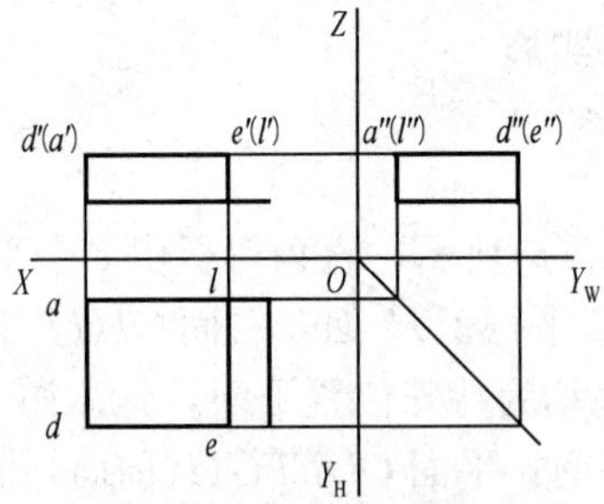

（d）作平面ADEL的三面投影

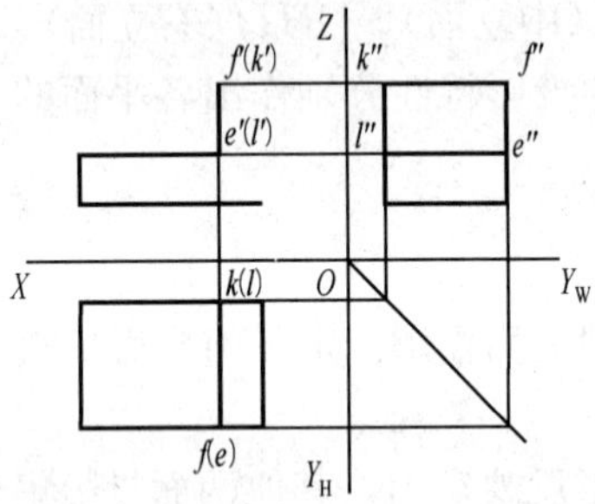

（e）作侧平面EFKL的三面投影

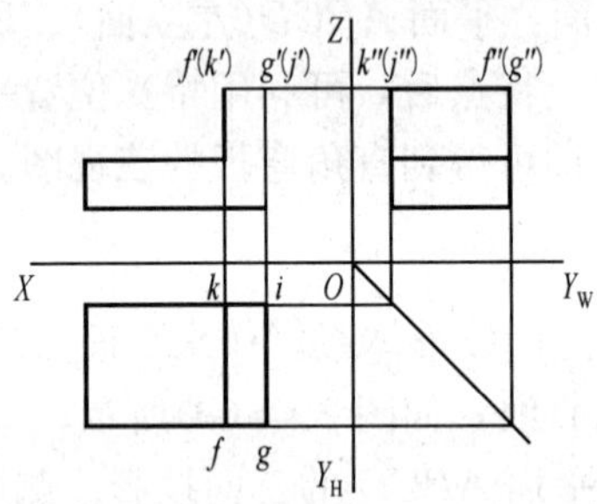

（f）作水平面FGJK的三面投影

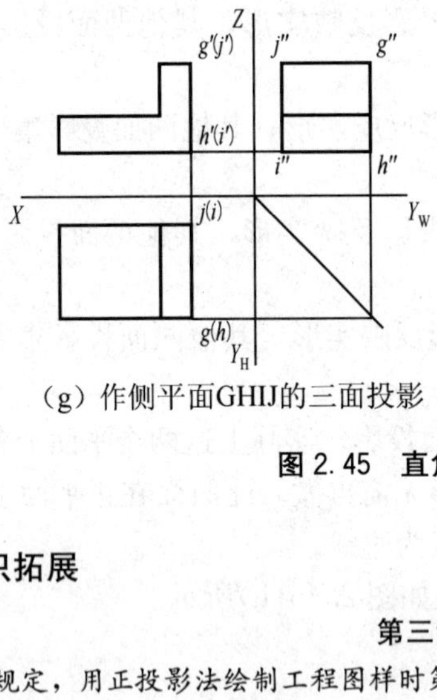

（g）作侧平面GHIJ的三面投影

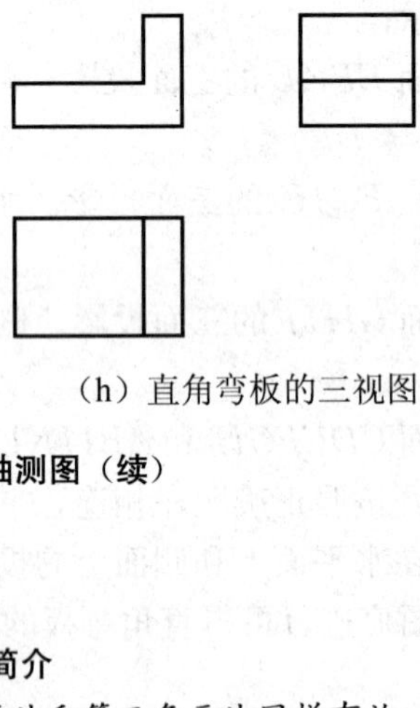

（h）直角弯板的三视图

图 2.45　直角弯板轴测图（续）

知识拓展

第三角画法简介

国家标准规定，用正投影法绘制工程图样时第一角画法和第三角画法同样有效。我国优先采用第一角画法，而美国、日本、加拿大、澳大利亚等国家采用第三角画法。为适应国际技术交流的需要，读者应了解第三角画法。

1. 第三角画法的视图形成与布置

如图 2.46 所示，两个互相垂直的平面把空间分成 4 个部分，每一部分称为一个分角，依次为Ⅰ、Ⅱ、Ⅲ、Ⅳ分角。

第三角画法是将物体放在第三分角内进行投影。采用第三角画法时，从前面观察物体在 V 面上得到的视图称为主视图；从上面观察物体在 H 面上得到的视图称为俯视图；从右面观察物体在 W 上得到的视图称为右视图。各投影面的展开方法是：V 面不动，H 面向上旋转 90°，W 面向右旋转 90°，使三投影面处于同一平面内，如图 2.47 所示。

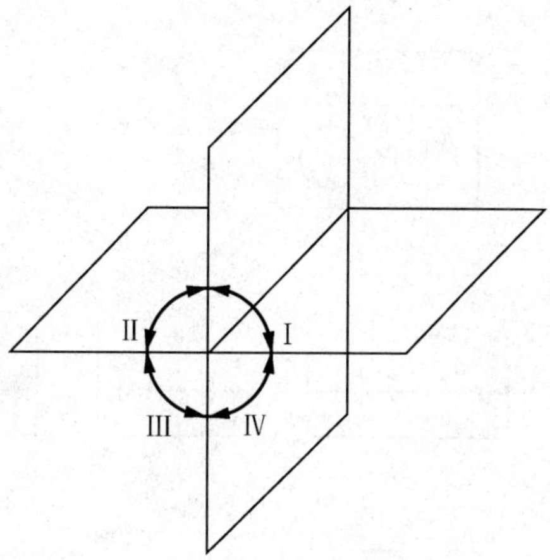

图 2.46　4 个分角

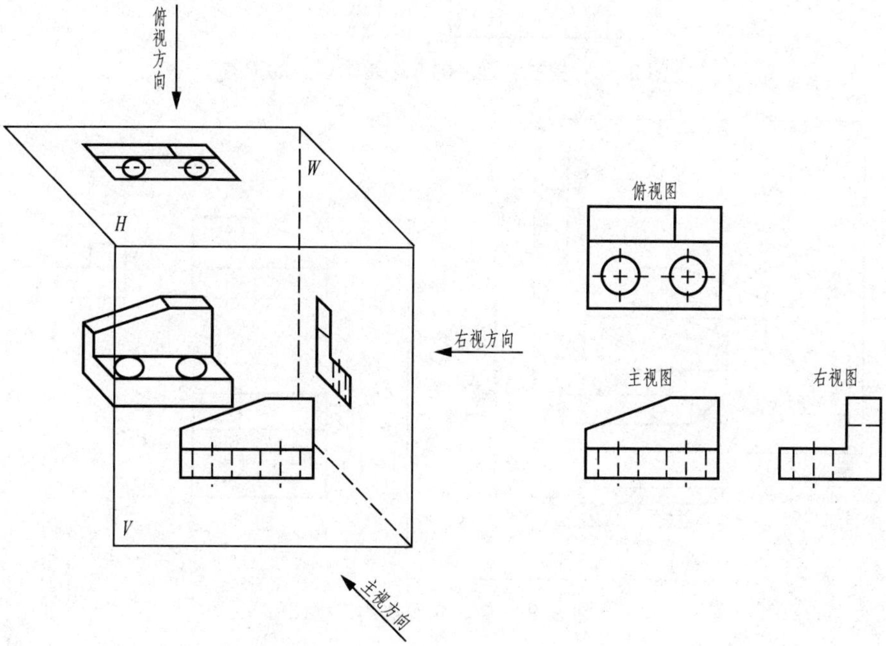

图 2.47　第三角画法的三视图

也可以将物体放在正六面体中，分别从物体的 6 个方向向各投影面进行投射，得到 6 个基本视图，即在三视图的基础上增加了后视图(从后向前看)、左视图(从左向右看)、仰视图(从下向上看)，如图 2.48 所示。

2. 第三角画法与第一角画法的区别

第三角画法与第一角画法的区别在于人、物、图的配置关系不同。

采用第一角画法时，是将物体放在第一分角内，并使其处于观察者与投影面之间而得到的多面投影。从投影方向看是“人—物—面”的关系，如图 2.49 所示。

而采用第三角画法时，是将物体放在第三分角内，并使投影面处于观察者与物体之间得到的多面投影。从投影方向看是“人—面—物”的关系，如图 2.47 所示。

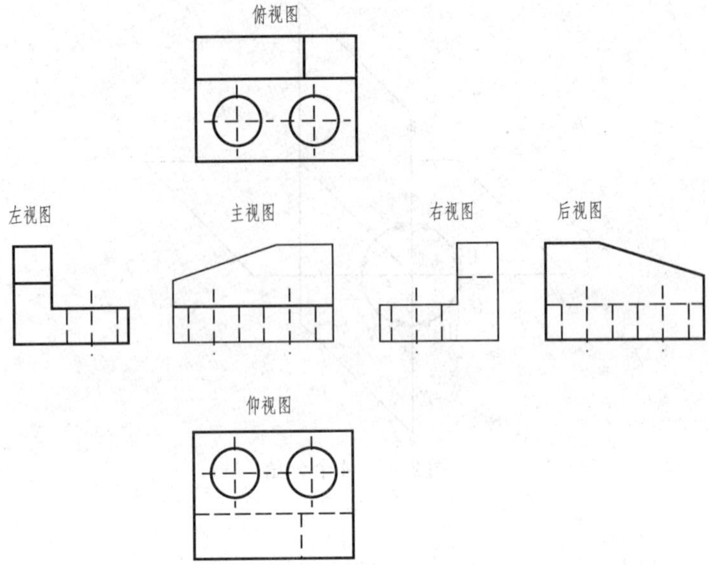

图 2.48　第三角画法的 6 个基本视图的配置

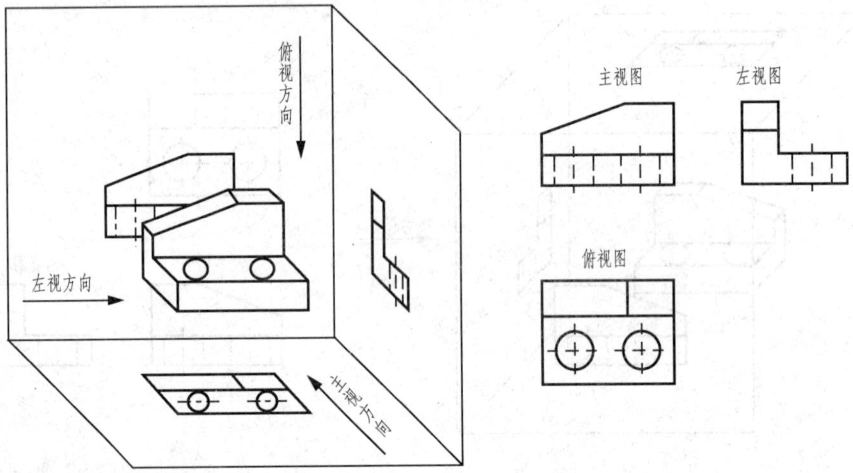

图 2.49　第一角画法的三视图

3. 第一角画法和第三角画法的识别符号

为了便于区别，国家标准规定在标题栏中专设的格内用不同的识别符号表示第一角画法和第三角画法。GB/T 14692—2008 中规定的识别符号，如图 2.50 所示。图样中，采用第一角画法不必标注识别符号，而采用第三角画法时，必须画出识别符号。

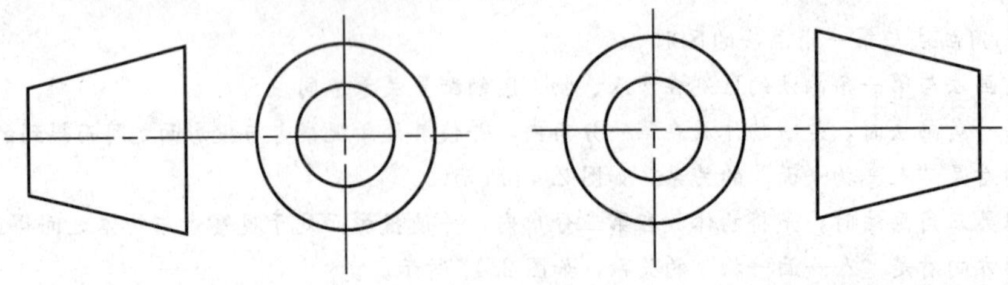

(a) 第一角画法　　(b) 第三角画法

图 2.50　第一角画法和第三角画法的识别符号

任务2.2　绘制和识读基本几何体的三视图

学习目标

知识目标	(1) 棱锥体的视图画法及其表面上点的投影； (2) 棱柱体的视图画法及其表面上点的投影； (3) 圆柱体的视图画法及其表面上点的投影； (4) 圆锥体的视图画法及其表面上点的投影； (5) 球体的视图画法及其表面上点的投影； (6) 圆环的视图画法及其表面上点的投影
能力目标	(1) 能够将组合体分解为简单几何体； (2) 能够正确绘制和识读简单几何体的三视图； (3) 能够正确绘制简单几何体表面上点的三面投影

任务引入

在工程图中，各种复杂零件都可以分解为如棱柱、棱锥等的平面体和圆柱、圆锥、圆球等的曲面回转体的组合。图2.51轴承座中组成部分有板状平面体和圆柱体(圆孔可视为体积为负的圆柱体)，或者平面体和曲面回转体的组合。要能正确绘制和识读出这类复杂组合体的三视图，就必须要掌握简单平面体和曲面回转体的三视图特征。

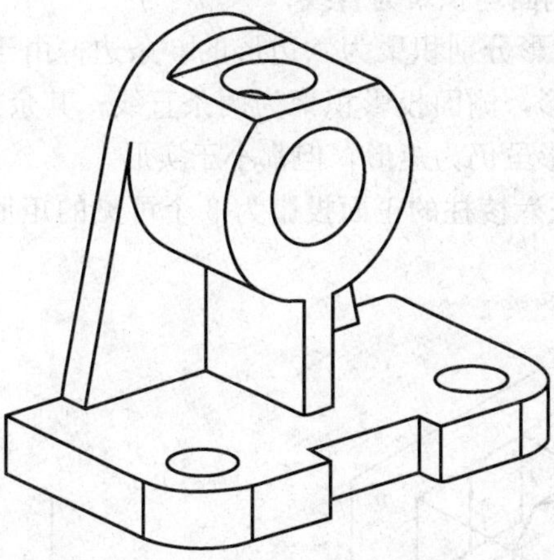

图2.51　轴承座轴测图

任务要求：能正确分析轴承座的几何组成，并掌握基本几何体的三视图画法。

相关知识

根据立体表面的几何性质，立体分为平面立体和曲面立体。表面都是平面的立体，称为平面立体，如棱柱、棱锥等；表面是曲面或曲面和平面的立体，称为曲面立体。若曲面立体的表面是回转曲面则称为回转体，如圆柱、圆锥、圆球、圆环等。

2.2.1 平面立体

平面立体的表面是若干个多边形，其面与面的交线称为棱线，棱线与棱线的交点称为顶点。绘制平面立体的投影，可归结为绘制它的所有多边形表面的投影，也就是绘制它的所有棱线及各顶点的投影，然后判别其可见性，将可见的棱线投影画成粗实线；不可见的棱线的投影画成细虚线；当粗实线与细虚线重合时，应画粗实线。

要画某一平面立体的投影时，把它放到三面投影体系中适当的位置。为了使画图简便和画出的图度量性好，应使尽可能多的表面处于特殊位置，然后根据立体各表面和棱线对投影面的相对位置，分析它们的投影；最后综合考虑立体的投影图以及画图顺序。

工程上常用的平面立体是棱柱和棱锥（包括棱台）。

1. 棱柱

棱柱的棱线互相平行。常见的棱柱有三棱柱、四棱柱、五棱柱和六棱柱等。下面以六棱柱为例，分析棱柱的投影特征和作图方法。

1）投影分析

图 2.52(a)所示的正六棱柱的顶面和地面是互相平行的正六边形，6 个棱面均为矩形，且与顶面和底面垂直。为作图方便，选择正六棱柱的顶面和地面平行于水平面，并使前、后两个棱面与正面平行，如图 2.52(a)所示。

正六棱柱的投影特征如下。

(1) 顶面和底面的水平投影重合，并反映实形——正六边形；

(2) 六边形的正面和侧面均积聚为直线；

(3) 6 个棱面的水平投影分别积聚为六边形的 6 条边；由于前、后两个棱面平行于正面，所以正面投影反映实形，侧面投影积聚为两条直线；其余棱面不平行于正面和侧面，所以它们的正面和侧面投影虽仍为矩形，但都小于实形。

如图 2.52(a)所示，正六棱柱的正面投影为 3 个可见的矩形，侧面投影为两个可见的矩形。

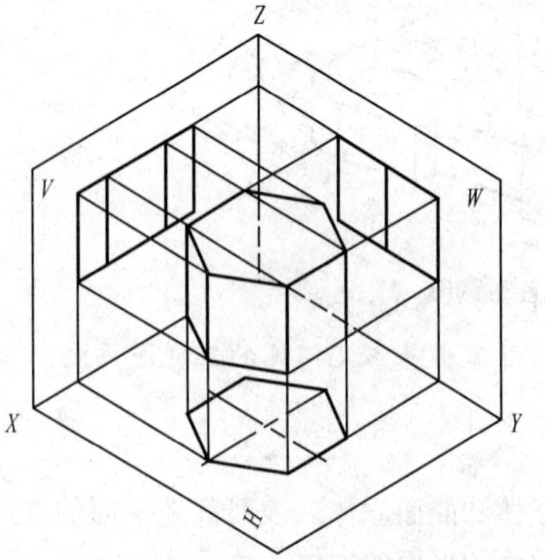

(a)

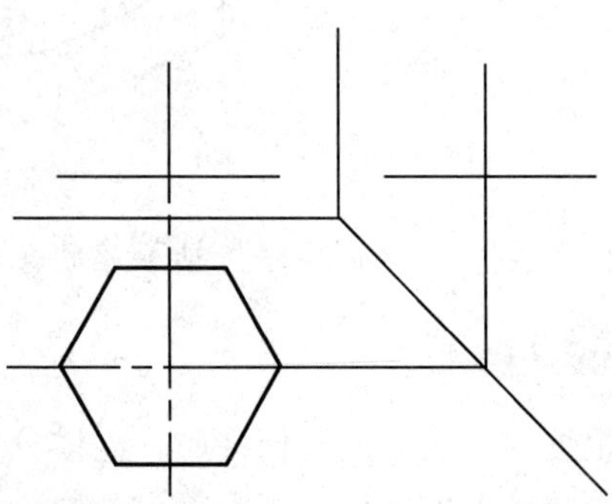

(b)

图 2.52　正六棱柱的投影作图

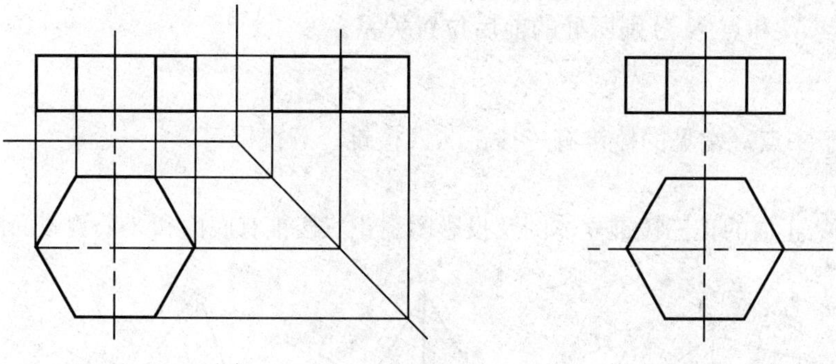

图 2.52　正六棱柱的投影作图（续）

2）作图步骤

(1) 作辅助坐标系和 45°斜线，作正六棱柱的对称中心线和底面基线，先画出具有轮廓特征的俯视图——正六边形，如图 2.52(b)所示；

(2) 按长对正的投影关系，并量取正六棱柱的高度画出主视图，再按高平齐、宽相等的投影关系画出左视图，如图 2.52(c)所示；

(3) 去除作图辅助线，可得结果，如图 2.52(d)所示。

3）棱柱上点的投影

如图 2.53(a)所示，已知正六棱柱的侧棱面 $ABCD$ 上的点 M 的正面投影 m'，求做 m 和 m''。

分析：

由于点 M 所在棱面是铅垂面，其水平投影积聚成直线 $abcd$，由此，点 M 的水平投影必在该直线上。

作图：

可由 m' 直接作出 m，再由 m' 和 m 应用高平齐和宽相等的投影关系作出 m''。

因为棱面 $ABCD$ 的侧面投影可见，所以 m'' 可见。作图结果如图 2.53(a)所示。

同理，如图 2.53(b)所示，已知正六棱柱定面上点 N 的水平投影，求其正面投影和侧面投影，方法也相同。需要分析的是正六棱柱的顶面在主视图上的投影积聚成一条直线，点 N 的正面投影也必在该直线上。

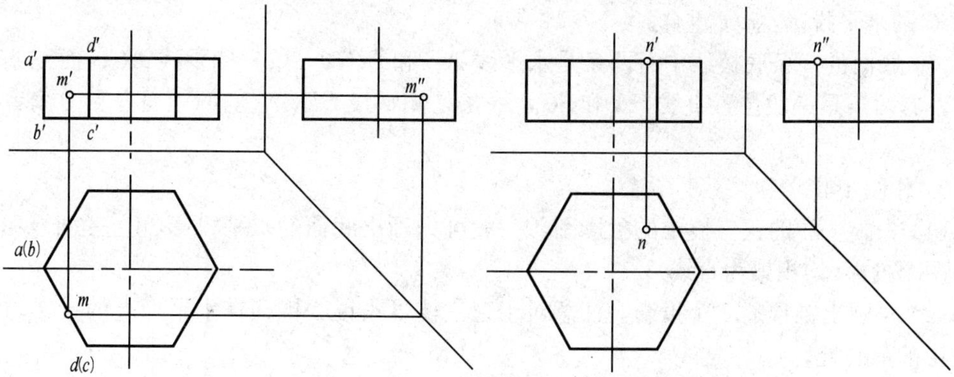

图 2.53　正六棱柱表面上点的投影作图

作图时应注意点 M 和点 N 分别所处的前后位置关系。

2. 棱锥

棱锥的棱线交于一点。常见的棱锥有三棱锥、四棱锥、五棱锥等。

1）投影分析

图 2.54 所示为一正放的正三棱锥立体图及投影图。正三棱锥有底面和 3 个侧棱面围成。

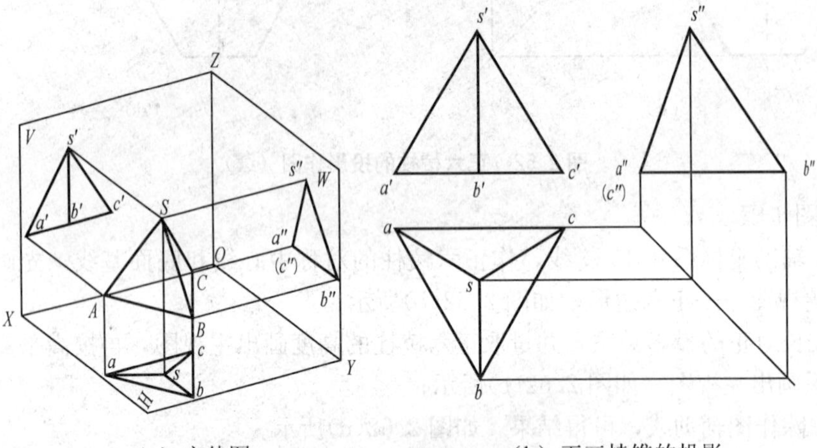

（a）立体图　　（b）正三棱锥的投影

图 2.54　正三棱锥的投影作图

底面又由 3 条棱线围成(正三角形)，3 个侧棱面由 3 条侧棱线和 3 条底棱线围成(3 个真形大小相等的等腰三角形)。

(1) 正三棱锥底面△ABC 为水平面，其水平投影△abc 反映真形，正面投影和侧面投影均积聚为平行于相应投影轴的直线 $a'b'c'$ 和 a'' (c'') b''。

(2) 3 个侧棱面中的左右两个侧棱面△SAB 和△SBC 为一般位置平面，其三面投影均不反映真形，且侧面投影重合。

(3) 后侧棱面△SAC 为侧垂面(因含侧垂线 AC)，其侧面投影积聚成斜向直线 $s''a''$ (c'')，正面投影△$s'a'c'$ 和水平投影△sac 均不反映真形，且正面投影△$s'a'c'$ 与△$s'a'b'$、△$s'b'c'$ 重合。

(4) 3 个侧棱面△SAB、△SBC、△SCA 的水平投影△sab、△sbc、△sca 与底面△ABC 的水平投影△abc 重合。

(5) 底面的 3 条底棱线中有两条是水平线 AB 和 BC，一条是侧垂线 AC；而三条侧棱线中，有两条是一般位置直线 SA 和 SC，一条是侧平线 SB，它们的三面投影由读者自行分析。

2）作图步骤

(1) 先画正放的正三棱锥的投影图，一般可先画出底面的水平投影(正三角形)和底面的另两个投影(均积聚为直线)；

(2) 再画出锥顶的 3 个投影，注意对于正三棱锥来说，锥顶在水平面上的投影点在底面投影的形心处；

(3) 然后将锥顶和底面 3 个顶点的同面投影连接起来，即得正三棱锥的三面投影。也可先画出三棱锥(底面和 3 个侧棱面)的一个投影(如水平投影)，再依照投影关系画出另两个投影。

3）棱锥上点的投影

如图 2.55(a)所示，已知正三棱锥 $S-ABC$ 表面上点 M 的正面投影 m'，点 N 的水平投影 n，求两点 M、N 的在其余两投影面上的投影。

(1) 求点 N 的投影。对于点 N，如图 2.55(b)所示。根据点 N 的水平投影 n 的位置及可见性，可知点 N 在正三棱锥 $S-ABC$ 的侧面 SAC 上，且平面 SAC 的侧面投影有积聚性，可利用积聚性求出 n''，再由 n 和 n'' 求出 n'。由于点 N 所属棱面△SAC 的 V 面投影不可见，所以 n' 为不可见。

(2) 求点 M 的投影。由于点 M 所在的平面△SAB 是一般位置平面，其三面投影均没有积聚性，所以欲求点 M 的其他投影，可利用点在平面上投影的性质进行作图，即用辅助线法，方法有以下两种。

解法一：

如图 2.55(c)所示，在△SAB 上作直线 SD 过 M 点与 AB 交于 D 点。因为点 M 在直线 SD 上，故点 M 的投影必在 SD 的同面投影上。所以只要做出 SD 的水平投影 sd，即可做出点 M 的水平投影 m。再利用高平齐和宽相等的投影特性即可做出点 M 的侧面投影 m''。

具体作法是：在主视图上作直线 $s'm'$ 并延长，与 $a'b'$ 交于 d' 点；再由 $s'd'$ 作出 sd，在 sd 上定出 m；最后根据 m 和 m' 作出 m''。

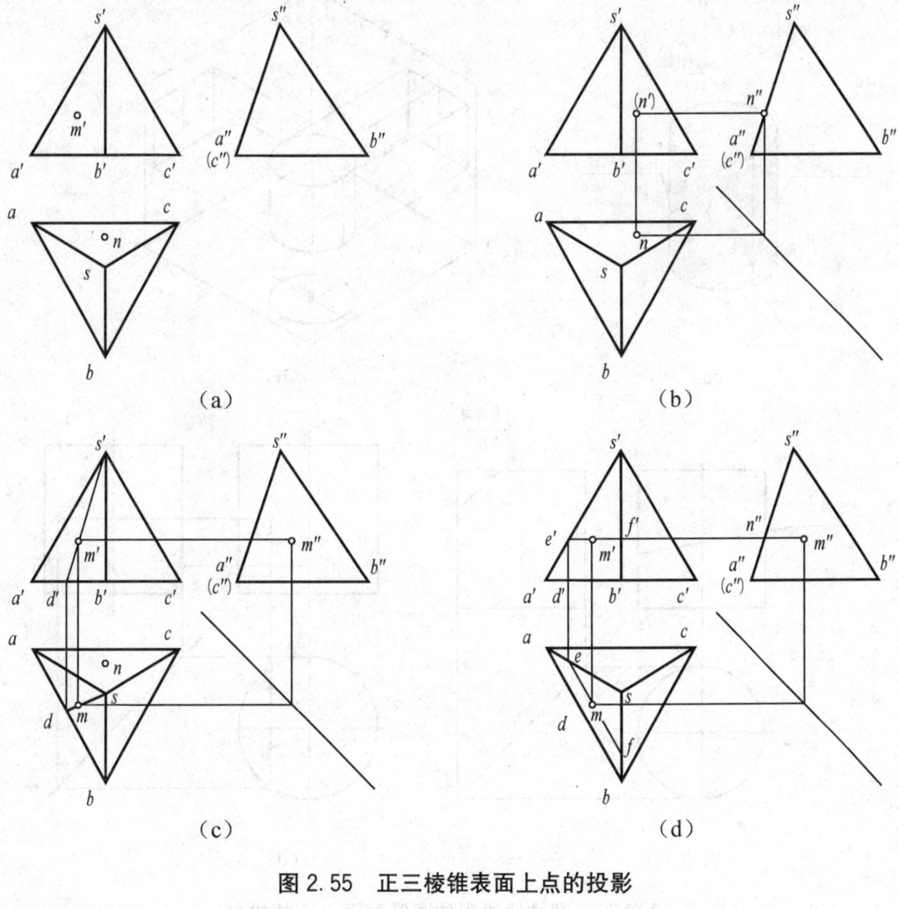

图 2.55 正三棱锥表面上点的投影

解法二：

在$\triangle SAB$上作直线EF过M点并与AB平行。则点M的投影必在平行线EF的同面投影上。只要在俯视图上作出EF的投影即可定出点M的水平面投影m'。

具体作法是：

在主视图上作直线$e'f'$过点m'与棱线$s'a'$交于e'，与棱线$s'b'$交于f'；在ef上定出m；最后根据m和m'作出m''。

2.2.2　曲面立体

工程上常见的曲面立体是回转体，它由回转面或回转面与平面组成。回转面是由一根动线(曲线或直线)绕一固定轴线旋转一周所形成的曲面，该动线称为母线，母线在回转面上的任意位置称为素线。母线上的各点绕轴线旋转时，形成回转面上垂直于轴线的纬圆。最基本的回转体有圆柱、圆锥、圆球、圆环等。

在画回转体的投影图时，除了画出回转体的轮廓线和尖点的投影，还要画出转向轮廓线。例如，图 2.56 中的转向轮廓线就是圆柱面前半部分(可见部分)和后半部分(不可见部分)的分界线。

画回转体的投影图时，应在投影图中用细点画线画出轴线的投影和圆的中心线。

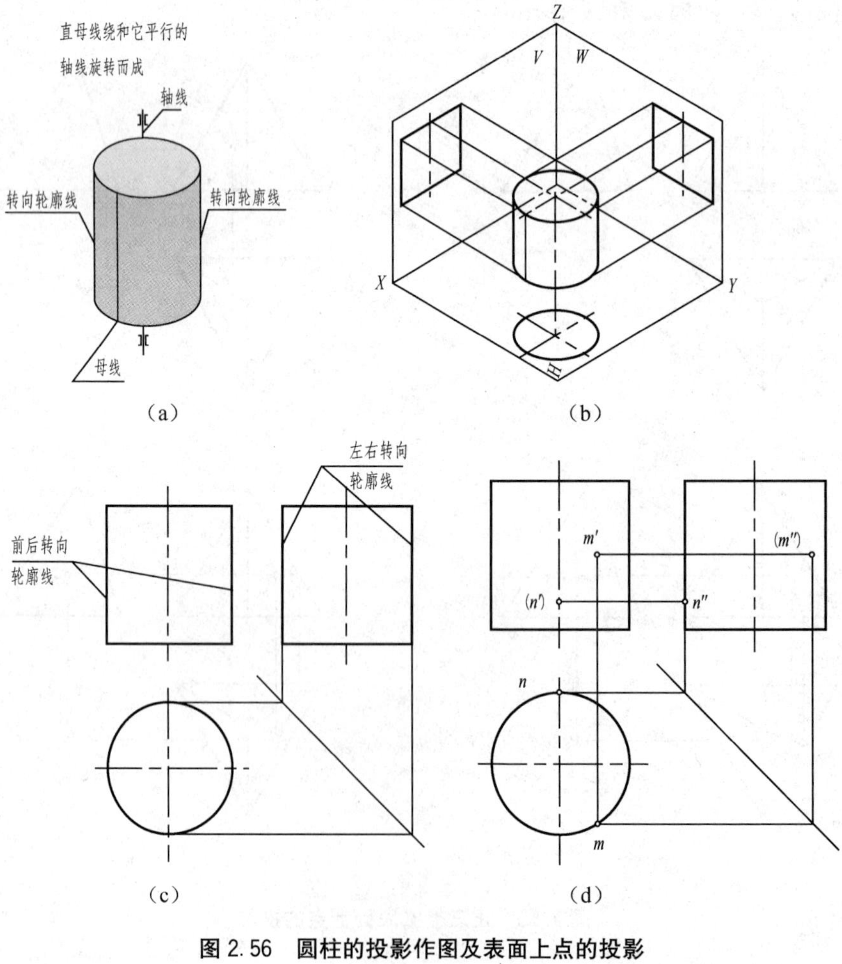

图 2.56　圆柱的投影作图及表面上点的投影

1. 圆柱

圆柱表面是由圆柱面和顶圆、底圆组成。圆柱面是一条母线绕与之平行的轴线回转而成，如图 2.56(a)所示。

1) 投影分析

(1) 如图 2.56(b)所示，当圆柱轴线垂直于水平面时，圆柱上、下底面的水平投影反映实形，正面和侧面投影积聚成直线；

(2) 圆柱面的水平投影集聚为一圆周，与两底面的水平投影重合；

(3) 在正面投影中，前、后两半圆柱面的投影重合为一矩形，矩形的两条竖线分别是圆柱面最左、最右素线的投影，也是圆柱面前、后分界的转向轮廓线；

(4) 在侧面投影中，左、右两半圆柱面的投影重合为一矩形，矩形的两条竖线分别是圆柱面最前、最后素线的投影，也是圆柱面左、右分界的转向轮廓线。

2) 作图方法

画圆柱体的三视图时，先画各投影的中心线，再画圆柱面投影具有积聚性圆的俯视图，然后根据圆柱体的高度画出另外两个圆柱面，如图 2.56(c)所示。

3) 圆柱体表面上点的投影

如图 2.56(d)所示，已知圆柱面上点 M 的正面投影 m'，求作 m 和 m''；已知点 N 的正面投影 n'，求作 n 和 n''。

(1) 求点 M 的投影。首先根据圆柱面水平投影的积聚性作出 m。由于 m' 是可见的，所以点 M 必在前半圆柱面上，m 必在水平投影圆的前半周上。再按投影关系作出 m''。由于点 M 在右半圆柱面上，所以 m'' 不可见。

(2) 求点 N 的投影。首先由 n' 的位置和不可见性可知，点 N 在圆柱体后半部分的中间素线上(后半部分的左右转向轮廓线)，故可直接作出点 N 的水平面投影 n，在圆柱体水平面投影的最后点处。再利用等高可作出侧面投影 n''，在左视图的最左端素线上(圆柱体的最后面素线)。

2. 圆锥

圆锥表面由圆锥面和底圆组成。圆锥面可看作是由一直母线绕与它相交的轴线回转而成，如图 2.57(a)所示。

1) 投影分析

图 2.57(b) 所示为轴线垂直于水平面的圆锥的三视图。

(1) 锥底面平行于水平面，水平投影反映实形，正面和侧面投影均积聚成直线；

(2) 圆锥面的 3 个投影均没有积聚性，其水平投影与底面的水平投影重合，全部可见；

(3) 正面投影由前、后两个半圆锥面的投影重合为一等腰三角形，三角形的两腰分别是圆锥面最左、最右素线的投影，也是圆锥面前、后分界的转向轮廓线；

(4) 侧面投影由左、右两个半圆锥面的投影重合为一等腰三角形，三角形的两腰分别是圆锥最前、最后素线的投影，也是圆锥面左、右转向轮廓线。

2) 作图方法

画圆锥的三视图时，先画各投影的轴线，再画底面圆的各投影，然后画出锥顶的投影和锥面的投影(等腰三角形)，完成圆锥的三视图，如图 2.57(c)所示。

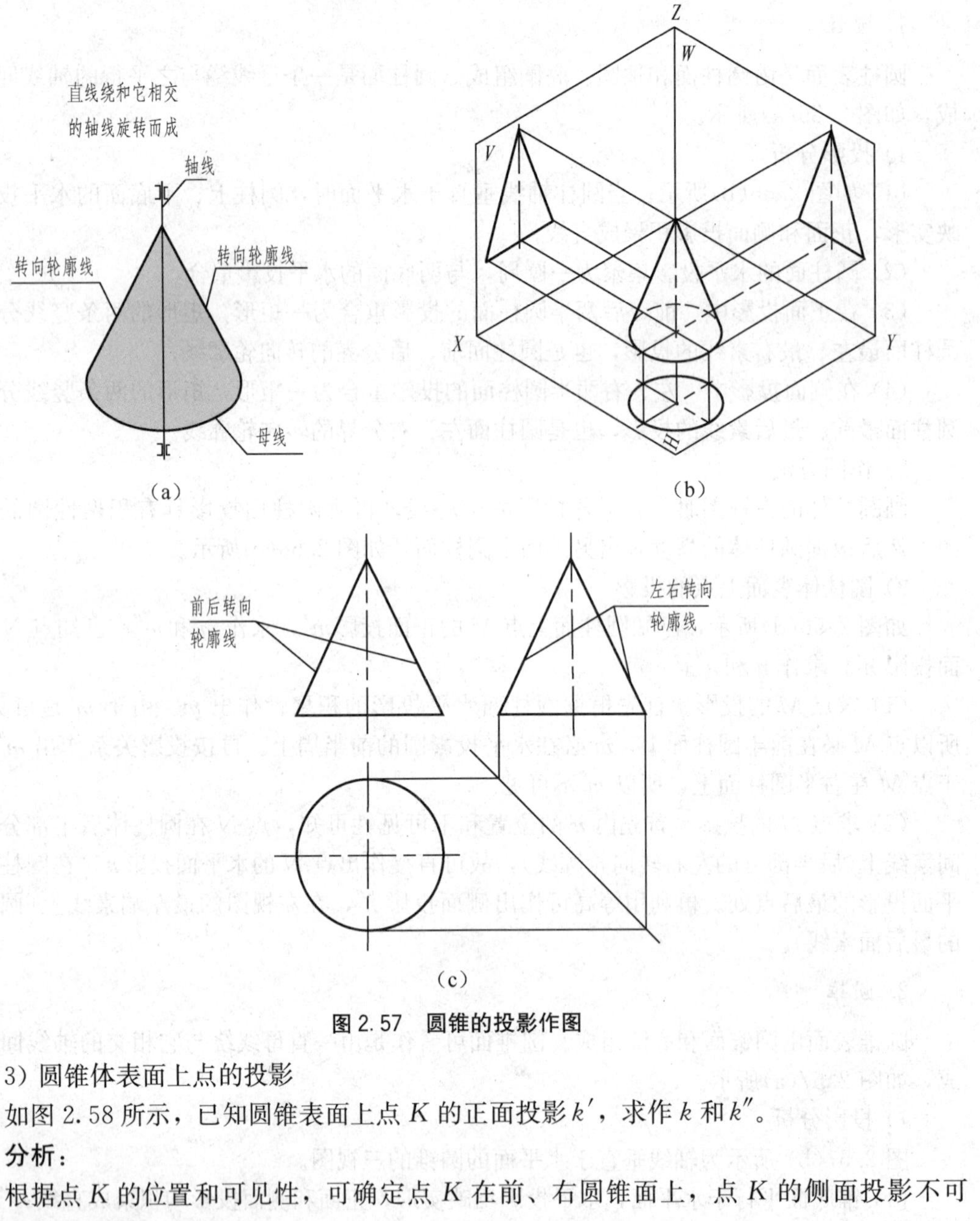

图 2.57　圆锥的投影作图

3) 圆锥体表面上点的投影

如图 2.58 所示，已知圆锥表面上点 K 的正面投影 k'，求作 k 和 k''。

分析：

根据点 K 的位置和可见性，可确定点 K 在前、右圆锥面上，点 K 的侧面投影不可见，水平面投影可见。

作图：

方法有以下两种。

(1) 辅助素线法。如图 2.58(a)所示，过锥顶 S 与点 K 作辅助素线 SG 的正面和水平面投影，再根据直线上点的投影规律，作出 k，最后应用高平齐和宽相等作出 k''。

(2) 纬圆法。如图 2.58(b)所示，过点 K 作平行于锥底的辅助圆，即在正面投影中过 k' 作一水平线 $1'2'$，则 $1'2'$ 即为辅助圆的正面投影，并反映辅助圆的直径。在水平投影上，以 S 为圆心，以 $1'2'$ 为直径作圆，该圆即为辅助圆的水平投影，因为点 K 在辅助圆上，故可作出点 K 的水平面投影 k(注意在圆锥的前半部分)，最后应用高平齐和宽相等作出 k''。

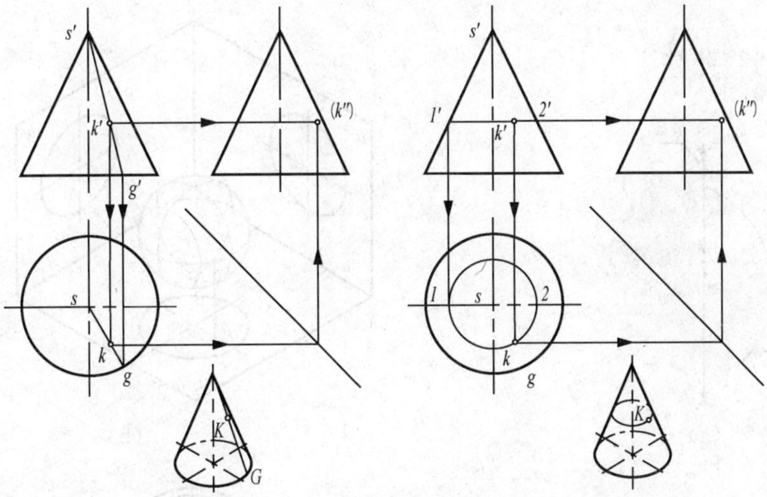

（a）辅助素线法　　　（b）辅助纬圆法

图 2.58　圆锥表面上点的投影

3. 圆球

球由球面围成。球面是以半圆为母线，绕直径回转一周所形成的回转面，如图 2.59(a)所示。

1) 投影分析

(1) 如图 2.59(b)所示，圆球的各面投影均为与其直径相同的圆；

(2) 正面投影的圆是平行于正投影面的最大圆的投影，该圆为圆球前后转向轮廓线，前半球面可见，后半球面不可见；

(3) 水平投影是平行于水平投影面的最大圆的投影，同时也是上下转向轮廓线，上半球面可见，下半球面不可见；

(4) 侧面投影是平行于侧立投影面的最大圆的投影，同时也是左右转向轮廓线，左半球面可见，右半球面不可见。

2) 作图方法

如图 2.59(c)所示，首先确定球心的 3 个投影，然后再以 3 个球心投影为圆心画出与球等直径的圆。

3) 圆球表面上点的投影

如图 2.59(d)所示，已知圆球面上点 M 水平投影，作出正面投影 m' 和侧面投影 m''。

分析：

由于圆球面是回转面，所以在球面上求点的投影，需过该点在球面上作一平行于任一投影面的辅助纬圆，然后在该纬圆的投影上取点。

作图：

过点 M 作平行于正投影面的辅助纬圆，水平投影为 12，正面投影是以 $1'2'$ 为直径的圆，m' 必在该圆上，由 m 作出 m'，再由 m、m' 求出 m''。点 M 是在前半球上，因此正面投影 m' 可见，同理点 M 是在左半球上，侧面投影 m'' 也可见。

求 m'、m'' 也可作平行于 H 面或 W 面的辅助纬圆，读者可自行分析。

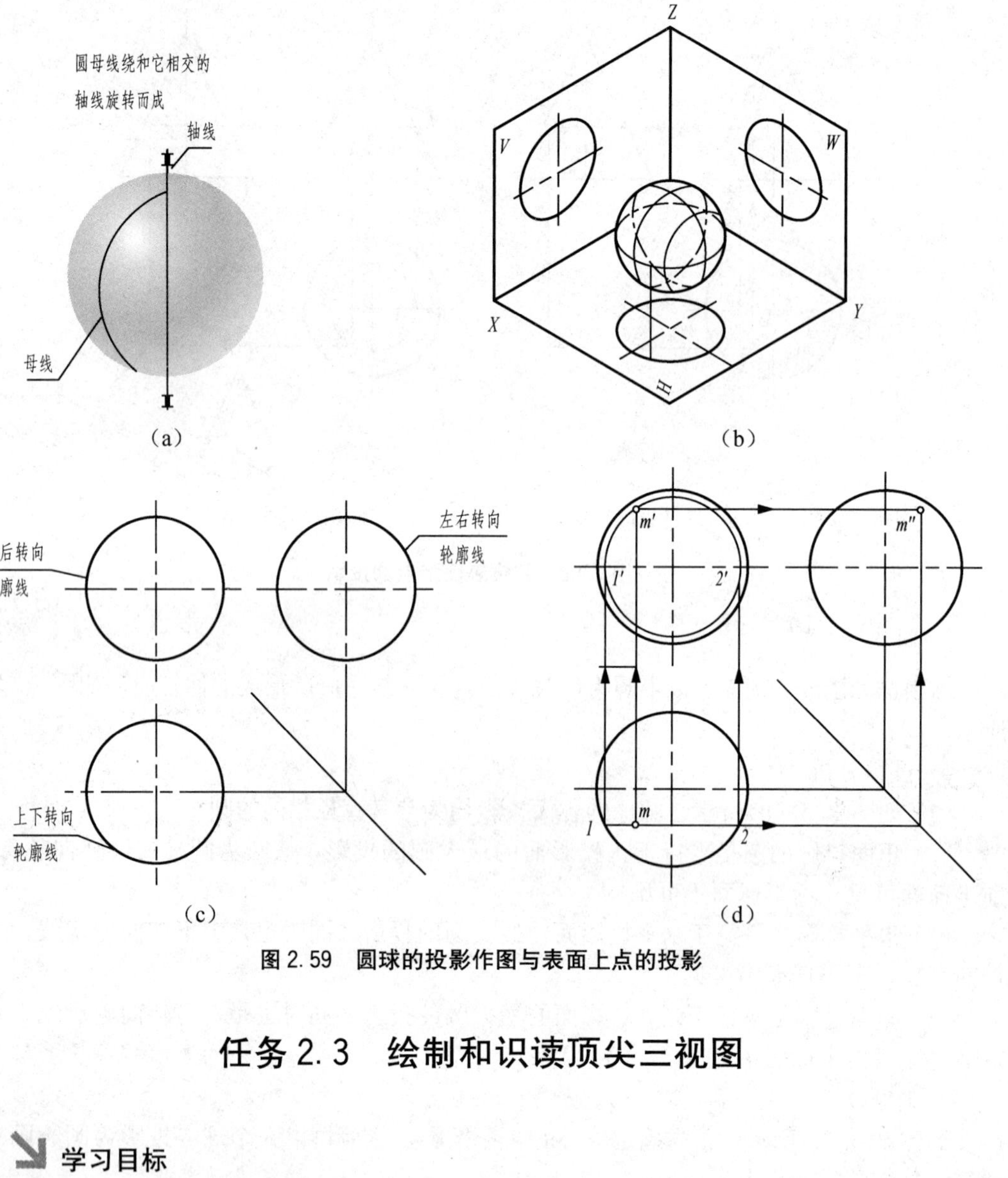

图 2.59 圆球的投影作图与表面上点的投影

任务 2.3 绘制和识读顶尖三视图

学习目标

知识目标	(1) 掌握截平面和截交线的概念； (2) 掌握平面体分割后截交线的特点； (3) 掌握曲面体分割后截交线的特点； (4) 掌握组合体分割后截交线的分析方法
能力目标	(1) 能够准确绘制平面体的截交线； (2) 能够准确绘制曲面体的截交线； (3) 能够准确绘制组合体的截交线

任务引入

顶尖(center)是车削工件时常用的一种工具。在加工长轴时，为了减小长轴在加工时由于自重产生的弯曲，需要用顶尖顶住轴的一端或两端，如图 2.60 所示。顶尖的三维模型如图 2.61 所示。

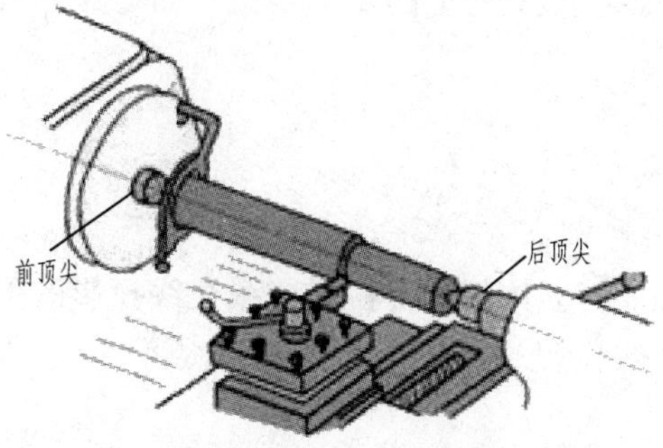

图 2.60　用顶尖安装工件

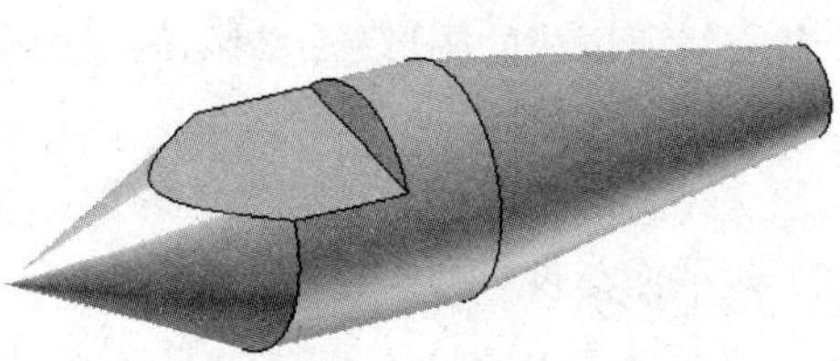

图 2.61　顶尖三维模型

由顶尖的三维模型可知，顶尖可以看做由共轴的圆锥体、圆柱体和圆台体组合成的实体用两个相交平面截去一部分所剩的实体。顶尖的三视图如何绘制，尤其是截断部分的曲线(截交线)如何准确绘制是本任务研究的主要内容。

任务要求：正确绘制出顶尖的三视图。

相关知识

2.3.1　切割体与截交线

1. 切割体和截交线的概念

一些机件的形状呈现为一个基本立体或者几个基本立体的组合体被平面切割以后所形成的实体，这类实体被称为切割体。例如，图 2.62(a)所示的方形斜槽的形状可以看成四棱柱被平面切割而成；图 2.62(b)所示的顶尖的形状可以看成是圆柱和圆锥被平面切割而成。

其中用以切割立体的平面称为截平面，截平面与立体表面的交线称为截交线，如图 2.62 所示。

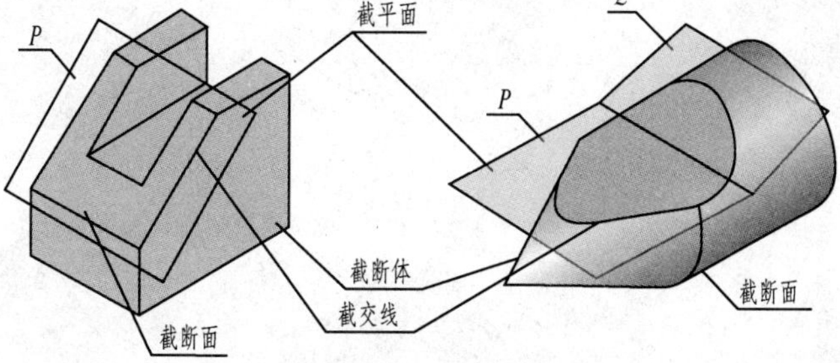

(a) 方形斜槽　　(b) 顶尖

图 2.62　切割体和截交线

2. 截交线的性质

截交线的形状根据立体表面的形状和截平面位置的不同而不同。但任何截交线都具有以下性质。

1）共有性

截交线是立体表面和截平面共有的直线或曲线，截交线上的点都是截平面与立体表面上的共有点。

2）封闭性

截交线所围成的图形是一封闭的平面多边形。

3）截交线的形状

截交线的形状取决于被截立体的形状及截平面与立体的相对位置。截交线投影的形状取决于截平面与投影面的相对位置。

3. 求截交线的方法和步骤

1）方法

因为截交线是截平面与立体表面的共有线，所以求作截交线的实质，就是求出截平面与立体表面的共有点。

求截交线常用以下两种方法。

(1) 棱线法——求各棱线与截平面的交点；

(2) 棱面法——求个棱面与截平面的交线。

2）步骤

(1) 找出截交线上一系列的特殊点；

(2) 求出若干一般点；

(3) 判别可见性；

(4) 顺次连接各点。

2.3.2 平面立体的截交线

常见平面立体为多棱柱或棱锥，如图 2.63 所示。其表面均为平面，故称为平面立体。

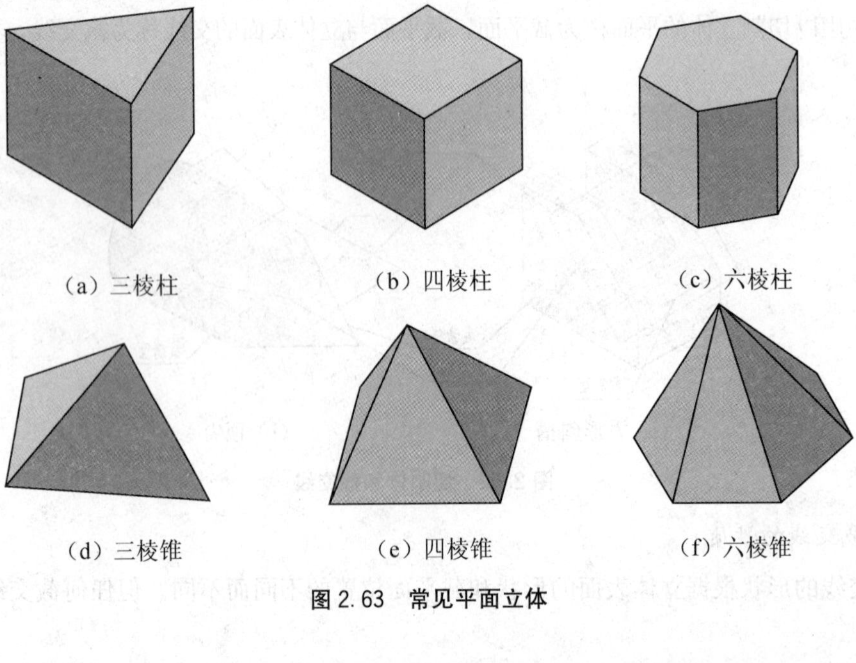

(a) 三棱柱　(b) 四棱柱　(c) 六棱柱

(d) 三棱锥　(e) 四棱锥　(f) 六棱锥

图 2.63 常见平面立体

由于平面立体的表面是平面图形，因此平面与平面立体的截交线为封闭的平面多边形。多边形的各个顶点是截平面与立体的棱线或底边的交点，多边形的各条边是截平面与平面立体表面的交线。

应用实例 2-11

分析图 2.64(a)平面立体截交线投影，补画第三视图。

分析：

图示立体可视为一个三棱柱被一正垂面切割而成。正垂面与三棱柱的三个棱线均相交，故截交线为一封闭的三角形，其顶点 D、E、F 是各棱线与正垂面的交点。可利用直线的点的投影特性求出截交线在第三视图上的投影，连线即可。

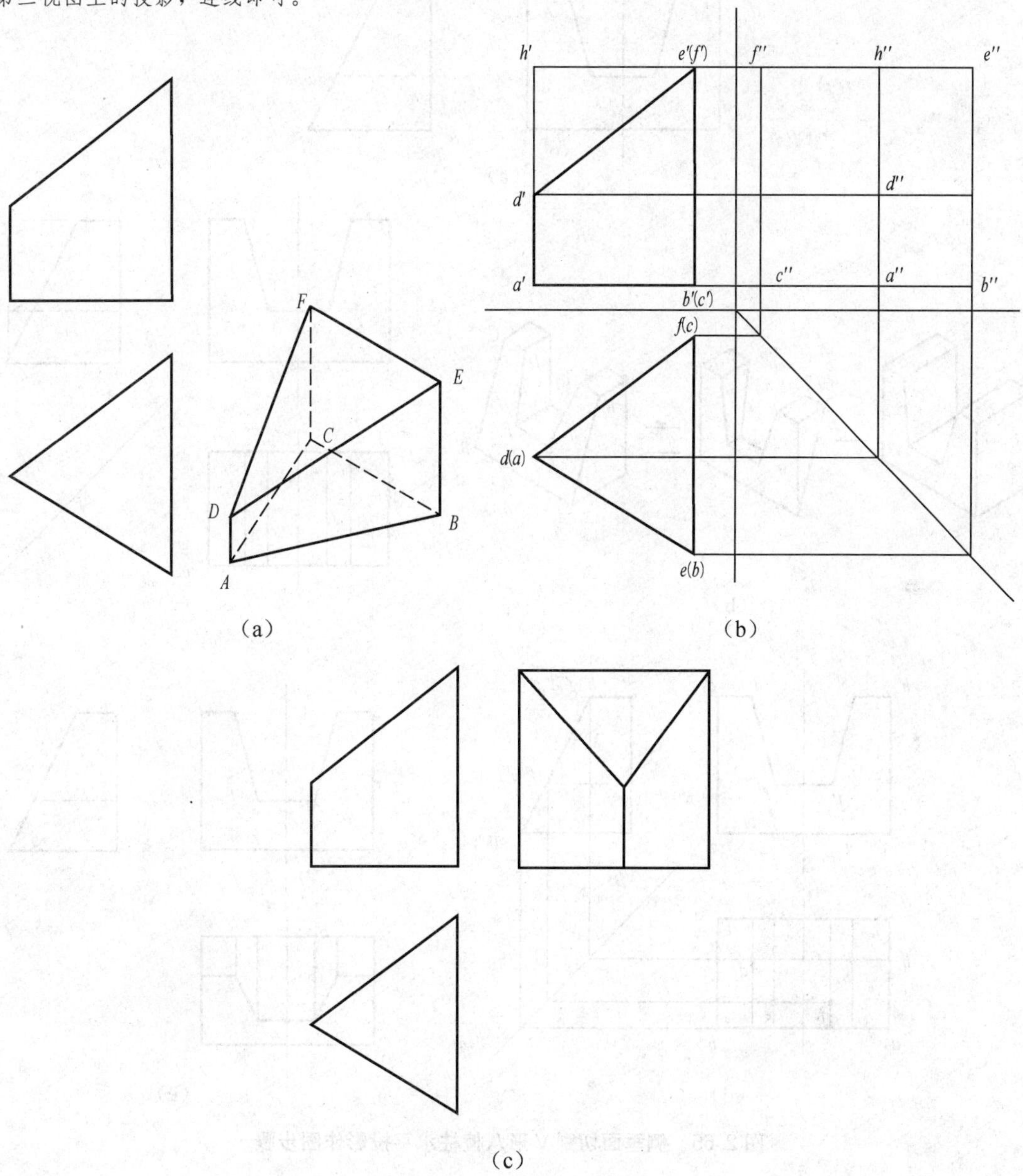

图 2.64　平面切割平面体

作图：

(1) 作辅助线以及未切割前完整三棱柱的第三视图；

(2) 利用点的投影特性确定截平面上 D、E、F 在第三视图上的位置，如图 2.64(b)所示；

(3) 连接点 DE、DF，并判断可见性，可知 DH 不可见；

(4) 擦除辅助线和多余线条，将可见轮廓线加粗，如图 2.64(c)所示。

应用实例 2-12

已知图 2.65(a)所示平面立体的两视图，分析截交线形状并补作第三视图。

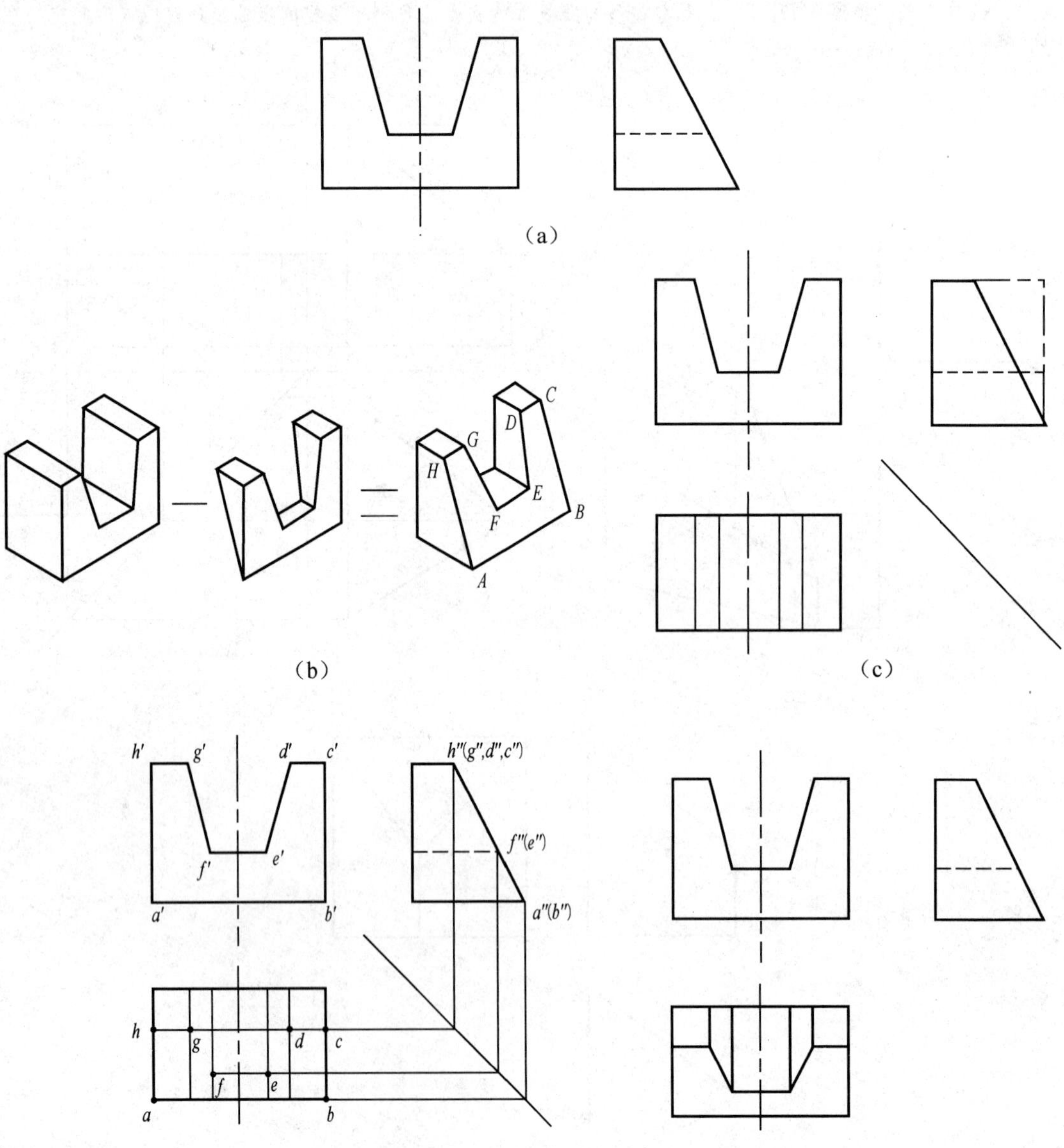

图 2.65 侧垂面切割 V 形八棱柱水平投影作图步骤

分析：

图示立方体可以视为一个 V 形八棱柱被一个侧垂面切割而成，如图 2.65(b)所示。

侧垂面与八棱柱的 8 个棱边相交，共有 8 个交点，构成一个封闭的八边形。

因为截平面为侧垂面，故截交线上的各点在侧视图上具有积聚性，可利用点的投影特性作出水平投影。

作图：

(1) 作辅助线，并作出未切割前完整的 V 形八棱柱的三视图，如图 2.65(c)所示；

(2) 确定截平面上 A、B、C、D、E、F、G、H8 个点在正面投影和侧面投影上的位置，并根据点的投影特性作出其在水平投影上的投影，如图 2.65(d)所示；

(3) 判别可见性，连接各点，擦除辅助线和多余线条，并将可见轮廓线加粗，如图 2.65(e)所示。

2.3.3　曲面立体的截交线

曲面立体泛指有曲面表面的立体，本书中只研究回转体。

回转体就是由回转面或回转面和平面共同组成的立体。如图 2.66 所示。图中母线为动线，它绕回转轴线(定线，简称轴线)回转一周后形成的曲面称为回转面。母线在回转面上的任意位置都称为素线。

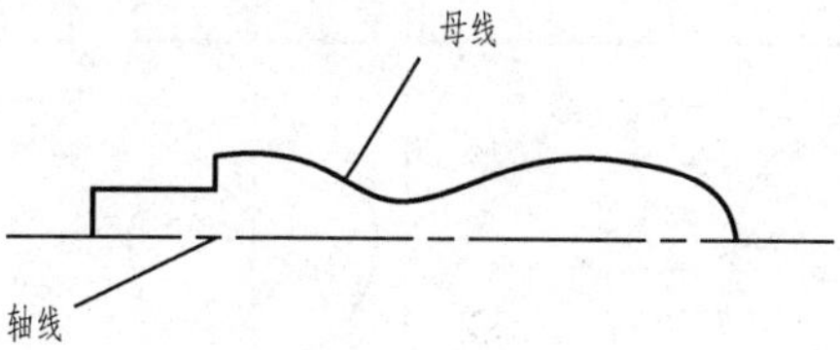

(a) 形成

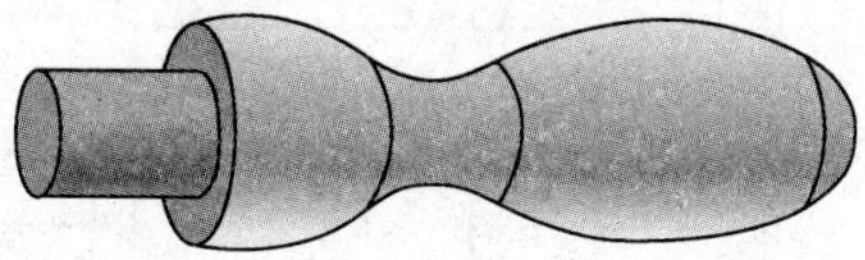

(b) 回转体

图 2.66　回转体的形成

常见的回转体有圆柱、圆锥和圆球等简单回转体或者是由几者组合而成的复杂回转体。

由回转体的形成可知，回转体被平面切割，其截交线一般为封闭的平面曲线或平面曲线与直线的组合，在特殊情况下是平面多边形。为简化作图，一般将截平面放置为特殊位置平面，这样截交线的投影就重合在截平面具有积聚性的同面投影上。

特别提示

求作回转体的截交线的一般方法如下。

(1) 先求特殊位置点。特殊位置点一般是截平面与回转体的转向轮廓素线的交点或是截交线上的极限位置点及椭圆长、短轴的端点，它们有时互相重合。特殊位置点对确定截交线的范围、趋势，判别可见性，以及准确地求作截交线有比较重要的作用，作图时必须首先求出。

(2) 再求中间位置点。为使作图较为精确，还需作出一定数量的一般位置点。取的点越多越接近实际截交线的形状。

(3) 光滑连接各点。判别这些点的可见性，并去除辅助线和多余线条，将各点顺序连接成截交线并加粗。

1. 平面与圆柱相交

平面与圆柱相交时，根据截平面对圆柱轴线的位置不同，其截交线有 3 种：矩形、圆和椭圆，见表 2－6。

表 2-6　平面与圆柱相交

截平面位置	平行于轴线	垂直于轴线	倾斜于轴线
截交线形状	矩形	圆	椭圆
立体图	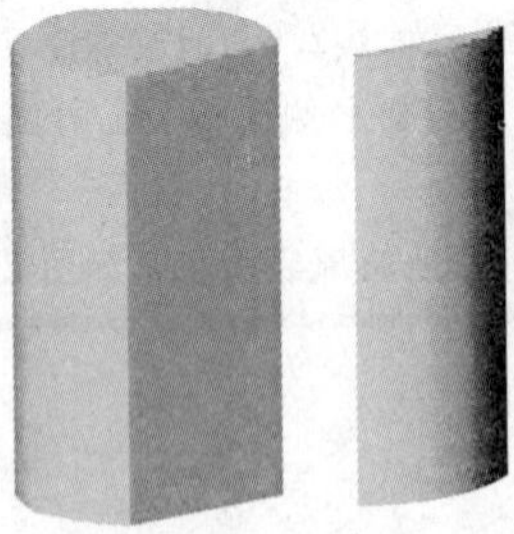	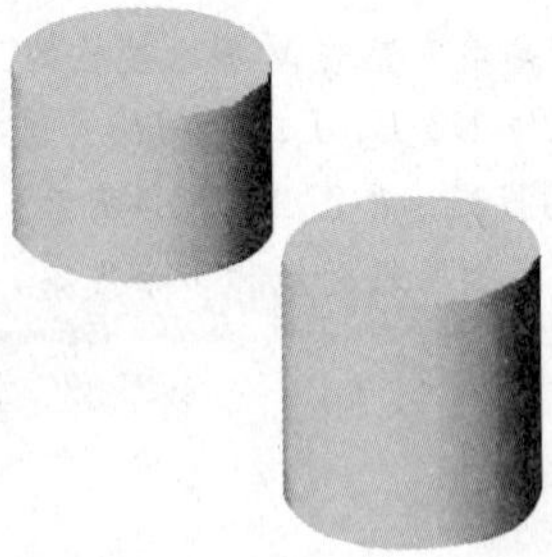	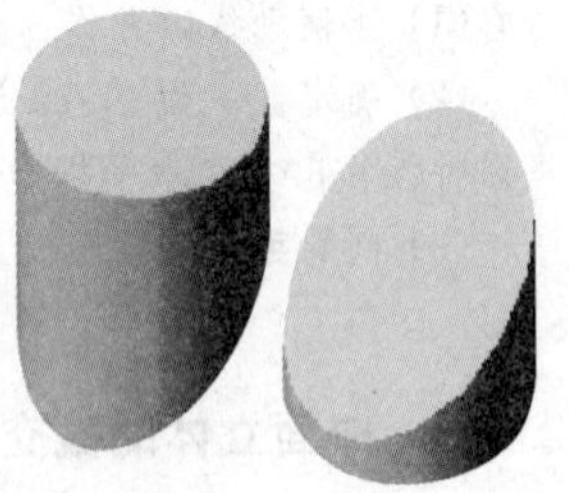
投影图	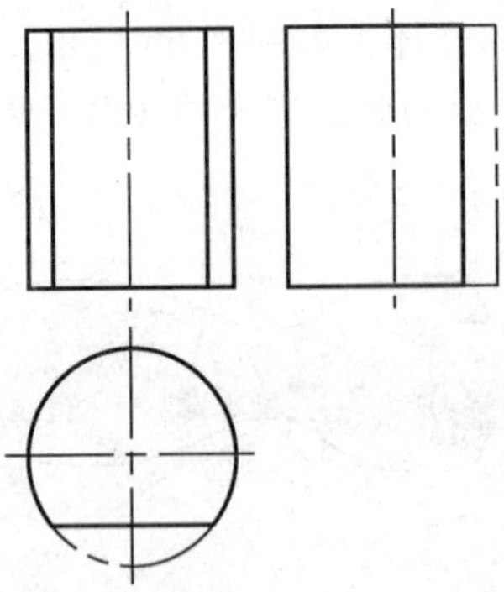	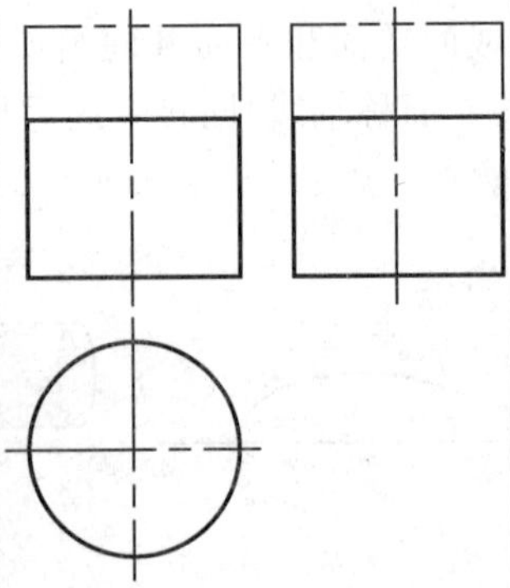	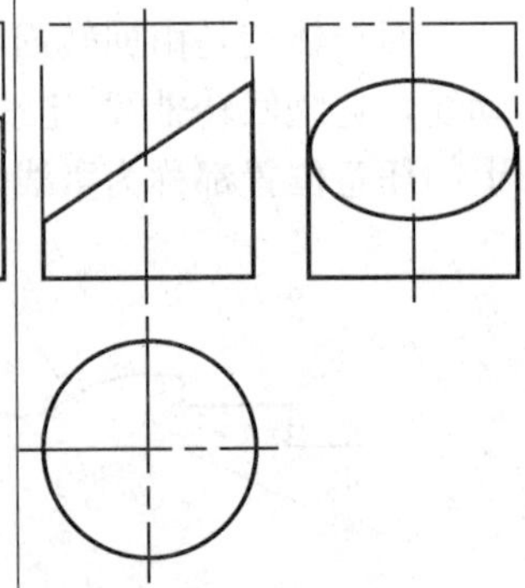

2. 平面与圆锥相交

平面与圆锥相交时，根据截平面和圆锥轴线的位置不同，其截交线有 5 种：三角形、圆、椭圆、双曲线和直线段、抛物线和直线段，见表 2-7。

表 2-7　平面与圆锥相交

截平面位置	过锥顶	垂直于轴线	倾斜于轴线（$\alpha<\theta$）
截交线形状	三角形	圆	椭圆
立体图	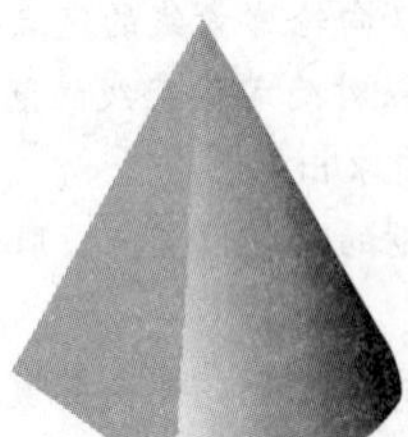		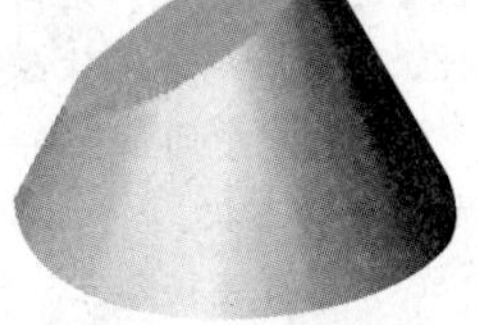

续表

截平面位置	平行于轴线	垂直于轴线	倾斜于轴线
投影图	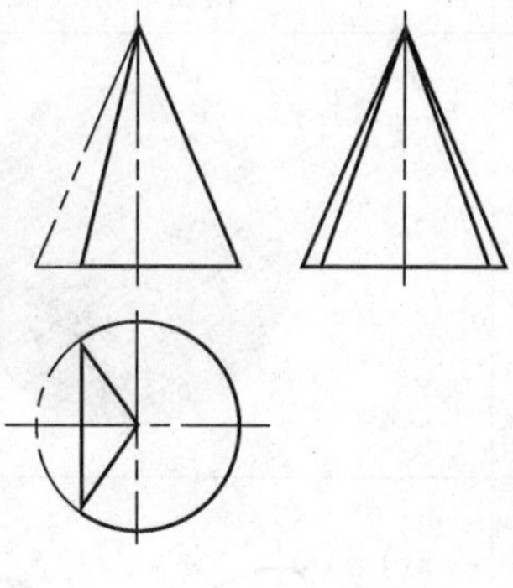	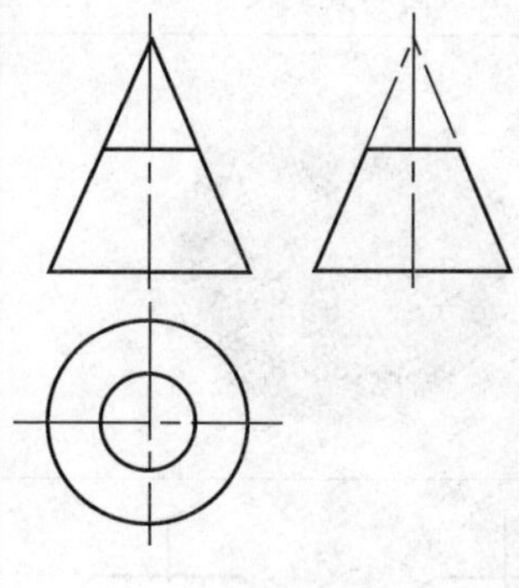	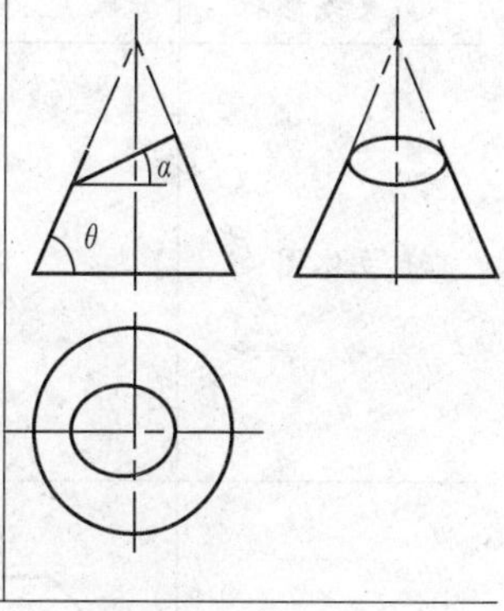

截交线形状	双曲线和直线段	抛物线和直线段
立体图		
投影图	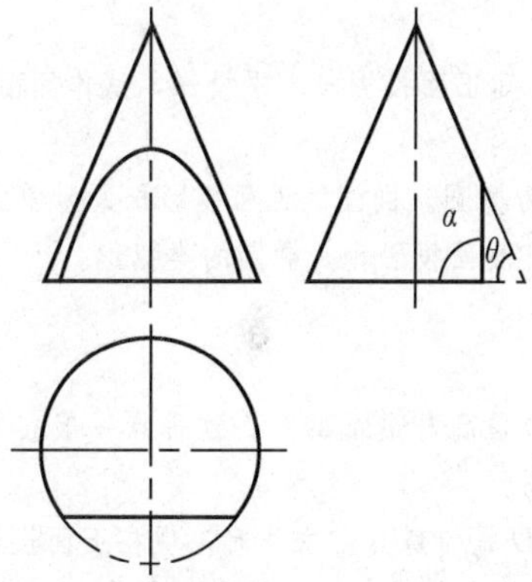	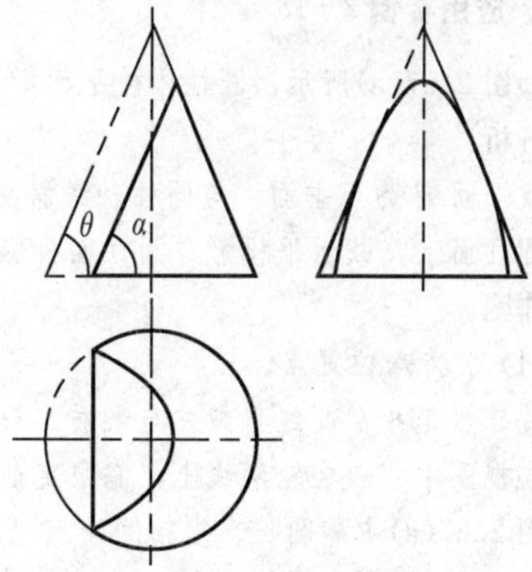

3. 平面与圆球相交

平面与圆球相交时，球的每根直径可视为轴线，不论平面与圆球的相对位置如何，其截交线总是圆。但由于截平面相对于投影面的位置不同，其截交线在投影面的投影可分为直线、圆和椭圆3种，见表2-8。

表 2-8　平面与圆球相交

截平面位置	截平面为投影面平行面	截平面为投影面垂直面
截交线形状	圆和直线段	椭圆和直线段
立体图	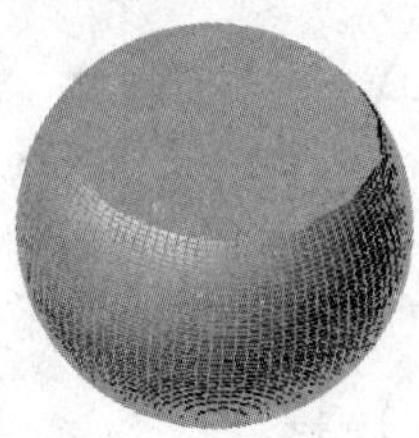	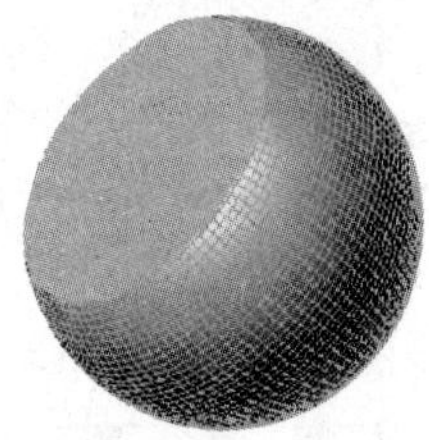
投影图	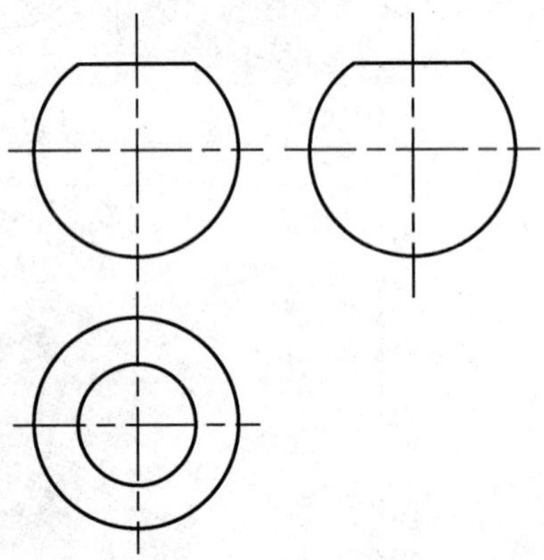	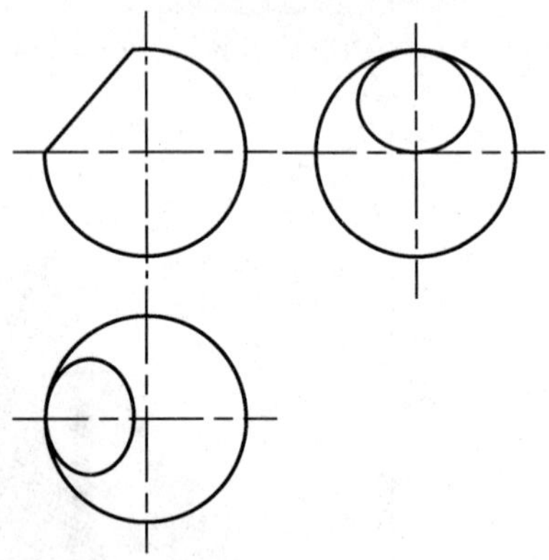

应用实例 2-13

如图 2.67(a)所示，圆柱体被平面 P 切割后，已知正面投影与水平投影，试作侧面投影截交线投影。

分析：

截平面 P 为正垂面，与圆柱轴线斜交，截交线为椭圆。椭圆的正面投影积聚为斜线 p'；椭圆上的各点在圆柱面上，故水平投影与圆柱面投影的圆重合；侧面投影仍是椭圆的类似形。

作图：

(1) 求特殊位置点。

特殊点是指截交线上最左与最右、最前与最后、最高与最低的点。这种点一般在实体的转向轮廓线上，在视图中一般在轮廓线上，它限定截交线的范围。

图 2.67(a)中椭圆长、短轴的端点 A、C 与 B、D 是特殊点。求作时，现在正面投影上定出左、右轮廓线上最左(最低)和最右(最高)的 a'、c'，利用点的投影特性在侧面投影上求得点 a''、c''；定出前、后轮廓线上最前、最后的重影点 $b'(d')$，求得侧面投影上的 b''、d''，如图 2.67(b)所示。

(2) 求中间位置点。

为了精确作图，还必须在特殊点之间作出适当数量的中间点 E、F、G、H。先在水平投影的圆周上定作出对称点 e、f、g、h，并求得正面投影上的 $e'(f')$、$g'(h')$，再在侧面投影上求得 e''、f''、g''、h''，如图 2.67(c)所示。

(3) 连成光滑曲线。

按顺序把点 a''、e''、b''直至 f''连成光滑曲线，判断可见区域，将可见区域轮廓线加粗，如图 2.67(d)所示。

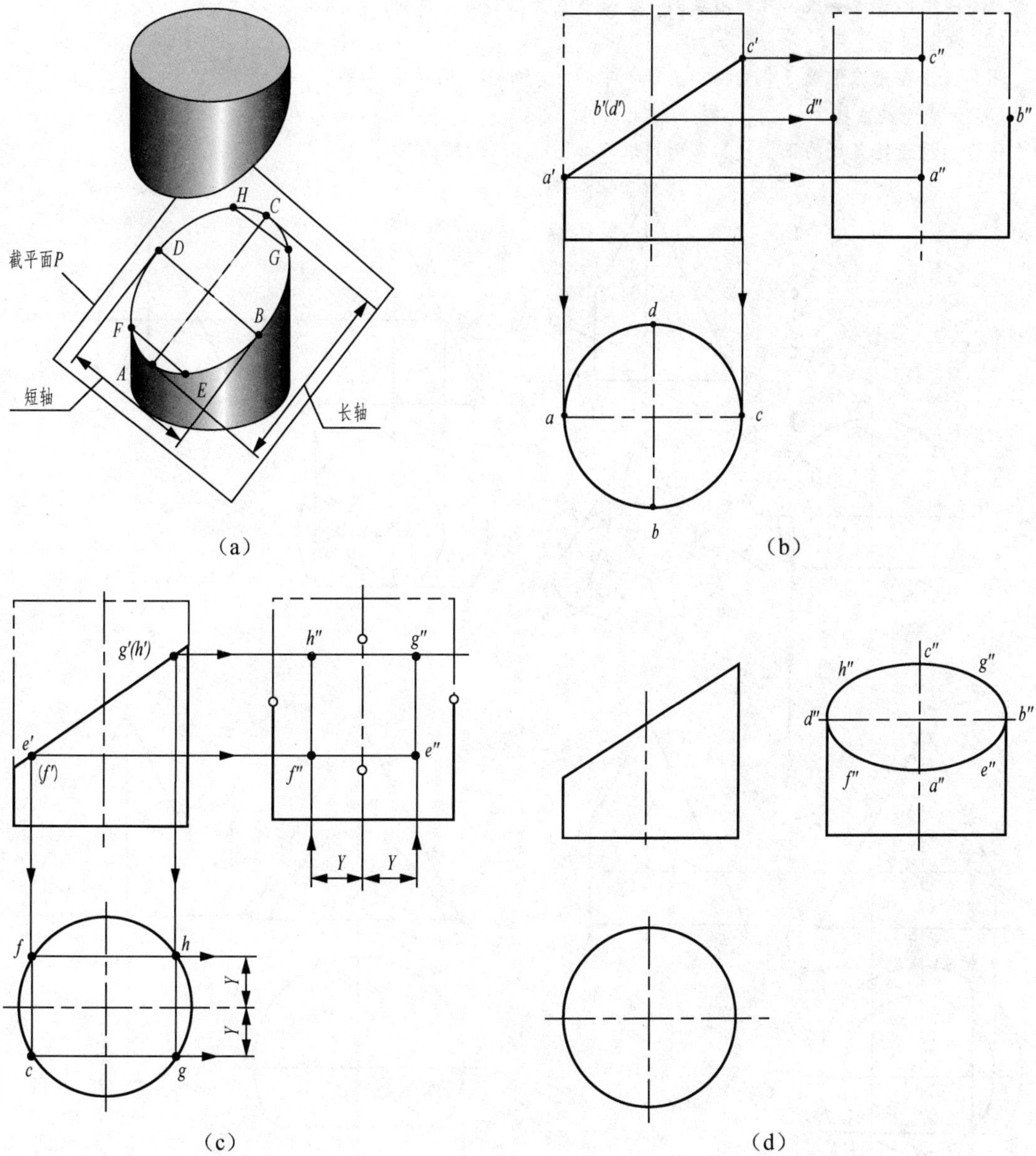

图 2.67　圆柱斜截交线的投影作图

应用实例 2-14

如图 2.68(a)所示，已知圆锥被正平面切割后的水平投影和侧面投影，求作正面投影。

分析：

截平面为正平面，与圆锥面的交线为双曲线，其正面投影反映实形，与圆锥轴线平行，水平和侧面投影均积聚为直线，本例要求作出正面投影上的双曲线。

作图：

(1) 求特殊位置点。

先画出圆锥的正面投影。A、B 两点位于底圆上，是截交线上最低、最左和最右点；点 C 位于圆锥的最前素线上，是最高点。可利用点的投影关系直接求得 a'、b'和 c'，如图 2.68(b)所示。

(2) 求中间位置点。

用纬圆法在特殊位置点之间再作出若干中间点，如 D、E(d'、e')等，如图 2.68(c)所示。

(3) 连成光滑曲线。

依次光滑连接各点的正面投影即为所求，如图 2.68(d)所示。

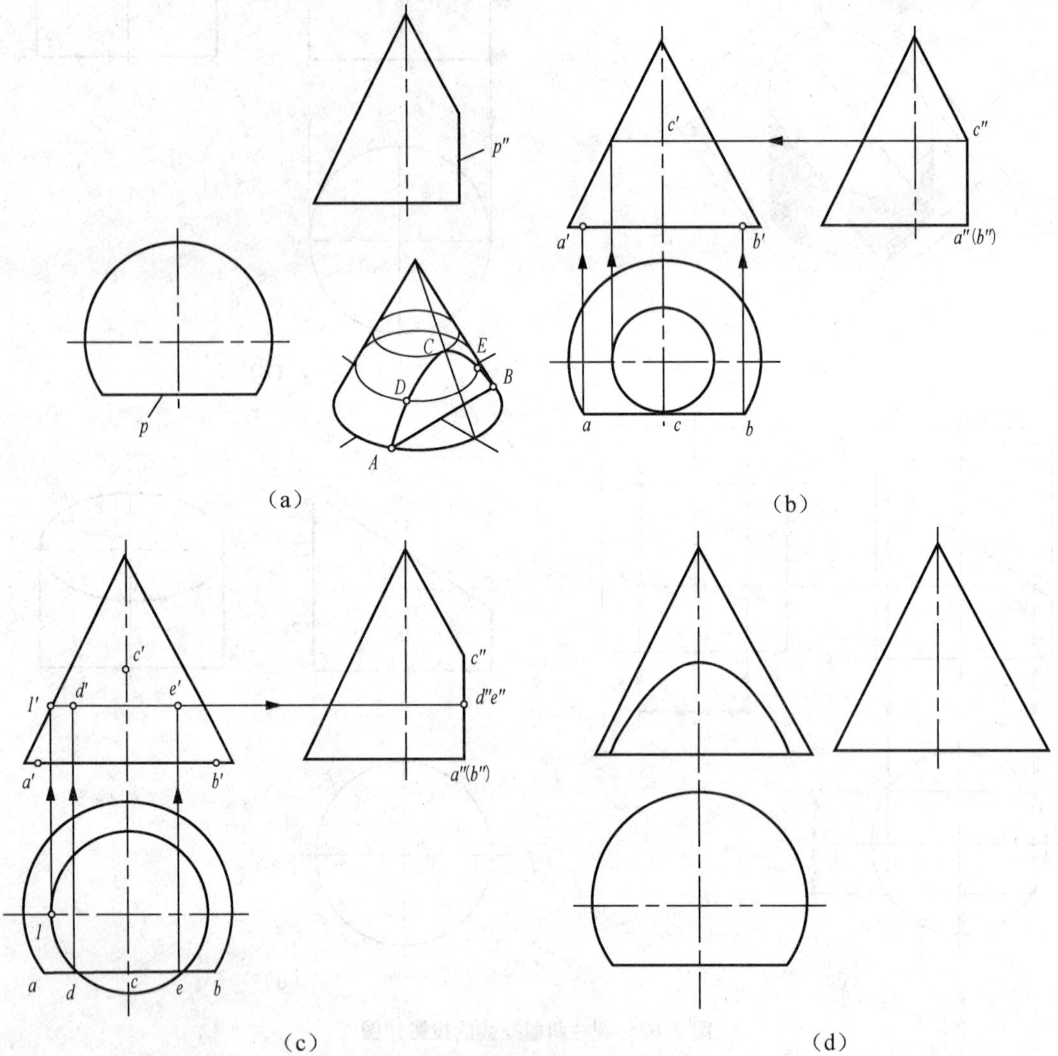

图 2.68　圆锥被正平面切割

应用实例 2-15

求作图 2.69(a)所示的圆球斜截交线的投影。

分析：

截平面 Q 为正垂面，与球面的交线为圆，其正面投影积聚为斜线 q'，长度是该圆的直径 D，水平投影和侧面投影都是椭圆，椭圆长、短轴端点Ⅰ、Ⅱ、Ⅲ、Ⅳ为特殊位置点。

作椭圆时，在已知截交线投影的范围内，用投影面的平行面作辅助截平面，求得截交线上一系列点的投影。

作图：

(1) 作特殊位置点。

在正面投影上直接定出截平面与球的正面轮廓线相交点1′、2′，由点1′、2′求点1、2和1″、2″。

过球心O′向1′、2′引垂线，得1′、2′的中点3′(4′)。对3′和4′点应用辅助圆法和点的投影特性可求出水平投影上的点3、4和侧面投影上的3″和4″，即椭圆的最前和最后两点，如图2.69(b)所示。

定出截平面与球的水平轮廓线交点7′(8′)，由点的投影特性可求出水平投影上的点7、8和侧面投影上的7″、8″，如图2.69(c)所示。

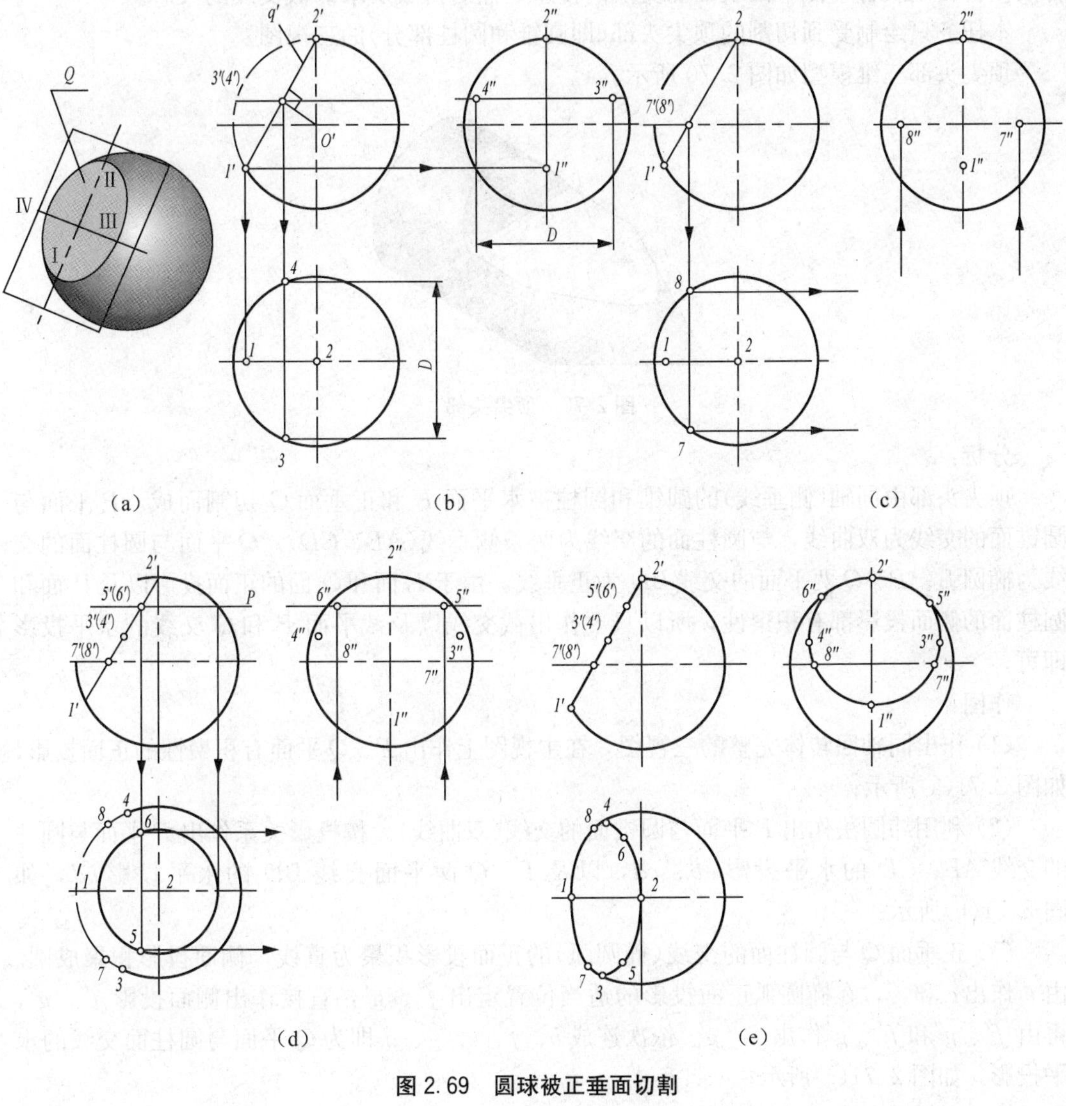

图2.69　圆球被正垂面切割

(2) 求中间位置点。

在正面投影中的截交线内选取点5′(6′)。由辅助圆法和点的投影特性可求得侧面投影上的点5″和6″，如图2.69(d)所示。

(3) 连成光滑曲线。

将求得各点的同面投影一次连成椭圆线，判断可见区域，再加粗轮廓线即得所求。

任务实施

顶尖三维模型如图 2.70 所示。由图 2.70 可知组成顶尖的部分有圆锥、圆柱和锥台(圆锥截去锥尖部分)，用两个平面对顶尖进行切割。这种由两个或两个以上回转体组合而成的形体称为组合回转体。

当平面与组合回转体相交时，其截交线是由截平面与各个回转体表面的交线所组成的平面图形。在求作平面与组合回转体的截交线的投影时，可分别作出平面与组合回转体的各段回转面以及各个截平面表面的交线的投影，然后拼成所求的截交线的投影。

本任务只绘制受到切割的顶尖头部(即圆锥和圆柱部分)的三视图。

顶尖头部三维模型如图 2.70 所示。

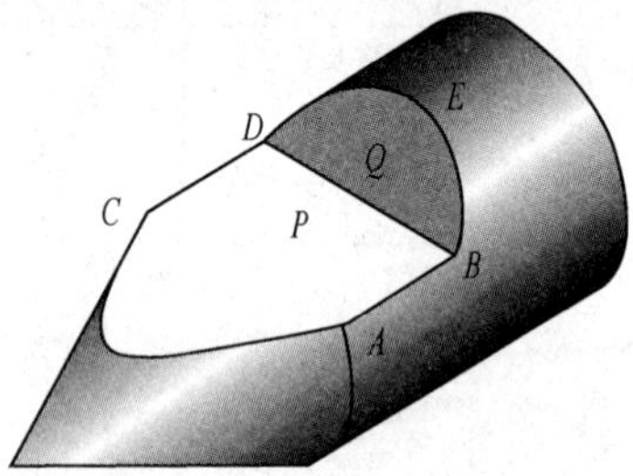

图 2.70　顶尖头部

分析：

顶尖头部由同轴(侧垂线)的圆锥和圆柱被水平面 P 和正垂面 Q 切割而成。P 平面与圆锥面的交线为双曲线，与圆柱面的交线为两条侧垂线(AB、CD)。Q 平面与圆柱面的交线为椭圆弧。P、Q 两平面的交线 BD 为正垂线。由于 P 面和 Q 面的正面投影以及 P 面和圆柱面的侧面投影都有积聚性，所以只要作出截交线以及截平面 P 和 Q 交线的水平投影即可。

作图：

(1) 作出同轴回转体完整的三视图，在主视图上作出 P、Q 平面有积聚性的正面投影，如图 2.71(a)所示；

(2) 利用纬圆法作出 P 平面与圆锥面的交线(双曲线)。按投影关系作出 P 平面与圆柱的交线 AB、CD 的水平投影 ab、cd，以及 P、Q 两平面交线 BD 的水平投影 bd，如图 2.71(b)所示；

(3) 正垂面 Q 与圆柱面的交线(椭圆弧)的正面投影积聚为直线，侧面投影积聚成圆。由 e' 作出 e 和 e''，在椭圆弧正面投影的适当位置定出 f'、g'，直接作出侧面投影 f''、g''，再由 f''、g'' 和 f'、g' 作出 f、g。依次连成 b、f、e、g、d 即为 Q 平面与圆柱面交线的水平投影，如图 2.71(c)所示；

(4) 判断可见性，补画圆锥与圆柱交接处的 ac 虚线，擦除辅助线和多余线条，加粗可见轮廓线，如图 2.71(d)所示，即为最终作图结果。

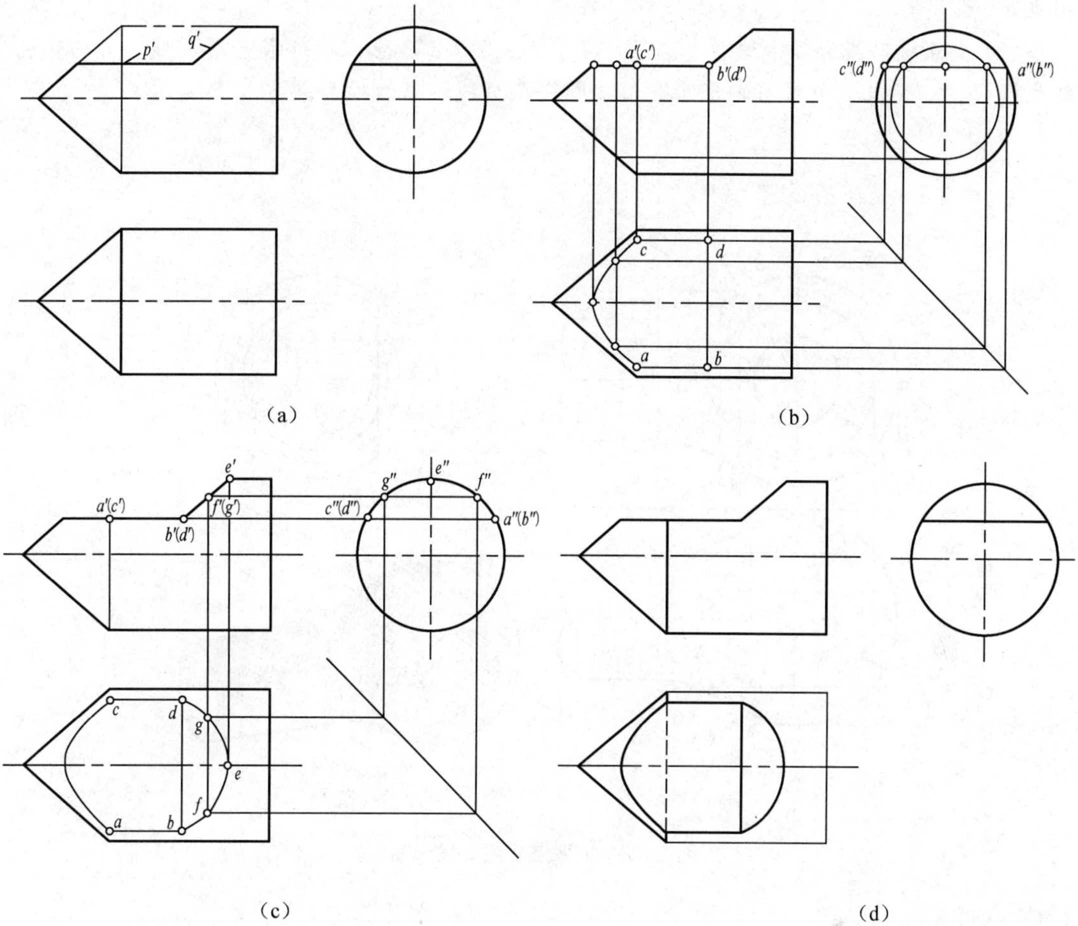

图 2.71　顶尖的投影作图

强化训练

求作图 2.72(b)所示的拉杆接头截交线的投影。

分析：

拉杆头部是由共轴的圆球、圆环面和圆柱组成，被前、后对称的正平面 Q 切割，与圆球面交线为圆，与内圆环面交线为一段平面曲线，两者相切，圆柱未被切割，故圆柱面上无交线。截交线的水平投影和侧面投影均积聚为直线，正面投影反映截交线实形。

作图：

(1) 直接作出截交线的水平和侧面投影；

(2) 划分圆球和内圆环面的范围，确定分界点。即连接 OO_1 并交于 a' 点，过 a' 点做垂线，此垂线段即为圆球与内圆环的分界圆的积聚投影 $a'a_1'$；

(3) 求特殊点。M 点位最左点，由水平投影 m，求出 m'，以 O' 为圆心，$O'm'$ 为半径画圆弧，圆弧与 $a'a_1'$ 的交点 $1'$、$3'$ 即为结合点，也是内环交线的最上、最下点(最左点)；内环截交线的最右点 $2'$，可由点 2 求得；

(4) 求中间位置点。利用辅助平面(侧平面 p)，求得侧面投影 $4''$、$5''$，再由 $4''$、$5''$ 求

出点 $4'$、$5'$；

(5) 去除辅助线和多余线条，将 $1'$、$4'$、$2'$、$5'$、$3'$ 各点依次连成光滑曲线，并与球的截交线(圆弧)连成一个封闭的平面图形，即得截交线的正面投影。

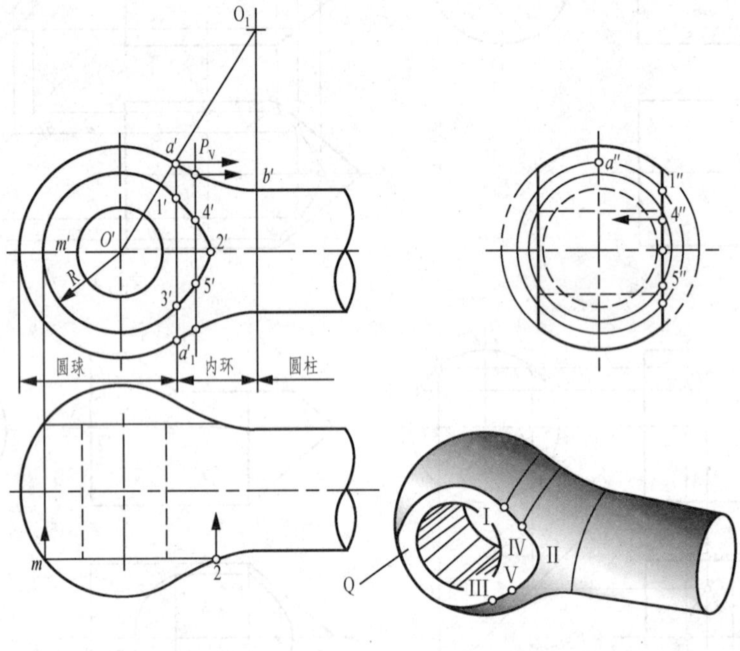

(a)　　　　　　　　　　(b)

图 2.72　拉杆接头截交线作图

知识拓展

切割体的尺寸标注

对于切割体的尺寸标注，只需标注基本体的定形尺寸和截平面的定位尺寸。由于截平面在形体上的相对位置确定后，截交线即被唯一确定，因此对截交线不应再注尺寸。

若截平面为投影面的平行面，其定位尺寸为一个；若截平面为投影面的垂直面，其定位尺寸为两个；若截平面为一般位置平面，则有 3 个定位尺寸。

对于不完整的圆柱面、球面，一般大于一半者标注直径尺寸，尺寸数字前加 ϕ；等于或小于一半者标注半径尺寸，尺寸数字前加 R，半径尺寸必须注在反映圆弧实际形状的视图上。

1. 棱柱切割体的尺寸标注

棱柱切割体的尺寸标注，首先标注棱柱的基本尺寸，即底面形状尺寸和高度尺寸，然后标注切割位置尺寸。如图 2.73(a)所示，五棱柱的定形尺寸为 ϕ30 和 32；截平面的定位尺寸为 18。

2. 回转切割体的尺寸标注

回转切割体的尺寸标注，首先标注回转体基本尺寸，然后，标注切割位置尺寸。如图 2.73(b)所示，圆柱基本尺寸为 ϕ25 和 32；截平面定位尺寸为 20。如图 2.73(c)所示，圆柱基本尺寸为 ϕ25 和 32；截平面定位尺寸为 8 和 10。如图 2.73(d)所示，圆球基本尺寸为 $S\phi$30；截平面定位尺寸为 24。如图 2.73(e)所示，半球基本尺寸为 SR20；截平面定位尺寸为 10、10。

尺寸不能标注在被平面截切的截交线上，应是标注截平面的位置尺寸，如图 2.74 所示。

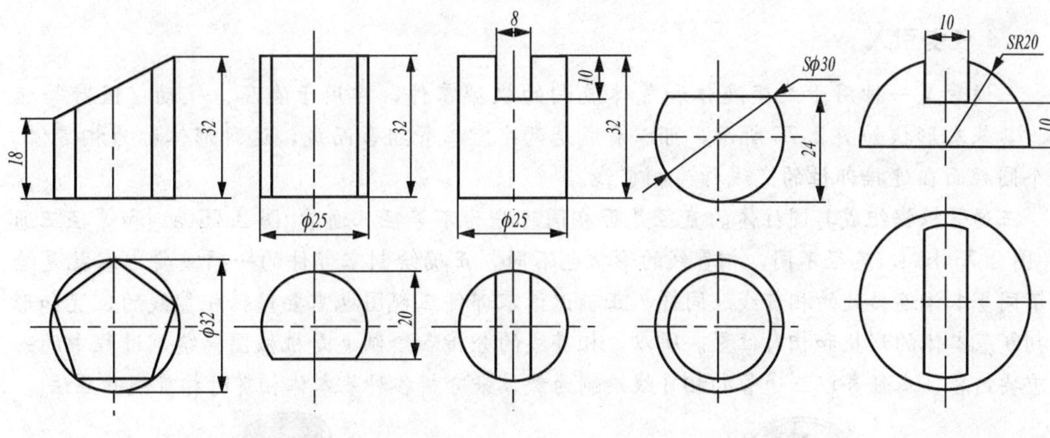

图 2.73　切割体的尺寸标注

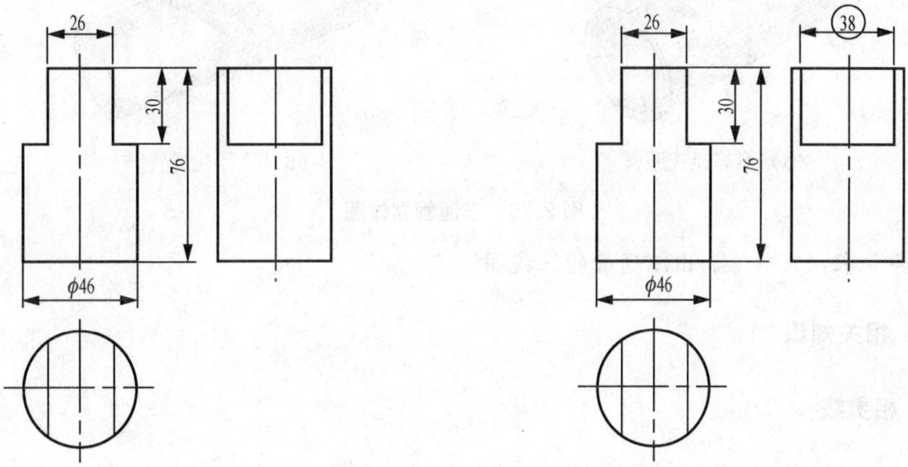

（a）正确标注　　　　（b）错误标注

图 2.74　切割体的标注

任务 2.4　绘制和识读三通管三视图

学习目标

知识目标	（1）平面体与回转体相贯时的相贯线； （2）回转体与回转体相贯时的相贯线； （3）复杂相贯体的基本体组成分析
能力目标	（1）能够判断不同基本体相贯时相贯线的类型； （2）能够绘制简单平面体与回转体以及回转体与回转体相贯时的相贯线； （3）能够分析复杂相贯体的相贯线并正确绘制

任务引入

三通管是一种用于改变液体和气体流向的机械零件，常用于液压、气动、医疗等领域。其基本形状如图 2.75 所示，可以看成是两个空心管组合而成，这种形体称为相贯体。两个圆柱面在连接部位的交线称为相贯线。

三通管根据组成其圆柱体的直径是否相同可分为不等径三通管[图 2.75(a)]和等径三通管[图 2.75(b)]，直径不同，相贯线的形状也不同。正确绘制零部件的一项重要内容就是绘制不同基本体连接处的相贯线。同样，正确识读零部件三视图也需要根据相贯线的位置和形状判断基本体的形状和相对位置。所以，相贯线的分析和绘制也是机械图样绘制过程中的一项重要内容。本任务以三通管的相贯线绘制为载体来分析各种基本体相贯时相贯线的画法。

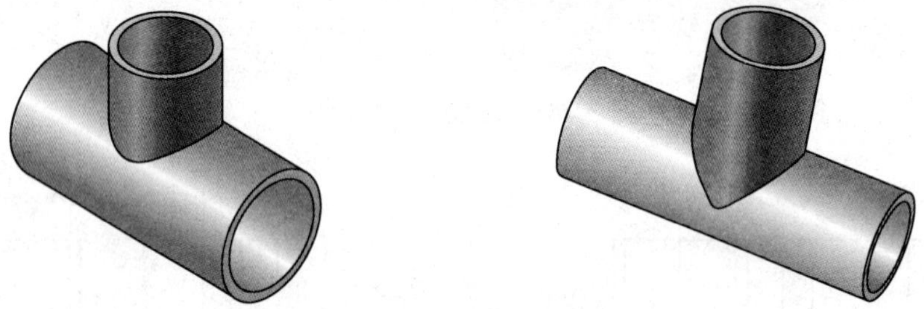

(a) 不等径三通管　　(b) 等径三通管

图 2.75　三通管立体图

任务要求：正确绘制出三通管的三视图。

相关知识

2.4.1　相贯线

1. 两立体相交及相贯线

两立体相交，按其立体表面的性质可分为两平面立体相交、平面立体与曲面立体相交、两曲面立体相交 3 种情况，分别如图 2.76(a)、(b)、(c)所示。两立体表面的交线称为相贯线。

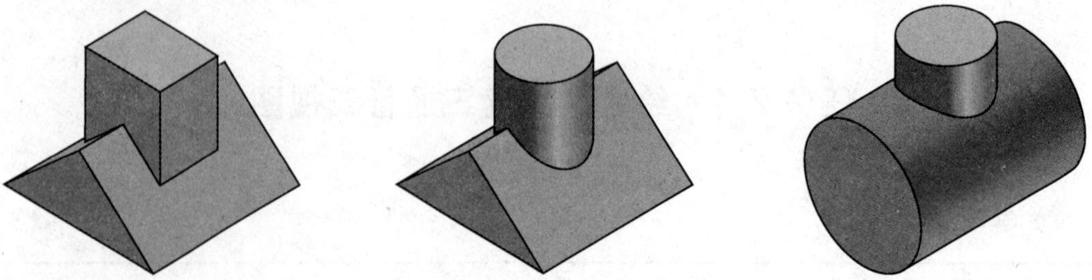

(a) 两平面立体相交　　(b) 平面体与回转体相交　　(c) 两回转体相交

图 2.76　两立体相交

图 2.76(a)所示平面立体的表面均为平面，因而平面立体与平面立体相交，其实质是平面与平面立体相交的问题；图 2.76(b)所示为平面立体与曲面立体的相交，其实质是平面与曲面立体相交的问题。图 2.76(a)和(b)中的相贯线作图方法可参考上一任务中截交线

的作图方法，相贯线的形状与切除较小形体后得到的截交线完全相同，故此处不再详述。本任务主要讲解两曲面立体中的两回转体相交时相贯线的性质和作图方法。

2. 相贯线的性质

(1) 共有性。相贯线是两立体表面的共有线，相贯线上的点是两立体表面的共有点。

(2) 分界性。相贯线是两立体表面的分界线。

(3) 封闭性。由于立体的表面是封闭的，因此相贯线一般是封闭的空间曲线，特殊情况下为平面曲线或直线，或不封闭。

根据相贯线的性质，求相贯线的基本作图问题实质是求相贯的两立体表面的共有点，再将这些点光滑连接起来，即得相贯线。其作图方法主要有两种：积聚性法、辅助平面法。

特别提示

求相贯线的一般步骤如下。

(1) 分析两立体的形状、大小和相互位置，以及它们对投影面的相对位置，然后分析相贯线的性质。

(2) 求特殊点。特殊点能确定相贯线的形状和范围的点，如立体的转向轮廓线上的点，对称的相贯线在其对称平面上的点以及相贯线最高、最低点，最前、最后点，最左、最右点。

(3) 求一般点。为使作出的相贯线更加准确，需要在特殊点之间求出若干个一般点。

(4) 判别可见性。对相贯线的各投影应分别进行可见性判别。

(5) 依次光滑连接各点同面投影，即为所求。

2.4.2　回转体相交时的相贯线作法

1. 圆柱与圆柱相交

当两曲面立体相交，其中至少有一个为圆柱体，其轴线垂直于某投影面时，则圆柱面在该投影面上的投影积聚为一个圆。其他投影可根据表面上取点的方法作出。

应用实例 2-16

如图 2.77(a)所示，求作轴线正交的两圆柱的相贯线的投影。

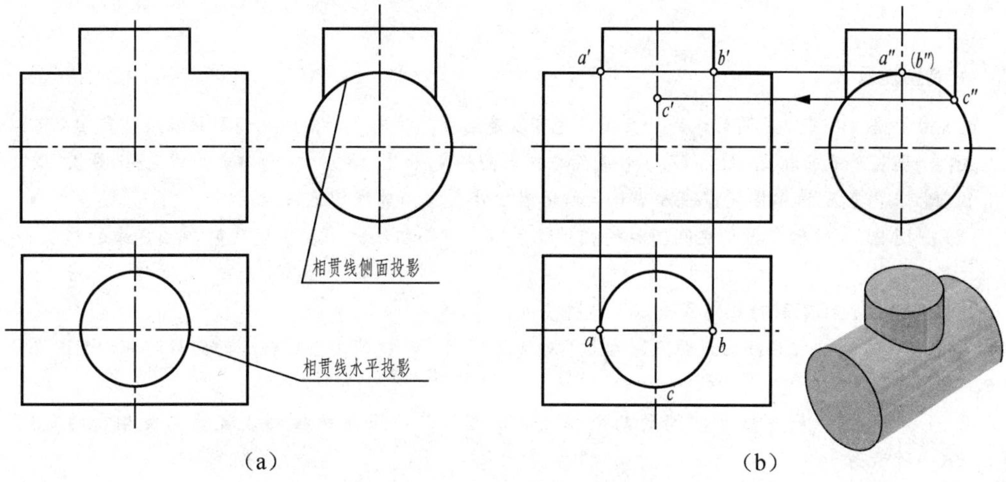

图 2.77　不等径两圆柱相交

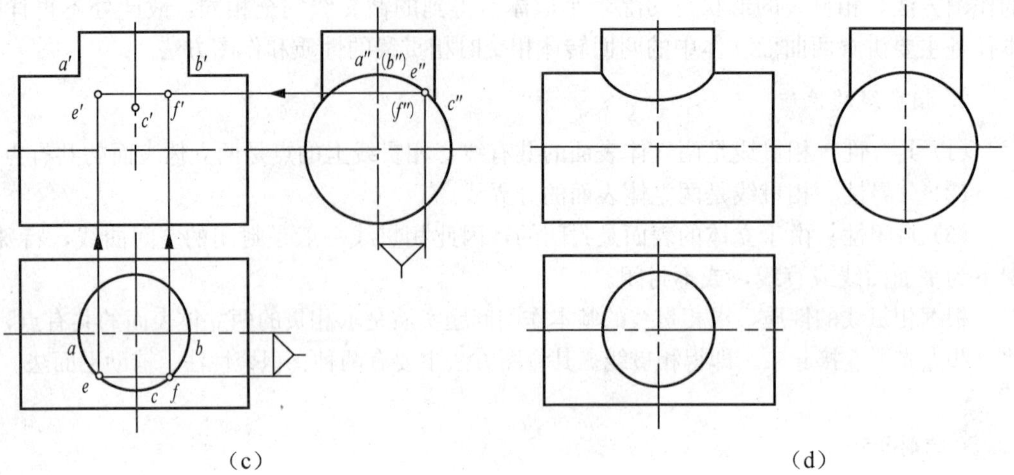

图 2.77　不等径两圆柱相交（续）

分析：

两圆柱轴线垂直相交，即正交。当直立圆柱轴线为铅垂线，水平圆柱轴线为侧垂线时，直立圆柱面的水平投影和水平圆柱面的侧面投影都具有积聚性，所以相贯线的水平投影和侧面投影分别积聚在它们的圆周上，此例宜使用相贯线的积聚性作图。因此，只要根据已知的水平和侧面投影求作相贯线的正面投影即可。两不等径圆柱正交形成的相贯线为空间曲线，如图 2.77(b)立体图所示。因为相贯线前后对称，在其正面投影中，可见的前半部分与不可见的后半部分重合，且左右也对称。因此，求作相贯线的正面投影，只需作出前面的一半。

作图：

(1) 求特殊点。水平圆柱的最高素线与直立圆柱最左、最右素线的交点 A、B 是相贯线上的最高点，也是最左、最右点。a'、b'，a、b 和 a''、b'' 均可直接作出。点 C 是相贯线上最低点，也是最前点，c'' 和 c 可直接作出，再由 c''、c 求得 c'，如图 2.77(b)所示。

(2) 求一般点。利用积聚性，在侧面投影和水平投影上定出 c''、f'' 和 e、f，再作出 e'、f'，如图 2.77(c)所示。

(3) 判别可见性。相贯线正面投影的可见与不可见部分重合，故画成粗实线。

(4) 依次光滑连接各点的正面投影，即为所求，结果如图 2.77(d)所示。

特别提示

(1) 由于圆柱面可以是圆柱体的外表面，也可以是圆柱孔的内表面，因此两圆柱轴线垂直相交可以有 3 种形式：两圆柱外表面相交(图 2.77)、外表面与内表面相交[图 2.78(a)]、两内表面相交图[图 2.78(b)]。

两圆柱孔内表面的相贯线作图方法与求作两圆柱外表面相贯线的方法相同。

(2) 如图 2.79 所示，当正交两圆柱的相对位置不变，而粗细大小发生变化时，相贯线的形状和位置也随之变化。

正交两圆柱直径不同时相贯线有以下 3 种情况。

① 当 $\phi_1>\phi$ 时，相贯线的正面投影为上下对称的曲线，开口朝向直径较小的圆柱端部，如图 2.79(a)所示；

② 当 $\phi_1=\phi$ 时，相贯线为空间的两个相交的椭圆，其在正面的投影表现为两条相交的直线，如图 2.79(b)所示；

③ 当 $\phi_1<\phi$ 时，相贯线的正面投影为左右对称的两段曲线，开口同样朝向直径较小的圆柱端部，如

图 2.79(c)所示。

由图 2.79 可知，当两直径不同的圆柱正交时，其相贯线的非积聚性投影总为曲线，开口始终朝向直径较小的圆柱端部。

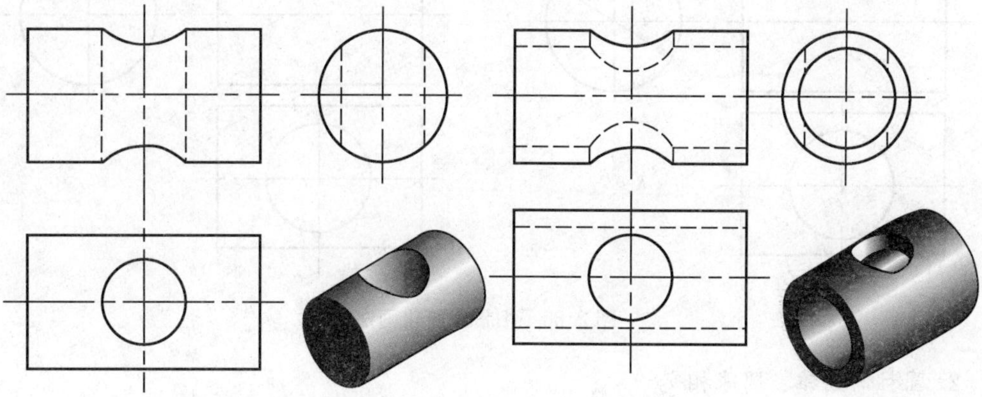

(a)　　(b)

图 2.78　两圆柱相贯线

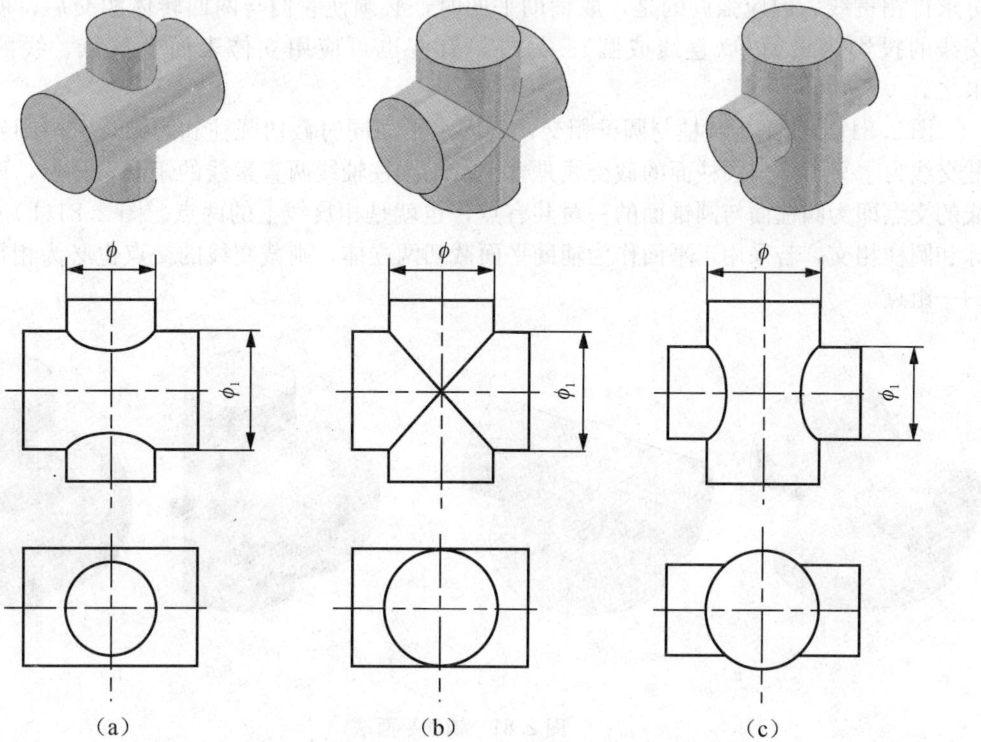

(a)　　(b)　　(c)

图 2.79　两圆柱正交时相贯线的变化

(3) 相贯线的简化画法。国家标准规定，允许采用简化画法作出相贯线的投影，即以圆弧代替非圆曲线。当轴线垂直相交，且轴线均平行于正面的两个不等径圆柱相交时，相贯线的正面投影以大圆柱的半径为半径画圆弧即可。简化画法的作图过程如图 2.80 所示。

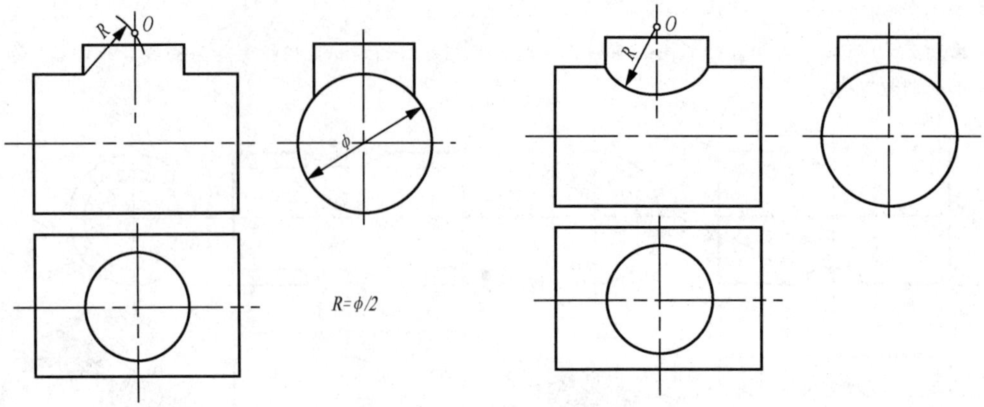

图 2.80　相贯线简化画法

2. 圆柱与圆锥、圆球相交

辅助平面法是用辅助平面同时截切相贯的两回转体，在两回转体表面得到两条截交线，这两条截交线的交点即为相贯线上的点。这些点既在相贯两立体的表面上，又在辅助平面上，因此，根据三面共点原理，用若干个辅助平面求出相贯线上一系列共有点即可求得相贯线。但应强调的是，取辅助平面时，必须使它们与两回转体相交后，所得截交线的投影为最简单(直线或圆)。另外，有些也可应用立体表面上取点、线的方法求之。

图 2.81(a)所示为圆柱与圆锥相交，若用水平面同时截切圆柱和圆锥，它与圆锥面的截交线为水平圆，与圆柱面的截交线是含平行于圆柱轴线两直素线的矩形。显然，两截交线的交点即为圆柱面与圆锥面的一对共有点，也就是相贯线上的两点。图 2.81(b)所示为球和圆柱相交，若采用正平面作为辅助平面截切两立体，则截交线的交点也必为相贯线上的一组点。

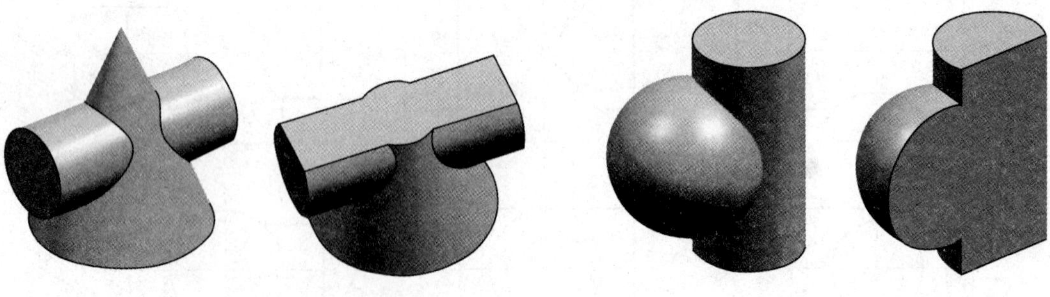

(a)　　　　　　　　　　(b)

图 2.81　辅助平面法

应用实例 2-17

求作图 2.82(a)所示的圆台和圆柱轴线正交时的相贯线投影。

分析：

圆台和圆柱轴线垂直相交，其相贯线为左右、前后均对称的封闭空间曲线。由于圆柱轴线垂直于侧面，其侧面投影集聚为圆。因此，相贯线的侧面投影也积聚在该圆周上，是圆台和圆柱的侧面投影共有部分的一段圆弧。此例中，相贯线的正面投影和水平投影采用辅助平面法作出。

作图：

(1) 求特殊点。相贯线的最高点 A、B 同时也是最左和最右点，最低点 C、D 同时也是最前和最后点，这 4 点的正面投影和水平投影可根据其侧面投影直接作出，如图 2.82(b)所示。

(2) 求中间点。在最高点与最低点之间接近中间位置处作辅助平面 P。如图 2.82(c)所示，P 面(水平面)与圆台的交线是圆，其水平投影反映实形，该圆的作法与圆锥截交线作法中的辅助圆法相同，即在正面投影中通过圆台外轮廓线的延长线与 p' 的交点投影作圆。P 面与圆柱面的交线是两条与轴线平行的直线，它们在水平投影中的位置从侧面投影中量取。在水平投影中，圆与两条直线的交点 e、f、g、h 即为相贯线上 4 个点的水平投影，再由水平投影作出正面投影 e'、f'、g'、h'。

(3) 判别可见性。相贯线正面投影的可见与不可见部分重合，水平投影均可见，应画成粗实线。

(4) 依次光滑连接各点的正面投影，即为所求，结果如图 2.82(d)所示。

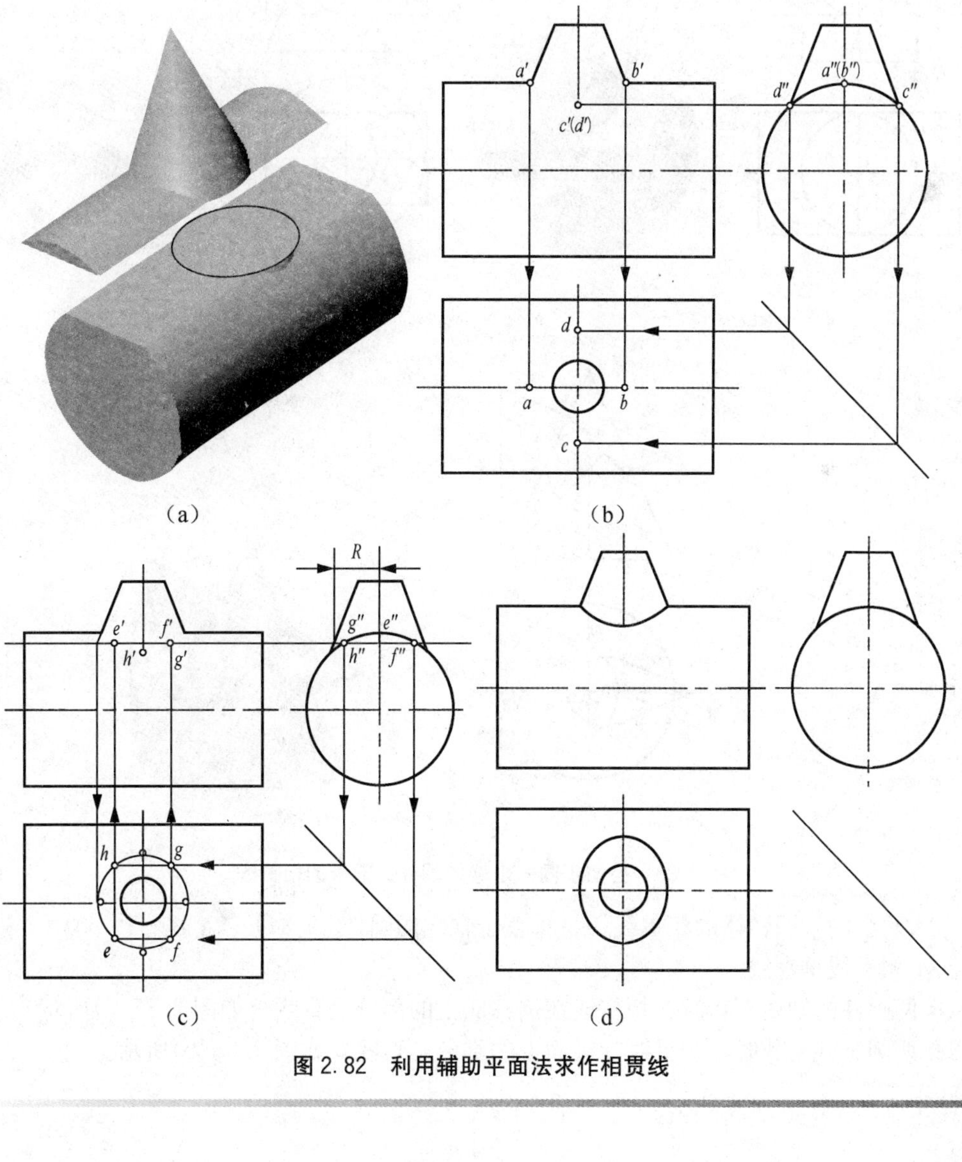

图 2.82　利用辅助平面法求作相贯线

3. 相贯线的特殊情况

(1) 轴线相交且平行于同一投影面的圆柱与圆柱、圆柱与圆锥、圆锥与圆锥相交，若它们能公切一于个球，则它们的相贯线是垂直于这个投影面的椭圆。

图 2.83 所示中圆柱与圆柱、圆柱与圆锥、圆锥与圆锥相交，轴线都分别相交，且都平行于正平面，还公切于一个球，因此，它们的相贯线都是垂直于正平面的两个椭圆。连接它们的正面投影的转向轮廓线的交点，即相贯线的正面投影。

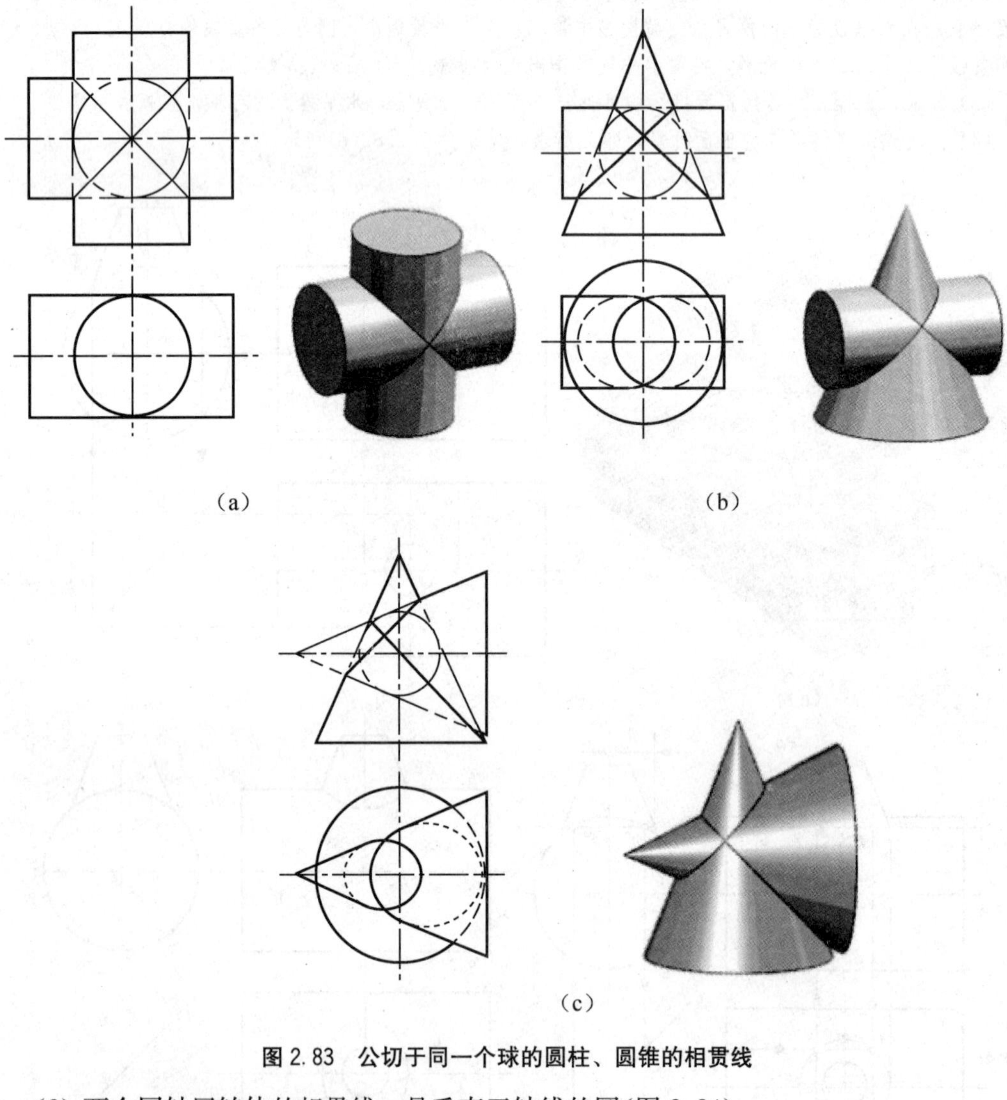

图 2.83　公切于同一个球的圆柱、圆锥的相贯线

(2) 两个同轴回转体的相贯线，是垂直于轴线的圆(图 2.84)

(3) 相贯线是直线。

① 两圆柱的轴线平行时，相贯线在圆柱面上的部分是直线，如图 2.85(a)所示。

② 两圆锥共锥顶时，相贯线在锥面上的部分是直线，如图 2.85(b)所示。

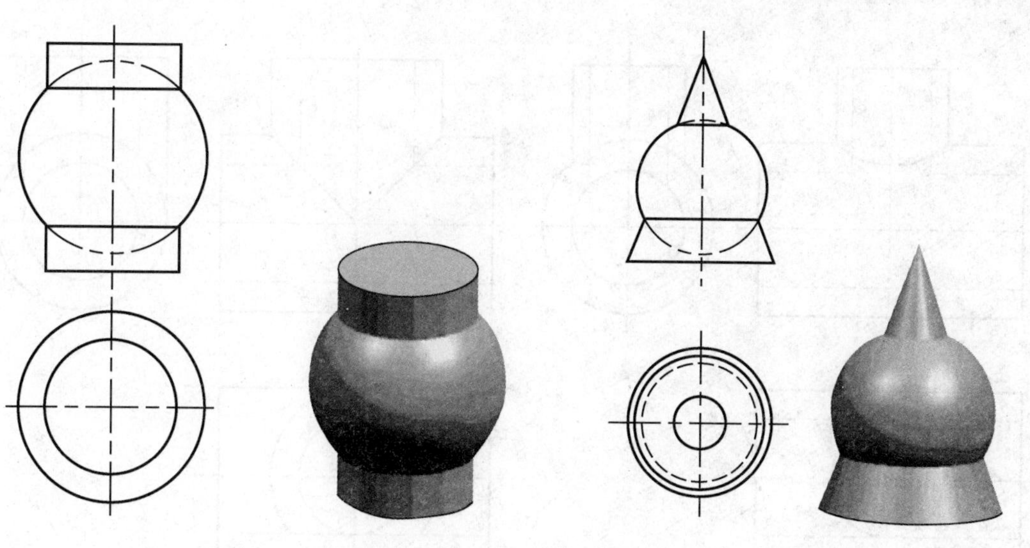

(a)　　　　(b)

图 2.84　两个同轴回转体的相贯线

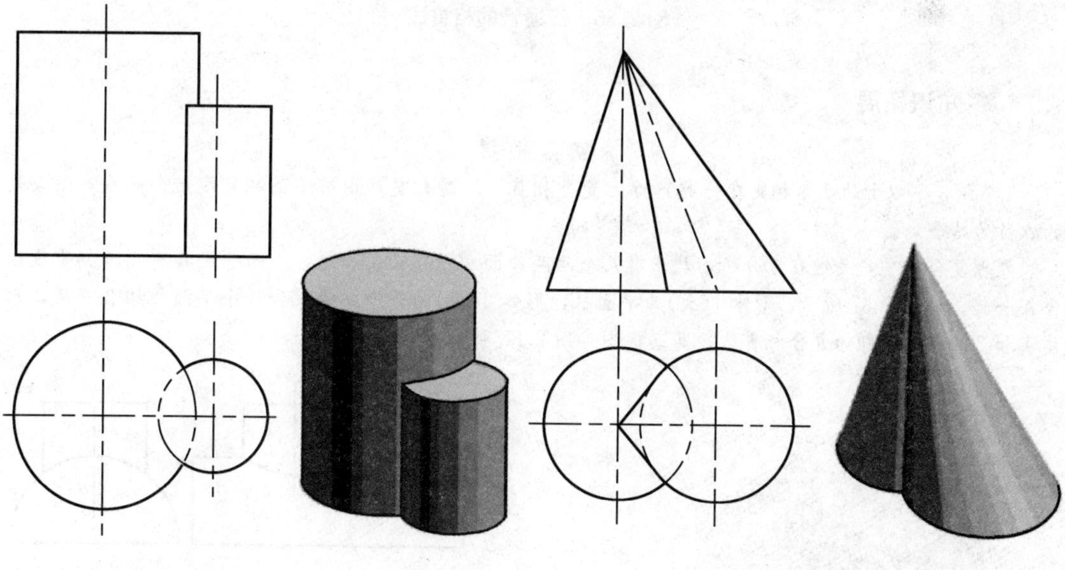

(a)　　　　(b)

图 2.85　相贯线是直线的特殊情况

任务实施

通过以上知识可知，不等径三通管的相贯线如图 2.86(a)所示，等径三通管的相贯线如图 2.86(b)所示，其中等径三通管两管孔的相贯线为虚直线，与外圆柱相贯线重合。

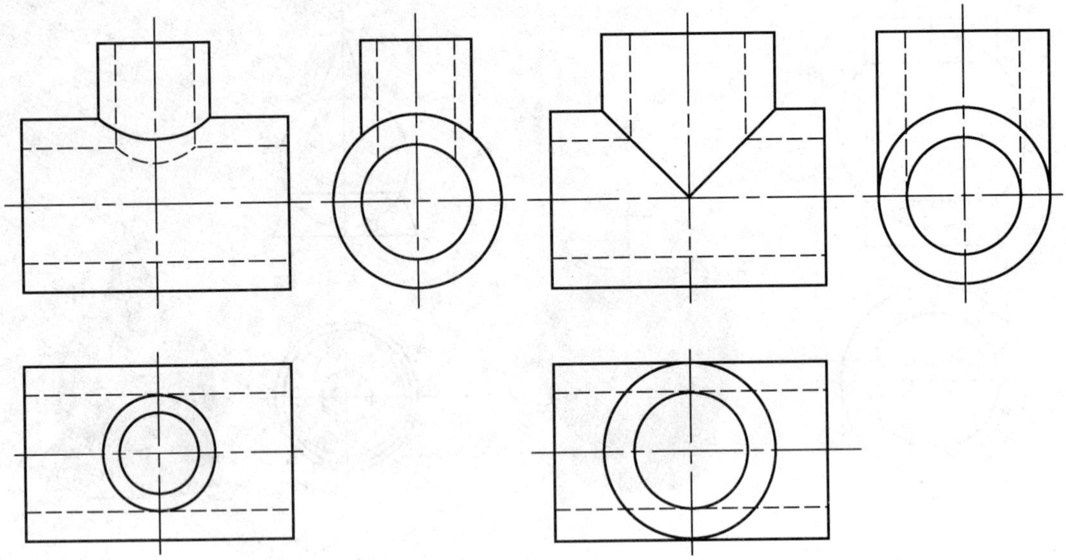

（a）不等径三通管的相贯线　　（b）等径三通管的相贯线

图 2.86　三通管的相贯线

知识拓展

复合相贯

3 个或 3 个以上的立体相交在一起，称为复合相贯。这时相贯线由若干条相贯线组合而成，结合处的点称为结合点。

处理复合相贯，关键在于分析，找出有几个两两曲面立体相交在一起，从而确定其有几段相贯线结合在一起。如图 2.87 所示，形体 1(大)为半圆柱，形体 2(小)由一个四棱柱和一个半圆柱组合而成，形体 1 和 2 的相贯线即为复合相贯线。其三视图如图 2.88 所示。

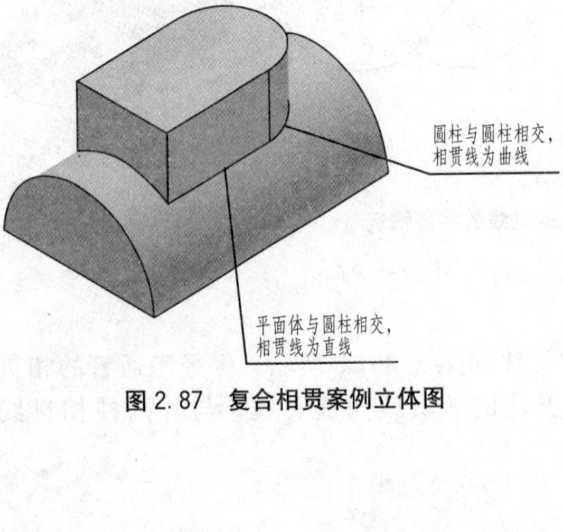

图 2.87　复合相贯案例立体图

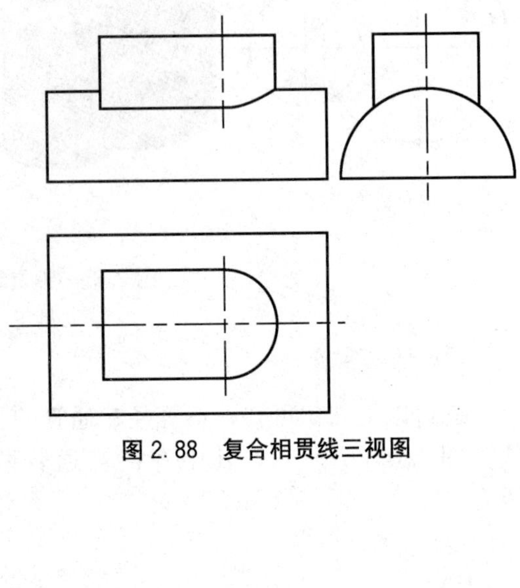

图 2.88　复合相贯线三视图

任务 2.5　绘制轴承座的三视图

学习目标

知识目标	(1) 组合体的构成形式； (2) 形体分析法； (3) 线面分析法
能力目标	(1) 能够分析组合体的组合形式； (2) 能够正确绘制叠加型和切割型组合体的三视图； (3) 能够正确应用形体分析法读懂组合体三视图； (4) 能够正确应用线面分析法读懂组合体三视图

任务引入

图 2.89(a)为轴承座的立体图，其功能是支持和固定轴承。

由图 2.89 可知，轴承座的结构相比任务 2.4 的实体要复杂得多，它是几个个体组合而成，故称为组合体，如图 2.89(b)所示。

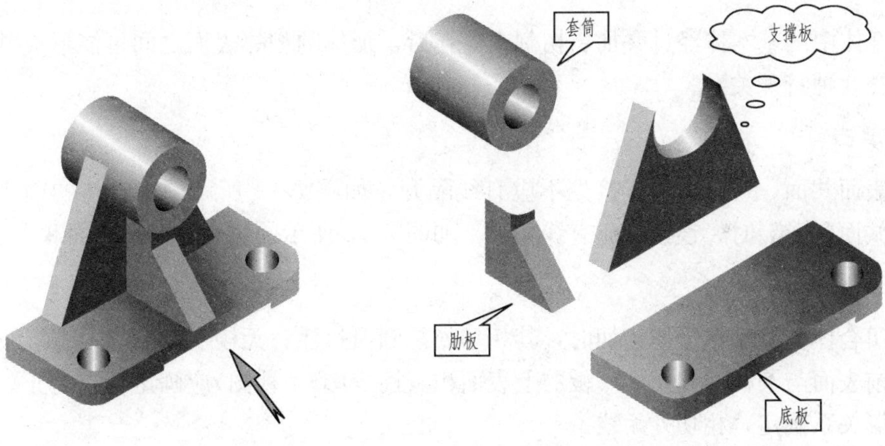

（a）立体图　　（b）分解图

图 2.89　轴承座的立体图与分解图

工程实践中用到的绝大多数零部件都是组合体，其组合形式多样，三视图的绘制和识读也复杂一些。要能正确地绘制和识读组合体的三视图，就必须正确掌握组合体的构成形式以及分析方法。

任务要求：正确绘制出轴承座的三视图。

相关知识

任何机器零件，从形体的角度来看，都可以看成是由一些简单的基本体经过叠加、切割或穿孔等方式组合而成的。这种由两个或两个以上的基本体组合构成的整体称为组合体。

2.5.1 组合体的构成形式

组合体按其构成的形式，通常分为叠加型和切割型两种。叠加型组合体是由若干基本体叠加而成，如图 2.90(a)所示，切割型组合体是由基本体经过切割或穿孔后形成的，如图 2.90(b)所示。多数组合体则是既有叠加又有切割的综合型，如图 2.90(c)所示。

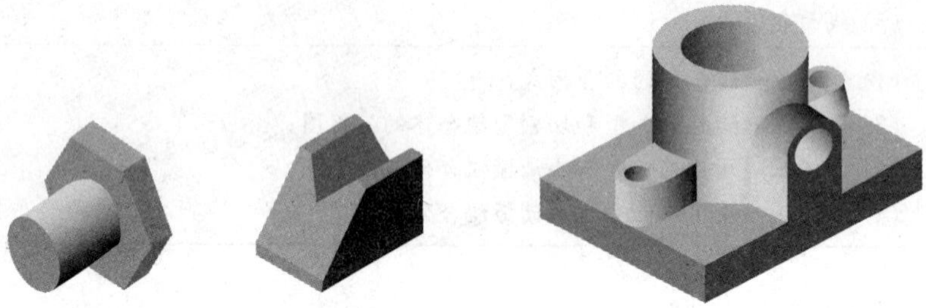

(a) 叠加型　(b) 切割型　(c) 综合型

图 2.90 组合体的构成形式

2.5.2 组合体上相邻表面之间的关系

组合体中的基本体经过叠加、切割或穿孔后，形体的相邻表面之间可能形成共面、相切或相交 3 种特殊关系。

1. 共面

两表面共面(平齐)时，连接处不应有线隔开，如图 2.91 所示的组合体的前表面；两表面不共面(相错)时，连接处应有线隔开，如图 2.92 所示的组合体的前表面和左表面。

2. 相切

当组合体上两基本形体相切时，其相切处是圆滑过渡，无棱线，不应画线，如图 2.93 中底板前表面与圆柱面相切，底板的上表面积聚性投影(主视图)应画至切点为止。切点位置由投影关系确定，相切处无线。

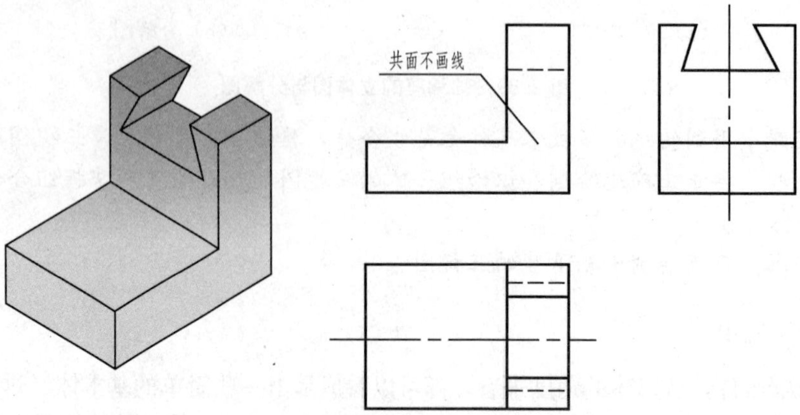

图 2.91 两形体共面(平齐)

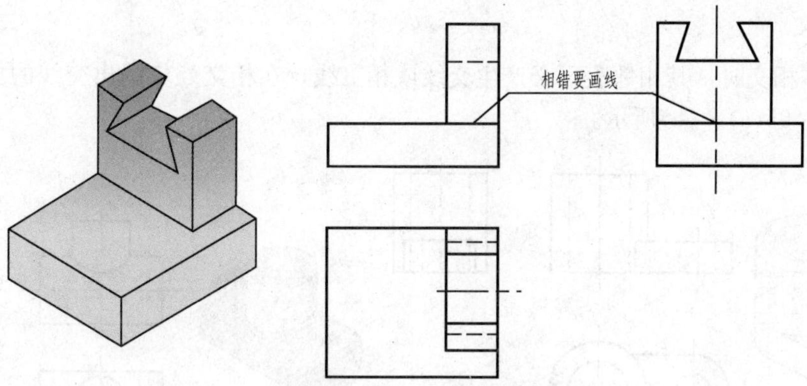

图 2.92　两形体不共面(相错)

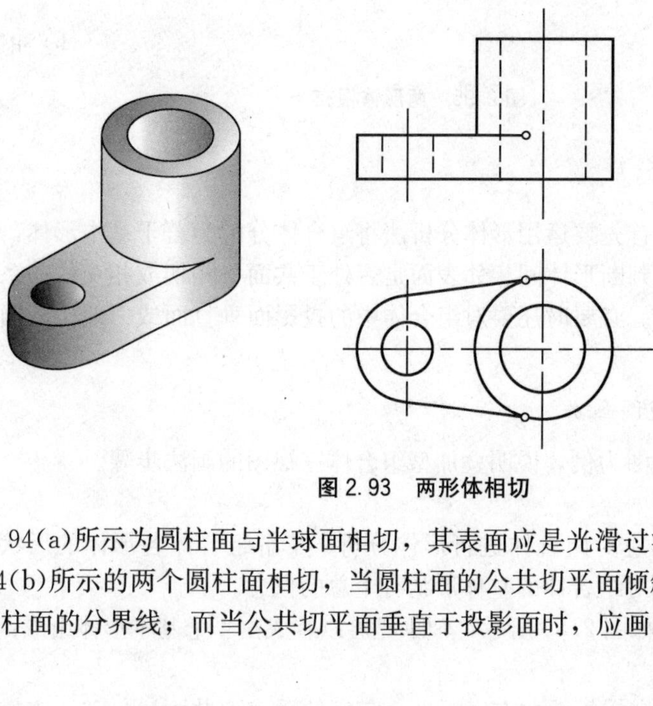

图 2.93　两形体相切

图 2.94(a)所示为圆柱面与半球面相切，其表面应是光滑过渡，切线的投影不画。但是图 2.94(b)所示的两个圆柱面相切，当圆柱面的公共切平面倾斜或平行于投影面时，不画两个圆柱面的分界线；而当公共切平面垂直于投影面时，应画出两个圆柱面的分界线。

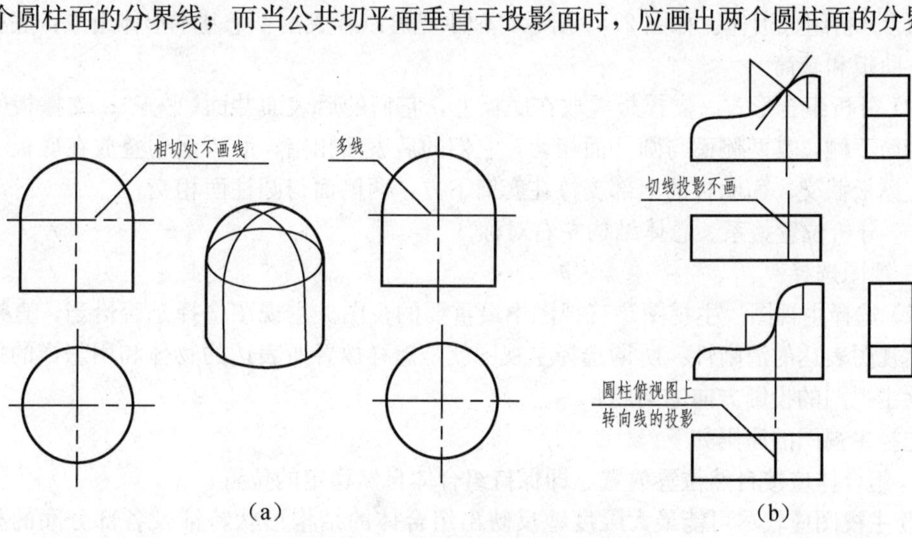

(a)　　(b)

图 2.94　相切及其特殊情况

3. 相交

两形体相交时，其相邻表面必产生交线或相贯线，在相交处应画出交线的投影或相贯线，如图 2.95(a)、(b)所示。

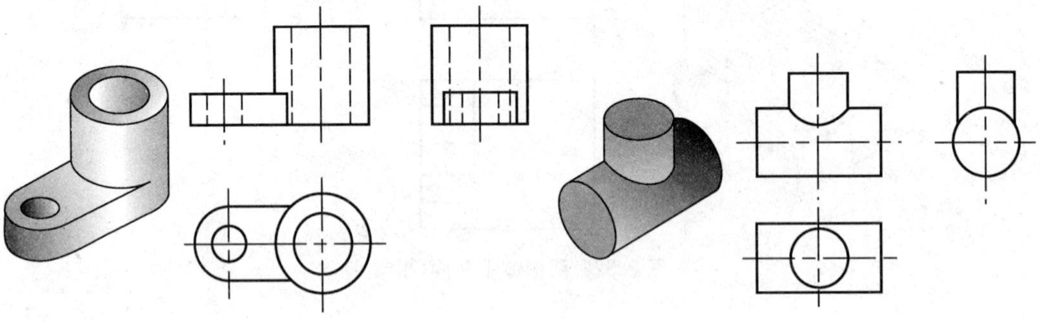

（a）交线　　（b）相贯线

图 2.95　两形体相交

任务实施

画组合体的视图时，首先要运用形体分析法将组合体分解为若干基本形体，分析它们的组合形式和相对位置，判断形体间相邻表面是否处于共面、相切或相交的关系，然后逐个画出各基本体的三视图。必要时还要对组合体中的投影面垂直面或一般位置面及其相邻表面关系进行面形分析。

1. 叠加型组合体的视图画法

下面以轴承座的三视图为例，说明叠加型组合体三视图的画法步骤。

1) 形体分析

画组合体视图之前，应对组合体进行形体分析，了解组合体各形体的形状、组合形式、相对位置关系，以便对组合体的整体形状有个总的概念。

(1) 分析组成形体。如图 2.89 所示，轴承座可以看成由 4 个基本形体组成：底板、支撑板、肋板和套筒。

(2) 分析组合形式。支撑板叠放在底板上，它们的后表面共面(平齐)；支撑板的上部支在套筒下侧，其两侧面与圆柱面相切，它们的后表面相错；肋板居中叠放在底板上，后面与支撑板截交，而肋板的上部支撑在套筒下方，两侧面与圆柱面相交。

(3) 分析位置关系。总体结构左右对称。

2) 视图选择

(1) 选择主视图。主视图是三视图中最重要的视图。主视图选择是否恰当，直接影响组合体视图表达的清晰性。所谓选择主视图就是怎样放置所表达的物体和用怎样的投影方向作为主视图的投影方向的问题。

选择主视图的原则如下。

① 组合体应按自然位置放置，即保持组合体自然稳定的位置；

② 主视图应较尽可能最大限度地反映出组合体的结构形状特征及各部分间的相对位置关系，即把反映组合体的各基本体和它们之间相对位置关系最多的方向作为主视图的投

影方向；

③ 在主视图中尽量较少产生虚线，即在选择组合体的安放位置和投影方向时，要同时考虑各视图中，不可见部分的最少，以尽量减少各视图中的虚线。

如图 2.96 所示，底面在下，符合自然位置原则。其中 A 向反映轴承座各部分的位置关系比较多；B 向虚线较多，不适合座主视图；C 向左主视图时，对应的左视图会出现较多地虚线。故选用 A 向视图作为主视图较为合适。

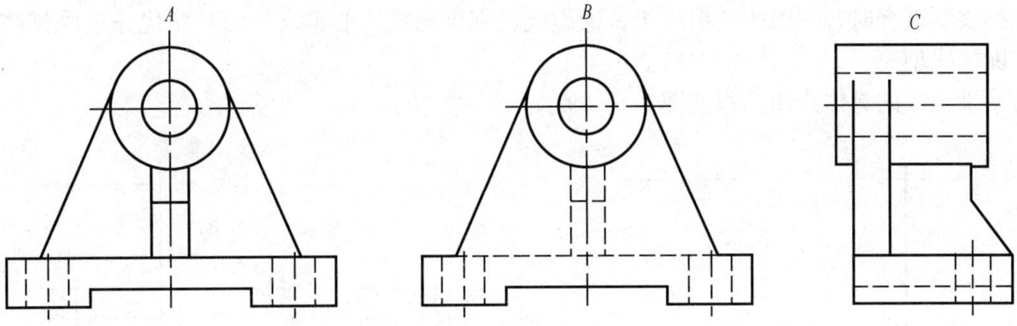

图 2.96　主视图的选择

(2) 选择其他视图。要完整地表达轴承座的各个组成部分的结构形状及其之间的相对位置关系，还需要画出其俯视图和左视图。

3) 画图的方法和步骤

正确的画图方法和步骤是保证绘图质量和提高绘图效率的关键。

(1) 在画组合体的三视图时，应分清组合体上结构形状的主次，先画其主要部分，后画其次要部分。

(2) 在画每一部分时，要先画反映该部分形状特征的视图，后画其他视图。

(3) 要严格按照投影关系，3 个视图配合起来逐一画出每一组成部分的投影，切忌画完一个视图，再画另一个视图。当主视图确定了，则其他视图也就随之确定了，具体作图步骤如下。

① 选比例，定图幅。画图时，应遵照国家标准，尽量选用 1∶1 的比例，这样可以从图上直接看出物体的真实大小。选定比例后，由物体的长、宽、高尺寸，计算 3 个视图所需的面积，并在视图之间留出标注尺寸的位置和适当的间距。根据估算的结果，选用恰当的标准图幅。

② 布局(布置图面)，是指确定各视图在图纸上的位置。布局前先把图纸的边框和标题的边框画出来。各视图的位置要匀称，并需注意两视图之间要留出适当距离用以标注尺寸。大致确定各视图的位置后，画对称中心线、轴线等作图基准线。基准线也是画图时测量尺寸的基准，每个视图应画出两个方向的基准线。

③ 画底稿。根据以上形体分析的结果，逐步画出它们的三视图。画图时，要先用细实线轻而清晰地画出各视图的底稿。画底稿的顺序如下。

a. 先画主要形体，后画次要形体；

b. 先画外形轮廓，后画内部细节；

c. 先画可见部分，后画不可见部分。

特别提示

底稿线一定要用细实线轻轻地画，自己能看清就可以，以便检查时易于修改。

④ 检查、描深。底稿画完后，逐个检查每个组成部分的各视图，改正错误，去掉多余图线，添画遗漏图线。检查完后，按照国家标准规定的各种线型描深所有图线。

描深顺序一般是先描深细线，再描深粗线。描深粗线时先描深曲线，再描深直线。当几种线型重合时，一般按“粗实线、细虚线、细点画线、细实线”的顺序优先选画排序在前面的线型。

轴承座的具体绘图过程如图 2.97 所示。

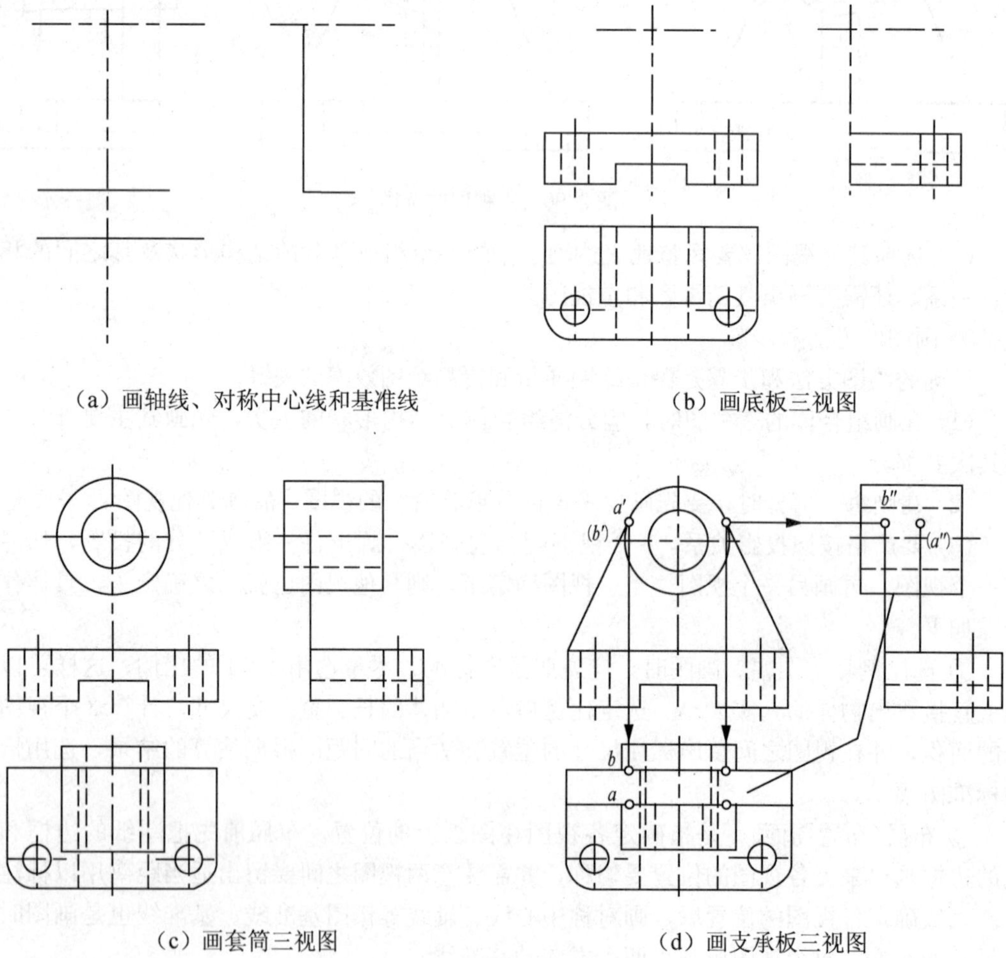

（a）画轴线、对称中心线和基准线　（b）画底板三视图

（c）画套筒三视图　（d）画支承板三视图

图 2.97　轴承座的绘图过程

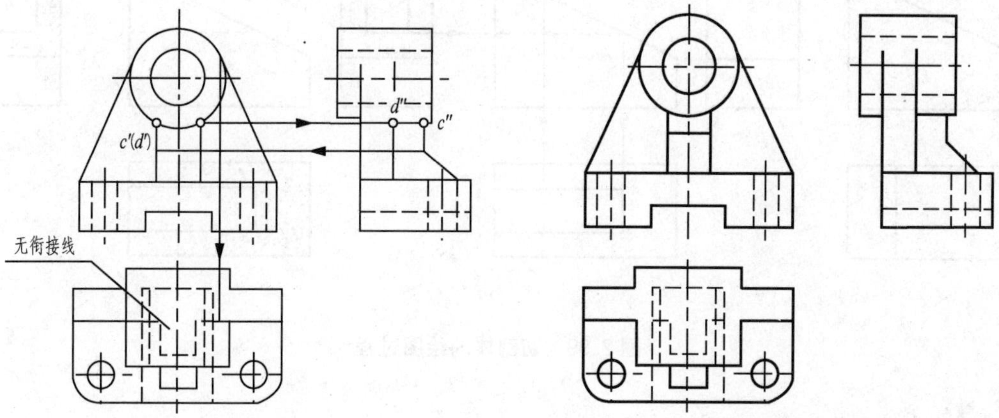

(e) 画肋板三视图　　　　(f) 检查后加深图线

图 2.97　轴承座的绘图过程（续）

2. 切割型组合体的视图画法

以图 2.98 所示的切割体三视图的绘制为例说明切割型组合体的绘图过程。

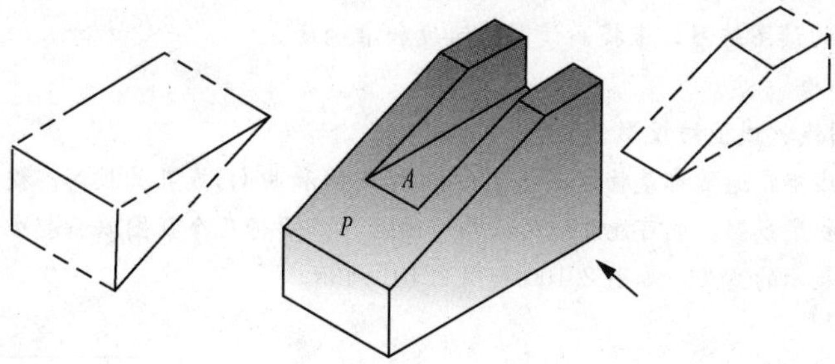

图 2.98　切割体

画图步骤如下。

(1) 形体分析。该形体属于切割型组合体，其形成是在长方体的基础上，用正垂面切去左上角的三棱柱后，在剩下的五棱柱中再挖去一个四棱柱形成一个侧垂通槽，最终形成图 2.98 所示的组合体。

(2) 视图选择。选择图 2.98 中箭头方向为主视图投射方向，并用三视图表达。

(3) 定比例，选图幅。根据组合体的大小以适当比例确定图幅。

(4) 布图打底稿。画出基准线，先画没有切割前的完整的长方体的三视图，再画出切去左上角的三棱柱后的截交线，去掉多余的图线，如图 2.99(a)所示。在此基础上，再画出通槽。具体步骤可先画通槽的左视图，根据槽深画出槽底 A 的主视图，最后根据主视图画出槽底的俯视图及其他图线，如图 2.99(b)所示。

(5) 检查、描深。全面检查投影，用正投影的类似性性质检查左上表面的正确性，即其水平投影和侧面投影都是“凹”字形八边形，如图 2.99(c)所示。

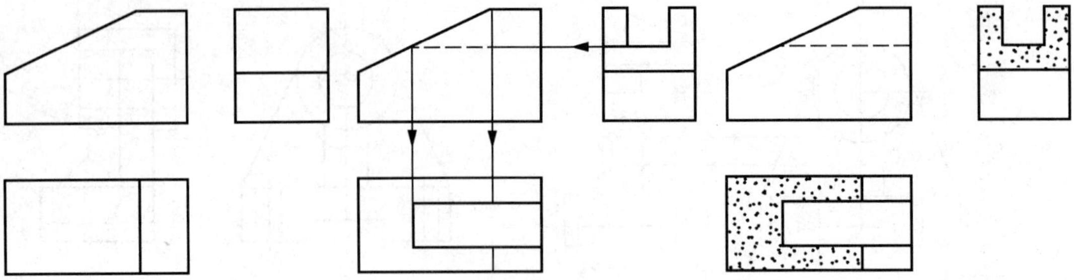

（a）　　　　　　（b）　　　　　　（c）

图 2.99　切割体的绘图过程

知识拓展

读组合体视图

读图是画图的逆过程。画图是把空间立体的组合体用正投影法表示为其各面投影图(如三视图)；而读图则是根据已画出的视图，运用投影规律和一定的分析方法(常用的是形体分析法和线面分析法)，想象出组合体的立体形状。画图和读图是同等重要的，掌握好读图方法并能熟练运用，是工程技术人员必备的基本能力。

要做到快速熟练地读懂组合体视图，首先需要掌握一定的有关读图的基本知识，学习读图的基本方法与步骤，通过大量的读图练习，来提高读图的速度和准确度。

1. 读图的基本要领

1) 明确视图中图线、线框的投影含义

视图中每个封闭线框，通常都是物体一个表面(包括平面和曲面)或孔的投影。视图中的每一条图线则可能是平面或曲面的积聚投影，也可能是线的投影。因此，必须将几个视图联系起来对照分析，才能明确视图中线框和图线所表示的意义，如图 2.100 和图 2.101 所示。

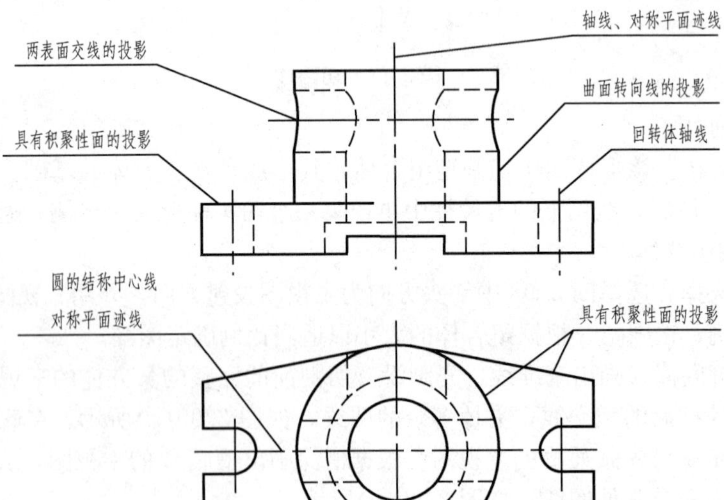

图 2.100　视图中图线的含义

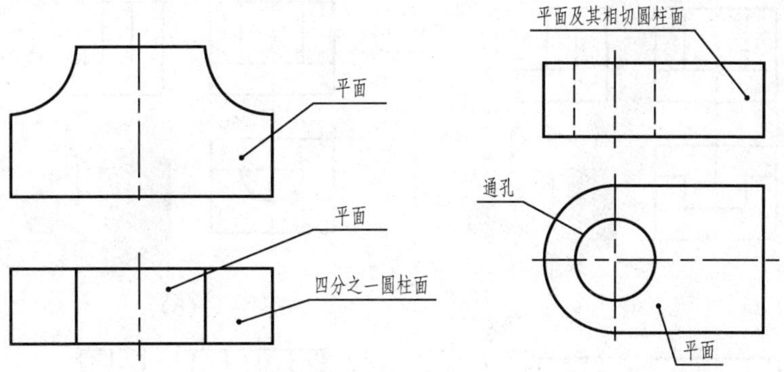

图 2.101　视图中图线的含义

2) 将各个视图联系起来读

在工程图样中，组合体的形状是通过几个视图来表达的，每个视图只能反映机件一个方面的形状，因而，仅由一个或两个视图常不一定能唯一地表达某一组合体的形状。

图 2.102 中的 5 组视图，它们主视图均相同。如果仅看一个视图就不能确定组合体的空间形状和各部分间的相对位置，必须同俯视图联系起来看，才能明确组合体各部分的形状和相对位置。由组合体的主视图了解各部分间的上下、左右相对位置，从俯视图上可了解各部分之间的前后、左右的相对位置。

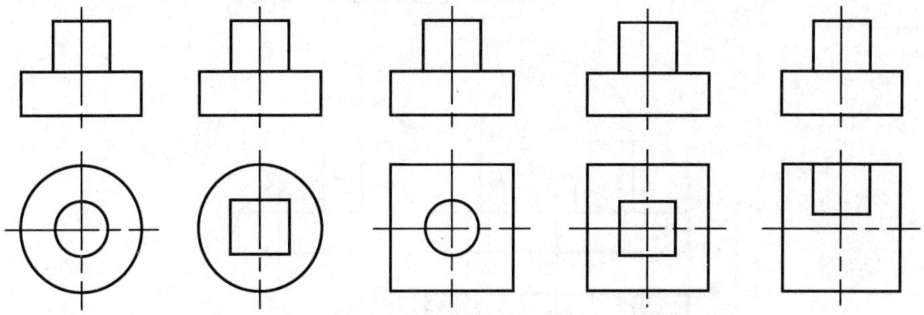

图 2.102　两个视图联系起来才能确定物体形状

有时两个视图也不能完全确定组合体的形状，如图 2.103 中(a)和(b)、(c)和(d)的左视图也相同，但由于它们的俯视图不同，所以是 4 个不同的形体。由此可见，读图时必须把所给出的几个视图联系起来，才能想象出组合体的确切形状。

3) 从反应形体特征的视图入手

(1) 能清楚表达物体形状特征的视图，称为形状特征视图。一般主视图能较多地反应组合体的整体形状特征，所以读图时常从主视图入手。但组合体各部分的形状特征不一定都集中在主视图上，如图 2.104所示的支架由 3 部分叠加而成。其主视图反映竖板的形状和底板、肋板的相对位置，但底板和肋板的形状则在俯、左视图上反映。因此，在读图时必须找出能反映各部分形体特征的视图，再配合其他视图，就能快速、准确地想象出该组合体的空间形状。

(2) 能清楚表达构成组合体的各基本形体之间的相互位置关系的视图，称为位置特征视图。如图 2.105所示的两个物体，主视图中的线框Ⅰ内的小线框Ⅱ、Ⅲ，它们的形状特征很明显，但相对位置不清楚。如前所述，若线框内有小线框，表示物体上不同位置的两个表面。对照俯视图可看出，圆形和矩形线框中一个是孔，另一个向前凸出，但并不能确定哪个形体是孔，哪个形体向前凸出，只能对照主、左视图才能确定。

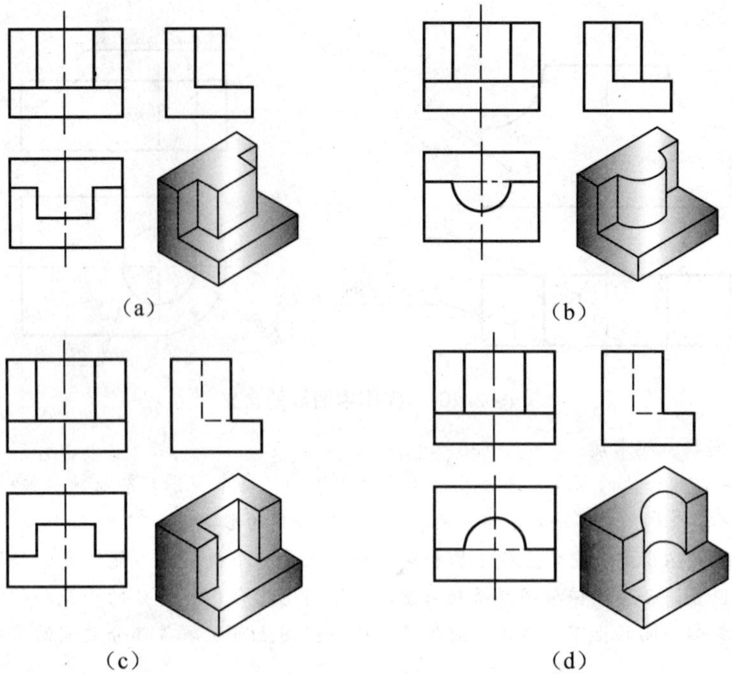

图 2.103　几个视图联系起来想象物体的形状

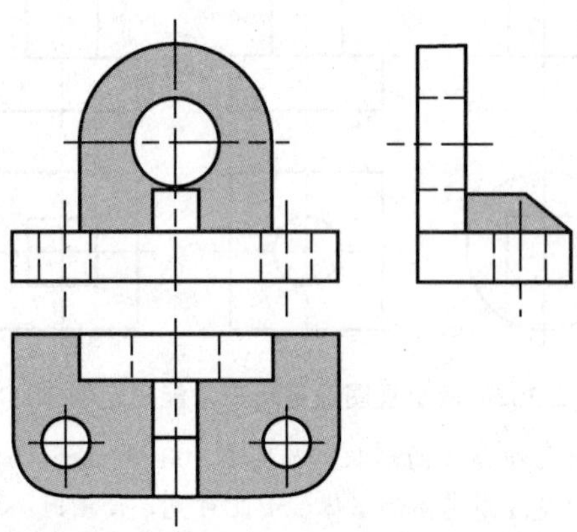

图 2.104　分析反映形体特征的视图

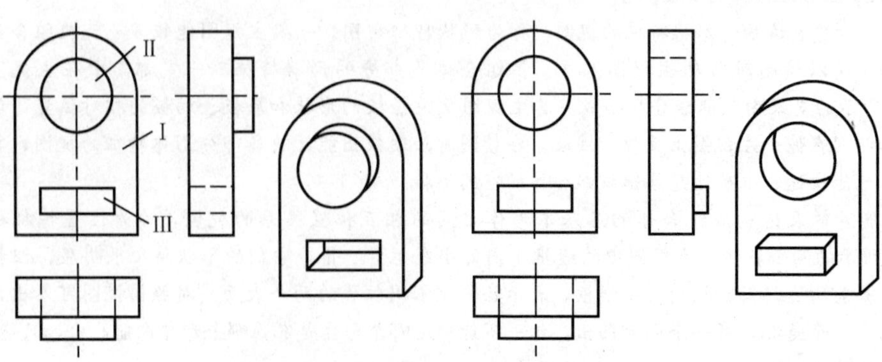

图 2.105　分析反映位置特征的视图

2. 读图的基本方法

组合体的读图一般采用形体分析法，对于形状比较复杂的组合体，在运用形体分析法的同时，还常用线面分析法来帮助想象和读懂不易看明白的局部形状。

1) 用形体分析法读图

在读图时，根据组合体各个视图的特点，将视图分成若干部分，即按投影特性，逐个找出各个基本体在其他视图的投影，确定各基本体的形状以及各基本体之间的相对位置，最后想象出组合体的整体形状。

图 2.106(a)所示为组合体(轴承座)的三视图，想象出该组合体的空间形状。

画图步骤如下。

(1) 分线框，对投影。如图 2.106(a)所示，从主视图入手，将其分解为 4 个封闭的线框，每个线框作为一个形体(其中左右两个对称的三角形线框编一个序号)，分别标记为 1、2、3。由形体 1 开始，根据“三等”关系顺序找到它们在俯、左视图上的对应投影，如图 2.106(b)、(c)、(d)所示。

(2) 想形状，定细节。对于每一个组成部分 1、2、3，通过三视图的分析，首先确定它们的大体形状；再分析其细节结构。由图 2.106(b)可以看出，形体 1 是在长方体的基础上由上方挖去半圆槽而得到的。由图 2.106(c)可以看出，形体 2 是一个三角形肋。由图 2.106(d)可以看出，形体 3 是在长方体的基础上由后下方挖去一个等长的小长方体，而得到的一个带弯边的底板，而且在上面有两个孔。

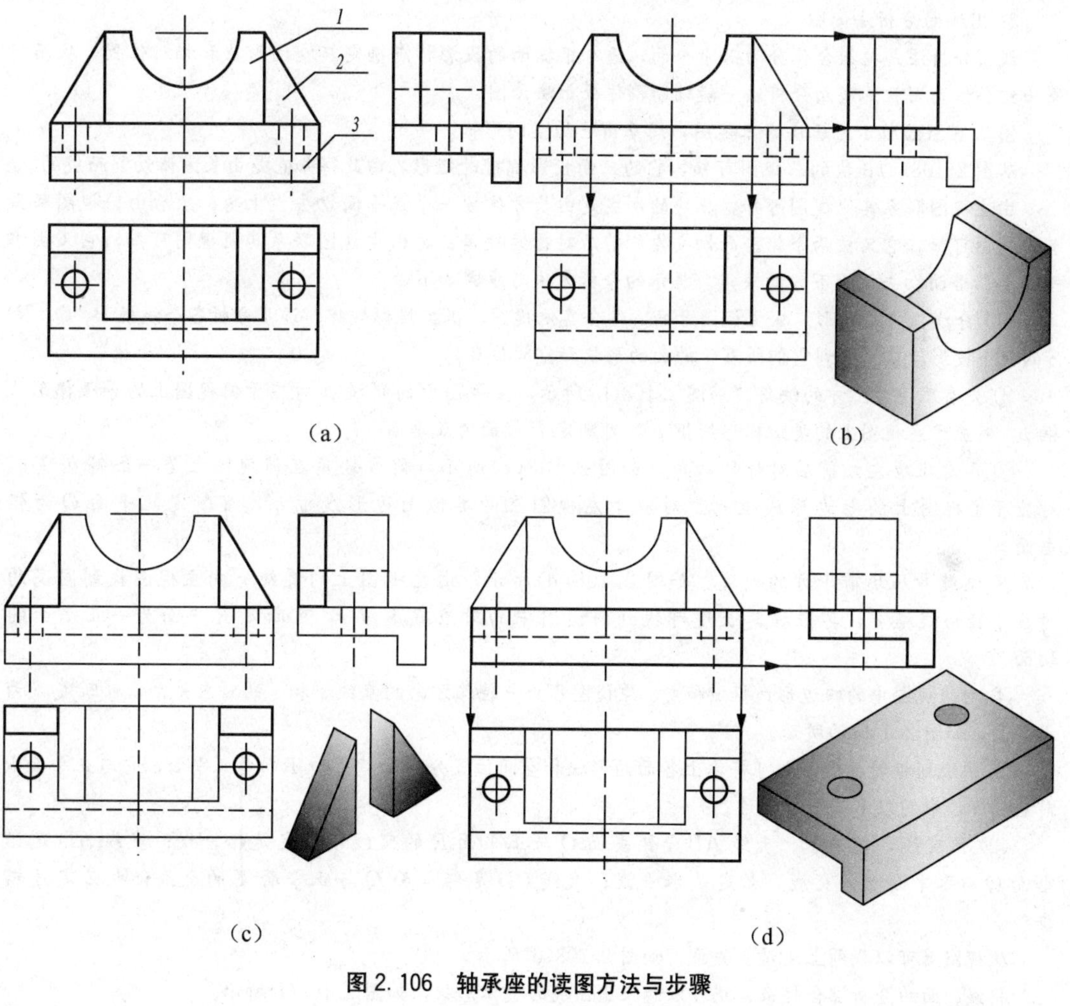

图 2.106　轴承座的读图方法与步骤

(3) 定位置，想整体。在读懂每个组成部分的形状的基础上，再根据已给的三视图，利用投影关系判断它们的相互位置关系，逐渐形成一个整体形状。由三视图可以看出，开槽方块1在底板3的上方，位置是左右置中，后表面平齐；肋2在方块1的两侧，与1、3后表面平齐。底板3的弯边可以由左视图清楚地看到。这样结合起来，就能想象出组合体的空间形状，如图2.107所示。

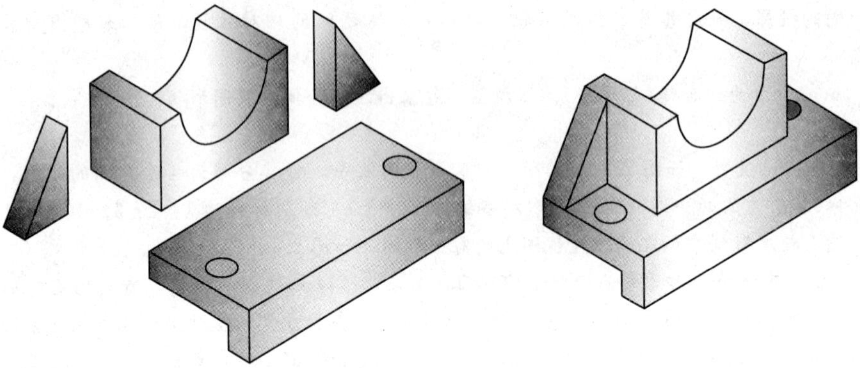

图2.107　轴承座的整体形状

2) 用线面分析法读图

线面分析法是把组合体分为若干个面，逐个根据面的投影特点确定其空间形状和相对位置，从而想象出组合体的形状。线面分析法一般辅助形体分析法读图。

图2.108(a)所示为压块的三视图，想象出它的空间形状。

从图2.108(a)压块的三视图可知，它的三面投影都接近矩形，由此得知它是由长方体切割而成的。

由主视图联系其他视图可知，压块的形成是由长方体被一个正垂面切去左上角；然后由俯视图联系其他视图可知，它又被两个铅垂面切去左侧前后对称的缺角；再由左视图联系其他视图可知，它又由水平面和铅垂面切去前后下方的缺角。具体的分析方法与步骤如下。

(1) 分线框，定面形。从主视图开始，结合其他视图，根据投影规律，逐步分析各个线框P、Q、R、S的3个投影，从而得到它们所表示的面的形状和空间位置。

① 先看压块左上方的缺角。如图2.108(b)所示，主视图上的斜线p'对应于俯视图上的等腰梯形线框p，对应于左视图上的类似梯形线框p''，可断定P平面为正垂面。

② 再看压块左方前后对称的缺角。如图2.108(c)所示，前方缺角在俯视图上是一条斜直线q，对应于主视图上的七边形线框q'，对应于左视图上的类似七边形线框q''，可断定此平面Q为铅垂面。

③ 继续看压块前下方的缺块。如图2.108(d)所示，由左视图上的直线r''向主视图找到同高的对应小矩形线框r'，再根据其长度可找到俯视图中的对应直虚线r，可断定R平面为一正平面的切面。

④ 由俯视图中的四边形线框s和主、左视图各为一特殊方向的直线s'和s''的对应关系，可断定S为水平面，如图2.108(e)所示。

⑤ 依次划框对投影，即可将体上各面的形状和空间位置分析清楚。如T面是正平面，它与正平面R前后错开，中间以水平面S相连。

(2) 识交线，想整体。直线AB是铅垂面Q与正平面R的交线，必定是铅垂线；直线AD是铅垂面Q与水平面S的交线，必定是水平线；直线CD是铅垂面Q与正平面T的交线，也必定是铅垂线。

从视图上可以找到上述对应关系，如图2.108(e)所示。

将线、面的分析综合起来，就可以想象出压块的整体形状，如图2.108(f)所示。

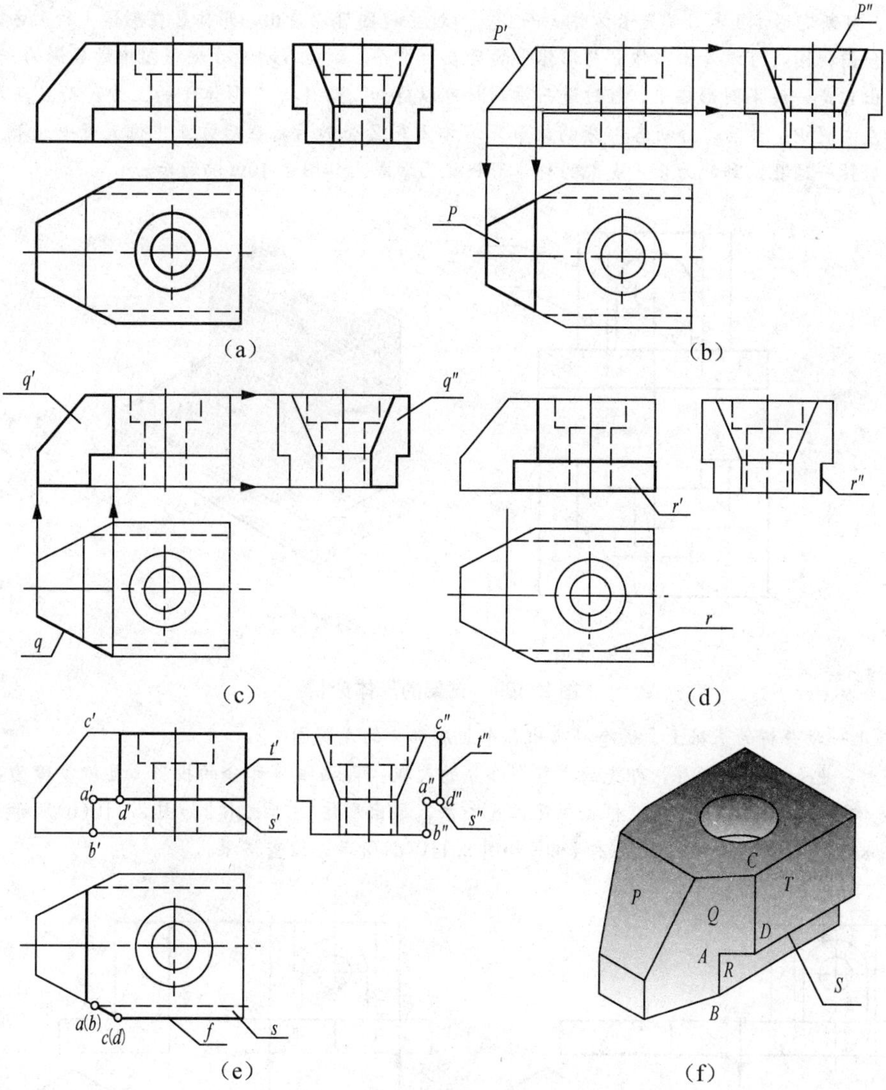

图 2.108 压块的线、面分析

综上所述，形体分析法多用于堆叠和综合类的组合体；线面分析法多用于挖切类的组合体。看图时，通常是形体分析法与线面分析法配合使用。对于形状比较复杂的组合体，可用形体分析法分离形体，分析位置关系；再用线面分析法分析各个形体的具体形状和细节，两者紧密配合，最终达到读懂图形的目的。

3. 由组合体的两视图补画第三视图

补图或补线，是根据已给的完整两视图或有缺线的几个视图，通过分析，想象出组合体的形状，再画出第三视图或所缺图线的一种看图的训练方法和考查方法。

补图或补线时应注意认真、仔细地分析已知条件，利用形体分析法和线面分析法，对投影，想形状。对于初学者，可以利用三角板来对齐长度、高度投影线，也可以画出立体草图帮助理解。

如图 2.109(a)所示为一支座的主、俯视图，想象出支座的整体形状，并补画它的左视图。

1) 读懂支座的主、俯视图，想象出支座的整体形状

如图 2.109(a)所示，由主视图入手，结合其俯视图，将支座分为 3 个部分，在主视图中用 1、2、3 标出。先分析每一部分的大概形状和各部分之间的相对位置关系。线框 1 和 2 均为矩形，对应的其他投影

也为矩形，可断定形体1和2都是长方体。而且，通过主视图可以看出，形体2在形体1的上方，左右置中；再结合俯视图，可以看出形体2与形体1的后表面平齐。线框3对应于俯视图中的投影为一小矩形，可以判断出它是一块半圆形搭子。经过进一步判断可以得知，形体3在形体1的上方，而且在形体2的正前方，左右置中。最后，分析各部分的细节。形体1和2叠加后，在后方正中位置开一通槽；形体2和3叠加后钻一通孔。到此为止，支架的整体形状就已形成，如图2.109(b)所示。

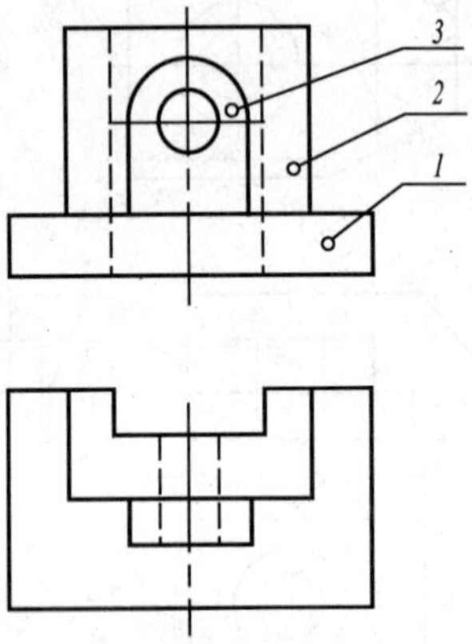

(a)

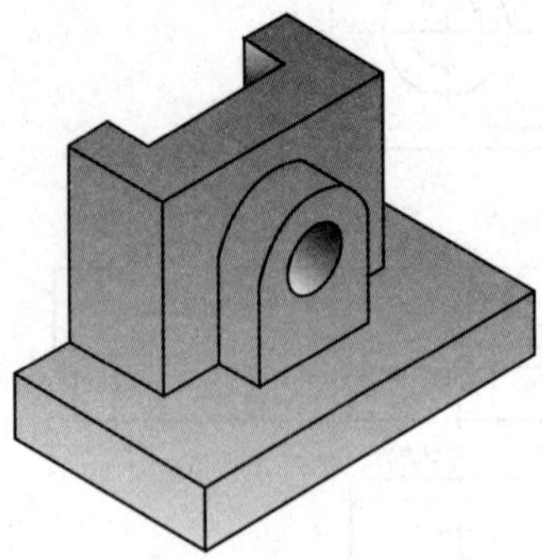

(b)

图2.109 支架的形体分析

2) 在上一步分析的基础上，逐个补画出各个组成部分的左视图

补图时，也如看图的顺序，即先画出各个部分的大概，再画细节部分的投影。具体步骤为：画出形体1(长方体)如图2.110(a)所示；根据相互位置关系，画出形体2(长方体)如图2.110(b)所示；画出形体3如图2.110(c)所示；画出细节(槽和孔)如图2.110(d)所示；检查描深。

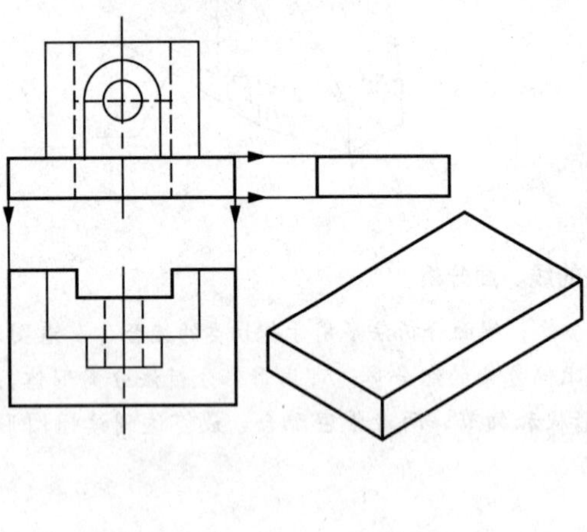

(a)

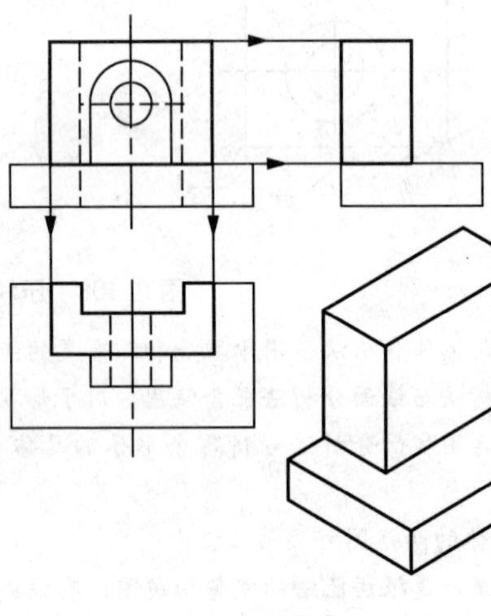

(b)

图2.110 补画支架左视图

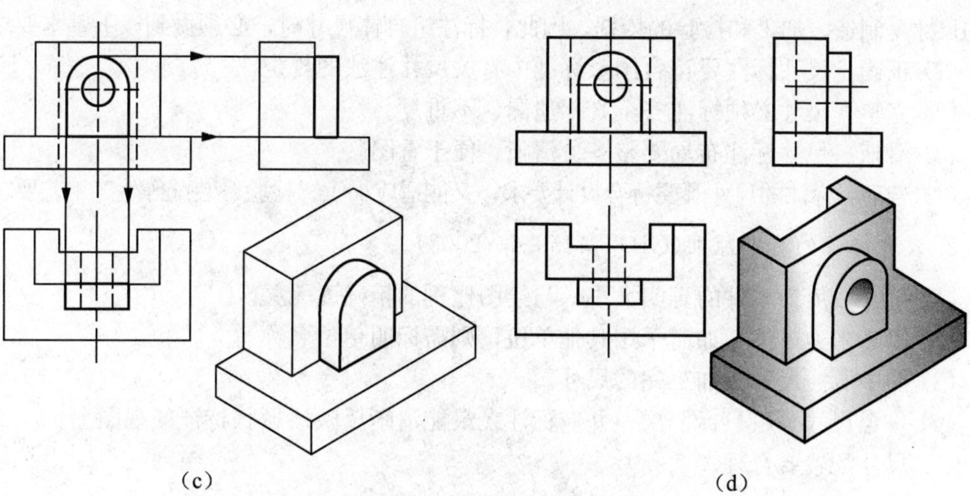

（c）　　　　　　　　　　　　　　　　（d）

图 2.110　补画支架左视图（续）

任务 2.6　标注轴承座三视图的尺寸

学习目标

知识目标	(1) 尺寸的类别； (2) 尺寸基准； (3) 尺寸标注的相关规定
能力目标	(1) 能够分析定位、定形与总体尺寸； (2) 能够正确选择尺寸基准； (3) 能够按照规定正确标注尺寸

任务引入

任务 2.5 分析了如何绘制组合体的三视图，但是要正确阅读图纸并成功加工出所绘零件，就离不开正确、完整、清晰、合理的尺寸标注。

本任务以轴承座三视图的尺寸标注为例，说明在组合体标注过程中，应当如何正确选择基准，同时为了达到正确、完整、清晰和合理的标注目的，引入尺寸标注时的相关规定，为后续零件图和装备图的尺寸标注打下基础。

任务要求：对任务 2.5 所绘出的轴承座进行尺寸标注。

相关知识

2.6.1　组合体的尺寸标注的基本知识

1. 尺寸标注的基本要求

机件的视图只表达其结构形状，它的大小必须由视图上所标注的尺寸来确定。机件视图上的尺寸是制造、加工和检验的依据，因此，标注组合体尺寸时，必须做到以下基本要求。

(1) 正确。尺寸标注要符合国家标准中有关尺寸注法的规定。

(2) 完整。尺寸必须标注齐全，不遗漏、不重复。

(3) 清晰。尺寸标注布局要整齐、清晰，便于看图。

(4) 合理。标注的尺寸既要符合设计要求，又能适应加工、检验、装配等生产工艺要求。

2. 尺寸标注的基本原则(GB/T 4458.4—2003)

(1) 尺寸数值为零件的真实大小，与绘图比例的精确度无关。

(2) 以毫米为单位，如需采用其他单位，则需标明单位名称。

(3) 图中所注尺寸为加工完的尺寸。

(4) 一个尺寸一般只标一次，并应标注在最能清晰反映该形状特征的视图上。

(5) 尺寸配置要合理。

2.6.2 尺寸分类

组合体的尺寸可以根据其作用分为3类：定形尺寸、定位尺寸和总体尺寸。

1. 定形尺寸

用以确定组合体中各个组成部分的形状和大小的尺寸，如图 2.111(b)中底板的长、宽、高尺寸分别为28、17、7。

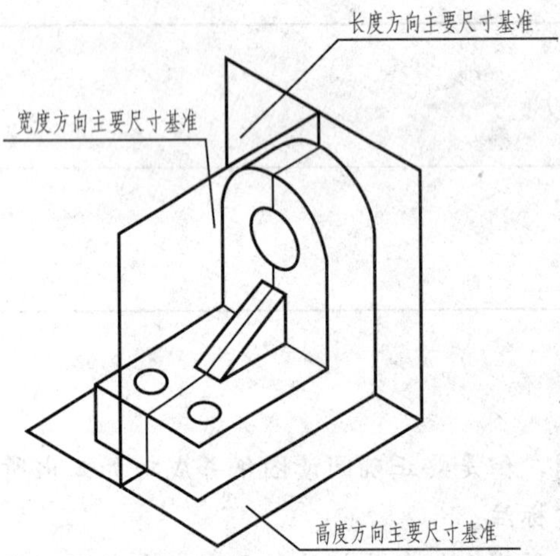

(a)

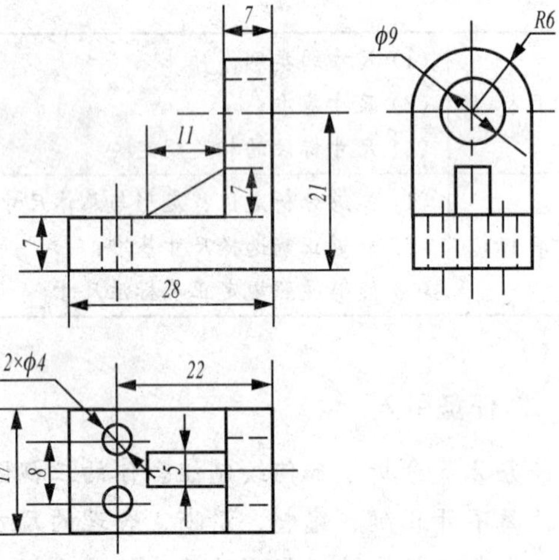

(b)

图 2.111 组合体的尺寸分析

2. 定位尺寸

用以确定组合体中各个组成部分之间位置关系的尺寸，如图 2.111(b)中的 $R8$ 和 $\phi9$ 的中心高高度尺寸 21。

通常采用较大的平面(对称面、底面、端面)、直线(回转轴线、轮廓线)、点(球心)等作为尺寸基准。一般在长、宽、高3个方向至少各有一个主要尺寸基准，如图 2.111(a)所示。

3. 总体尺寸

用以直接确定组合体总长、总宽、总高的尺寸，如图 2.111(b)中的 28、17、21。

如果某个总体尺寸与已有的定形尺寸或定位尺寸重合，则不再重复标注。

若组合体的端部是回转体时，则该组合体的总体尺寸不直接注出，而是注出回转体轴线到底面的距离(位高)，总高由这个距离和回转体半径之和确定，如图 2.111(b)中的高度尺寸 21。

2.6.3　尺寸基准

所谓尺寸基准，就是标注尺寸的起点。组合体有长、宽、高 3 个方向(或径向、轴向两个方向)的基准，每个方向至少应该有一个尺寸基准，用来确定该方向上各基本体之间的相对位置。同方向的尺寸基准中，有一个主要基准，通常由它注出的尺寸较多。除此之外，还可能有若干个辅助基准。标注尺寸时，一般选取组合体的底面、大端面、对称面以及回转体轴线等作为尺寸基准，如图 2.111(a)所示。

组合体上的点、直线、平面都可以选作基准，曲面一般不能选作基准。通常选择较大的平面(对称面、底面、端面)、直线(回转轴线、对称线)、点(球心、顶点)等作为尺寸基准。

2.6.4　常见基本形体的尺寸注法

1. 基本体的尺寸标注

基本体的尺寸标注方法如图 2.112 所示。所标注的尺寸以能确定基本体的形状、大小为原则。平面立体一般要标注长、宽、高三个方向的尺寸；回转体一般只要标注径向和轴向两个方向的尺寸，标注径向尺寸时，应加上直径符号“ϕ”或半径符号“R”，若为球体，则应加上球体半径符号“SR”或球体直径符号“$S\phi$”。

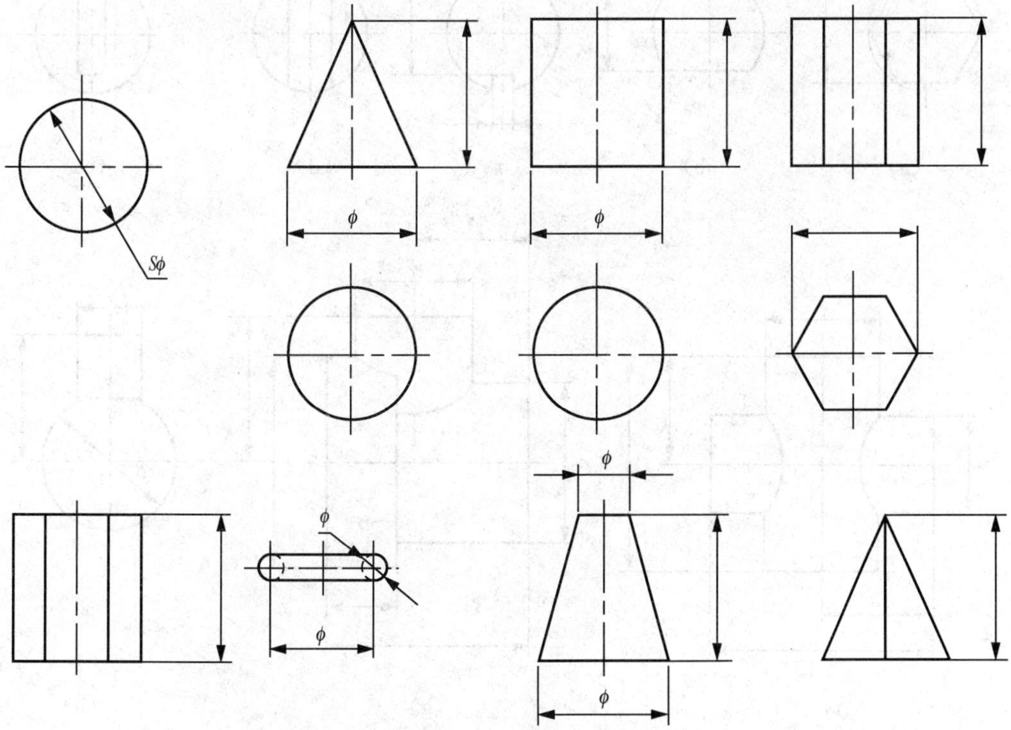

图 2.112　基本体的尺寸标注

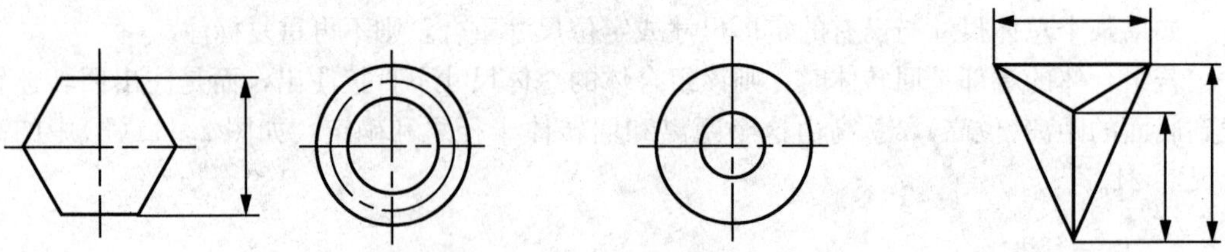

图 2.112　基本体的尺寸标注（续）

2. 切割体和相贯体的尺寸标注

基本体经截切后的尺寸注法和两基本体相贯后的尺寸注法如图 2.113 所示。截交线和相贯线上不应直接标注尺寸，因为它们的形状和大小取决于平面与立体或立体与立体的形状、大小及其相互位置。

标注截交线部分的尺寸时，只需标注参与截交的基本体的定形尺寸和截平面的定位尺寸，如图 2.113(a)～(e)所示。

标注相贯部分的尺寸时，只需标注参与相贯的各基本体的定形尺寸及其相贯位置的定位尺寸，如图 2.113(f)～(h)所示。

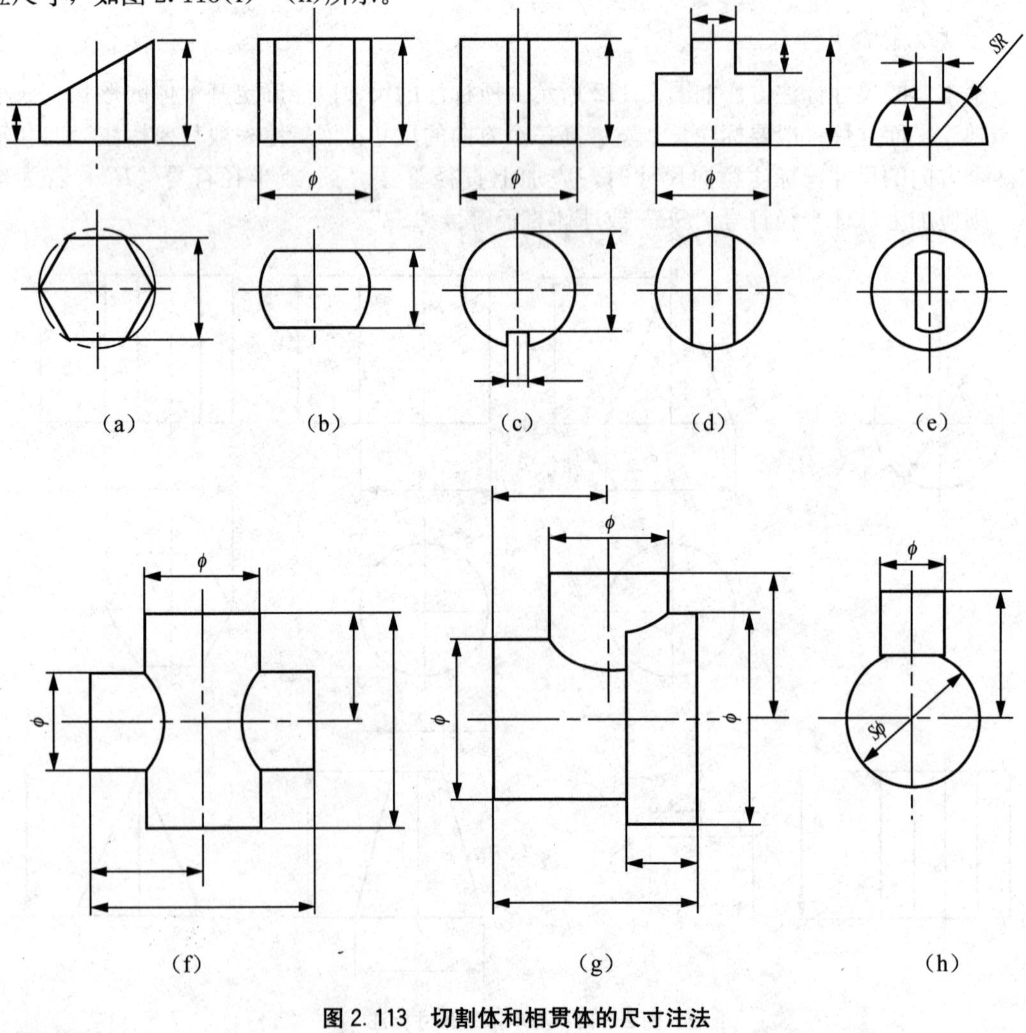

图 2.113　切割体和相贯体的尺寸注法

又如图 2.114 所示的相贯体尺寸标注中，在尺寸线上画“×”的 4 个尺寸均不应该标注出。

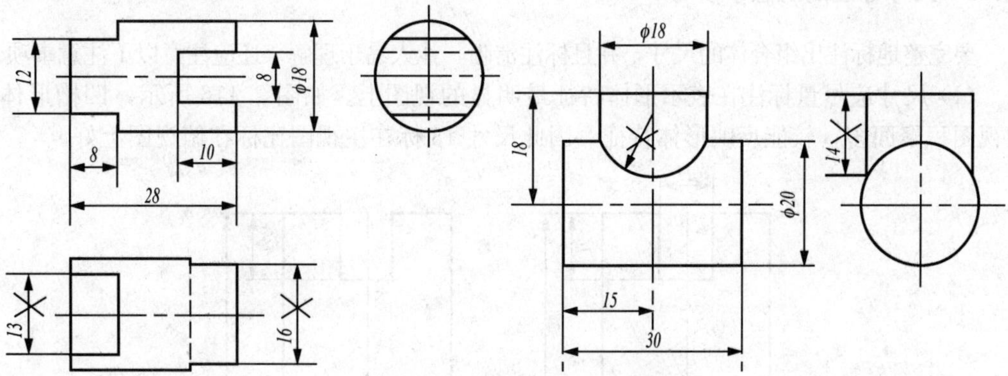

图 2.114　相贯体的尺寸注法示例

3. 常见几种平板的尺寸注法

常用几种平板的尺寸标注如图 2.115 所示。

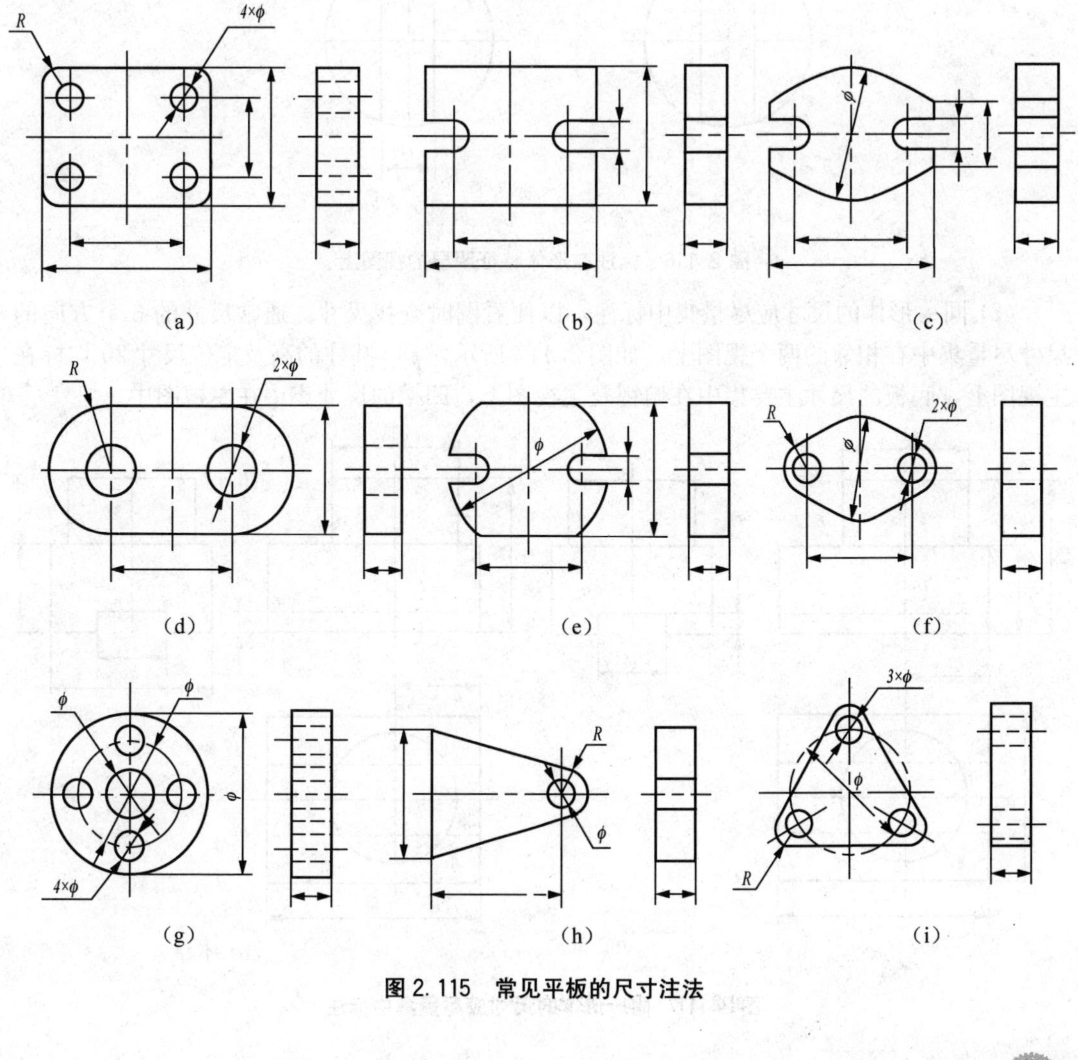

图 2.115　常见平板的尺寸注法

2.6.5 尺寸标注的注意事项

要完整地标注出组合体的尺寸，并且标注清晰，让人易于理解，还应注意以下注意事项。

(1) 尺寸应尽量标注在表示形体特征最明显的视图上。如图 2.116 所示，凹槽形体在主视图积聚面多，较能反映形体特征，因此尺寸 13 标在主视图比标在俯视图上好。

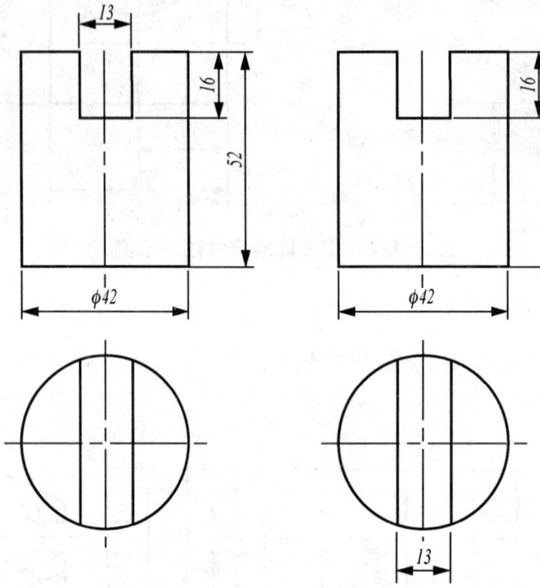

(a) 好　　(b) 不好

图 2.116 标注在形体特征明显的视图上

(2) 同一形体的尺寸应尽量集中标注，以便看图时查找尺寸。通常尺寸的 3 个方向的尺寸尽量集中在相邻的两个视图上，如图 2.117 所示，$\phi 30$ 圆柱的高及定位尺寸 20 均标在主视图上，底板的尺寸主要集中在俯视及主视图上，凹槽的尺寸集中在左视图中。

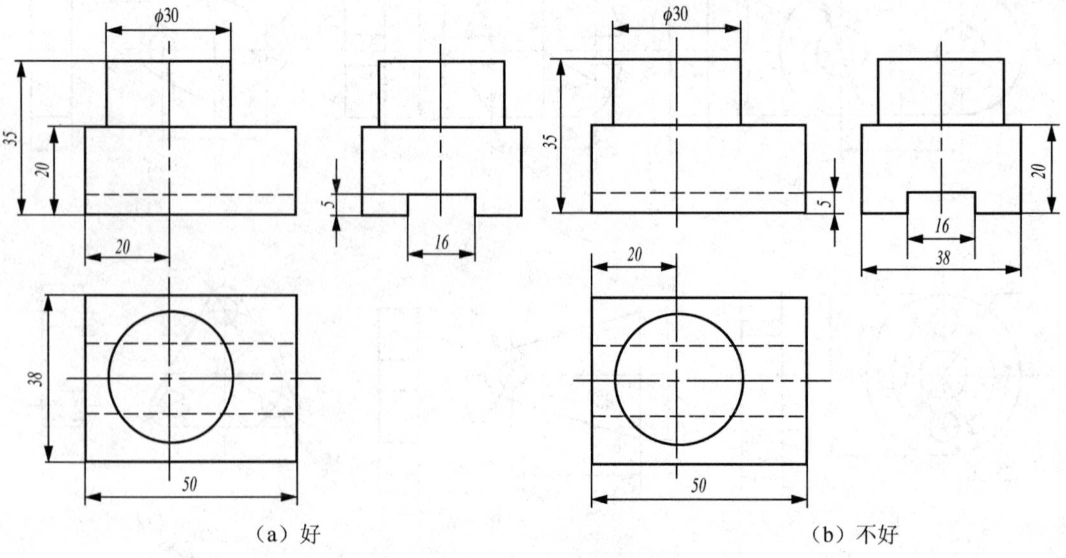

(a) 好　　(b) 不好

图 2.117 同一形体的尺寸应尽量集中标注

(3) 半径尺寸一定要标注在投影为圆弧的视图上；圆孔直径尽量标在圆视图上；外圆直径尺寸最好标注在非圆视图上。小于或等于半圆的圆弧标注半径，大于半圆标注直径，但多段圆弧同心时，无论是否大于半圆都需要标注直径；特别是同心圆较多时，不宜集中标注在反映为圆的视图上，避免标注成辐射形式，如图 2.118 所示。

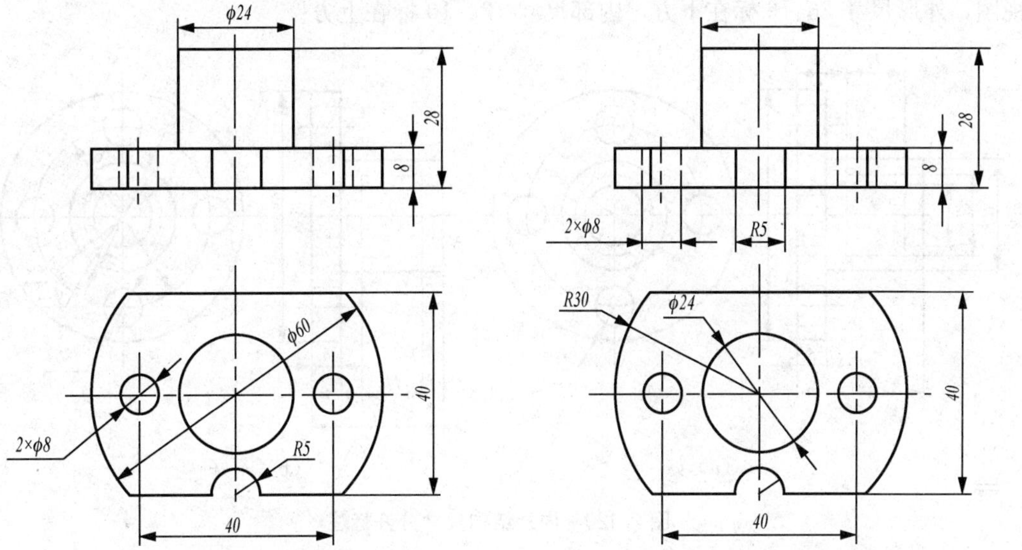

(a) 好　　(a) 不好

图 2.118　半径、内孔、外圆尺寸的标注

(4) 尺寸尽量避免标注在虚线上，如图 2.118 所示的 2×ϕ8 应标注在俯视图上。

(5) 尺寸线平行排列时，应使小尺寸在内，靠近视图，大尺寸放在外侧。尽量避免尺寸线、尺寸界线及轮廓线发生相交，如图 2.119 所示。

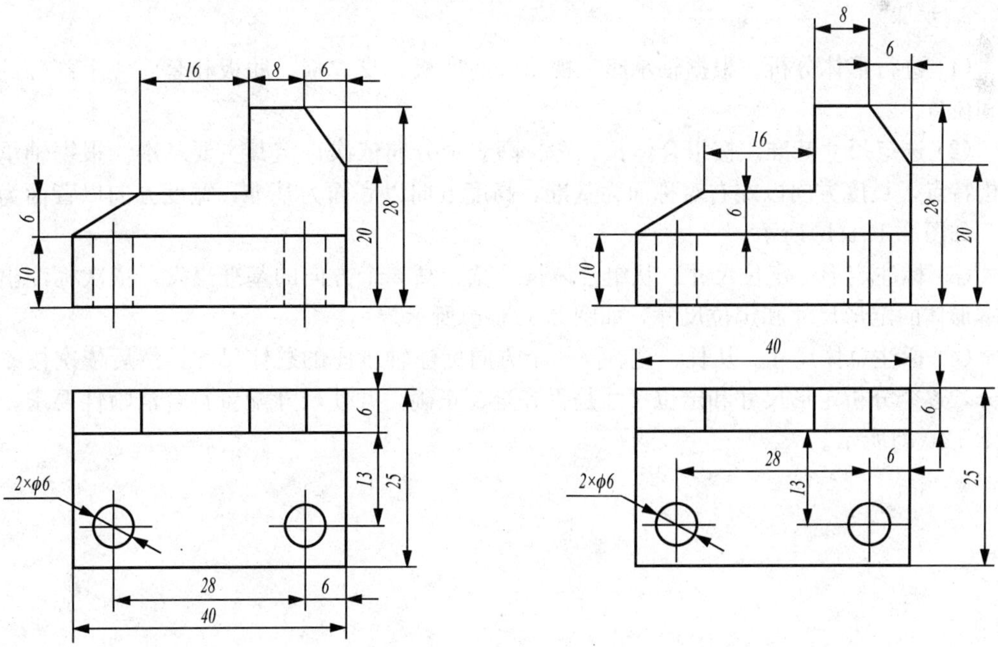

(a) 好　　(b) 不好

图 2.119　避免尺寸线、尺寸界线及轮廓线相交

(6) 尺寸应尽量标注在视图外面，以保持视图清晰，同一方向连续的几个尺寸尽量放在同一条尺寸线上，使尺寸标注整齐，如图 2.119 主视图中的 16、8、6 这 3 个尺寸，俯视图中的 13 与 6、28、6 等。

(7) 同一方向上内外结构的尺寸尽量分开加以标注，以便于看图。如图 2.120 中的主视图，外形尺寸 26、6 标在下方，内部尺寸 12、10 标在上方。

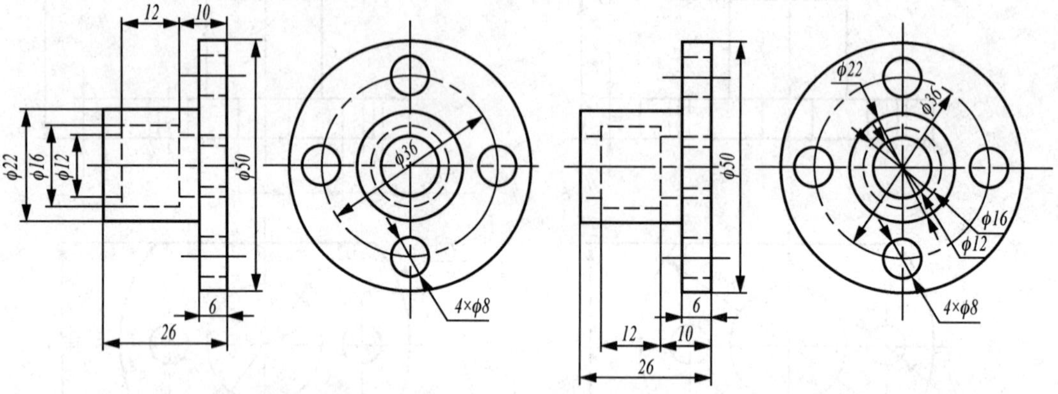

(a) 好　　　　(b) 不好

图 2.120　内外结构尺寸分开标注

任务实施

1. 方法

采用形体分析法。

2. 步骤

(1) 进行形体分析。根据轴承座三视图分清底板、支撑板、肋板和套筒 4 个部分的形状和位置。

(2) 选定尺寸基准。按组合体长、宽、高 3 个方向依次选定其主要基准。根据轴承座结构特点，长度方向以左右对称面为基准，高度方向以底面为基准，宽度方向以背面为基准，如图 2.121(b)所示。

(3) 标注定形、定位尺寸。从组合体长、宽、高 3 个方向的基准出发，依次标注出各基本形体的定形尺寸和定位尺寸，如图 2.121(c)所示。

(4) 标注总体尺寸。从长、宽、高 3 个方向标注轴承座的总体尺寸，然后依次按 4 个部分，逐个分析定形尺寸和定位尺寸是否齐全、正确，并使尺寸配置符合清晰性要求，如图 2.121(d)所示。

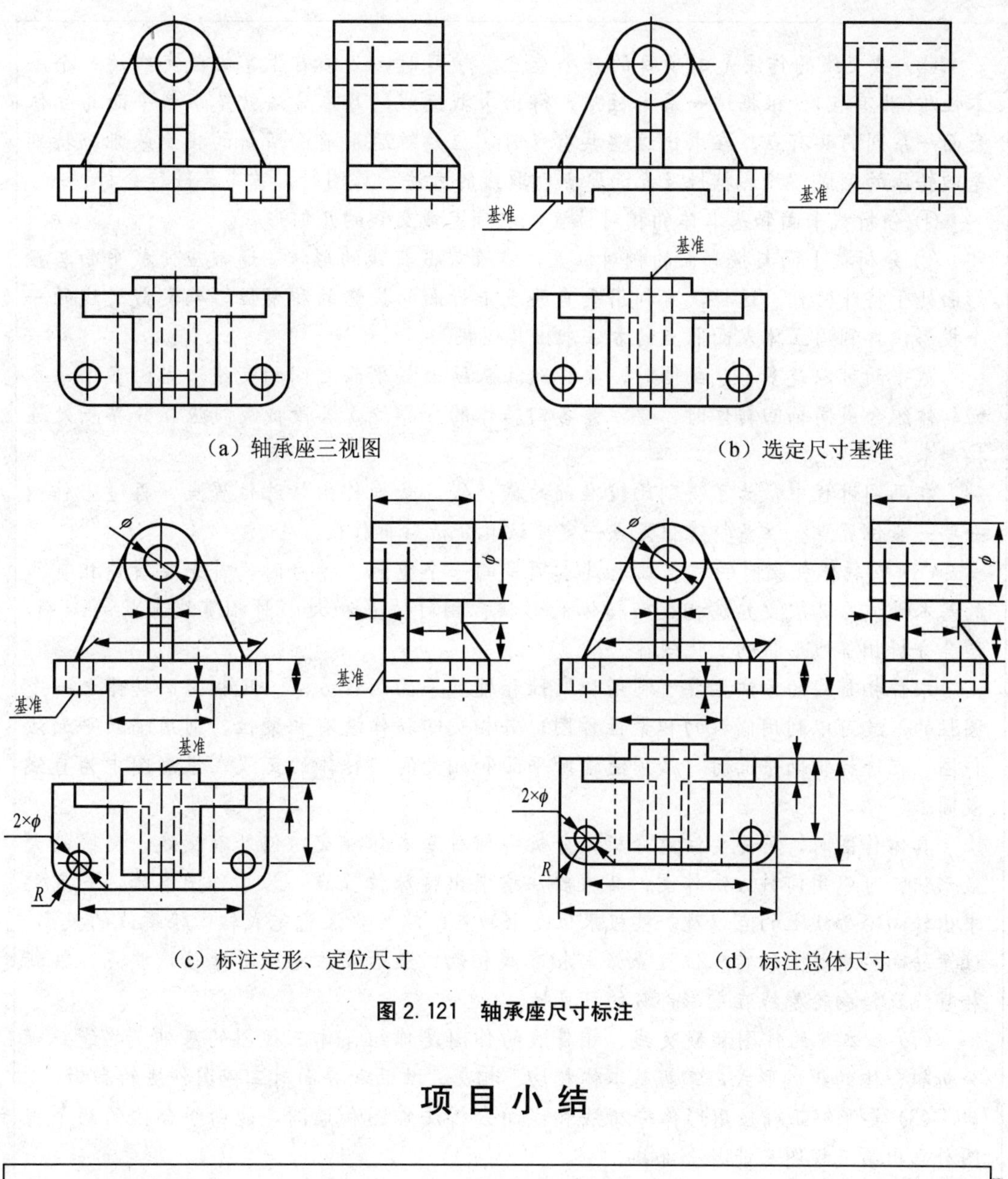

（a）轴承座三视图　　（b）选定尺寸基准

（c）标注定形、定位尺寸　　（d）标注总体尺寸

图 2.121　轴承座尺寸标注

项 目 小 结

通过完成本项目的多个任务，应当掌握以下知识和技能。

（1）掌握正投影法的基本概念，三视图的投影规律，各种位置点、线、面得投影特性。

（2）点的投影是学习直线、平面和立体投影的基础。从学习点的投影开始注意养成空间想象的习惯。

（3）作直线的投影时，一般先画出直线两端点的投影，然后将两端点的同面投影相连；作平面的投影，其实质是求平面各个顶点的投影。

（4）基本几何体是组合体的基本组成部分。要了解基本几何体的形体特征、投影方式，熟练掌握基本体三视图的画法，重点掌握基本体的投影特征。

(5) 截交线的作法是本项目的一个重点。学习时，必须首先掌握截交线的一个基本性质(共有点)。根据这一基本性质，得出求截交线的基本方法就是求截平面与立体表面一系列的共有点。在求出这些共有点时，应熟练运用前面所讲的投影基础，特别是回转体的形成、投影特性及表面取点、取线的方法。作图时，首先要进行分析。

① 分析截平面和基本体的相对位置，以确定截交线的几何形状。

② 分析截平面与投影面的相对位置，以确定截交线的形状。通常应使截平面与投影面处于特殊位置。这样，可利用垂直面或平行面的投影的积聚性，确定截交线的一个投影，再利用立体表面取点的方法求出其他投影。

截平面可以是多个，画图时，要特别注意画出截平面之间的交线。当由多个基本回转体组合成同轴回转体时，要注意各回转体的分界线。各段截交线应在分界点处连接起来。

在画图过程中，为了得到比较准确的截交线，必须作出特殊位置点，再适当作出一些一般位置点。注意特殊位置点一定要认真分析后再作出。

(6) 回转体相交时的相贯线也是本项目的一个重点。学习时，首先要清楚相贯线的基本性质；其次要熟悉相交回转体的形状、相对位置和大小对相贯线形状的影响，学会分析相贯线形状的变化规律。

求作相贯线的方法主要有利用积聚性和辅助平面两种方法。凡相交回转体之一是圆柱的，就可以利用圆柱的积聚性作图；若相交回转体没有积聚性，则用辅助平面法作图。在选择辅助平面时，必须使辅助平面和相交的回转体的交线在投影图中为直线或圆。

具体作图时，首先要注意分析，分析由何种基本体相交，何处有交线，交线的大致形状，可以用何种方法作图；其次要注意求出特殊位置点，为了作图准确，一定要求出转向轮廓线上的点以及一些极限位置上的点；然后要注意完成转向轮廓线的投影，注意转向轮廓线上的特殊位置点必与相贯线相切；最后要注意光滑连接这些点，判断相贯线及转向轮廓线在重影部分的可见性。

(7) 基本体的作图和截交线、相贯线的作图是作组合体三视图的基础。要能正确分析组合体的组成形式，掌握基本体相切、相交、共面和异面对三视图作法的影响。

(8) 要能够正确应用形体分析法和线面分析法作图和读图，能由组合体的两个视图补画出第三视图及能补全漏线。

(9) 画组合体三视图时，应注意视图间的配合作图，切忌画完一个视图后，再画另一个视图。

(10) 学好组合体三视图必不可少的一个能力就是空间想象能力。为了培养良好的空间想象能力，平时要注意多观察、多思考、多想象。

(11) 在标注组合体的尺寸时，注意合理选择各方向的尺寸基准。标注的尺寸应当正确、完整、清晰。

项目3

填料压盖正等轴测图的绘制

工程上广泛采用的多面正投影图能够完全确定物体的形状和大小，度量性好，但缺乏立体感，需要经过专业训练的工程技术人员才能够读懂。因此工程上有时采用富有立体感但度量性较差的单面投影图，即轴测图作为辅助图样。轴测图是用平行投影法绘制的一种单面投影图，能同时反映出物体长、宽、高3个方向的尺度，所以具有较好的直观性，能够进一步反映被表达物体的结构、设计思想、工作原理，帮助人们读懂多面正投影图。

任务3.1　绘制填料压盖正等轴测图

学习目标

知识目标	(1) 掌握轴测图的基本知识； (2) 掌握正等轴测图的画法形成和基本画法； (3) 了解斜二轴测图的画法形成和基本画法
能力目标	(1) 能够正确理解正等轴测图和斜二轴测图的画法基础； (2) 能够正确绘制平面体、回转体和组合体的正等轴测图

任务引入

本项目以填料压盖为工作载体，介绍轴测图的形成以及根据平面视图[图3.1(a)]来绘制零件的正等轴测图[图3.1(b)]的方法。

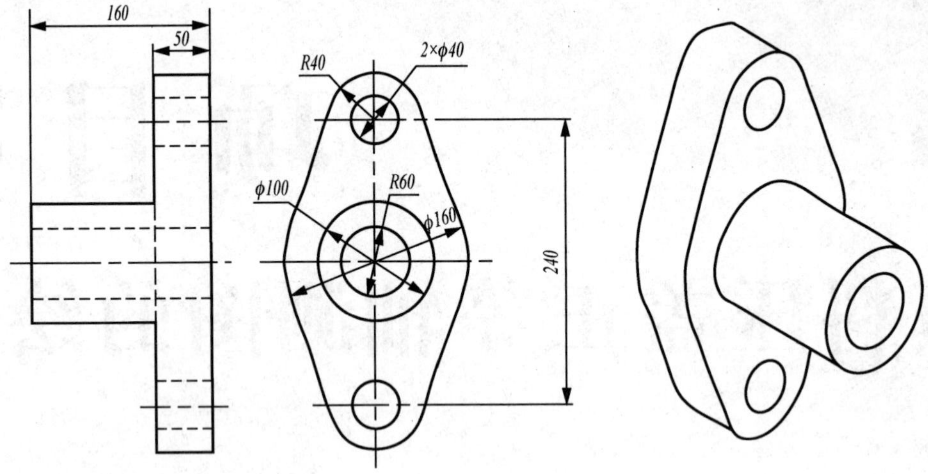

(a)　　(b)

图 3.1　填料压盖正等轴测图

任务要求：正确绘制填料压盖的正等轴测图。

相关知识

3.1.1　轴测图的基本知识

1. 轴测图的形成

如图 3.2 所示，将物体连同其参考直角坐标系，沿不平行于任一坐标平面的方向 S，用平行投影法向单一投射面 P 进行投射得到的投影图称为轴测投影图，简称轴测图。它能够反映出物体多个面的形状，立体感较强。被选定的单一投影面 P，称为轴测投影面；物体上被选定的直角坐标轴 O_0X_0、O_0Y_0、O_0Z_0 在 P 上的投影 OX、OY、OZ 称为轴测投影轴，简称轴测轴。

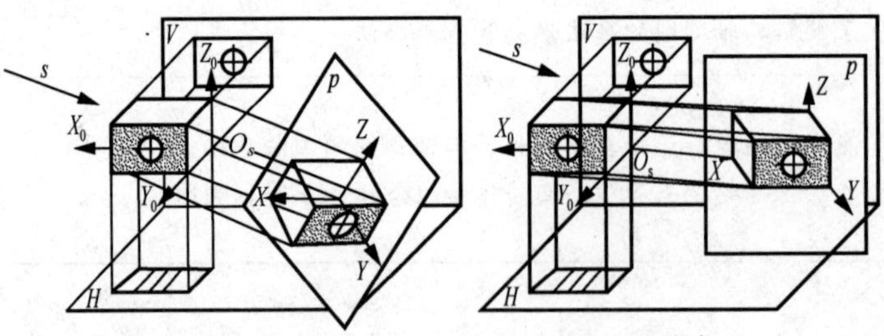

(a)　　(b)

图 3.2　轴测图的形成

轴测投影中，两轴测轴之间的夹角∠XOY、∠XOZ、∠YOZ 称为轴间角。用它可以控制物体轴测投影的形状变化。

轴测轴上的单位长度与相应坐标轴上的单位长度的比值，分别称为 X 轴、Y 轴和 Z 轴的轴向伸缩系数，分别用 p、q、r 表示。它可以控制轴测投影的大小变化。

2. 轴测图的投影特性

由于轴测投影也属于平行投影，因此，轴测图具有平行投影的所有特性。

(1) 物体上互相平行的线段，其轴测投影互相平行，且互相平行的两线段或同一直线上两线段的长度之比，在轴测图上保持不变。

(2) 物体上平行于轴测投影面的直线和平面，在轴测图上反映实长和实形。

(3) 物体上不平行于轴测投影面的平面图形，在轴测图上变成原形的类似形。如正方形的轴测投影可能是平行四边形，圆的轴测投影可能是椭圆等。

由此可见，与坐标轴平行的线段，它们的轴测投影长度等于线段的空间实长与相应的轴向伸缩系数的乘积。因此，已知轴间角和轴向伸缩系数，就可以沿着轴向度量画出物体上的各点和线段，从而画出整个物体的轴测投影，轴测图中的“轴测”即由此而来。

3. 轴测图的分类

1) 根据投射方向与投影面的相互位置不同分类

(1) 正轴测投影。投射方向垂直于轴测投影面，如图 3.3(a)所示；

(2) 斜轴测投影。投射方向倾斜于轴测投影面，如图 3.3(b)所示。

2) 根据轴向伸缩系数是否相等分类

(1) 正(斜)等轴测投影。3 个轴向伸缩系数相等的轴测投影，即 $p=q=r$；

(2) 正(斜)二等轴测投影。3 个轴向伸缩系数有两个相等的轴测投影，即 $p=q\neq r$ 或 $p=r\neq q$ 或 $q=r\neq p$；

(3) 正(斜)三轴测投影。3 个轴向伸缩系数都不相等的轴测投影，即 $p\neq q\neq r$。

国家标准《机械制图》GB/T 4458.3—1984 规定，在绘制轴测图时，一般采用下列 3 种画法。图 3.3 表示了同一形体的 3 种轴测图，通常分别简称为正等测、正二测、斜二测。

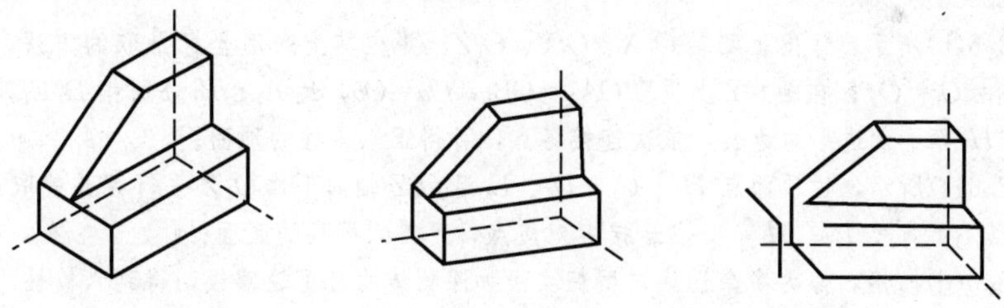

(a) 正等测　　(b) 正二测　　(c) 斜二测

图 3.3　常用的三种轴测图

3.1.2　正等轴测图

1. 正等轴测图的形成及参数

当物体上选定的 3 个直角坐标轴与轴测投影面的倾角相等时，用正投影法得到的轴测投影图称为正等轴测图，简称正等测。

由于 3 个坐标轴对投影面的倾角相等，因此正等测中的 3 个轴间角相等，均为 120°，如图 3.4 所示，作图时，一般将 O_0Z 轴画成铅垂方向；正等测中的 3 个轴的轴向伸缩系数也相等，经数学方法推证，$p=q=r\approx 0.82$。为了作图简便，通常采用简化轴向伸缩系数 $p=q=r=1$，这样沿轴向的所有尺寸只需用实长度量，如图 3.5 所示。

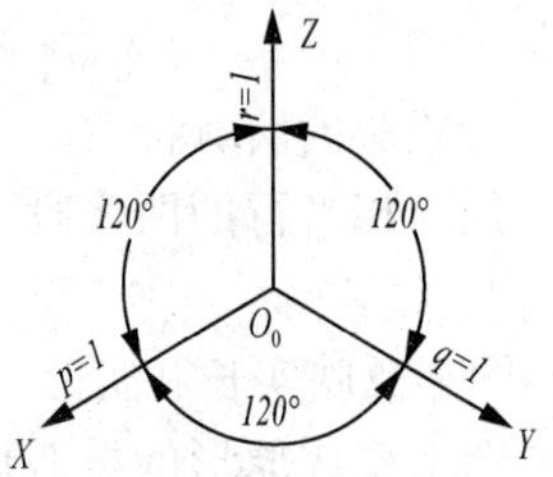

图 3.4　正等轴测图的轴间角与轴向伸缩系数

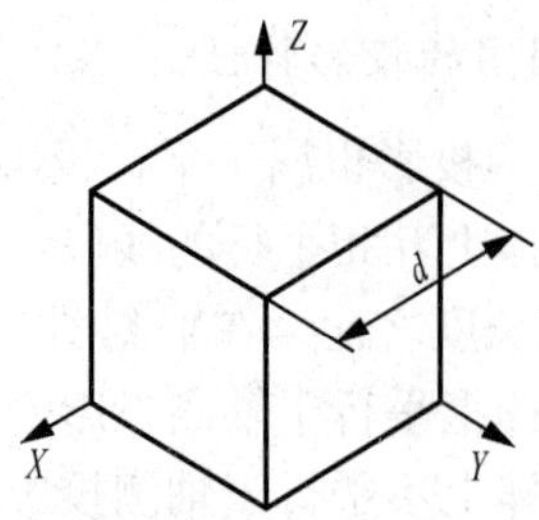

图 3.5　轴向伸缩系数为 1 时的轴测图

2. 正等轴测图的画法

1）平面立体的正等轴测图的画法

绘制平面立体轴测图的基本方法是坐标法。所谓坐标法是选好坐标系，画出对应的轴测轴，根据立体表面上各个顶点的坐标，按照“轴测”原理，画出它们的轴测投影，然后连接成平面立体的方法。下面举例说明其画法。

应用实例 3-1

根据图 3.6(a)正六棱柱的投影图，画出它的正等轴测图。

分析：

在轴测图中，为了使画出的图形更加明显，通常不画物体的不可见轮廓。所以本例作图关键是选好坐标轴和坐标原点。将坐标原点放在正六棱柱顶面，先确定顶面各顶点的坐标，有利于沿 Z_0 轴方向从上向下量取棱柱高度 h，可避免画很多多余图线，使作图简化。

作图：

(1) 如图 3.6(a)所示，进行形体分析，确定坐标轴。将直角坐标系原点 O_0 放在顶面中心位置，并确定坐标轴 O_0X_0、O_0Y_0。

(2) 如图 3.6(b)所示，作出轴测轴 O_1X、O_1Y、O_1Z，并在其上采用坐标量取的方法，在轴 O_1X 上量取 $OC_1=OF_1=Oc=Of$；在轴 OY 上量取 $OA_1=OB_1=Oa=Ob$，过 A_1、B_1 分别作 $D_1E_1 /\!/ G_1H_1 /\!/ OX$，并使 D_1E_1、G_1H_1 等于六边形的边长，依次连接各点，可得正六棱柱的顶面。

(3) 如图 3.6(c)所示，过顶面点 H_1、C_1、D_1、E_1 沿 O_1Z 轴向下作 O_1Z 平行线并截取 h 高度，得到底面上的对应点 I_1、K_1、L_1、M_1，分别连接各对应点，可得六棱柱的底面；

(4) 如图 3.6(d)所示，擦去多余图线，用粗实线加深物体的可见轮廓线，得到六棱柱的正等轴测图。

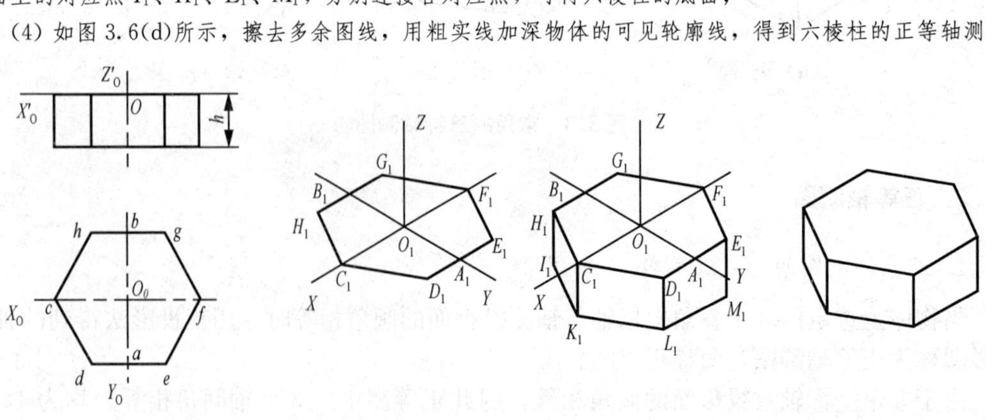

图 3.6　正六棱柱正等轴测图的画法

2) 圆的正等轴测图(椭圆)的画法

椭圆常用的简化画法是菱形四心法。即椭圆用 4 段圆弧代替，这 4 段圆弧根据椭圆的外切菱形确定 4 个圆心求得。作图方法和步骤如图 3.7 所示。

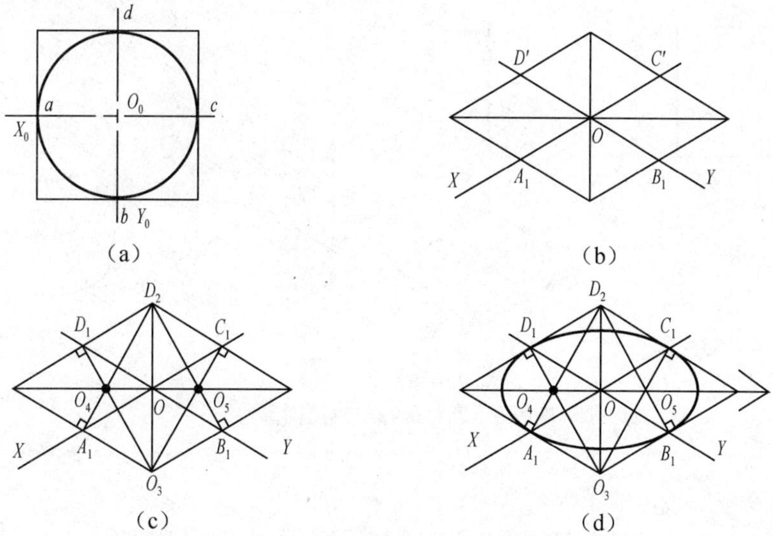

图 3.7 正等轴测椭圆的近似画法(菱形四心法)

作图：

(1) 如图 3.7(a)所示，过圆心 O_0 作坐标轴 O_0X_0、O_0Y_0，再作圆的外切正方形，切点为 a、b、c、d。

(2) 如图 3.7(b)所示，作轴测轴 OX、OY，从点 O 沿轴向量得切点 A_1、B_1、C_1、D_1，过这 4 点作轴测轴的平行线，得到菱形，并作菱形的对角线。

(3) 如图 3.7(c)所示，过点 A_1、B_1、C_1、D_1 作菱形各边的垂线，在菱形的对角线上得到 4 个交点 O_2、O_3、O_4、O_5，这 4 个点就是代替椭圆弧的 4 段圆弧的圆心。

(4) 如图 3.7(d)所示，分别以 O_2、O_3 为圆心，以 $O_2A_1(O_2B_1)$、$O_3C_1(O_3D_1)$ 为半径画圆弧 D_1C_1、A_1B_1；再以 O_4、O_5 为圆心，$O_4A_1(O_4D_1)$、$O_5B_1(O_5C_1)$ 为半径画圆弧 D_1A_1、B_1C_1，即得近似椭圆。

3) 基本回转体的正等轴测图

(1) 圆柱的正等轴测图。

应用实例 3-2

根据图 3.8(a)所示投影图，画出圆柱的正等轴测图。

分析：

从投影图可知，此圆柱的轴线垂直于水平面，上下底面为两个与水平面平行且大小相等的圆，在轴测图中均为椭圆，可以取上底圆的圆心为坐标原点。

作图：

(1) 如图 3.8(a)所示，以顶面圆的圆心为原点 O_0，确定坐标轴 O_0X_0、O_0Y_0、O_0Z_0。

(2) 如图 3.8(b)所示，作出轴测轴 OX、OY、OZ，用菱形四心法画出顶面圆，将顶面 4 段圆弧圆心

沿 Z 轴向下平移 h，画出底圆。

(3) 如图 3.8(c)所示，作出两椭圆的公切线。

(4) 如图 3.8(d)所示，擦去作图线，描深，完成圆柱的正等轴测图。

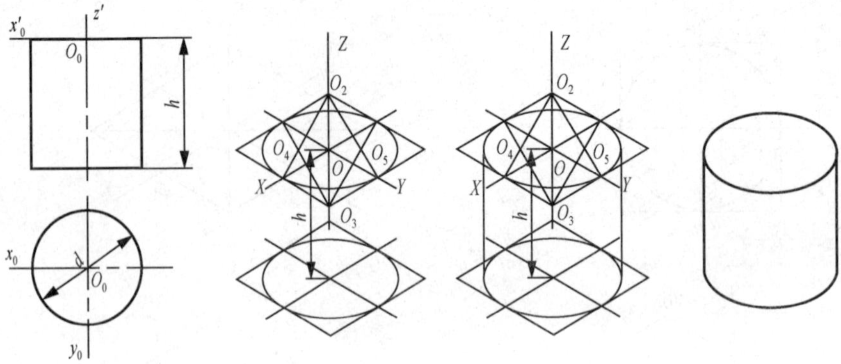

(a)　(b)　(c)　(d)

图 3.8　圆柱的正等轴测图画法

(2) 其他基本回转体的正等轴测图。

圆锥的画法：作出底圆的轴测图，即底面椭圆，再画顶点到椭圆的切线，即圆锥转向线的轴测投影，如图 3.9(a)所示。

圆锥台的画法与圆柱类似，其转向线为两椭圆的外公切线，如图 3.9(b)所示。

球的正等轴测图为与球的直径相等的圆，若采用简化轴向伸缩系数，则球的直径为 $1.22d$。为使图形有立体感，常画出过球心的平行于 3 个投影面的圆的轴测投影，即 3 个不同方向的椭圆。

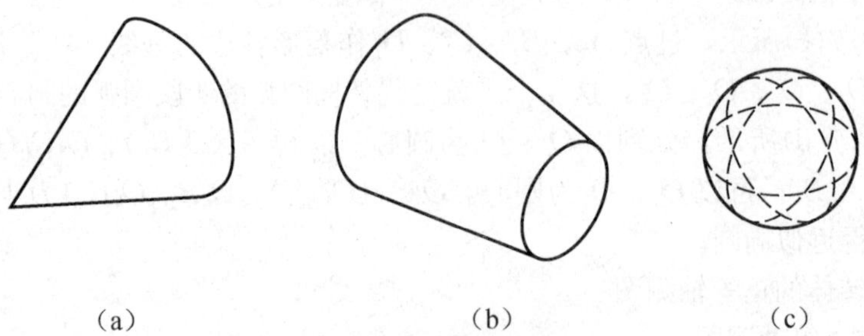

(a)　(b)　(c)

图 3.9　基本回转体的正等轴测图

(3) 圆角的正等轴测图。

应用实例 3 - 3

如图 3.10(a)所示，根据圆角的投影图，画出它的正等轴测图。

分析：

形体经常有部分圆角结构，绘制圆角时可先按方角画出，再根据圆角半径，参照圆的正等轴测椭圆的近似画法，定出近似轴测投影圆弧的圆心，作出圆角的正等轴测图。

作图：

(1) 如图3.10(a)所示，选坐标轴O_0X_0、O_0Y_0、O_0Z_0，由已知圆角半径R，找出切点a、b、c、d，过切点作切线的垂线，两垂线的交点即为圆心。

(2) 如图3.10(b)所示，作出长方体，由圆角半径R，找出切点A_1、B_1、C_1、D_1，过切点作切线的垂线，两垂线的交点即为圆心，以O_2为圆心，作圆弧A_1B_1，以O_3为圆心，作圆弧C_1D_1。

(3) 如图3.10(c)所示，采用移心法将O_2、O_3沿OZ向下移动h，即得下底面两圆弧的圆心O_4、O_5，以O_4、O_5为圆心作对应的圆弧。

(4) 如图3.10(d)所示，擦除作图线，画弧描深即完成全图。

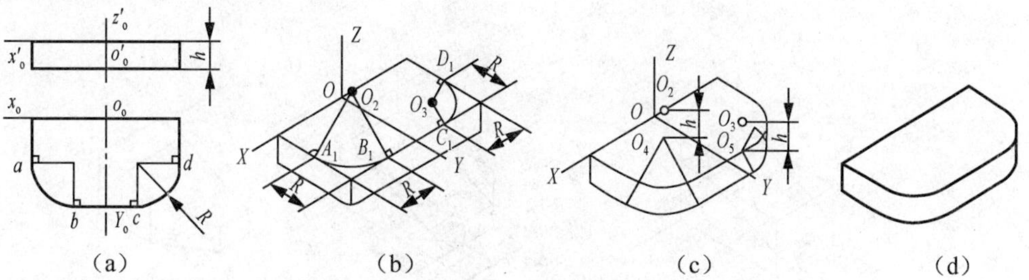

图3.10　圆角的正等轴测图画法

4) 组合体的正等轴测图

画组合体的正等轴测图，首先要进行形体分析，弄清形体的基本组成情况，如由哪些基本体组成，组合方式怎样，相对位置关系如何等；然后由正投影图选定坐标轴，按坐标关系将各个基本体的正等轴测图逐一作出；最后按组合方式完成组合体，擦去各形体间不该有的交线和被遮挡图线。

因此，画组合体的轴测图的基本方法是坐标法，根据组合体组合方式不同还有切割法、组合法和综合法。其中坐标法在“应用实例3-1”中已有讲述。

(1) 切割法。切割法适用于带切口的平面立体，它以坐标法为基础，先用坐标法画出完整平面立体的轴测图，然后用切割方法依次画出各切口部分。

应用实例 3-4

已知垫块的三视图如图3.11(a)所示，画出它的正等轴测图。

分析：

从三视图可知，垫块可看做长方体分别切去左上角、左前方的三棱柱而形成，此类完全由切割形成的切割体可采用切割法来绘制其正等轴测图。即先用坐标法画出完整平面立体的轴测图，然后用挖切方法逐步画出各个切口部分。

作图：

(1) 如图3.11(a)所示，由三视图分析，确定坐标轴O_0X_0、O_0Y_0、O_0Z_0；

(2) 如图3.11(b)所示，作出轴测轴OX、OY、OZ，按坐标法作出完整的长方体的正等轴测图。

(3) 如图3.11(c)所示，切去左上角的三棱柱。为此，根据投影图上尺寸c、d，沿相应轴测轴方向量取尺寸，应用两平行线的投影特性，作出左上角的三棱柱。

(4) 如图3.11(d)所示，同理切去左前方的三棱柱。

(5) 如图3.11(e)所示，擦去多余作图线，加深，即完成垫块的正等轴测图。

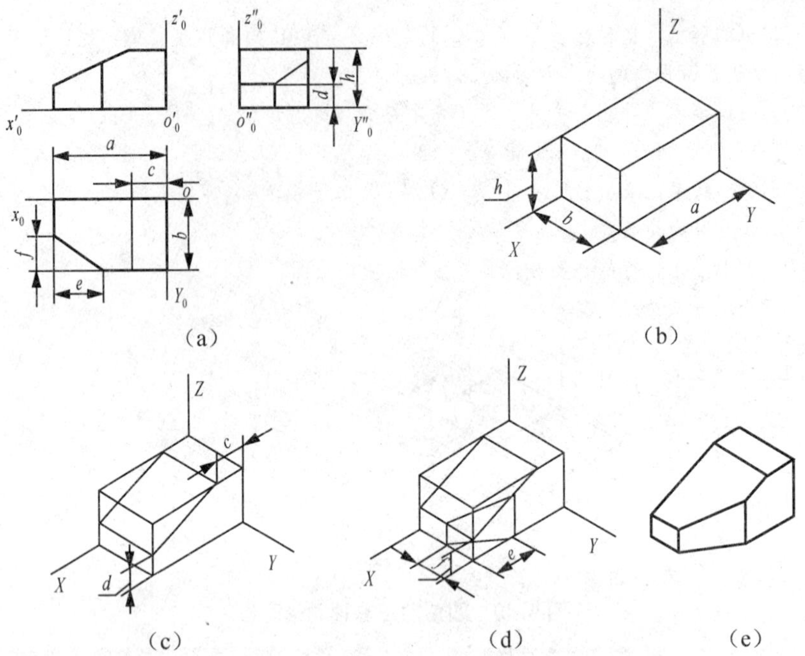

图 3.11　垫块的正等轴测图画法

(2) 组合法。组合法又称叠加法，是应用形体分析法将物体分解成几个简单的形体，依次将各部分结构，按照位置关系绘制出其轴测图，最后根据相互间的表面过度关系组合起来形成形体的轴测图。当物体明显由几个部分组成时，一般采用组合法。

应用实例 3-5

作出图 3.12(a)所示组合体的正等轴测图。

分析：

从三视图可知，该组合体可看做由底板、竖板、支承板 3 部分组合组成。此类完全由组合而形成的组合体，可以采用组合法作出其正等轴测图。组合法仍以坐标法为基础，根据各基本体的坐标，分别作出其轴测图，再按其相对位置进行组合。

作图：

(1) 如图 3.12(a)所示，在三视图上确定坐标 O_0X_0、O_0Y_0、O_0Z_0，将组合体分解为 3 个基本形体。

(2) 如图 3.12(b)所示，作出轴测轴 OX、OY、OZ，按坐标法作出底板的正等轴测图。

(3) 如图 3.12(c)所示，根据相应坐标作出竖板，再根据各轴向坐标将竖板左上角三棱柱切掉。

(4) 如图 3.12(d)所示，根据坐标作出支承板。

(5) 如图 3.12(e)所示，擦去作图线，描粗加深，即可得此组合体的正等轴测图。

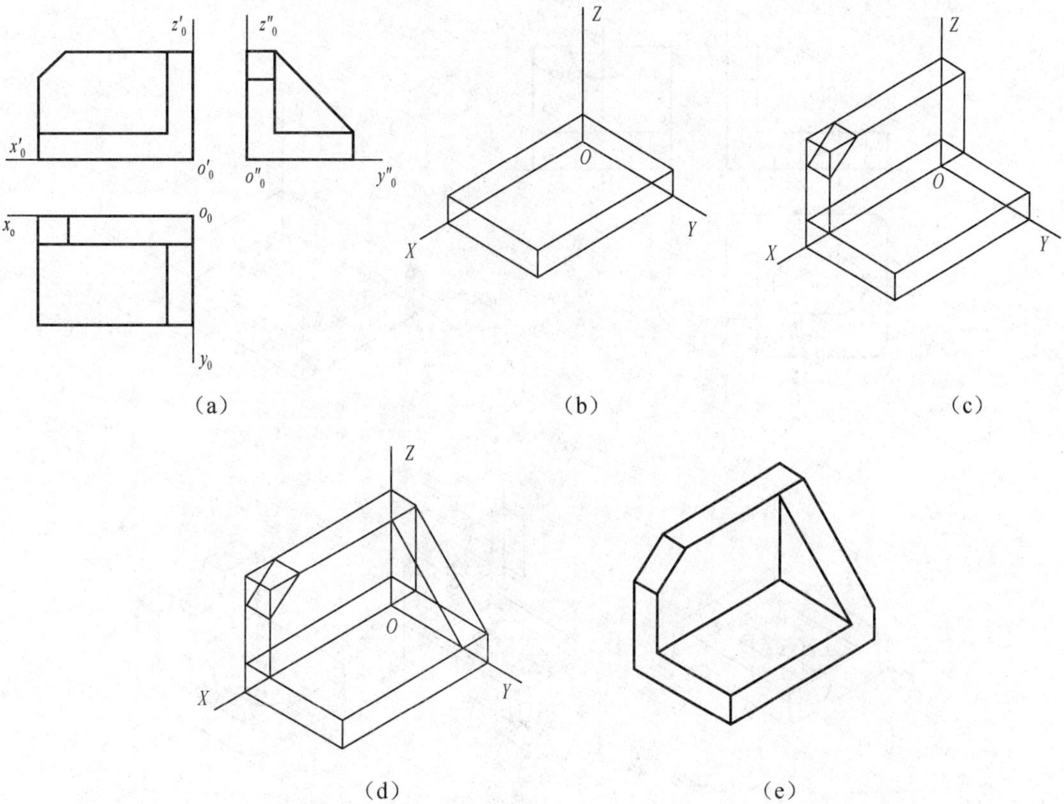

图 3.12　组合体轴测图画法—组合法

(3) 综合法。当机件的形状由若干小块组成，有部分小块上带有切口、切槽等结构，常交替使用组合法和切割法，从而使作图简单化，这种画轴测图的方法叫综合法。

应用实例 3-6

作出图 3.13(a)所示组合体的正等轴测图。

分析：

此组合体可看做由矩形底板和竖板组成，且在底板挖长圆形槽，在竖板上切去半圆槽。对于这种既有切割又有叠加的组合体，可采用综合法绘制轴测图。

作图：

(1) 如图 3.13(a)所示，根据三视图分析确定坐标 O_0X_0、O_0Y_0、O_0Z_0。

(2) 如图 3.13(b)所示，作出轴测轴 OX、OY、OZ，沿轴向分别量取底板在 3 个轴向的尺寸，作出底板，并在底板左侧两方板处作圆角。

(3) 如图 3.13(c)所示，在底板顶面上作出长圆形孔的轮廓，然后将其沿 OZ 轴方向下移一个底板的厚度。

(4) 如图 3.13(d)所示，沿轴向分别量取竖板在 3 个轴向尺寸，作出竖板，然后在竖板的左侧面上作出半圆槽轮廓，并将其沿 OX 轴向向后移出一个竖板的宽度。

(5) 如图 3.13(e)所示，擦去多余的作图线，描粗加深，即得组合体的正等轴测图。

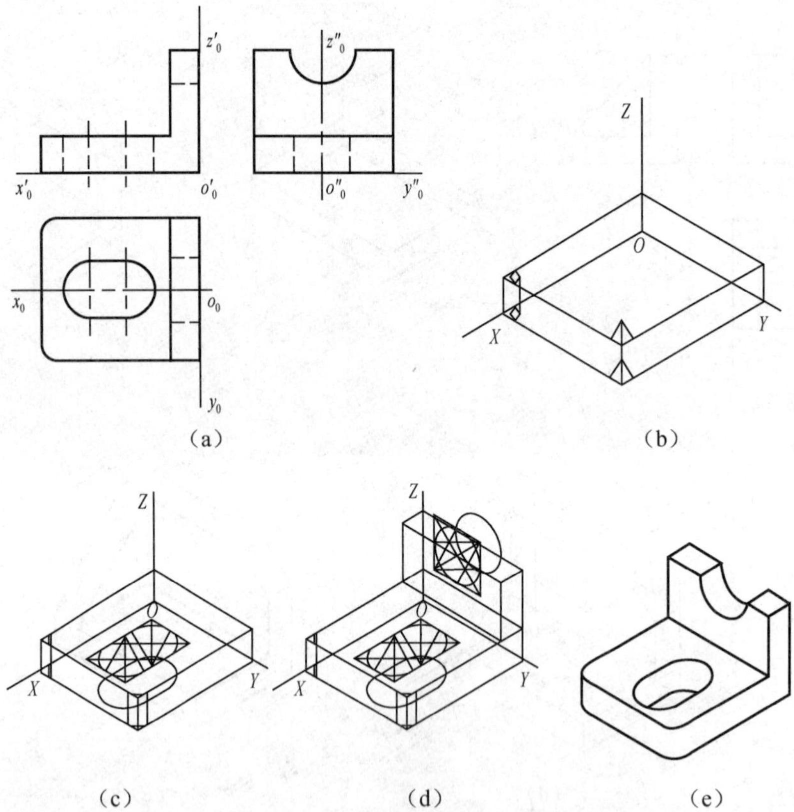

图 3.13　组合体轴测图画法——综合法

任务实施

填料压盖可视为 4 个圆柱组合在一起，再切割掉 3 个圆孔而成。所以应采用综合法绘图。

作图：

(1) 如图 3.14(a)所示，在平面视图上确定坐标 O_0X_0、O_0Y_0、O_0Z_0，以及各圆柱两端面中心点 O_a、O_b、O_c、O_d、O_e、O_f；

(2) 如图 3.14(b)所示，建立正等轴测轴 O_0X、O_0Y 和 O_0Z，并应用坐标法定出 O_b 位置，以 O_0 和 O_b 为中心，绘制中间圆柱两端面圆；

(3) 如图 3.14(c)所示，应用坐标法定出 O_c、O_d、O_e、O_f 位置，并以这些点为中心建立上下两个小圆柱两端面圆；

(4) 如图 3.14(d)所示，作上下两个小圆柱的转向轮廓线，并作大圆柱和小圆柱的切线，擦去多余部分，作上下两个圆孔；

(5) 如图 3.14(e)所示，应用坐标法定出 O_a、O_b 位置，以这两点为中心，建立突起圆柱前后两端面圆，并作出中间圆孔；

(6) 如图 3.14(f)所示，擦去多余的作图线，描粗加深，即得压盖的正等轴测图。

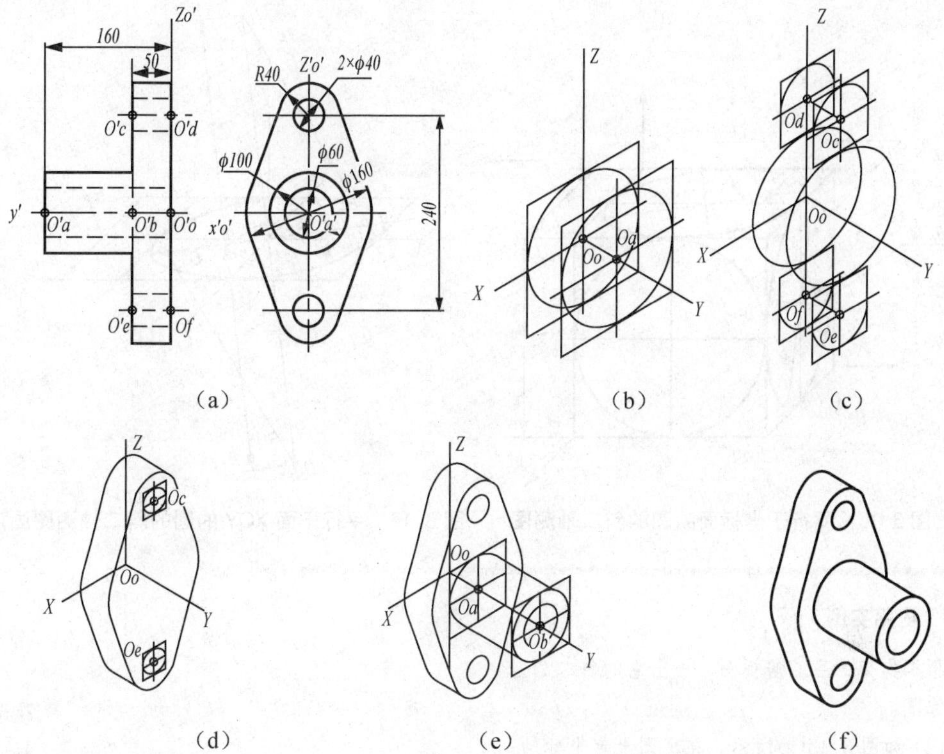

图 3.14　填料压盖正等轴测图的画法

知识拓展

1. 斜二轴测图的形成及参数

物体的 XOZ 坐标平面平行于轴测投影面 P，采用斜投影法使投射方向与 3 个坐标轴都倾斜，这样得到的轴测图称为斜二轴测图。轴测轴 OX、OZ 为水平方向和铅垂方向，轴向伸缩系数 $p_1=r_1=1$，而轴测轴 OY 的轴向伸缩系数 q_1，可随投射方向的变化而变化，当 $q_1\neq 1$ 时即为斜二轴测图。

最常用的一种为正面斜二轴测，简称斜二测。其轴向伸缩系数为 $p_1=r_1=1$，$q_1=0.5$，轴间角 $\angle XOZ=90°$，$\angle XOY=\angle YOZ=135°$。作图时规定 OZ 轴画成铅垂方向，OX 轴为水平线，OY 轴与水平线成 45°，如图 3.15 所示。

2. 平面立体及基本回转体的斜二轴测图

1) 平面立体的斜二轴测图

作平面立体的斜二轴测图时，只要采用其相应的轴间角和轴向伸缩系数，其作图步骤和正等轴测图完全相同。

2) 圆的斜二轴测图

图 3.16 为平行于坐标面的圆的斜二轴测图，由图可知其特点如下。

(1) 平行于坐标面 XOZ 的圆的斜二轴测图反映实形，仍为直径相同的圆。

(2) 平行于坐标面 XOY、YOZ 的圆的斜二轴测图是椭圆，两个椭圆的形状相同，但长、短轴的方向不同。它们的长轴都和圆所在坐标面内某一坐标轴所成角度约为 7°，长轴为 $1.06d$，短轴为 $0.33d$。

图 3.17 为平行于 XOY 面的圆的斜二轴测图示意画法。

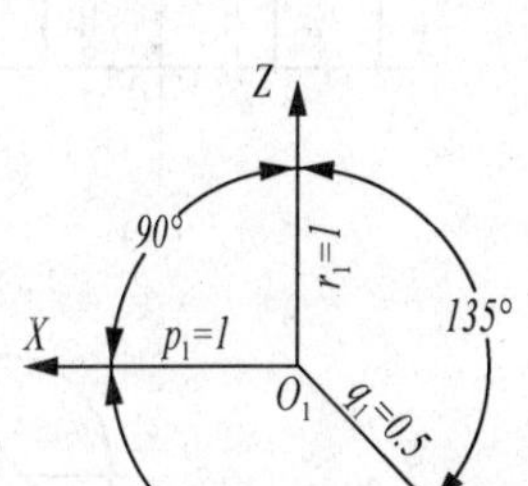

图 3.15　斜二轴测图的参数

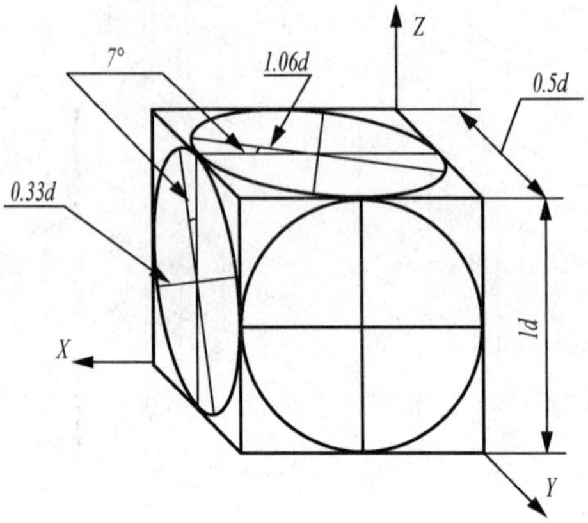

图 3. 16　平行于坐标面的圆的斜二轴测图

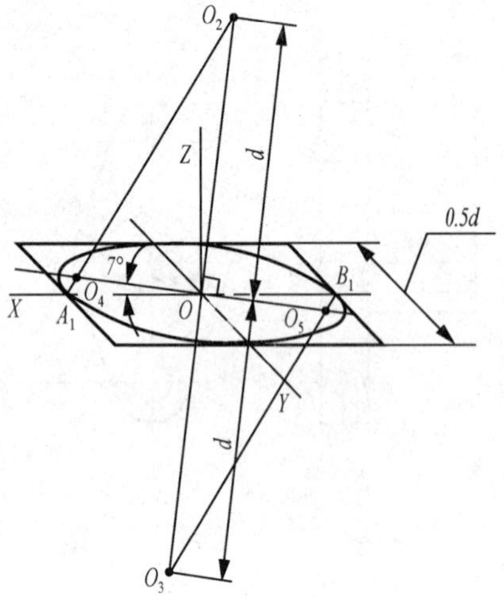

图 3. 17　平行于面 XOY 的圆的斜二轴测图画法

应用实例 3－7

根据支架的主、俯视图，画出它的斜二测。

作图：

(1) 如图 3.18(a)所示，在视图上定坐标轴；

(2) 如图 3.18(b)所示，画轴测轴；

(3) 如图 3.18(c)所示，画支架前端面的轴测图；

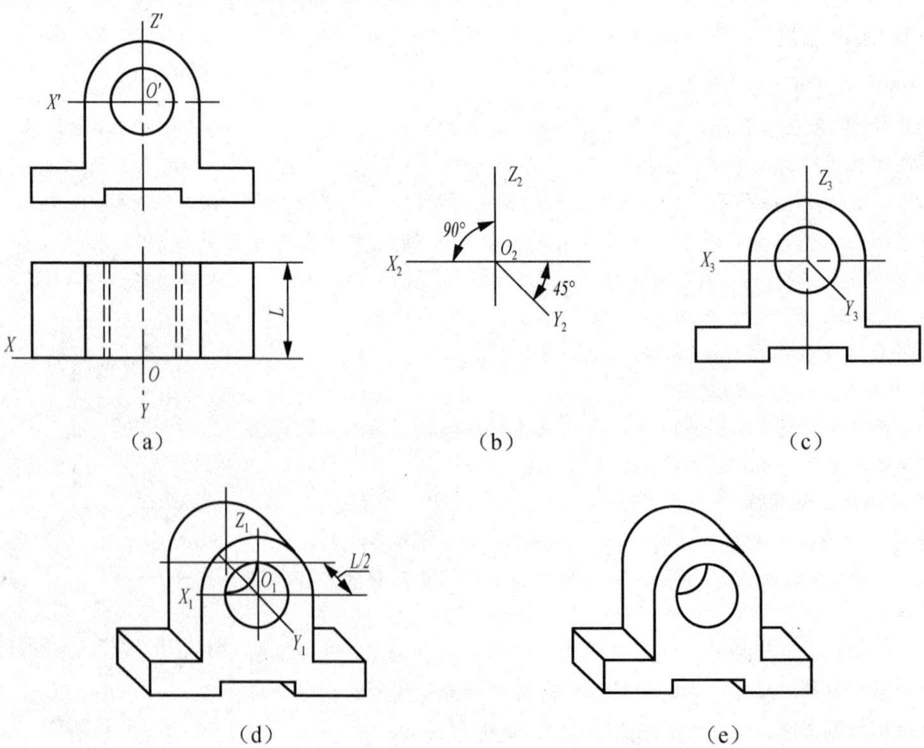

图 3. 18　支架的斜二轴测图作法

(4) 如图3.18(d)所示，在Y_1轴上距O_1点$L/2$处取点作为圆心，再重复上一步的做法，做出支架后面轴测图，并作出上部圆的公切线及Y_1轴方向的轮廓线；

(5) 如图3.17(e)所示，擦去多余的线，然后描深完成全图。

项目小结

轴测图的画法不是本课程的重点内容，但是由于它符合人们的视觉习惯，直观性强，所以在课程学习中以及以后的工作中有一定的实用意义。特别是在本课程的学习中，可进一步加强空间立体概念，提高空间想象力以及分析能力，对画图和读图都有帮助。此外，在国家劳动部门进行的《制图员》技能资格证书考核中，正等轴测图也是必考的一项内容。

学习中要重点掌握正等轴测图的画法，了解斜二轴测图的画法，要注意总结两种常用轴测图的特点及应用场合。为了能正确画图，必须了解轴测图的形成原理，掌握画图的要点、方法和步骤。要注意正等轴测图中回转面在平行于坐标面的圆的轴测投影是椭圆，其短轴与该回转面的轴线的轴测投影重合，不要画错椭圆方向。

项目4

减速器的拆装与零件绘制

减速器是一种典型的机械传动装置，其功能是传递旋转运动并降低转速。图4.1为一级直齿圆柱齿轮减速器。其组成零件有轴或齿轮轴(轴类零件)、减速箱(箱体类零件)、皮带轮(轮盘类零件)、端盖(盘盖类零件)、齿轮、键、轴承、螺栓、螺钉等标准件。由于减速器的组成零件基本涵盖了常用零件的所有类型，因而常被用为研究常用零件的载体装置。通过绘制减速器的各个零件的零件图，可以掌握绘制常用零件的方法。

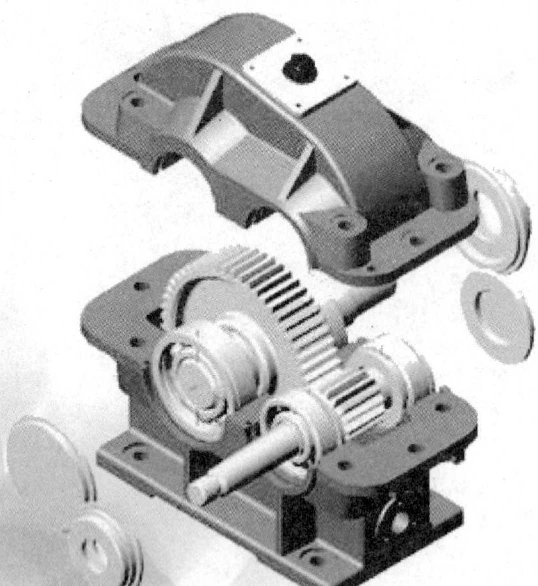

图4.1　一级直齿圆柱齿轮减速器

任务4.1 绘制减速器之低速轴的零件图

学习目标

知识目标	(1) 掌握各种零件的结构特点； (2) 掌握轴类零件的表达方案； (3) 掌握断面图与放大图的画法； (4) 掌握轴类零件的尺寸标注方法
能力目标	(1) 能正确使用各种工具拆卸减速器并将其组装，减速器在组装后能正常工作； (2) 能分辨零件的基本类型并能正确选择零件的表达方案； (3) 能正确绘制断面图与放大图； (4) 能正确对轴类零件进行尺寸标注

任务引入

本任务采用一级直齿圆柱齿轮减速器作为任务载体。减速器的高速轴为输入轴，也称主动轴，其上的齿轮称为主动轮。低速轴称为输出轴，或从动轴，其上的齿轮称为从动轮。通过两个不同齿数的齿轮啮合，最终达到变速目的。

不论高速轴还是低速轴，由于要与箱体、带轮、轴承配合，故要分段设计，其上也要留有键槽。为了通过螺钉和垫片固定轴端的带轮，轴端中心要有螺孔。为了方便加工和装配，轴上也要有退刀槽和倒角。所以减速器上的轴具有绝大部分轴类零件的工艺结构，是一种极具代表性的轴类零件。

本任务从拆卸减速器入手，通过拆卸和组装了解各种零件的结构特点和功用，通过绘制低速轴的零件图掌握常见轴类零件的表达方案和辅助视图的表达方法。

相关知识

4.1.1 零件的测量

减速器在拆卸后，要对各类零件进行尺寸测量，以确定绘制所需尺寸。

1. 常用测量工具

(1) 测量非加工尺寸、无公差标注的尺寸，常用的简单量具如直尺和卡钳。

(2) 测量精度要求高的尺寸，常用千分尺、游标卡尺等。

2. 常用测量工具的使用方法

1) 钢直尺的使用方法

钢直尺的外形如图4.2(a)所示，可以用它来直接测量工件的线性尺寸，具体测量方法如图4.2(b)、(c)所示。

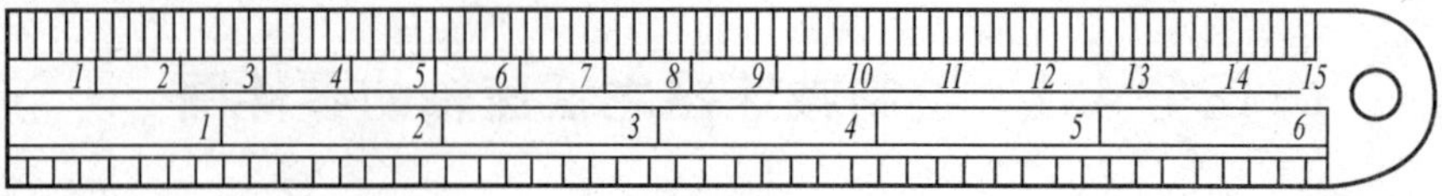

(a) 钢直尺

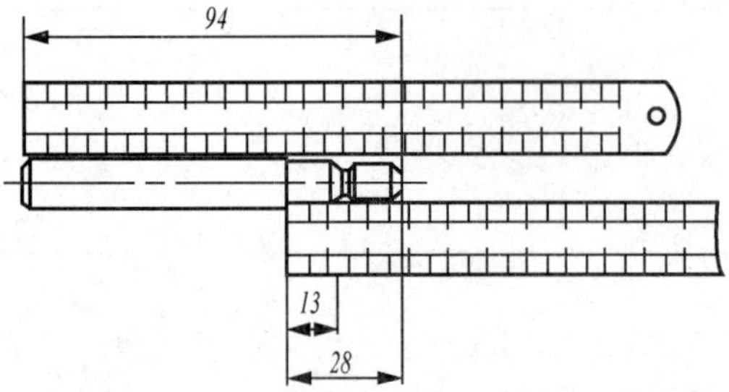

(b) 测量长度尺寸

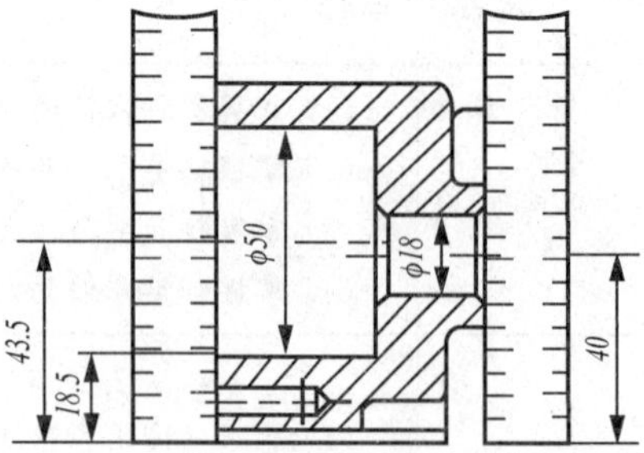

(c) 测量中心高尺寸

图 4.2 钢直尺的外形及使用方法

2) 游标卡尺的使用方法

游标卡尺的外形如图 4.3 所示，可以用它来直接测量工件的外形长度及内孔、槽的深度，还可以测量工件的内、外直径，具体测量方法如图 4.3 所示。

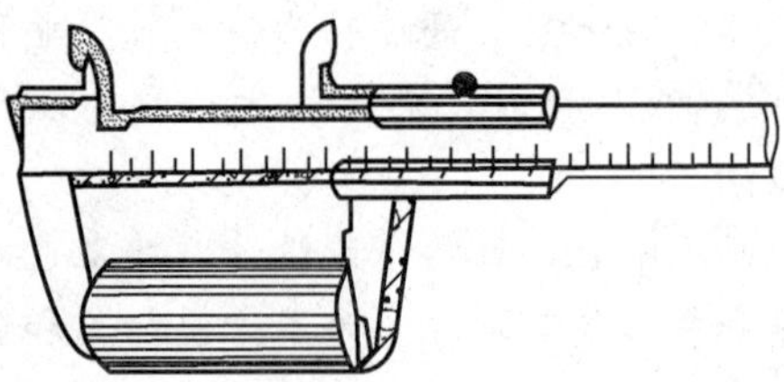

(a) 游标卡尺服及其测量长度尺寸

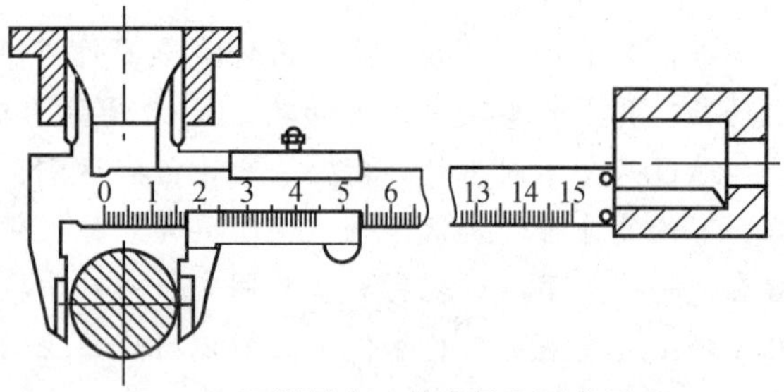

(b) 测量内、外直径和深度尺寸

图 4.3 游标卡尺的外形及使用方法

3) 卡钳的使用方法

卡钳分内卡和外卡，其外形如图 4.4(a)所示。卡钳一般是和钢直尺、游标卡尺结合起来使用，可测量工件的长度、壁厚、中心距和内腔尺寸等。使用卡钳测量工件时，经常在卡钳上画线作为测量位置的标记，具体测量方法如图 4.4 所示。

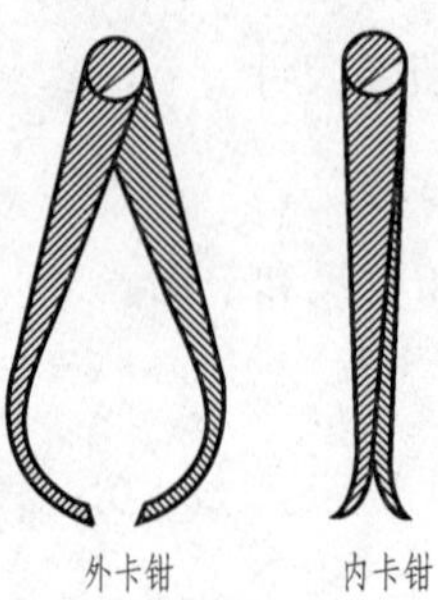

(a) 卡钳的外形

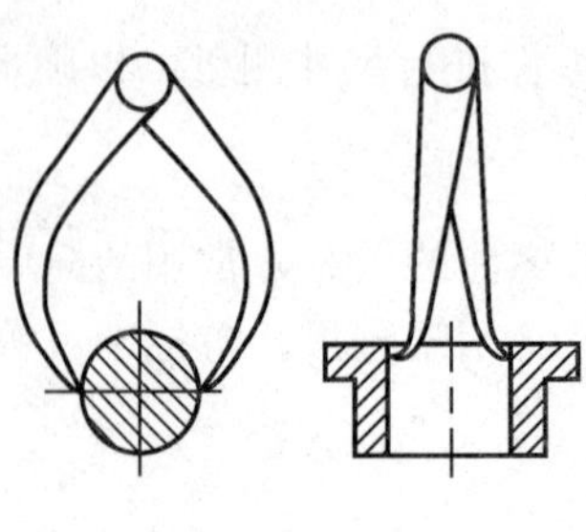

(b) 内测量、外直径尺寸

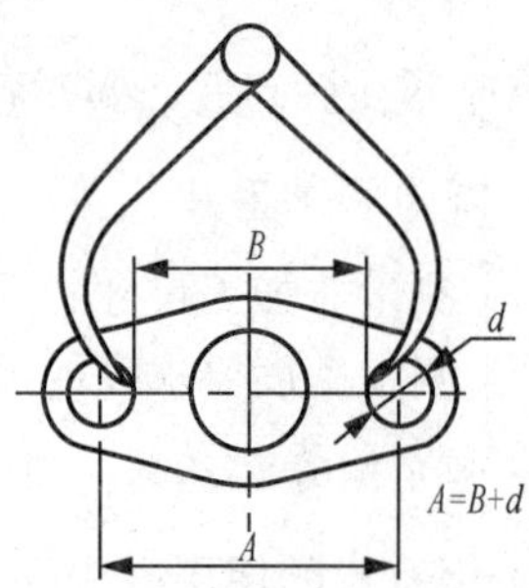

(c) 测量中心距

图 4.4 卡钳的外形及使用方法

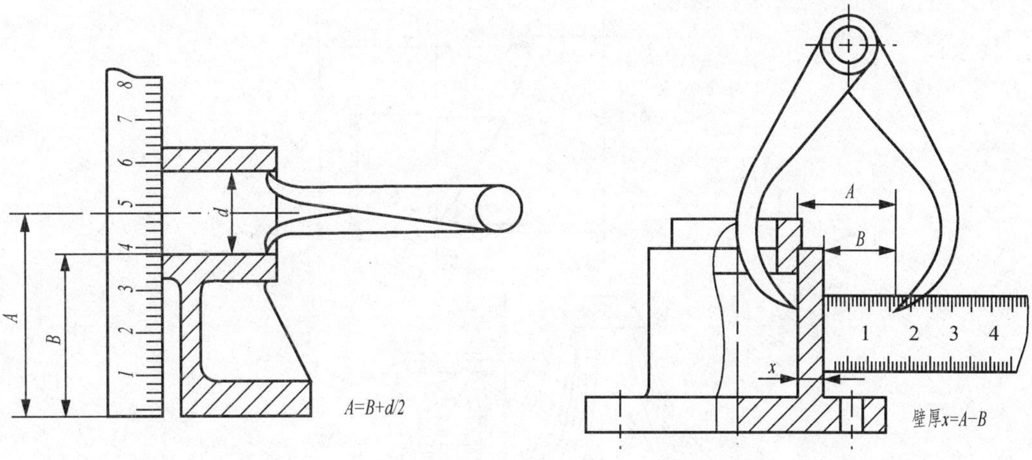

（d）测量中心高尺寸　　　　（e）测量壁厚尺寸

图 4.4　卡钳的外形及使用方法（续）

4）圆角规和螺纹规（又称样板）的使用方法

圆角规和螺纹规的外观及使用方法如图 4.5 所示。

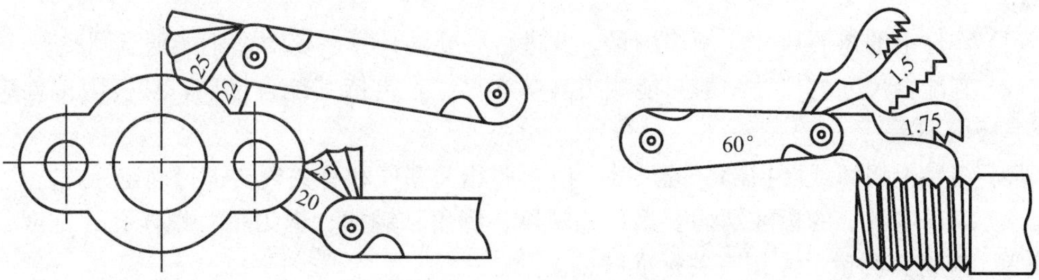

（a）用圆角规测量圆角的外径尺寸　　　　（b）用螺纹规测量螺纹的螺距

图 4.5　圆角规和螺纹规的外形及使用方法

5）拓印法的应用

测量曲线、曲面可用铅丝、印泥、白纸等用具拓印，如图 4.6 所示。

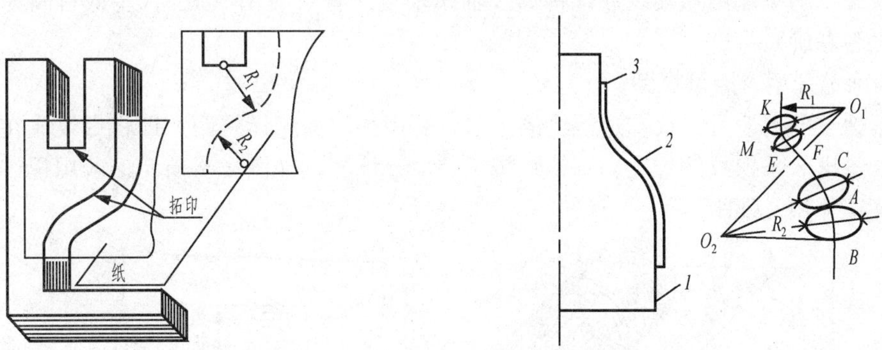

（a）用拓印法测量曲面　　　　（b）用铅丝测量曲线

图 4.6　用拓印法测量曲线及曲面

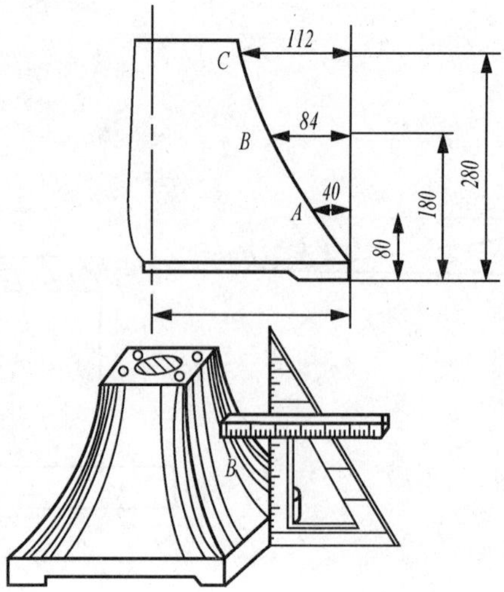

（c）用坐标法测量曲面

图 4.6 用拓印法测量曲线及曲面（续）

3. 测量尺寸时的注意事项

(1) 零件上的重要尺寸应精确测量，并进行必要的计算、核对，不能随意圆整。

(2) 有配合尺寸的尺寸一般只能测出其基本尺寸，再依其配合性质，从极限偏差表中查出其极限偏差。

(3) 零件上损坏或磨损部分的尺寸，应参照相关零件和有关资料进行确定。

(4) 对于零件上的标准结构要素，如螺纹、倒角、键槽、退刀槽、螺栓孔、锥度、中心孔等，应将其测量尺寸按有关标准圆整。

4. 常见零件结构的测量

1) 螺纹的测量

测量螺纹时，可按以下步骤操作。

(1) 确定螺纹的线数和旋向。

查看螺纹的端部可知其线数，将螺纹轴线垂直放置可看出其旋向(左低右高为右旋螺纹，反之为左旋)。

(2) 确定牙型，测量螺距。

根据螺纹的用途可大致知道螺纹的牙型，并用拓印法测量螺距，即将螺纹放在纸上压出痕迹，量出 n 条螺纹的长度，则螺距按 $P=L/n$ 计算，如图 4.7 所示。若用螺纹规，则可直接确定牙型及螺距。

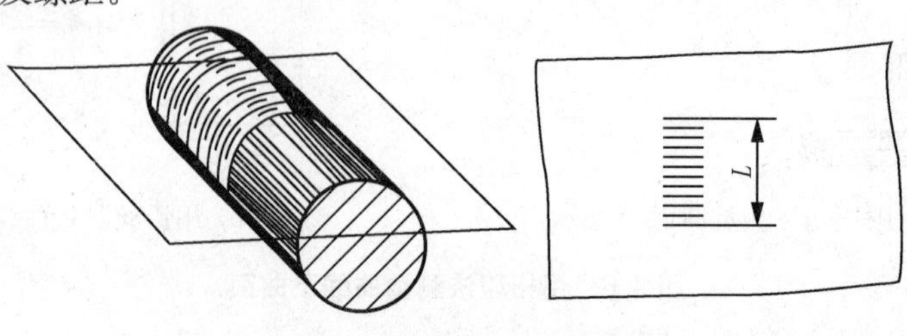

图 4.7 拓印法测量螺纹的螺距

(3) 测量螺纹的大径。

外螺纹的大径可直接用游标卡尺测出；内螺纹可先测出小径，再据此由螺纹标准中查出大径；也可测量出与之配合的外螺纹大径，从而推算出内螺纹的大径。

(4) 查标准，确定标记。

根据牙型、螺距和大径，查阅相关标准，确定螺纹的标记。

2) 直齿圆柱齿轮的测量

直齿圆柱齿轮测量的一般步骤如下。

(1) 确定齿数 Z。

无须测量，数出齿数即可。

(2) 测量齿顶圆直径 d_a'。

若齿数为偶数，可用游标卡尺直接测出，如图 4.8(a)所示；若齿数为奇数，应通过轴孔直径 D 和孔壁至齿顶的径向距离 H，如图 4.8(b)所示，然后按下式计算出 d_a'：

$$d_a'=2H+D$$

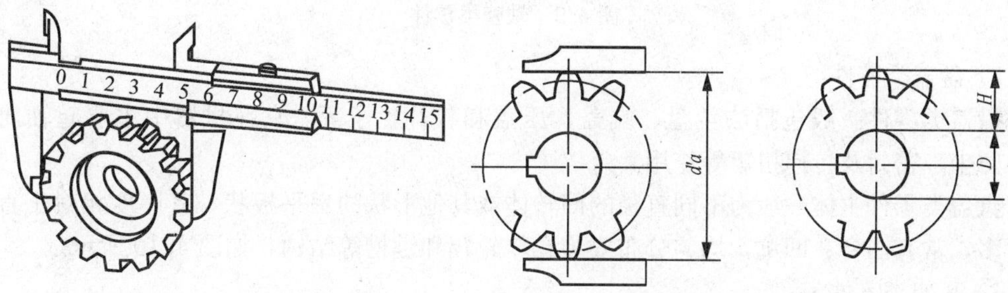

(a) 用游标卡尺测量齿顶圆直径　　(b) 齿数为偶数　　(c) 齿数为奇数

图 4.8　齿顶圆的测量

(3) 确定模数 m。

可按齿顶圆公式导出，由于 $d_a=m\ (Z+2)$，所以 $m=d_a/\ (Z+2)$；模数计算出来后，还必须与标准模数表核对，取相近的标准模数 m。

(4) 计算轮齿的各部分尺寸。

根据标准模数和齿数，可计算出轮齿各部分的尺寸。

(5) 核对中心距。

计算所得的尺寸要与实测的中心距核对，必须符合下式：

$$a=\frac{d_1+d_2}{2}=\frac{m\ (Z_1+Z_2)}{2}$$

(6)其他尺寸的测量。

齿轮的其他尺寸可按实物用前述的方法进行测量。

4.1.2　零件及零件图

1. 零件的分类

零件是可以装配成机器、仪表以及各种设备的基本制件。一般是一种不采用装配工序而制成的构件，如螺钉、螺母、弹簧、齿轮等。有时，也将用简单方式连成的构件称为“零件”，如轴承等。零件是机械制造过程中的基本单元。

零件的形状虽然千差万别，但根据它们在机器(或部件)中的作用和形状特征，通过比较、归纳，可大体将它们划分为几种类型：轴套类零件、盘盖类零件、叉架类零件和箱体类零件等。

1）轴套类零件

轴套类零件结构形状比较简单，一般由大小不同的同轴回转体组成，具有轴向尺寸大于径向尺寸的特点，如图 4.9 所示。轴上直径不等所形成的台阶称为轴肩，可供安装在轴上的零件轴向定位用。轴类零件上常有倒角、倒圆、退刀槽、砂轮越程槽、挡圈槽、键槽、花键、螺纹、销孔、中心孔等结构。

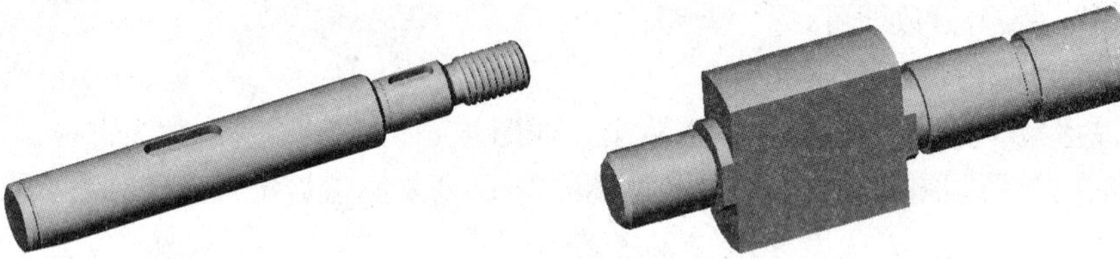

图 4.9　轴套类零件

2）盘盖类零件

盘盖类零件一般包括法兰盘、端盖、压盖和各种轮子等。它在机器中主要起轴向定位、防尘、密封及传递扭矩等作用。

盘盖类零件主体一般为不同直径的回转体或其他形状的扁平板状，其厚度相对于直径小得多，常有凸台、凹坑，均匀分布安装孔、轮辐和键槽等结构，如图 4.10 所示。

3）叉架类零件

叉架类零件包括各种拔叉、连杆、摇杆、支架、支座等。此类零件多数由铸造或模锻制成毛坯，经机械加工而成。结构大都比较复杂，一般分为支承部分、工作部分和连接安装部分，如图 4.11 所示。其上常有凸台、凹坑、销孔、螺纹孔及倾斜结构。

4）箱体类零件

箱体类零件主要用来支承、包容和保护运动零件或其他零件，也起定位和密封作用。它的结构较复杂，内部有空腔、轴承孔、凸台或凹坑、肋板及螺孔等结构，毛坯多为铸件，经机械加工而成。如图 4.12 所示。

图 4.10　盘盖类零件

图 4.11　叉架类零件

图 4.12　箱体类零件

2. 零件图的作用和内容

任何机器或部件都是由各种零件按照一定的要求装配而成。表示单个零件的结构、大小及技术要求的图样称为零件图。它是制造、检验零件的依据，也是指导生产的重要技术文件。

特别提示

零件图主要表示零件的结构形状、大小和有关技术要求，并根据它加工制造零件。而装配图则表示机器或部件的工作原理、零件间的装配关系和技术要求。产品在 设计过程中，一般先画出装配图，再根据装配图绘制零件图。装配时，根据装配图将零件装配成部件或机器。因此，零件与部件以及零件图与装配图之间的关系十分密切。

在绘制或识读零件图时要考虑零件在部件中的位置和作用，以及与其他零件之间的装配关系，从而理解各个零件的形状、结构和加工方法。

图 4.13 所示为轴承座的零件图。

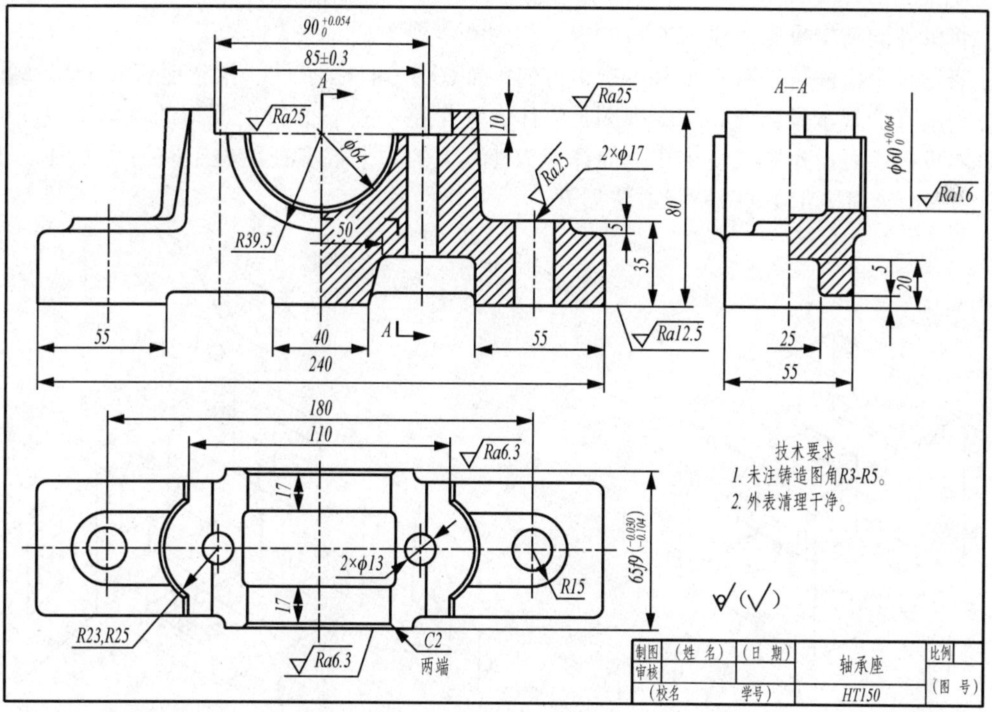

图 4.13　轴承座零件图

可以看出一张完整的零件图应具备以下 4 方面的内容。

1）一组视图

选用一组适当的视图、剖视图、断面图等图形，将零件的内、外形状正确、完整、清晰地表达出来。

2）尺寸标注

正确、齐全、合理地标注零件在制造和检验时所需的全部尺寸。

3）技术要求

用规定的符号、代号、标记和文字说明等简明地给出零件制造和检验时所达到的各项技术指标与要求，如尺寸公差、表面粗糙度和热处理等。

4）标题栏

用以填写零件名称、材料、比例、图号以及制图、审核人员的责任签字等。

4.1.3 轴套类零件的视图表达

工程实际中，零件的形状是多种多样的，有些零件的内外形状都比较复杂，如果只用三视图和可见部分画实线、不可见部分画虚线的方法，往往不能表达清楚和完整。为此，国家标准规定了视图、剖视图和断面图等基本表示法。

根据有关标准规定，用正投影法所绘制出物体的图形称为视图。视图主要用于表达零件的外部结构形状，对零件中不可见的结构形状在必要时采用细虚线画出。

视图分为基本视图、向视图、局部视图和斜视图 4 种。

1. 基本视图

将机件向基本投影面投射所得的视图称为基本视图。

表示一个机件可以有 6 个基本投射方向，如图 4.14(a)所示，相应地有 6 个与基本投射方向垂直的基本投影面。基本视图是物体向 6 个基本投影面投射所得的视图。空间的 6 个基本投影面可设想围成一个正六面体，为使其上的 6 个基本视图位于同一平面内，可将 6 个基本投影面按 4.14(b)所示方法展开。

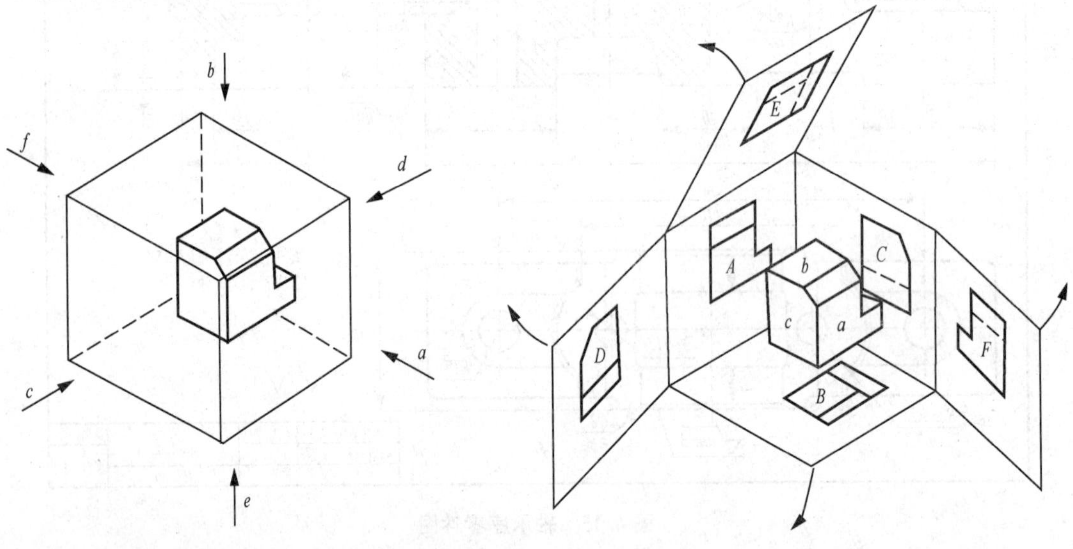

图 4.14　6 个基本视图的形成

6 个基本投射方向及视图名称见表 4－1。

表 4－1　6 个基本投射方向及视图名称

方向代号	*a*	*b*	*c*	*d*	*e*	*f*
投射方向	由前向后	由上向下	由左向右	由右向左	由下向上	由后向前
视图名称	主视图	俯视图	左视图	右视图	仰视图	后视图

在机械图样中，6 个基本视图的名称和配置关系如图 4.15 所示。符合图 4.15 的配置规定时，图样中一律不标注视图名称。

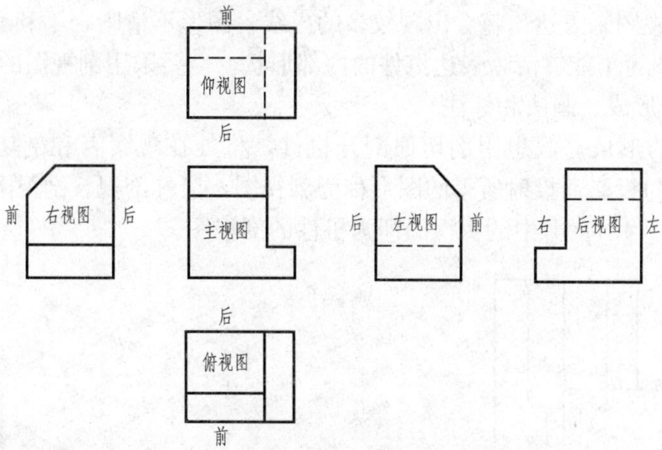

图 4.15　6 个基本视图的配置和方位对应关系

6 个基本视图仍保持“长对正、高平齐、宽相等”的三等关系，即仰视图与俯视图同样反映物体长、宽方向的尺寸；右视图与左视图同样反映物体高、宽方向的尺寸；后视图与主视图同样反映物体长、高方向的尺寸。

6 个基本视图的方位对应关系如图 4.15 所示。除后视图外，在围绕主视图的俯、仰、左、右 4 个视图中，远离主视图的一侧表示机件的前方，靠近主视图的一侧表示机件的后方。

实际画图时，无须将 6 个基本视图全部画出，应根据机件的复杂程度和表达需要，选用其中必要的几个基本视图，若无特殊情况，优先选用主、俯、左视图。

2. 向视图

向视图是移位配置的基本视图。当某视图不能按投影关系配置时，可按向视图绘制，如图 4.16 中的“*D*”、“*E*”、“*F*”等。

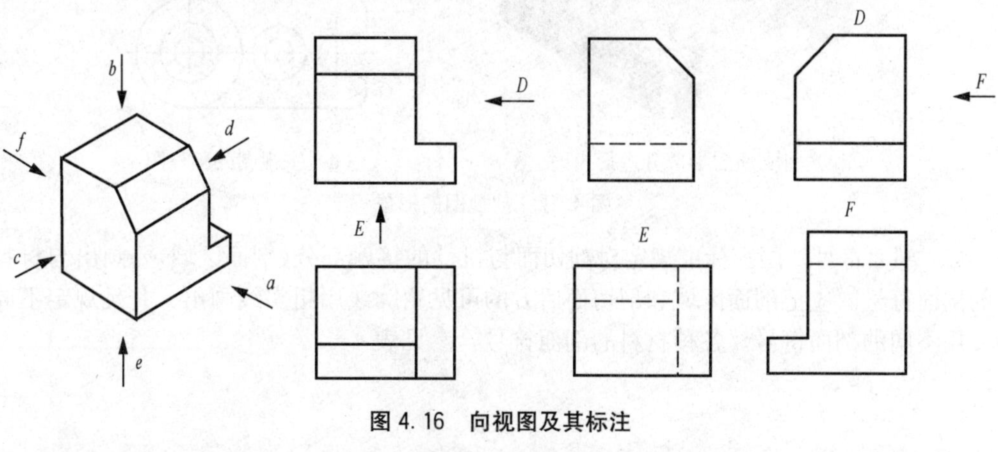

图 4.16　向视图及其标注

向视图必须在图形上方中间位置处标注出视图名称“*X*”（“*X*”为大写拉丁字母），并在相应的视图附近用箭头指明投射方向，注写相同的字母。

3. 剖视图

基本视图主要用于机件外部形状复杂而内部形状简单的情况。对于内部形状复杂的机件如果只用基本视图来表达，将会出现较多的虚线，图形不清晰，不利于看图和标注，如图 4.17(a)所示。为了能够清晰表达机件的内部形状，需要采用剖视图的画法。

1) 剖视图的形成、画法和标注

(1) 剖视图的形成。假想用剖切面剖开机件，将处在观察者和剖切面之间的部分移去，将其余部分向投影面投射所得的图形称为剖视图，简称剖视。剖视图的形成如图 4.17(b)、(c)所示。图 4.17(d)中的主视图即为机件的剖视图。

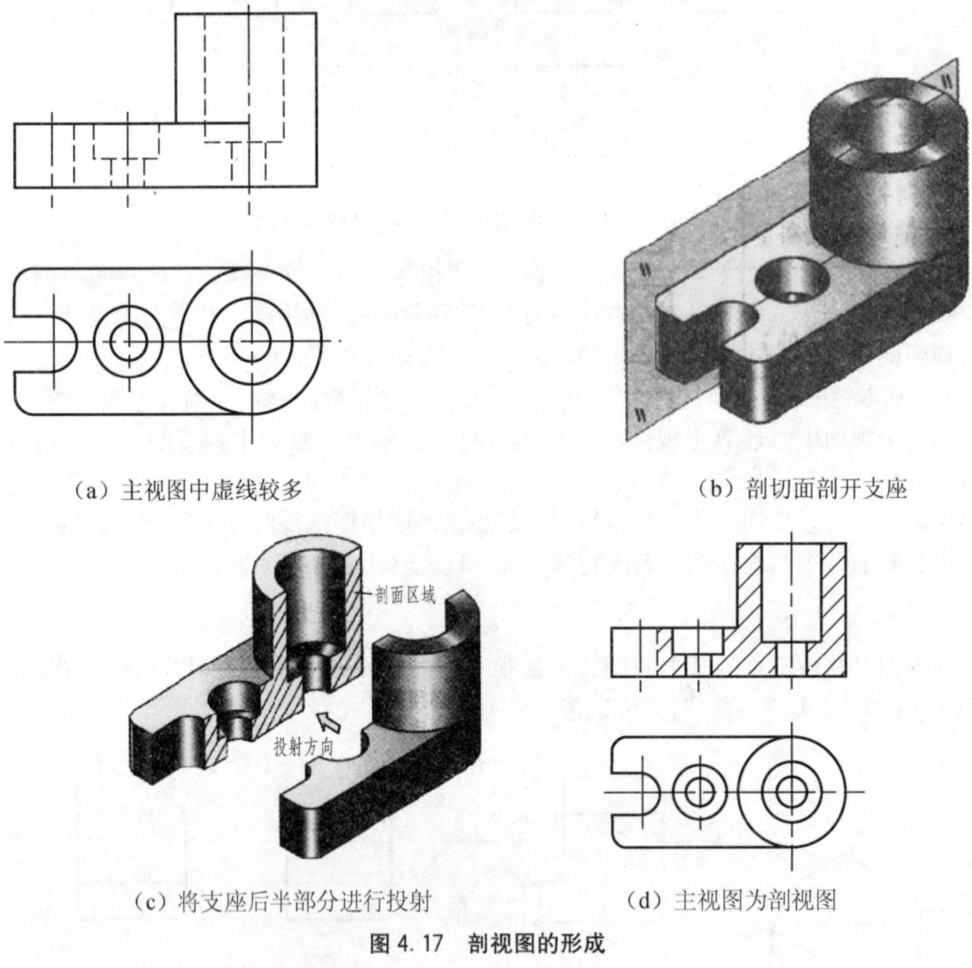

(a) 主视图中虚线较多　(b) 剖切面剖开支座

(c) 将支座后半部分进行投射　(d) 主视图为剖视图

图 4.17　剖视图的形成

(2) 剖面符号。国家标准规定对剖切面与机件的接触部分(剖面区域)要画出与材料相应的剖面符号。应把剖面区域和剖切面后方的可见轮廓线用粗实线画出。并且规定不同材料要用不同的剖面符号。各种材料的剖面符号，参见表 4-2。

表 4-2　剖面符号(摘自 GB/T 4457.5—1984)

材料名称	剖面符号	材料名称	剖面符号
金属材料 (已有规定符号者除外)	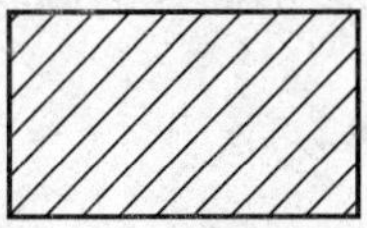	木质胶合板(不分层数)	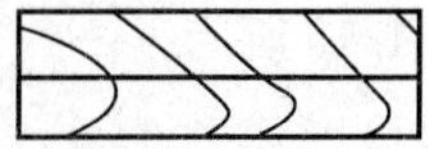
线圈绕组件	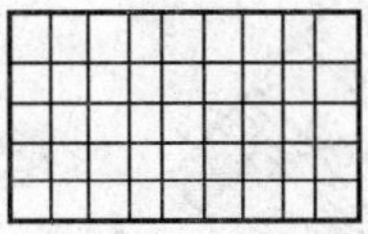	基础周围的泥土	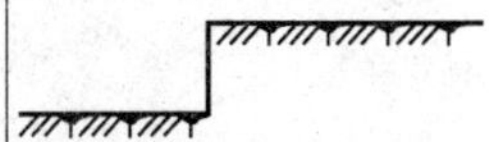
转子、电枢、变压器和电抗器等的迭钢片	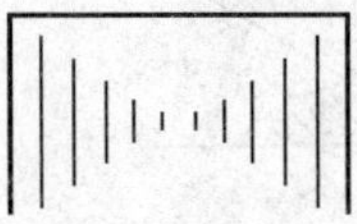	混凝土	
非金属材料(已有规定剖面符号者除外)	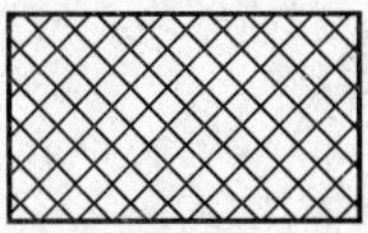	钢筋混凝土	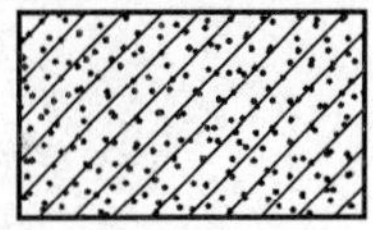
型砂、填砂、粉末冶金、砂轮、陶瓷刀片、硬质合金刀片等	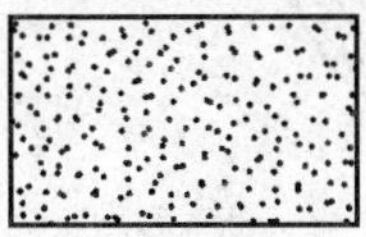	砖	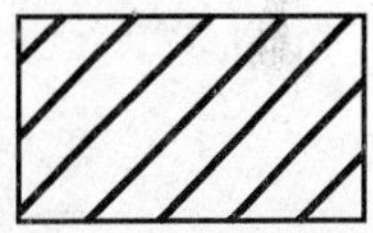
玻璃及供观察用的其他透明材料	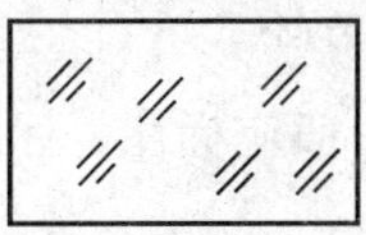	格网(筛网、过滤网等)	
木材　纵剖面	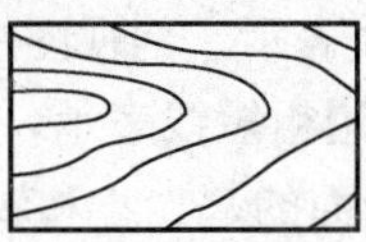	液体	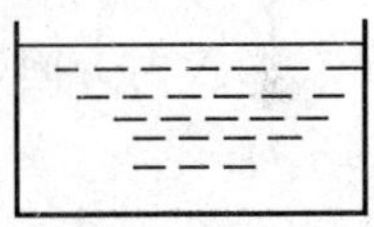
木材　横剖面			

注：① 剖面符号仅表示材料的类别，材料的名称和代号必须另行注明；

② 迭钢片的剖面线方向，应与束装中迭钢片的方向一致；

③ 液面用细实线绘制。

机械图样中的剖面符号主要为金属材料的剖面符号，画时应注意如下几点。

① 金属材料的剖面符号为与水平方向成 45°(向左、右倾斜均可)且间隔相等的细实线，如图 4.18 所示。

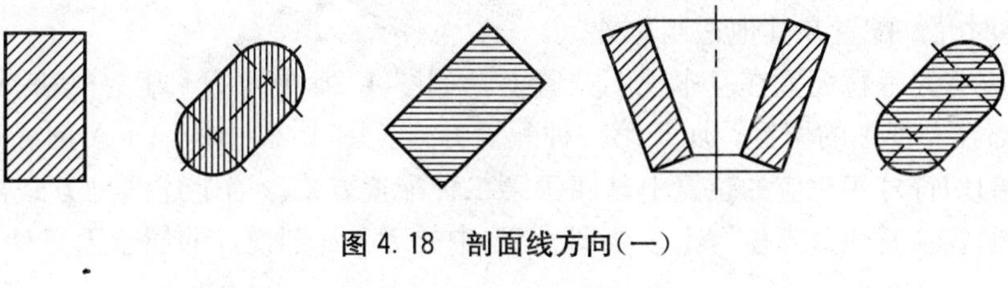

图 4.18　剖面线方向(一)

② 同一机件所有各剖视图和断面图中的剖面线应方向相同、间隔相等。

③ 当图形的主要轮廓线与水平线成 45°或接近 45°时，则该图形的剖面线应改成与水平方向成 30°或 60°的平行线，但同一机件各剖视图剖面线的倾斜方向和间隔均应一致，如图 4.19 所示。

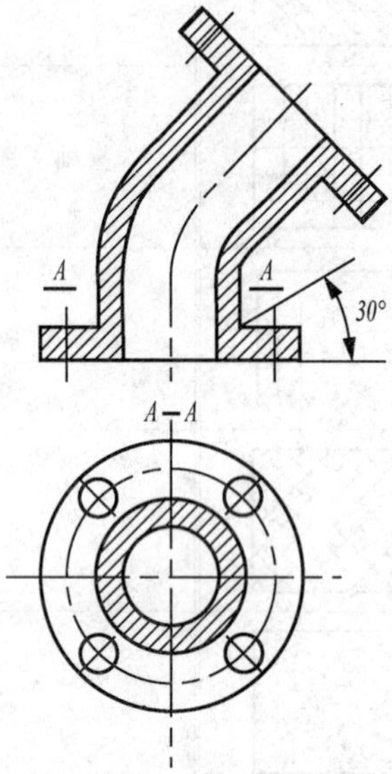

图 4.19 剖面线方向(二)

(3) 剖视图的标注。为便于读图，剖视图一般应标注，标注的内容应包括以下 3 个要素。

① 剖切线。指示剖切面的位置，用细点划线表示。剖视图中通常省略不画出。

② 剖切符号。指示剖切面起止和转折位置(用粗短线表示，线宽为 1～1.5d，长约 5～8mm。)及投射方向(用箭头表示)的符号，在剖切面的起、止和转折处标注与剖视图名称相同的字母。

③ 字母。表示剖视图的名称，用大写拉丁字母注写在剖视图的上方，如图 4.20 中的 *A*—*A* 和 *B*—*B*。

下列情况的剖视图可省略标注。

① 当单一剖切面通过机件的对称平面或基本对称平面，且剖视图按投影关系配置，中间没有其他图形隔开时，可不标注，如图 4.18(d)中的主视图。

② 当剖视图按基本视图或投影关系配置时，可省略箭头，如图 4.20 中的 *A*—*A*。

(4) 剖视图的配置。剖视图的位置配置有 3 种方法。

① 按基本视图的规定位置配置；

② 按投影关系配置在与剖切符号相对应的位置上；

③ 必要时允许配置在其他适当位置上。

剖视图应首先考虑配置在基本视图位置上，如图 4.20 中的 *B*—*B* 剖视和图 4.20 中的 *A*—*A* 剖视都在左视图的位置，属于第一种配置方式。图 4.20 中的 *A*—*A* 剖视是按投影关系配置在与剖切符号相对应的位置上，属于第二种配置方式。当上述两种方式都不便采用时，才考虑配置在其他适当位置上，如图 4.20 中的 *B*—*B* 剖视，即属于第三种方式。

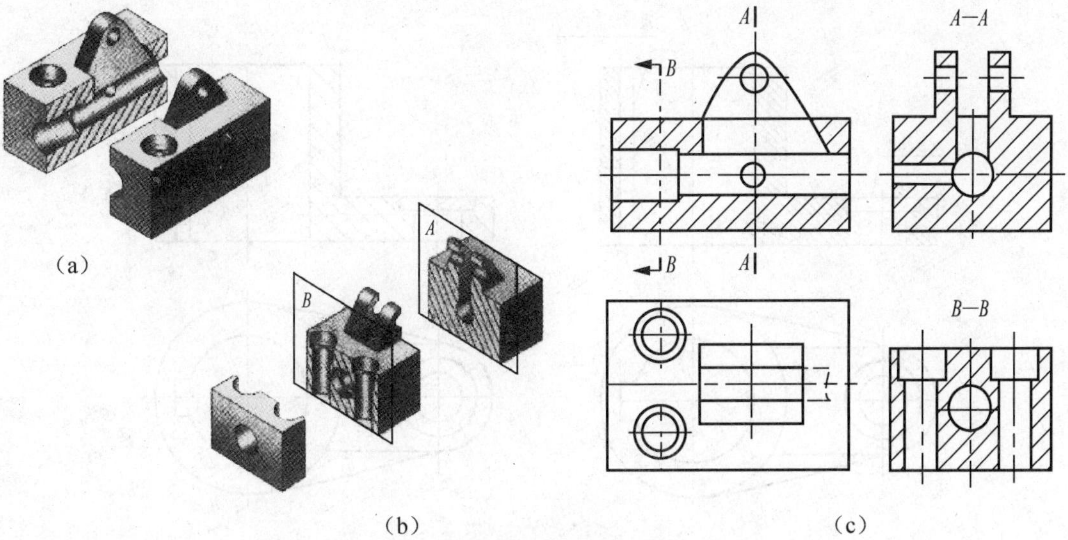

图 4.20 剖视图的配置与标注

(5) 画剖视图的方法与步骤。以图 4.21(a)所示的机件为例，说明画剖视图的方法和步骤。

① 确定剖切面的位置。如图 4.21(b)所示，剖切平面平行于正投影面，并且是孔和槽的前后对称面，这种情况下可以省略标注。

② 画剖视图。如图 4.21(c)所示，先画出剖切平面与机件实体接触部分的投影，再将可见部分进行连线，如图 4.21(d)所示。

③ 在剖面区域内画剖面线。画出剖面符号，并将可见轮廓线加深，标注符号和试图名称，检查完成作图，如图 4.21(e)所示。

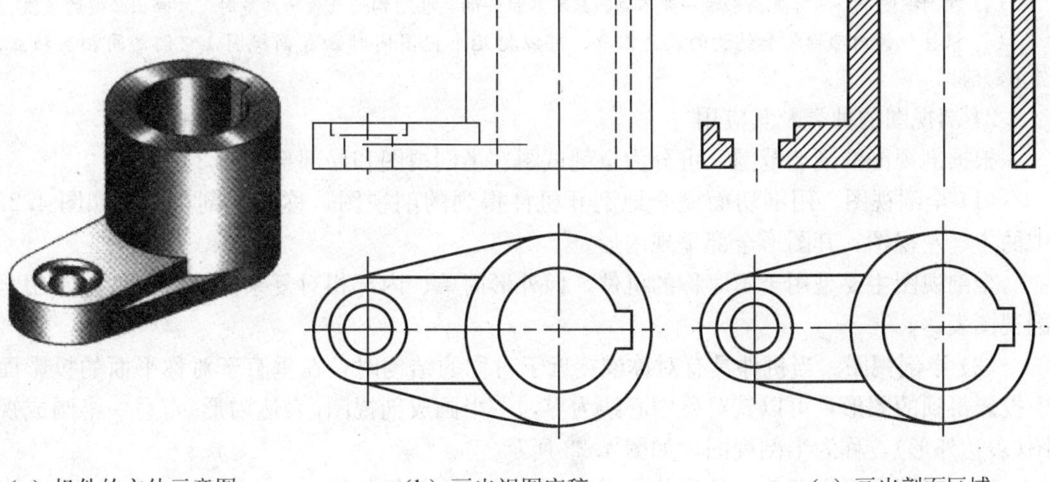

(a) 机件的立体示意图　　(b) 画出视图底稿　　(c) 画出剖面区域

图 4.21 画剖面线的方法和步骤

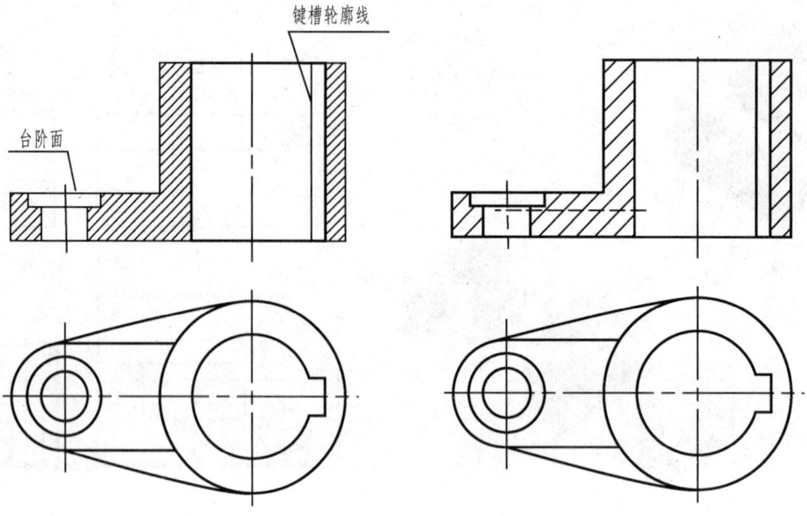

(d) 补画出剖切平面后的可见部分　　(e) 补全图线、标注符号并加深图线

图 4.21　画剖面线的方法和步骤(续)

特别提示

画剖视图应注意的事项

(1) 剖切平面一般应通过机件的对称面或通过内部的孔、槽等结构的轴线或对称中心线,以便反映结构的实形。剖切时,要避免产生不完整要素或不反映实形的截断面。

(2) 剖切面是假想的,机件并没有真的被剖开,因此当机件的一个视图被画成剖视图以后,对机件的其他视图不产生影响,其他视图仍按完整的机件画出。

(3) 剖切面后方的可见轮廓线应全部画出,不能遗漏。

(4) 在剖视图中,不可见轮廓线一般不画,只有在机件的某些结构尚未表达清楚时,才画出必要的虚线。

(5) 根据机件内部形状和结构的表达需要,可以把几个视图同时画成剖视图,它们之间相互独立、互不影响。

2) 剖视图的种类及其应用

根据剖视图的剖切范围,可分为全剖试图、半剖视图和局部剖视图 3 种。

(1) 全剖视图。用剖切面完全地剖开机件得到的剖视图,称为全剖视图。如图 4.22 中的主、左视图,其图形全部呈现内形。

全剖视图主要是用于不对称的机件,但外形简单、内部相对复杂的对称机件也常用全剖视图表达。

(2) 半剖视图。当机件具有对称或接近于对称的结构时,在垂直于对称平面的投影面上投影得到的图形,可以其对称中心线为界,一半画成剖视图(表达内形),另一半画成视图(表达外形),称为半剖视图,如图 4.23 所示。

半剖视图主要用于内、外形状都需要表达的对称的机件。

现以图 4.23 中的主视图为例,说明半剖视图图形的形成过程(图 4.24):它是以对称机件的对称中心线为界,将图形的左半画成机件的外形,将机件的右半画成机件的内形。

画半剖视图时,应注意以下几点。

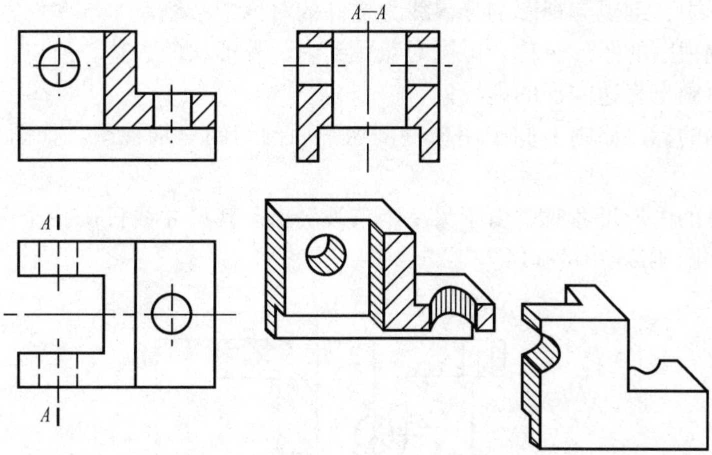

图 4.22　全剖视图

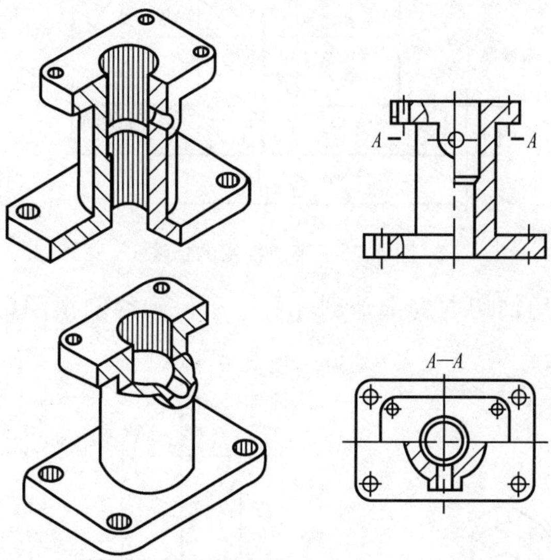

图 4.23　半剖视图

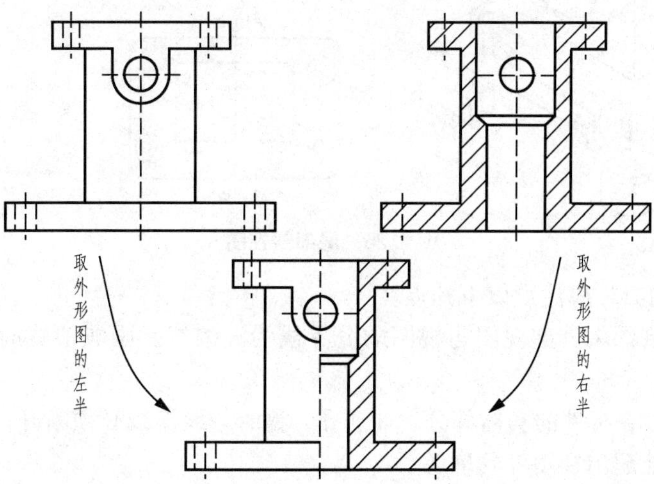

图 4.24　半剖视图的形成

①在半剖图中，剖视与视图的分界线为机件的对称中心线。

②由于半剖视图的图形对称，可同时兼顾到内、外形状的表达。所以，在表达外形的视图中就不必再画出表达内形的虚线。

③半剖视图的标注原则上同于用单一剖切平面剖切的全剖视图，如图 4.25 中半剖视图的标注。

④标注机件的内形尺寸时，由于另一半未被剖出，其尺寸线仅画一个箭头，且略超过对称中心线，如图 4.25 中的 $\phi14$ 与 $\phi25$。

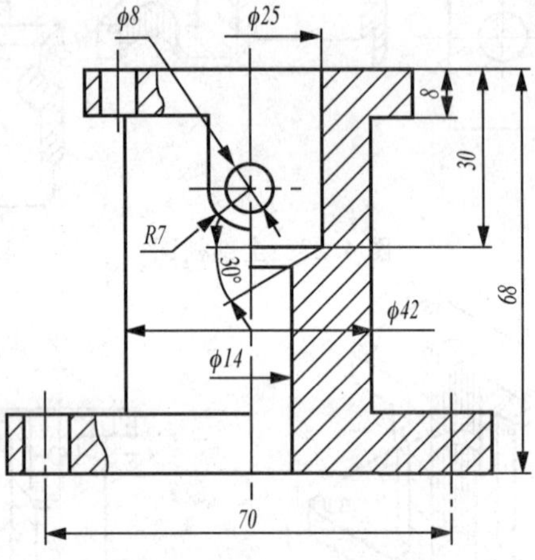

图 4.25　半剖视图的标注

(3) 局部剖视图。用剖切面局部地剖开机件所得到的剖视图，称为局部剖视图，如图 4.26所示。

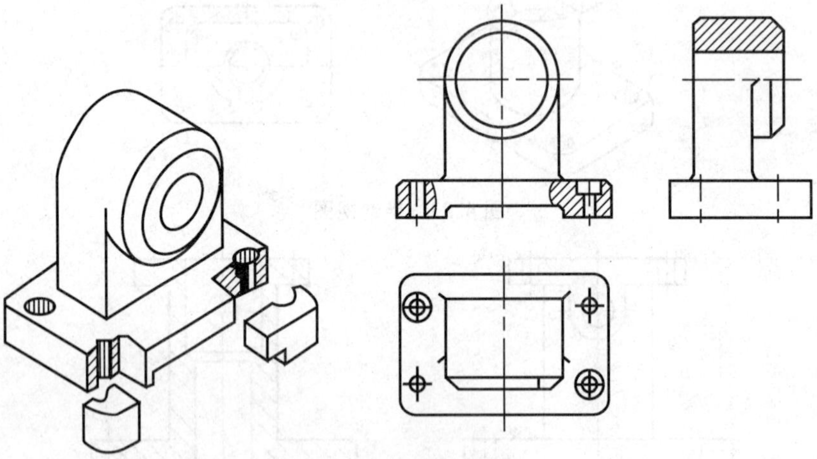

图 4.26　局部剖视图

画局部剖视图时，应注意以下几点。

① 在局部剖视图中，剖视图与视图的分界线为波浪线。画波浪线时应注意以下几点(图 4.27)。

a. 波浪线应画在机件的实体部分，如遇孔、槽时，波浪线必须断开；

b. 波浪线不能超出视图外轮廓线；

c. 波浪线不能与图形中其他图线重合。

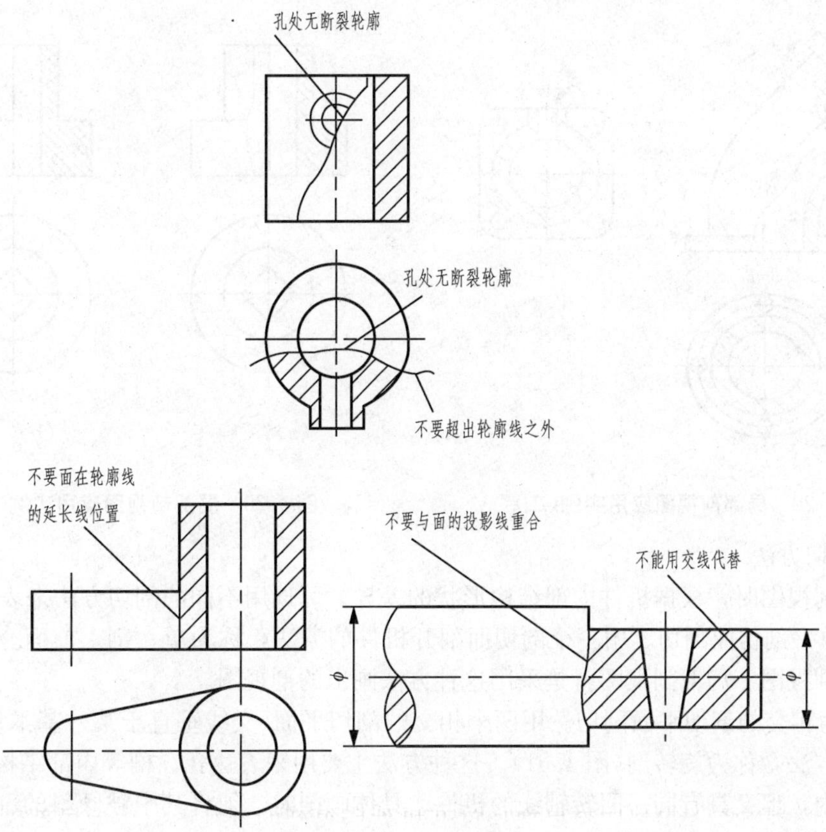

图 4.27　波浪线的画法

② 局部剖视图的图形是有一部分剖视与一部分视图组合而成的，是一种比较灵活的表达方法，运用得当，可使图形表达简洁、清晰；但在一个视图中局部剖视图不应用得太多，否则，会使图形过于破碎，反而不利于看图。

局部剖视图一般适用于下列情况。

a. 用来表达机件上的局部内形。如图 4.28 所示，为了表达轴上的槽或孔，只需局部的剖开机件，而其余的实体部分不用剖切。

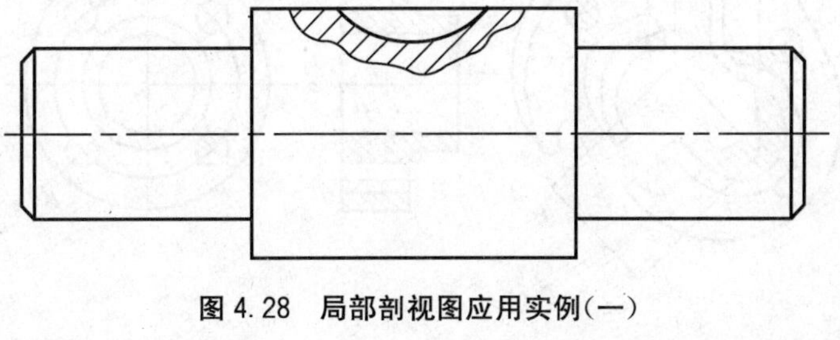

图 4.28　局部剖视图应用实例(一)

b. 当不对称机件的内、外形状均需要表达时，可采用局部剖视图(图 4.29)。

c. 当对称机件的对称中心线与轮廓线重合，不宜采用半剖视时，可采用局部剖视图(图 4.30，图中相交的两细实线是表示平面的符号)。

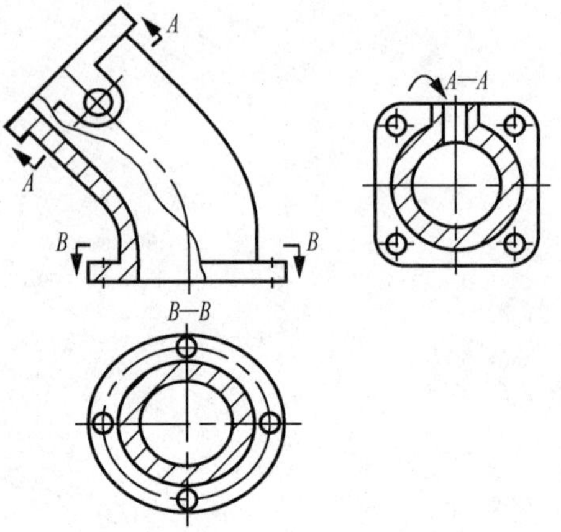

图 4.29 局部剖视图应用实例(二)

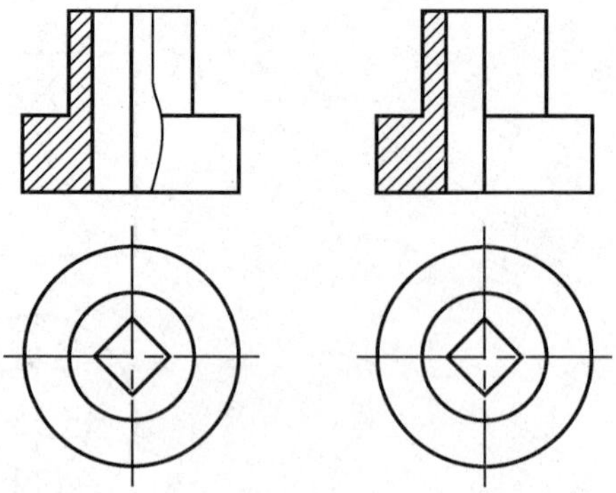

（a）正确　　（b）错误

图 4.30 局部剖视图应用实例(三)

3）剖切方法

在画剖视图时，根据机件内部结构形状的差异，可选用不同的剖切方法来表达。

(1) 单一剖切面剖切。用一个剖切面剖开机件的方法，称为单一剖。前面介绍的全剖视图、半剖视图、局部剖视图就是采用这种方法画出的剖视图。

(2) 两相交的剖切平面剖切。用两个相交的剖切平面(交线垂直于某一基本投影面)剖开机件的方法，称为旋转剖(图 4.31)。这种方法主要用来表达孔、槽等内部结构不在同一剖切平面内，但又具有同一回转轴线的机件。具体画图时，须将其中被倾斜的剖切平面剖开的结构及有关部分绕交线旋转到与选定的投影面平行后，再投射画出。

采用这种方法画出的剖视图必须进行标注。标注方法如图 4.31(b)所示：同样须标出剖切位置、投射方向和剖视图的名称。当剖视图按投影关系配置，中间又无其他图形隔开时，允许省略箭头。

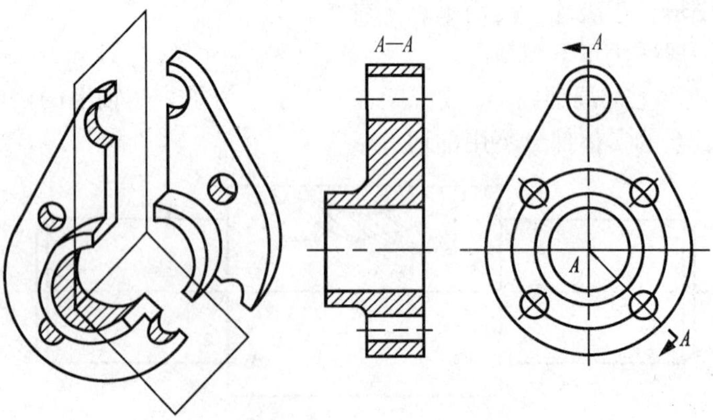

(a)　　(b)

图 4.31 旋转剖

(3) 几个平行的剖切平面剖切。用几个平行的剖切平面把机件剖开的方法，称为阶梯剖(图 4.32)。它主要用来表达孔、槽等内部结构。适用于层次较多，但不在同一剖切平面内的机件。

采用这种方法画出的剖视图必须进行标注。标注方法如图 4.32(b)所示，由于剖视图的配置符合投影关系，中间又无其他图形隔开，标注时允许省略箭头。

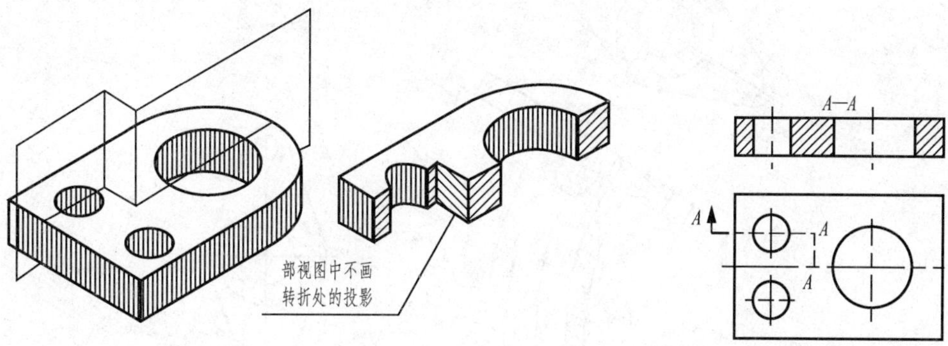

(a) (b)

图 4.32 阶梯剖

这种剖视图的图形内不允许出现不完整结构，如图 4.33(a)所示；并要注意在画图中不应画出剖切面转折时的投影，如图 4.33(b)所示。

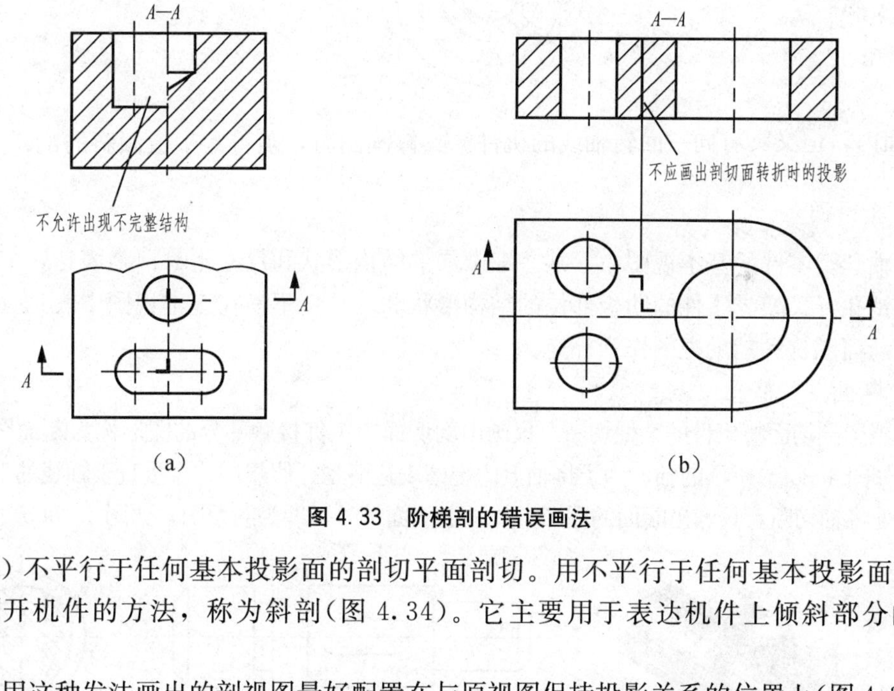

(a) (b)

图 4.33 阶梯剖的错误画法

(4) 不平行于任何基本投影面的剖切平面剖切。用不平行于任何基本投影面的剖切平面剖开机件的方法，称为斜剖(图 4.34)。它主要用于表达机件上倾斜部分的内部结构。

采用这种发法画出的剖视图最好配置在与原视图保持投影关系的位置上(图 4.34 中的 *B—B*)；但也可平移到其他位置上画出；在不致引起误解时，允许将图形旋转后放正画出，并在剖视图上方标注“↷×—×”字样，箭头方向应与图形的旋转方向一致(图 4.34 中的↷*B—B*)。

这种剖视图必须进行标注，其标注方法如图 4.34 所示。

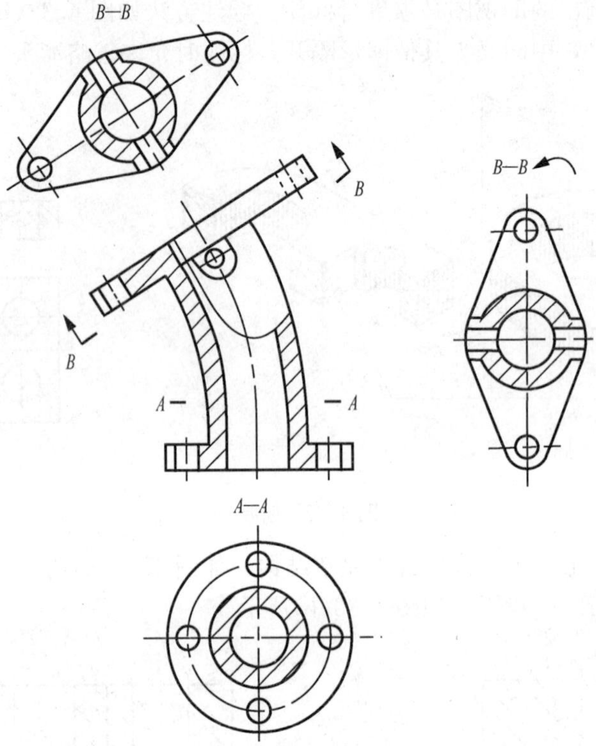

图 4.34 斜剖

4. 断面图

在轴套类零件的基本视图中，某些细微局部结构形状和尺寸不易清晰表达，如轴上的键槽和销孔。叉架类零件的肋板部位的结构形状和尺寸也不易在基本视图中表达，此时需要用到断面图这种辅助视图作为补充。

1）断面图的概念

假想用剖切面将机件的某处切断，仅画出剖切面与机件接触部分的图形称为断面图，简称断面。如图 4.35(a)所示的轴，为了将轴上的键槽表达清楚，假想用一个垂直于轴线的剖切平面在键槽处将轴切断，只画出断面的图形，并画上剖面符号，即为断面图，如图 4.35(b)所示。

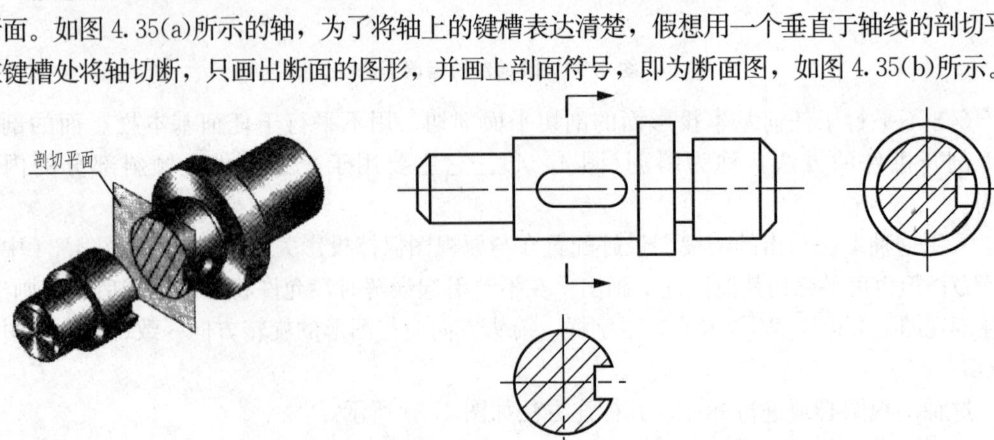

(a) (b) (c)

图 4.35 断面图的形成

断面图与剖视图的区别是：断面图只画机件被剖切后的断面形状，而剖视图除了画出断面形状之外，还必须画出机件上位于剖切平面后的可见轮廓线，如图 4.35(c) 所示。

断面图主要用来表达机件上某部分的断面形状，如肋、轮辐、键槽、小孔及各种细长杆件和型材的断面形状等，如图 4.36 所示。

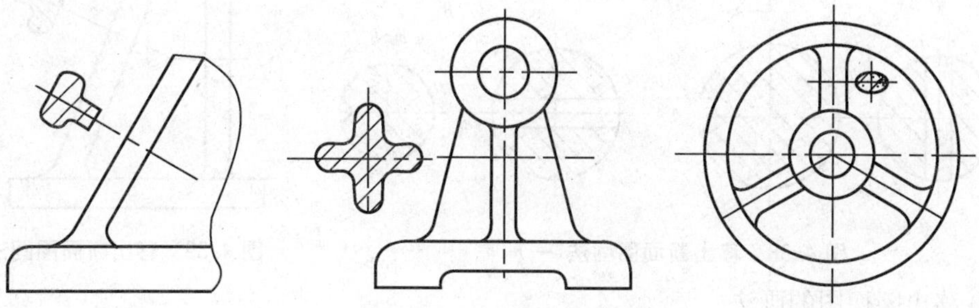

图 4.36　断面图的适用范围

2) 断面图的种类及其画法

(1) 断面图的种类。根据断面图在图纸上的位置不同，可分为移出断面图和重合断面图两种。

① 移出断面图。画在视图之外的断面图，称为移出断面图，如图 4.35 和 4.36 所示。由于移出断面图在视图之外，不影响图形清晰。

② 重合断面图。画在视图之内的断面图，称为重合断面图，如图 4.37 所示。重合断面图一般用于断面形状简单，不影响图形清晰的情况。

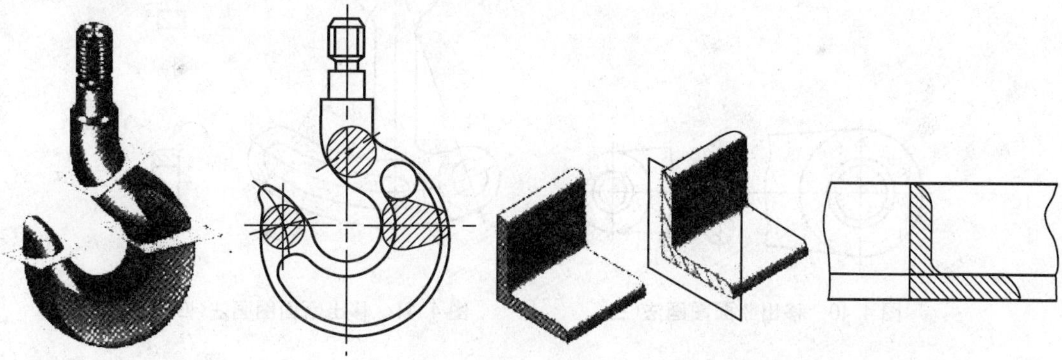

(b)

图 4.37　重合断面图

(2) 移出断面图的画法。

① 移出断面图的配置。

a. 移出断面图通常配置在剖切符号或剖切线的延长线上，如图 4.38(b)、(c) 和图 4.39所示。必要时也可配置在其他适当位置，如图 4.38 中的 $A—A$ 和 $B—B$。

b. 当断面图形状对称时，移出断面图也可配置在视图的中断处，如图 4.40 所示。

c. 在不致引起误解时，允许将图形旋转，如图 4.41 中的 $A—A$。

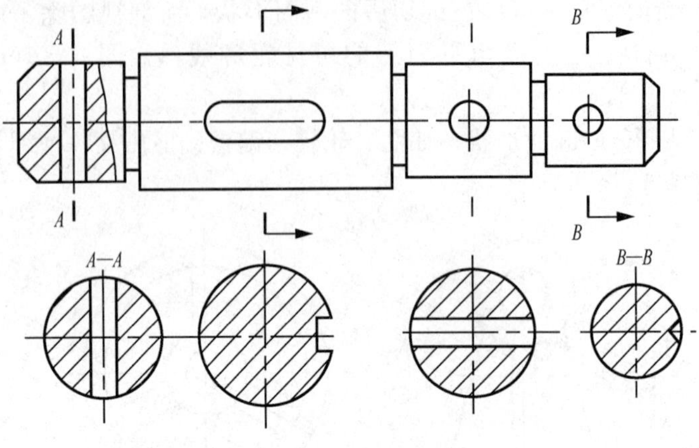

图 4.38　移出断面图画法(一)

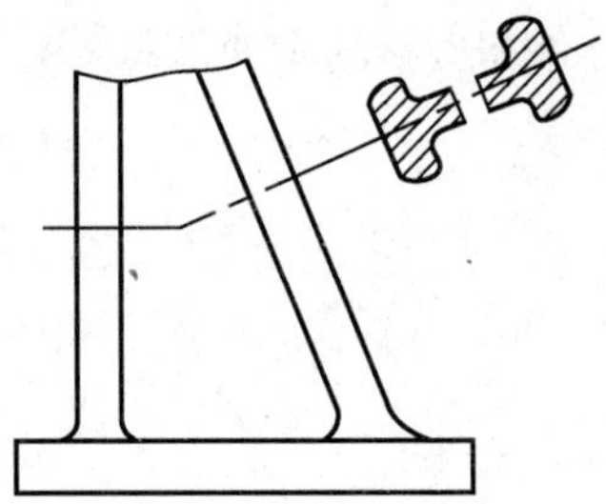

图 4.39　移出断面图画法(二)

② 移出断面图的画法。

a. 移出断面图的轮廓线用粗实线绘制。当剖切平面通过由回转面形成的孔或凹坑的轴线时，这些结构应按剖视绘制，如图 4.38 和 4.42 所示。

b. 当剖切平面通过非圆孔，会导致完全分离的两个断面时，这些结构也应按剖视图绘制，如图 4.41 所示。

c. 剖切平面应与被剖切部分的主要轮廓线垂直。由两个或多个相交的剖切平面剖切所得到的移出断面图，中间应断开，如图 4.39 所示。

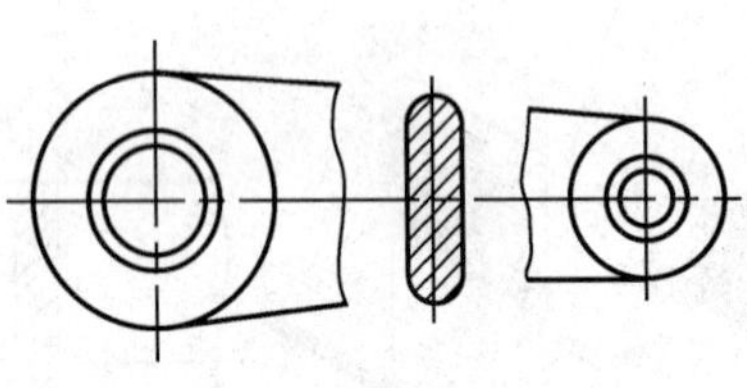

图 4.40　移出断面图画法(三)

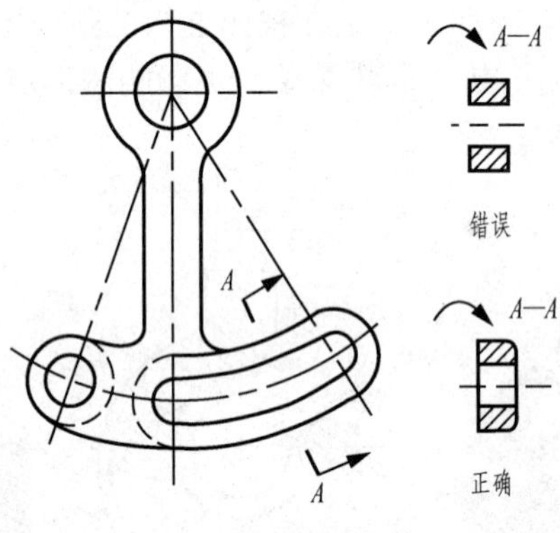

图 4.41　移出断面图画法(四)

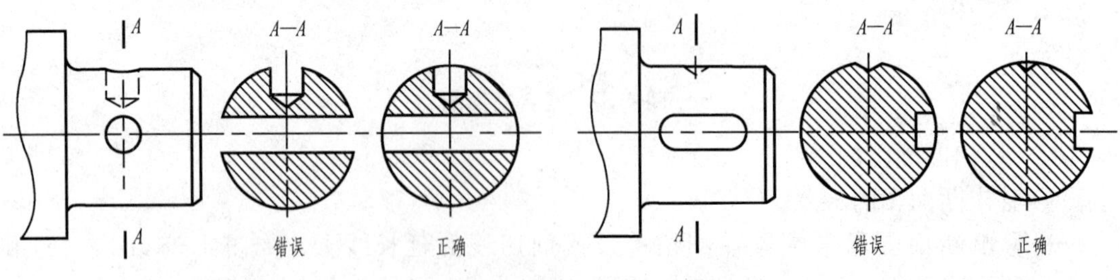

图 4.42　移出断面图画法正误对比

③ 移出断面图的标注。移出断面图和剖视图的标注方法相同。在断面图上方标注断面的名称“×—×”，在相应视图上用剖切符号表示剖切位置，用箭头表示投射方向，并

注上相同的字母。但当断面图是对称图形，并配置在剖切延长线上时，可省略标注。具体标注见表 4-3。

表 4-3 移出断面图的配置与标注

配置	对称的移出断面	不对称的移出断面
配置在剖切线或剖切符号延长线上	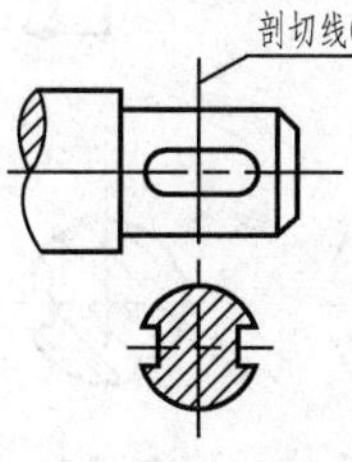 不需标出字母和剖切符号	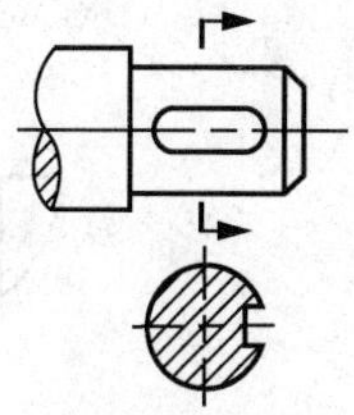 不需标注字母
按投影关系配置	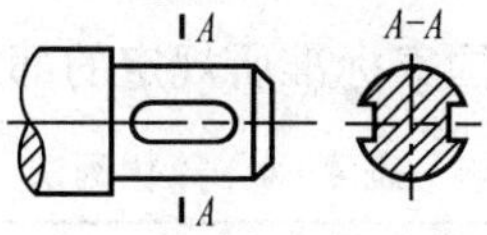 不需标注箭头	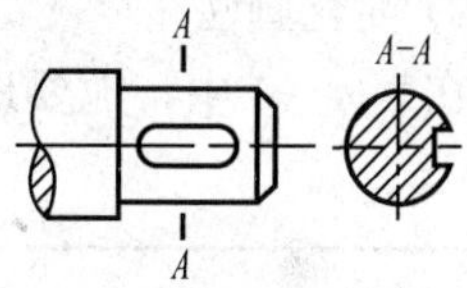 不需标注箭头
配置在其他位置	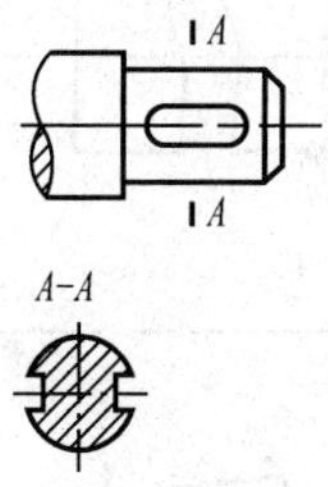 不需标注箭头	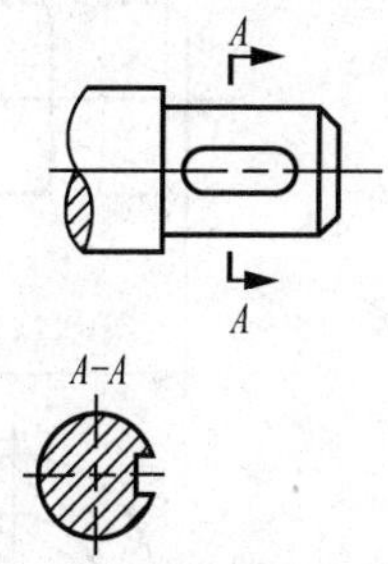 应标注剖切符号(含箭头)和字母

3）重合断面图的画法

重合断面图的轮廓线用细实线绘制。当视图中的轮廓线与重合断面图的图形重合时，视图中的轮廓线应连续画出，不可间断，如图 4.37 所示。

5. 局部放大图和简化画法

1）局部放大图

将机件上的部分细小结构，用大于原图的比例画出的图形，称为局部放大图，如图 4.43所示。

局部放大图可画成视图、剖视图、断面的形式，尽量配置在被放大部位的附近。

画局部放大图时，需用细实线圆圈出被放大部位；当同一机件上有几处需同时放大时，必须用大写罗马数字依次标明被放大的部位，并在局部放大图的上方标出相应的罗马数字与所采用的放大比例，如图 4.43 中的$\frac{\text{I}}{2:1}$、$\frac{\text{II}}{4:1}$字样。当机件上的放大部位仅一处时，则只要在局部放大图的上方标出放大的比例即可。

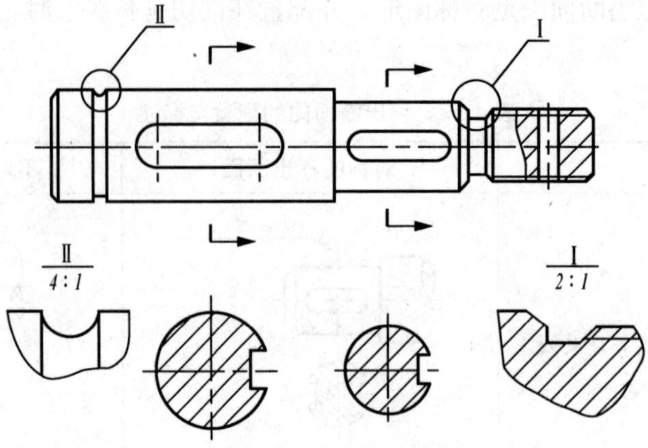

图 4.43　局部放大图

2）简化画法

在表 4－4 中，扼要地介绍了国家标准所规定的部分简化画法。

表 4－4　简化画法

内容	图　例	说　明
断开画法	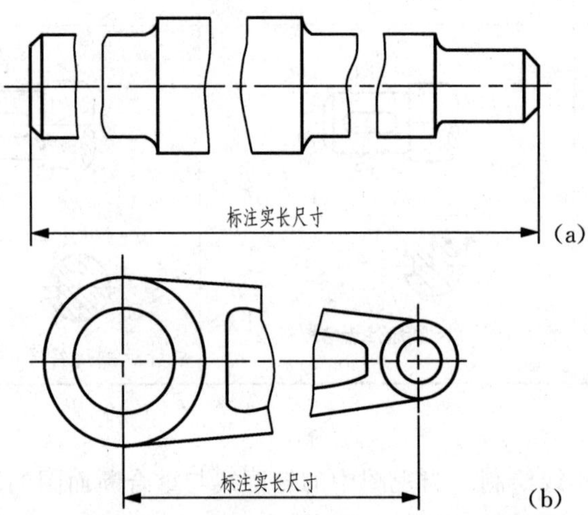	较长的机件延长度方向形状一致[图(a)]或按一定规律变化时[图(b)]，可将机件断开后缩短绘制，但仍按实际长度标注尺寸
相同结构的简化画法	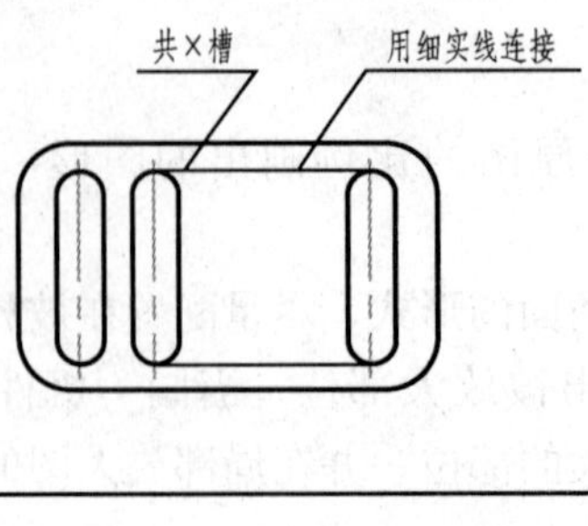	当机件具有若干相同结构(齿、槽等)，并按一定规律分布时，只需画出几个完整的结构，其余用细实线连接，但在图中必须注明该结构的总数

续表

内容	图　　例	说　明
相同结构的简化画法	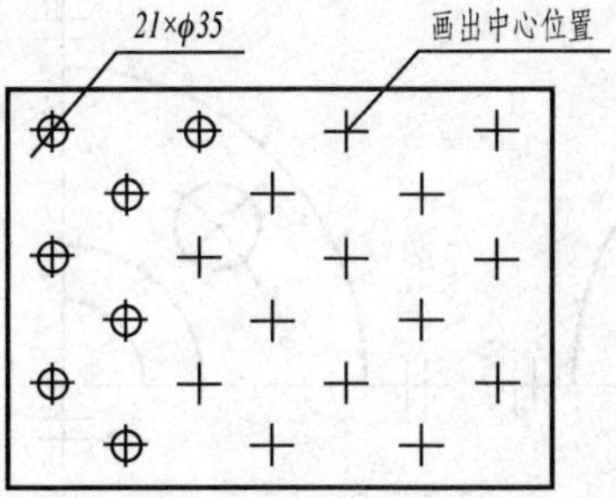	若干直径相同且按规律分布的孔，可仅画出一个或几个，其余用点画线表示其中心位置，但应注明孔的总数
机件上肋、轮辐等的剖切	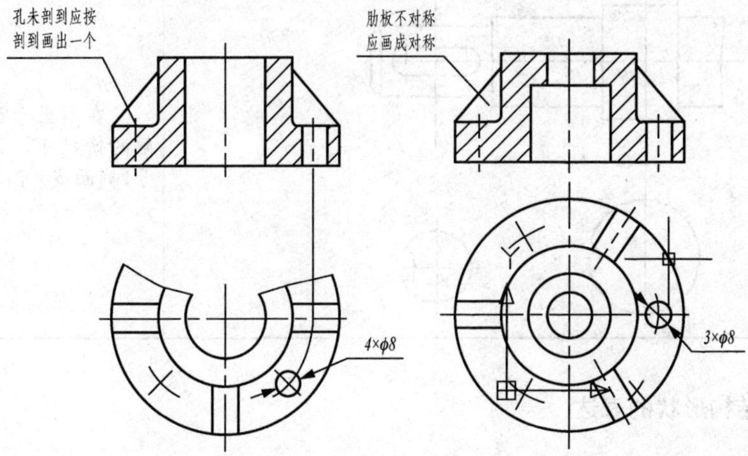	(1) 对于机件上的肋、轮辐等结构，若沿其纵向剖切时，不画断面符号，而用粗实线将其与相邻部分分开。 (2) 机件上均匀分布的肋、轮辐、孔等结构，当其不处在剖切平面上时，可将这些结构旋转到剖切面上画出。 (3) 均匀分布的孔，只画一个，其余用中心线表示孔的中心位置
平面的表示法	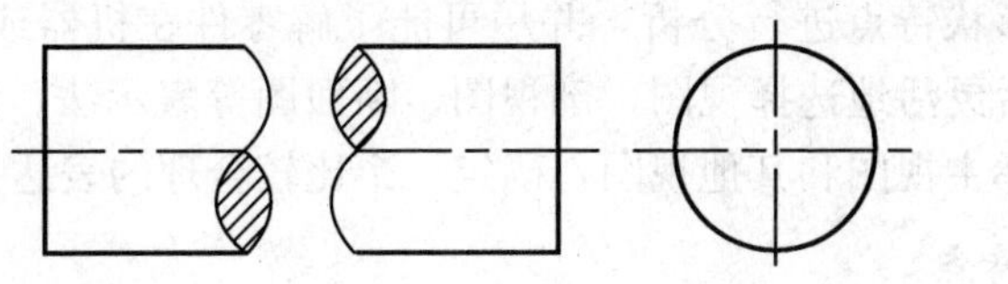	当回转体被平面所截，而图形不能充分表达平面时，可用平面符号(相交的两细实线)表示
较小结构的简化画法	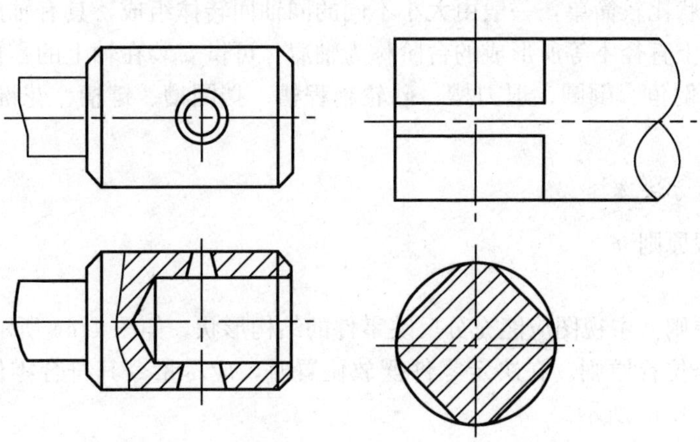	机件上的较小结构(如截交线、相贯线)在一个图形中已表达清楚时，其他图形则可简化画出

续表

内容	图例	说明
对称机件的省略画法	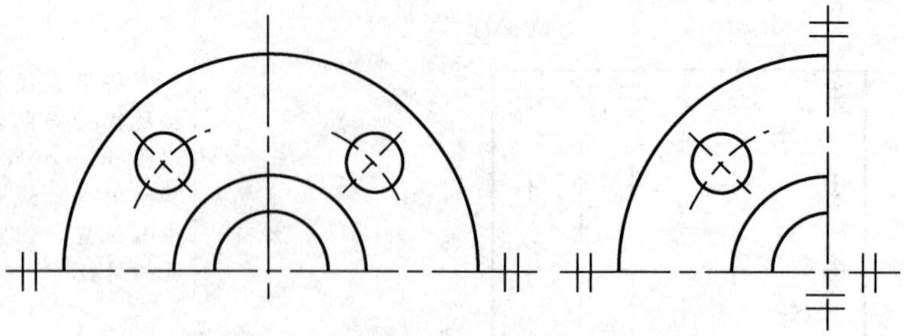	对称机件的视图允许只画一半或1/4，并在对称中心线的两端画两条与其垂直的平行细实线
剖面符号的省略画法	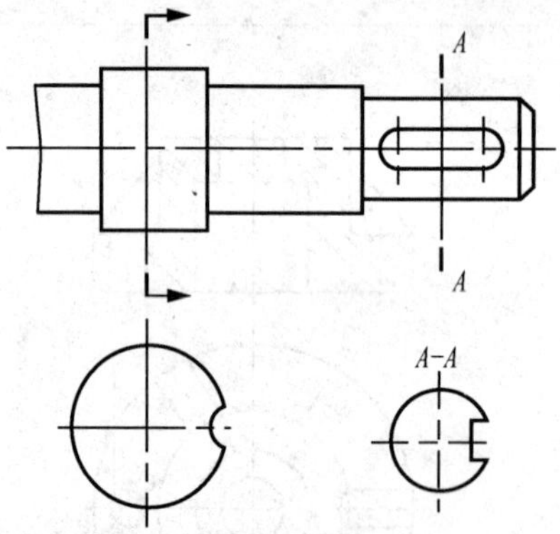	在不至于引起误解的情况下，剖面符号(剖面线)可以忽略

4.1.4　轴套类零件结构形状的表达

零件图要求把零件的内、外结构形状正确、完整、清晰地表达出来。要满足这些要求，首先要对零件的结构形状特点进行分析，并尽可能了解零件在机器或部件中的位置、作用和它的加工方法，然后灵活地选择视图、剖视图、断面图等表示法。解决表达零件结构形状的关键是恰当地选择主视图和其他视图，确定一个比较合理的表达方案。

1. 轴套类零件的结构特点

轴套类零件结构形状比较简单，一般由大小不同的同轴回转体组成，具有轴向尺寸大于径向尺寸的特点。轴上直径不等所形成的台阶称为轴肩，可供安装在轴上的零件轴向定位用。轴类零件上常有倒角、倒圆、退刀槽、砂轮越程槽、挡圈槽、键槽、花键、螺纹、销孔、中心孔等结构。

2. 轴套类零件表达方法选择

1）视图选择的一般原则

(1) 主视图的选择。

① 表达形状特征原则。主视图应能充分反映零件的结构形状，如图 4.44 所示。

② 符合加工或工作位置原则。在决定零件摆放位置时，应尽量令其符合零件的加工位置或工作位置，如图 4.45 所示。

(2) 其他视图的选择。一个零件，主视图中没有表达清楚的部分，必须选择其他视图，包括视图、剖视图、断面图、局部放大图和简化画法等。

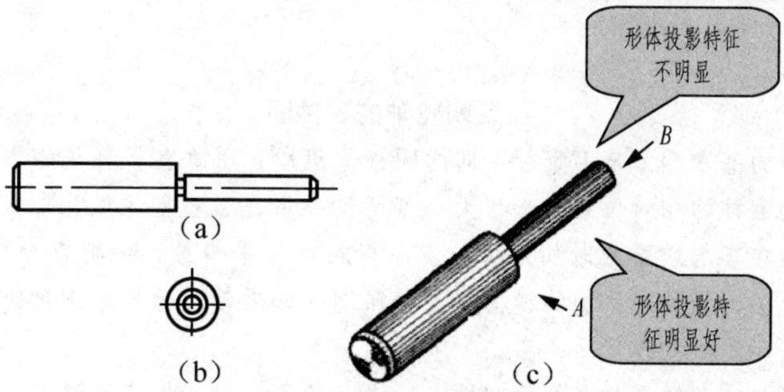

图 4.44 形体特征原则表达

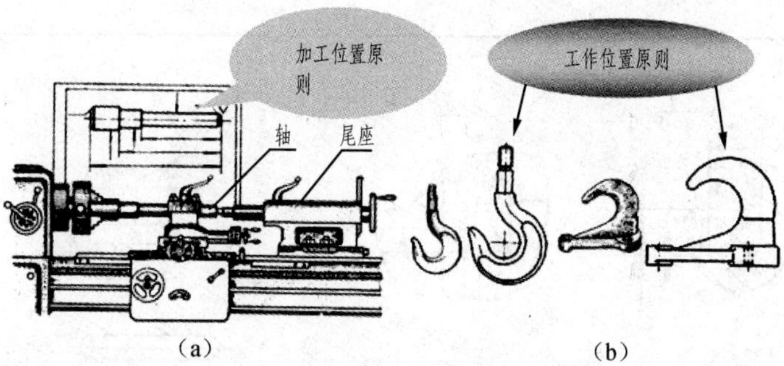

图 4.45 加工位置和工作位置原则表达

在保证充分表达零件结构形状的前提下，尽可能使零件的视图数目为最少。应使每一个视图都有其表达的重点内容，具有独立存在的意义。

其他视图的选择原则如下。

① 所选择的表达方法要恰当，每个视图都有明确的表达目的。

② 所选视图的数量要恰当。在保证完整、清晰地表达零件的内、外结构形状的前提下，尽量减少图形个数，以便于看图和画图。

③ 对于表达同一内容的视图，应拟出几种表达方法进行比较，以确定一种较好的表达方案。

2) 轴套类零件常用的表达方法

(1) 主视图的选择。一般按加工位置将轴线水平安放来画主视图。通常将轴的大头朝左，小头朝右；轴上键槽、孔可朝前或朝上，表示其形状和位置明显。

形状简单且较长的零件可采用折断画法；实心轴上个别部分的内部结构形状，可用局部剖视兼顾表达；空心套可用剖视图表达；轴端中心孔不作剖视，用规定标准代号表示。

(2) 其他视图的选择。由于轴套类零件的主要结构形状是同轴回转体，在主视图上注出相应的直径符号“ϕ”，即可表示清楚形体特征，故一般不必再选其他基本视图(结构复杂的轴例外)。

基本视图尚未表达完整清楚的局部结构形状(如键槽、退刀槽、孔等)，可另用断面图、局部视图和局部放大图等补充表达，这样，既清晰又便于标注尺寸。

应用实例 4－1

绘制蜗轮轴的零件图

主视图的选择：轴的基本形体是由直径不同的圆柱体组成。用垂直于轴线的方向作为主视图的投射方向，这样既可把各段圆柱的相对位置和形状大小表示清楚，并且也能反映出轴肩、退刀槽、倒角、圆角等结构。为了符合轴在车削或磨削时的加工位置，将轴线水平横放，并把直径较小的一端放在右面，键槽转向正上方，主视图即能反映平键的键槽位置和深度。如果轴上开有半圆键键槽，也通常将此键槽朝上，并用局部剖视表示键槽的形状。

其他视图的选择：轴的各段圆柱，在主视图上标注直径尺寸后已能表达清楚，为了表示键槽的具体形状，采用移出断面。为了表达清楚退刀槽的具体形状，分别使用两个放大图，如图 4.46 所示。至此蜗轮轴的全部结构形状已表达清楚。

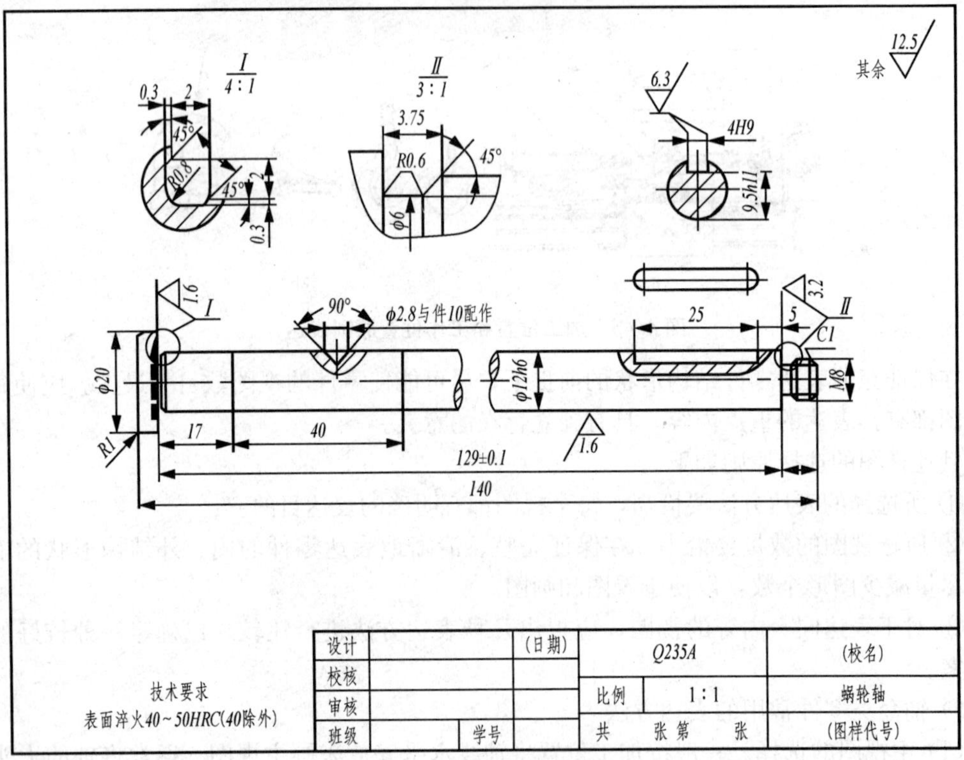

图 4.46 蜗轮轴的表达方案

4.1.5 轴类零件的尺寸标注

1. 轴类零件的加工工艺结构

1) 倒角和倒圆

一般轴和与之配合的孔都有倒角这种工艺结构。为了避免应力集中而产生裂纹，轴肩处应圆角过渡，故有倒圆这种工艺结构。加工倒角和倒圆是为了装配和安全操作，如图 4.47所示。45°倒角和倒圆的标注形式如图 4.47(a)所示(图中符号 C 表示 45°倒角)，非 45°倒角的标注如图 4.47(b)所示。

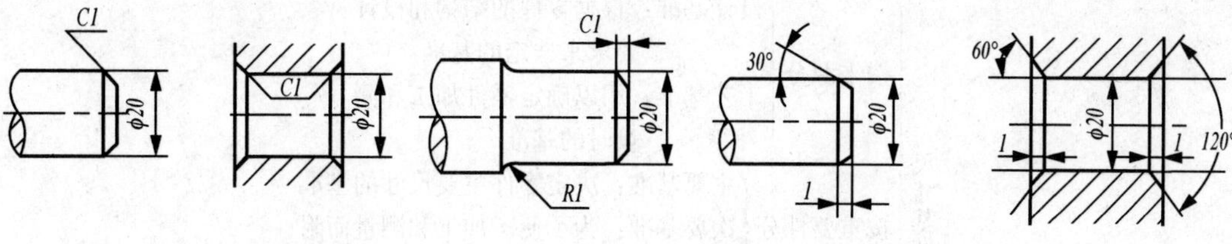

(a)　　　　　　　　　　　　(b)

图 4.47　倒角和倒圆标注方法

2）退刀槽和越程槽

加工时为了便于退出刀具而在被加工面的终端预先加工出的沟槽称为退刀槽。为了便于退出砂轮而在被加工面的终端预先加工出的沟槽称为越程槽。其结构形式和尺寸，根据轴、孔直径大小，可从相应的标准中查得。其尺寸标注，如图 4.48 所示，常按“槽宽×槽深”或“槽宽×直径”的形式集中标注。

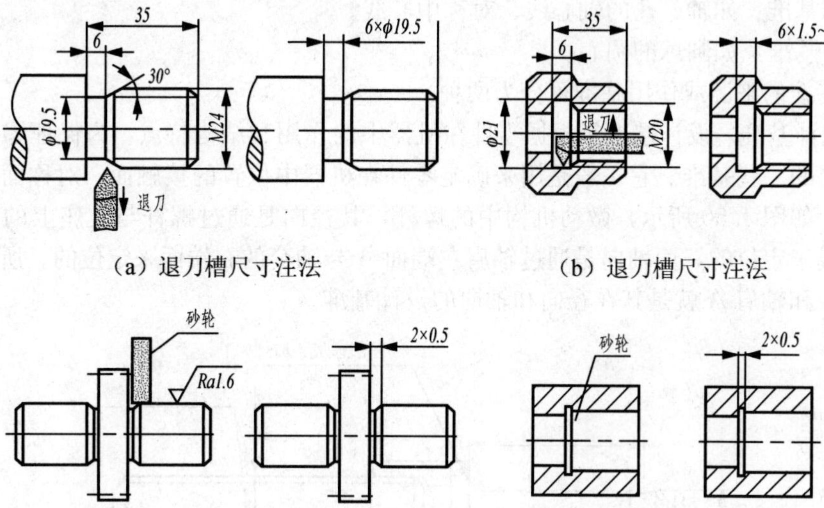

(a) 退刀槽尺寸注法　　(b) 退刀槽尺寸注法

(c) 砂轮越程槽(磨外圆)尺寸注法　　(d) 砂轮越程槽(磨内圆)尺寸注法

图 4.48　退刀槽和越程槽的尺寸标注

2. 轴类零件的尺寸标注

零件图上所标注的尺寸是加工和检验零件的重要依据，除应满足正确、完整、清晰的要求外，还应做到标注合理。所谓合理，是指标注的尺寸既符合零件的设计要求，又便于加工和检验。

1）合理选择尺寸基准

尺寸基准——标注尺寸的起点，指确定零件上几何元素位置的一些点、线、面。

尺寸基准分类如图 4.49 所示。

- 尺寸基准
  - 按来源分
    - 设计基准：根据零件的结构和设计要求来选定的基准
    - 工艺基准：用以确定零件加工和测量时的基准
  - 按重要性分
    - 主要基准：决定零件主要尺寸的基准
    - 次要基准：为了便于加工和测量而附加的基准
  - 按几何形式分
    - 面基准
    - 线基准
    - 点基准

图 4.49　尺寸基准分类

按几何形式可分为 3 类。

(1) 面基准：如主要的加工面、两零件结合面、零件的对称中心面、大的端面。

(2) 线基准：如轴、孔的轴心线、对称中心线。

(3) 点基准：如圆球的圆心。

根据基准的来源或作用基准可分为两种。

(1) 设计基准。设计基准是根据零件在机器中的作用和结构特点，为保证零件的设计要求而选定的一些基准。它一般是用来确定零件在机器中位置的接触面，对称面、回转面的轴线等。如图 4.50 所示，微动机构中的螺杆，其径向是通过螺杆与支座上的轴孔处于同一条轴线来定位的，而轴向是通过轴肩左端面 A 与轴套的右端面来定位的。所以，螺杆的回转轴线和轴肩 A 就是其在径向和轴向的设计基准。

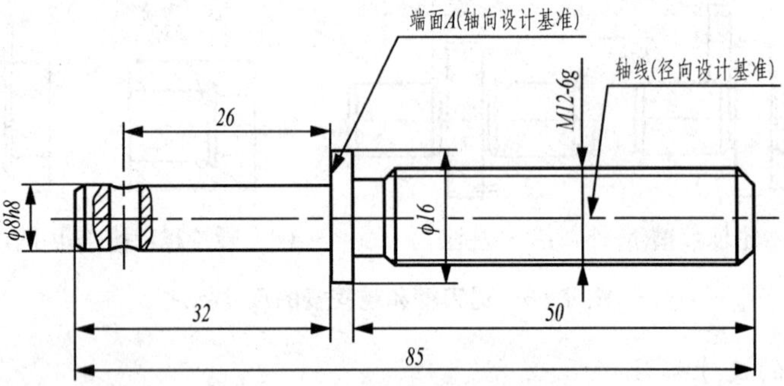

图 4.50　螺杆的设计基准

当同一方向不止一个尺寸基准时，根据基准作用的重要性分为主要基准和辅助基准。辅助基准和主要基准之间必须有直接的尺寸联系。

(2) 工艺基准。工艺基准是指零件在加工过程中，用于装夹定位，测量、检验零件已加工面时所选定的基准，主要是零件上的一些面、线或点。

如图 4.51 所示，在车床上加工螺杆上的螺纹时，夹具是以 $\phi 8h8$ 的圆柱面定位的；车削加工及测量长度时以端面 B、C 为起点。因此，轴线和 B、C 端面分别是加工螺杆时的工艺基准。

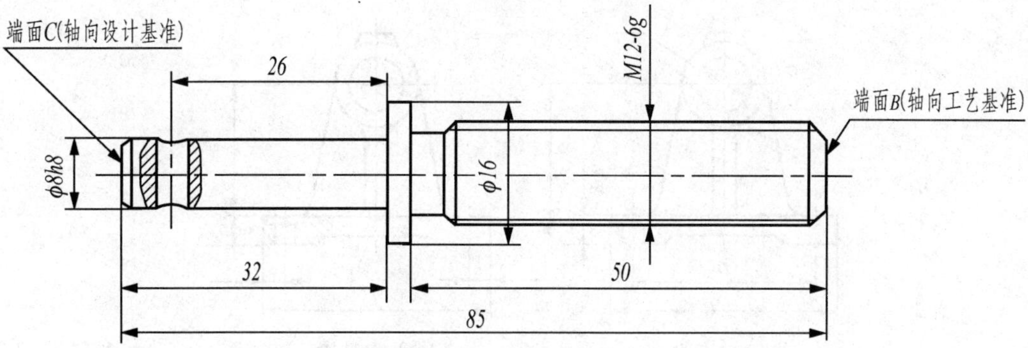

图 4.51　螺杆的工艺基准

从设计基准出发标注尺寸，能保证设计要求；从工艺基准出发标注尺寸，则便于加工和测量。因此，最好使工艺基准和设计基准重合。当设计基准和工艺基准不重合时，所注尺寸应在保证设计要求前提下，满足工艺要求。

2) 尺寸的配置形式

零件尺寸通常有下列 3 种形式。

(1) 坐标式。坐标式是指零件上同一方向的一组尺寸，都是从同一基准出发进行标注的，如图 4.52(a)所示。

坐标式注法的优点在于尺寸中任一尺寸的加工精度只决定于那一段的加工误差，而并不受其他尺寸误差的影响。因此，当零件需要从一个基准决定一组精确尺寸时，常采用坐标式尺寸配置形式。

(2) 链式。链式是指零件上同一方向的一组尺寸，彼此首尾相接，各尺寸的基准都不相同，前一尺寸的终止处，即为后一尺寸的基准，如图 4.52(b)所示。

链式注法的优点在于前一尺寸的误差，并不影响后一尺寸，但缺点是各段尺寸的误差最终会累积到总尺寸上。因此，当零件上各段尺寸无特殊要求时，不宜采用这种形式。

(3) 综合式。综合式是坐标式与链式的组合标注形式，如图 4.52(c)所示。

这种尺寸配置形式兼有上述两种方式的长处，因而能更好地适应零件的设计和工艺要求。

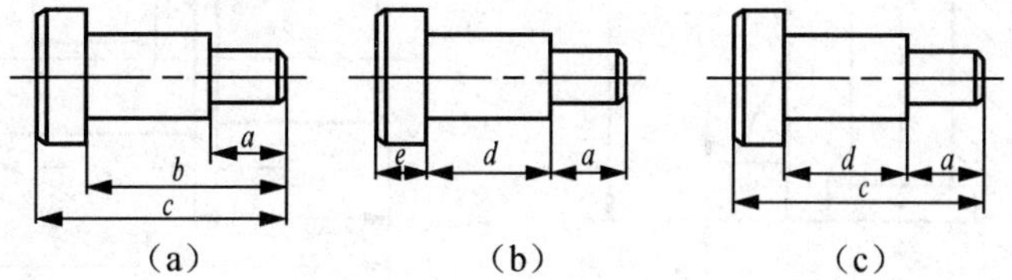

图 4.52　尺寸的配置形式

3) 标注尺寸基本规则

(1) 重要尺寸直接注出。重要尺寸是指零件之间的配合尺寸，确定零件在机器或部件中的位置尺寸，反映该零件所属机器(或部件)规格性能的尺寸等。图 4.53(a)中重要尺寸 ϕ、D、A 就是直接注出的。

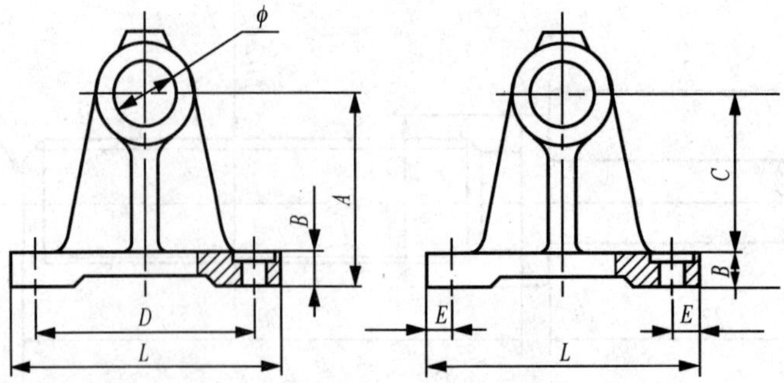

（a）合理　　（b）不合理

图 4.53　重要尺寸直接标出

(2) 所注尺寸应符合工艺要求。

① 尺寸标注符合加工方法要求。图 4.54 所示是零件的圆弧槽部分，是用盘铣刀加工的，故应注出盘铣刀直径尺寸 $\phi 60$，而不是半径 $R30$。为使不同工种的工人在生产时识图方便，对于加工与非加工部位的尺寸，或不同工序的加工尺寸，应在图形两边分别标注，如图 4.55 和 4.56 所示。

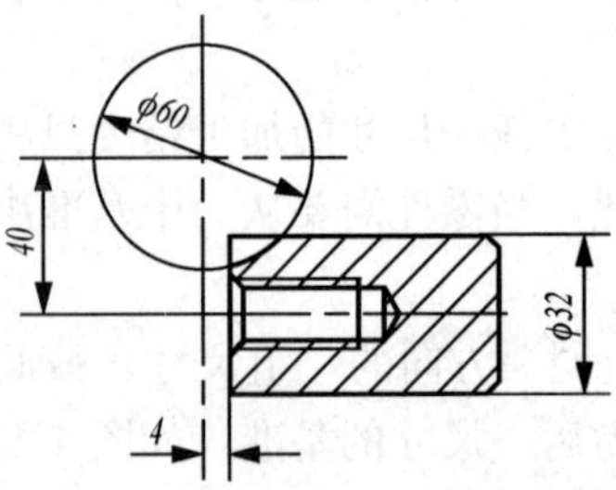

图 4.54　尺寸标注符合加工方法要求

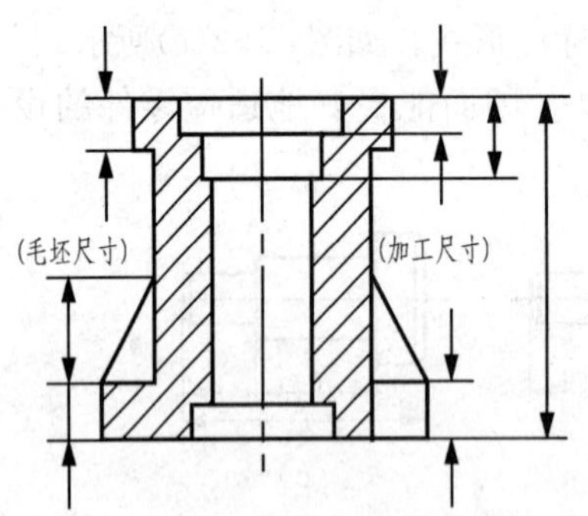

图 4.55　加工面与非加工面尺寸分注两边

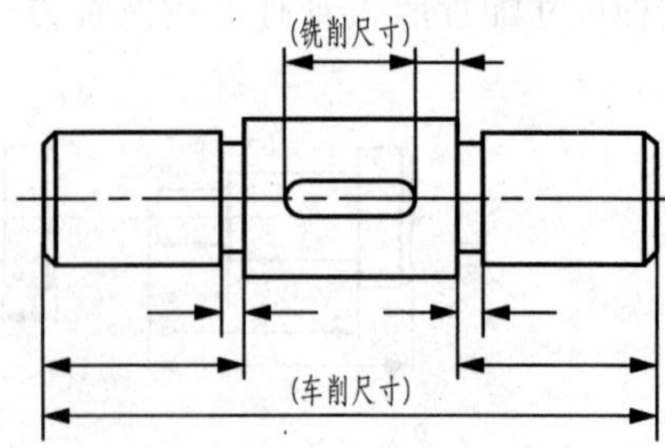

图 4.56　不同工序加工尺寸分注两边

(3) 尽量符合零件的加工要求并便于测量。除重要尺寸必须直接标注外，标注零件尺寸时，应尽可能与加工顺序一致，并要便于测量，如图 4.57 和图 4.58 所示。

(4) 避免出现封闭尺寸链。同一方向上的一组尺寸顺序排列时，连成一个封闭回(环)路，其中每一个尺寸，均受到其余尺寸的影响，这种尺寸回路，称为尺寸链。

尺寸链中的每一个尺寸均称为一个环，如图 4.59(a)中的 a、d、e、c 为一个尺寸链。

标注尺寸时，每个尺寸链中均应有一环不注尺寸，此环称为终结环或尾环。这是因为加工某一表面时，将受到同一尺寸链中几个尺寸的约束，标注不当时容易产生矛盾，甚至造成废品。因此，设计时通常将某一个最不重要的尺寸(如 *e*)空出不注，如图 4.59(b)所示。

但有时为了设计、加工、检测或装配时提供参考，也可经计算后把尾环的尺寸加上括号(称为参考尺寸)，如图 4.59(c)所示。

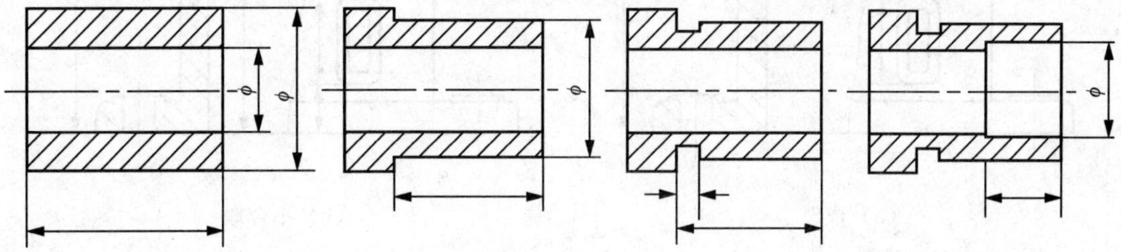

(a)

(b) 正确　　(c) 错误

图 4.57　按加工顺序标注尺寸

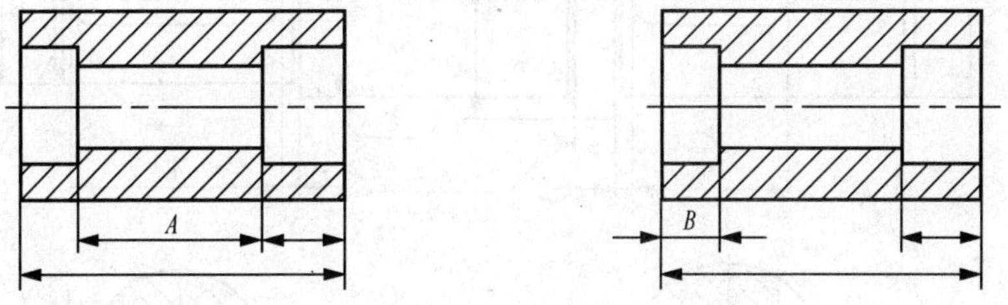

(a) 不易测量　　(b) 容易测量

图 4.58　按测量要求标注尺寸

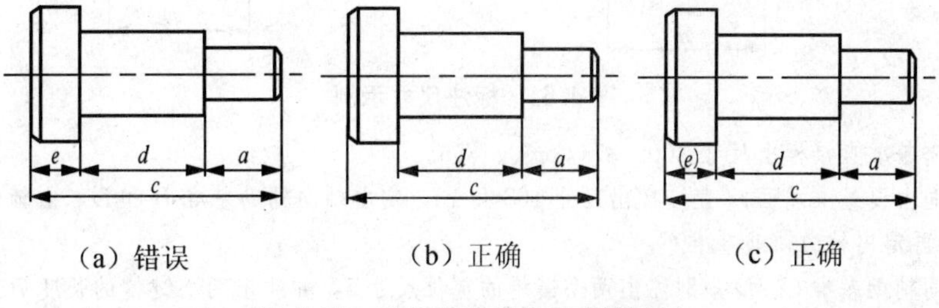

(a) 错误　　(b) 正确　　(c) 正确

图 4.59　避免出现封闭尺寸链示例

(5) 在同一方向上的多个毛坯面不能与同一个加工面直接发生尺寸关系。

毛坯面是指用铸造或锻造等方法制造零件毛坯时所形成的且未经任何机械加工的表

面。由于毛坯面的尺寸是靠制造毛坯时保证的，因此，从设计的角度，同一方向上的各个毛坯面中，也只能有一个毛坯面与加工面之间有直接的尺寸关系，如图 4.60 所示。

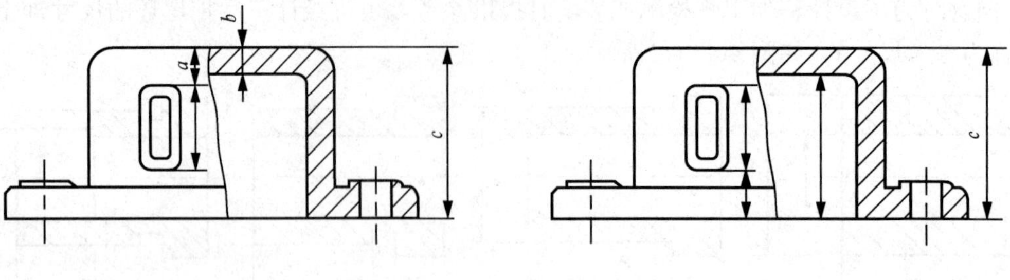

图 4.60　毛面与加工面的尺寸标注

应用实例 4-2

如图 4.61 所示，标注减速器输出轴的尺寸。

按轴的加工特点和工作情况，选择轴线为宽度和高度方向的主要基准，端面 A 为长度方向的主要基准，对回转体类零件常用这样的基准，前者即为径向基准，后者则为轴向基准。标注尺寸的顺序如下。

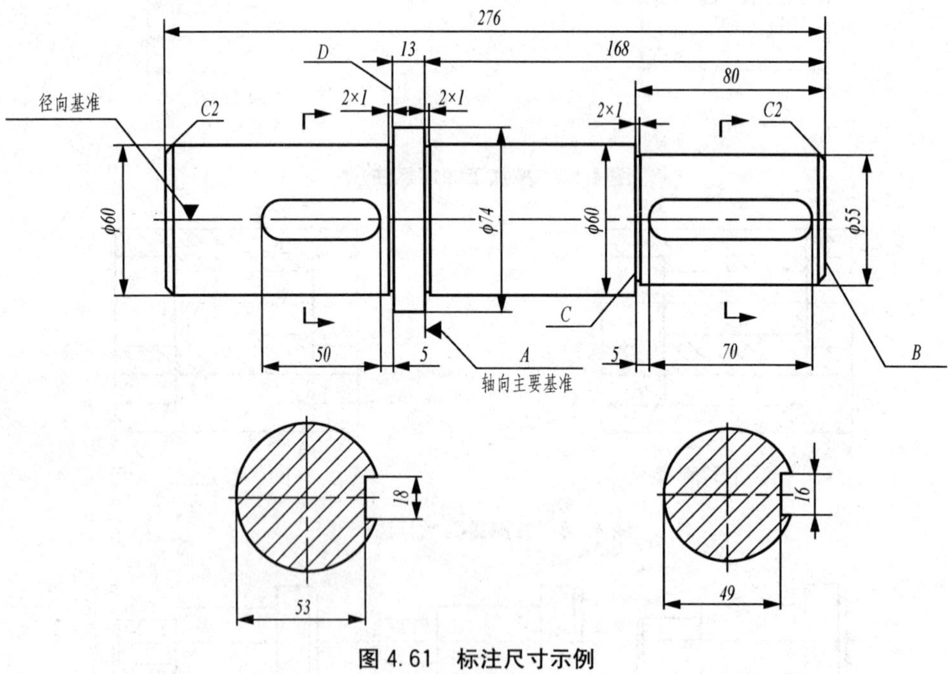

图 4.61　标注尺寸示例

(1) 由径向基准直接标出尺寸 ϕ60、ϕ74、φ60、ϕ55。

(2) 由轴向主要基准端面 A 直接标出尺寸 168 和 13，定出轴向辅助基准 B 和 D，由轴向辅助基准 B 标注尺寸 80，再定出轴向辅助基准 C。

(3) 由轴向辅助基准 C、D 分别注出两个键槽的定位尺寸 5，并注出两个键槽的长度 70、50。

(4) 按尺寸注法的规定标注出键槽的断面尺寸(53、18 和 49、16)以及退刀槽(2×1)和倒角 C2 的尺寸。

3. 表面结构

零件图上，除了用视图表达零件的结构形状和用尺寸表达零件的各组成部分的大小及位置关系外，通常还标注有关的技术要求，其中重要的一项就是表面结构的表达。

1）表面结构表示法

表面结构是表面粗糙度、表面波纹度、表面缺陷、表面纹理等的总称，其中表面粗糙度最为常用，此处主要介绍表面粗糙度的表示法。

(1) 表面粗糙度的概念。表面粗糙度是指机械零件在加工过程中由于不同加工方法、机床与刀具的精度、振动及磨损等因素在加工表面上所形成的具有较小间距和较小峰谷的微观不平状况，如图 4.62 所示。它属于微观几何误差，也称微观不平度。

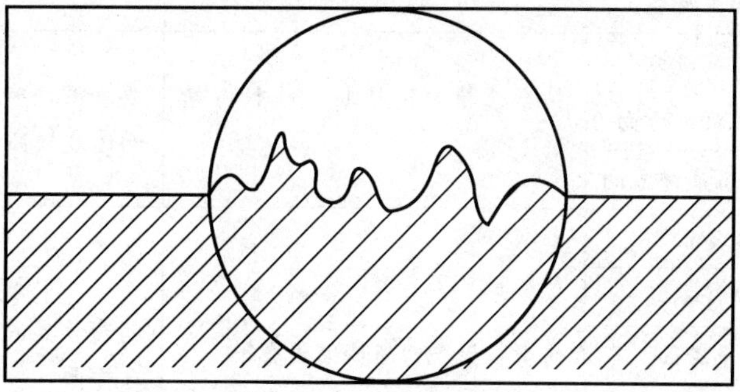

图 4.62　表面粗糙度

表面粗糙度越小，表面越光滑。表面粗糙度反映零件表面的光滑程度，是评定零件表面质量的一项技术指标，它对零件的配合性质、耐磨性、抗腐蚀性、接触刚度、抗疲劳强度、密封性和外观等都有影响。但粗糙度高度参数值越小，加工成本就越高，因此要合理选用。

(2) 表面粗糙度参数值。国家标准中规定，常用表面粗糙度评定参数有轮廓算术平均偏差(Ra)和轮廓最大高度(Rz)等，其中轮廓算术平均偏差(Ra)为最常用的评定参数，数值见表 4－5。

表 4－5　轮廓算术平均偏差 Ra 的数值

第 1 系列	第 2 系列	第 1 系列	第 2 系列	第 1 系列	第 2 系列	第 1 系列	第 2 系列
	0.008						
	0.010						
0.012			0.125		1.25	12.5	
	0.016		0.160	1.6			16
	0.020	0.20			2.0		20
0.025			0.25		2.5	25	
	0.032		0.32	3.2			32
	0.040	0.40			4.0		40
0.050			0.50		5.0	50	
	0.063		0.63	6.3			63
	0.080	0.80			8.0		80
0.100			1.00		10.0	100	

注：优先采用第一系列。

表面粗糙度的表面特征与加工方法见表 4-6。

表 4-6 表面粗糙度的表面特征与加工方法

Ra/μm	加工方法	表面外观特性	应用举例
50	明显可见刀痕	粗车、粗铣、粗刨、钻、粗纹锉刀和粗砂轮加工	粗糙度值最大的加工面，一般很少应用
25	可见刀痕		
12.5	微见刀痕	粗车、刨、立铣、平铣、钻	不接触表面、不重要的接触面
6.3	可见加工痕迹	精车、精铣、精刨、铰、镗、粗磨等	没有相对运动的零件接触面；相对运动速度不高的接触面
3.2	微见加工痕迹		
1.6	不见加工痕迹		
0.8	可辨加工痕迹方向	精车、精铰、精拉、精镗、精磨等	要求很好密合的接触面；相对运动速度较高的接触面
0.4	微辨加工痕迹方向		
0.2	不可辨加工痕迹方向		
0.1	暗光泽面	研磨、抛光、超精细研磨等	精密量具的表面，极重要零件的摩擦面
0.05	亮光泽面		
0.025	镜状光泽面		
0.012	雾状镜面		
0.006	镜面		

(3) 表面粗糙度的选用原则。零件表面粗糙度数值的选用，应该既要满足零件表面的功用要求，又要考虑经济合理性。具体选用时，可参照生产中的实例，用类比性确定，同时注意下列问题。

① 在满足功用的前提下，尽量选用较大的表面粗糙度参数值，以降低生产成本；

② 在同一零件上，工作表面的粗糙度参数值应小于非工作表面的粗糙度参数值；

③ 受循环载荷的表面及容易引起应力集中的表面(如圆角、沟槽)，表面粗糙度参数值要小；

④ 配合性质相同时，零件尺寸小的比尺寸大的表面粗糙度参数值要小；同一公差等级，小尺寸比大尺寸、轴比孔的表面粗糙度参数值要小；

⑤ 运动速度高、单位压力大的摩擦表面比运动速度小、单位压力小的摩擦表面的粗糙度参数值小；

⑥ 一般来说，尺寸和表面形状要求精确程度高的表面，粗糙度参数值小。

(4) 表面结构的图形符号及意义，见表 4-7。

表 4-7 表面结构的符号及意义

符号名称	符号	含义及说明
基本图形符号	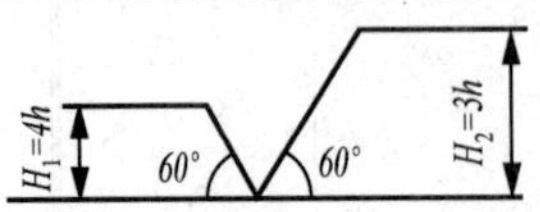 字高h 符号线宽$h/10$	未指定工艺方法的表面，当作为注解时，可单独使用

续表

符号名称	符号	含义及说明
扩展图形符号	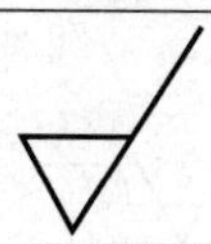	用去除材料的方法获得的表面
		用于不去除材料的表面，也可保持上道工序形成的表面
表面结构补充要求的注写	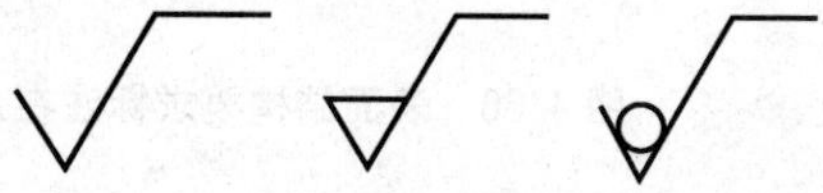	在上述 3 个符号的上边加上一横线，用于标注有关参数和说明
	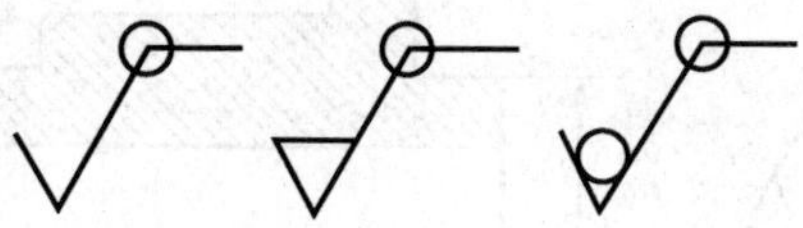	在上述 3 个符号上加以小圆，表示构成图形封闭轮廓的所有表面有相同的表面要求
	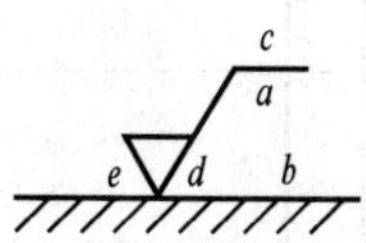	位置 a 注写第一表面结构要求；位置 b 注写第二表面结构要求；位置 c 注写加工方法；位置 d 注写表面纹理方向；位置 e 注写加工余量

2) 表面结构要求在图样中的注法(GB/T 131—2006)

(1) 表面结构要求对每一表面一般只注一次，并尽可能注在相应的尺寸及其公差的同一视图上。除非另有说明，所标注的表面结构要求是对完工零件表面的要求。

(2) 表面结构的注写和读取方向与尺寸的注写和读取方向一致。表面结构要求可标注在轮廓线上，其符号应从材料外指向并接触表面，如图 4.63 所示。必要时，表面结构也可用带箭头或黑点的指引线引出标注，如图 4.64 所示。

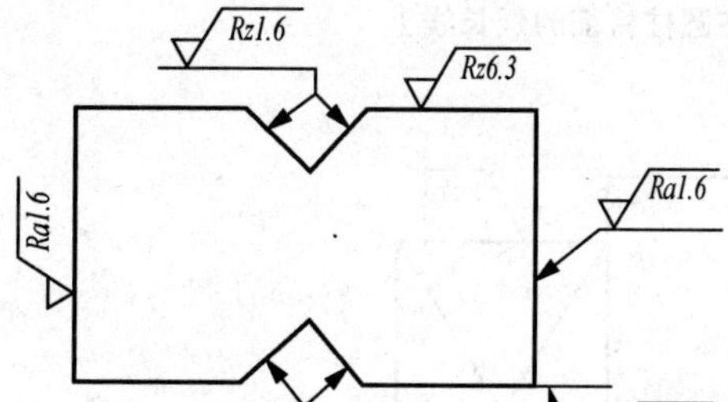

图 4.63 表面结构要求在轮廓线上的标注

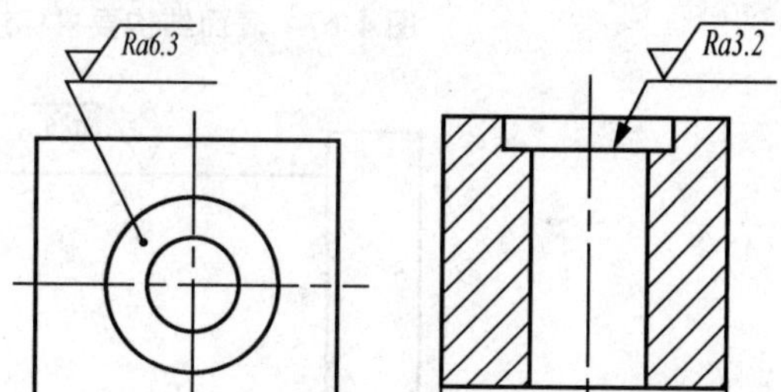

图 4.64 用指引线引出标注表面结构要求

(3) 在不致引起误解时，表面结构要求可以标注在给定的尺寸线上，如图 4.65 所示。

(4) 表面结构要求可标注在几何公差框格的上方，如图 4.66 所示。

(5) 圆柱和棱柱表面的表面结构要求只标注一次，如图 4.67 所示。如果每个棱柱表面有不同的表面要求，则应分别单独标注，如图 4.68 所示。

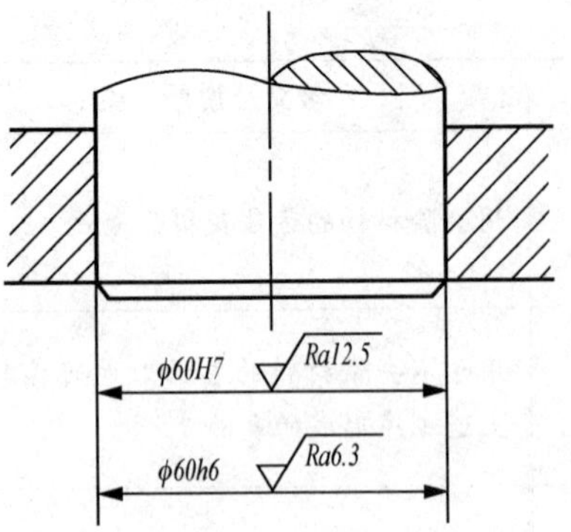

图 4.65　表面结构要求标注在尺寸线上

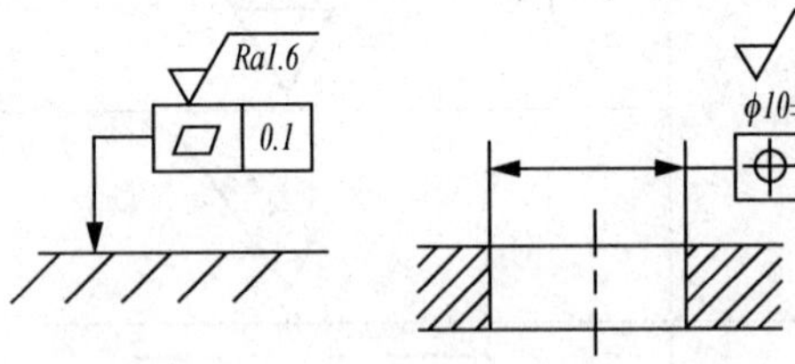

图 4.66　表面结构要求标注在几何公差框格的上方

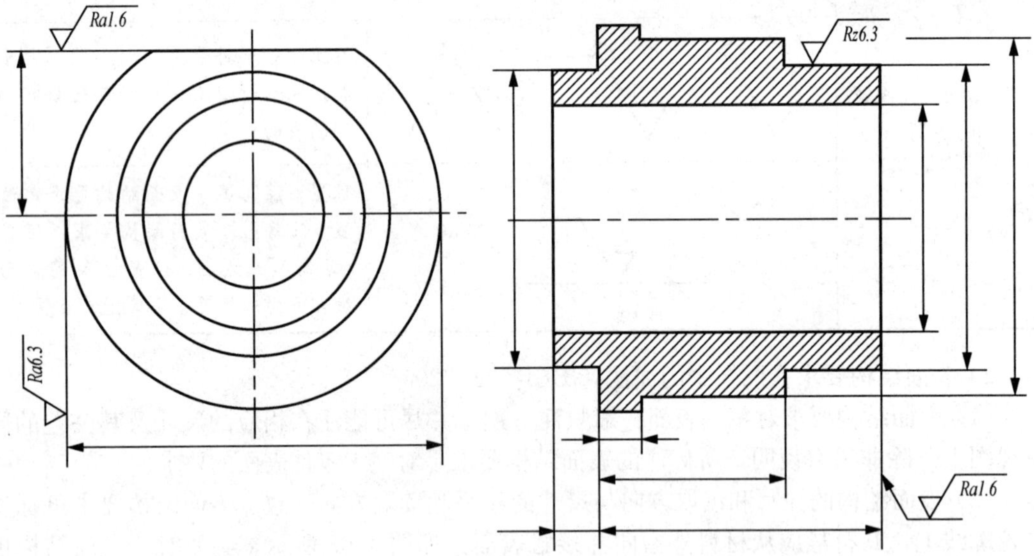

(a)　(b)

图 4.67　表面结构要求标注在圆柱特征的延长线上

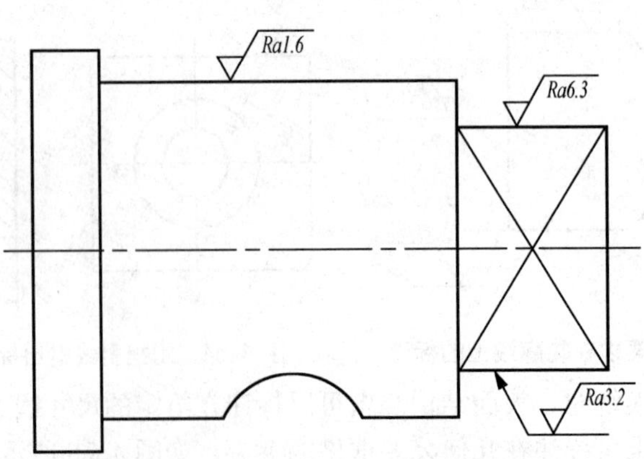

图 4.68　圆柱和棱柱的表面结构要求不同的注法

3）表面结构要求在图样中的简化注法

(1) 有相同表面结构要求的简化注法。如果在工件的多数(包括全部)表面有相同的表面结构要求时，则其表面结构要求可统一标注在图样的标题栏附近。此时(除全部表面有相同要求的情况外)，表面结构要求的符号后面应有以下内容。

①在圆括号内给出无任何其他标注的基本符号，如图 4.69(a)所示。

②在圆括号内给出不同的表面结构要求，如图 4.69(b)所示。

③不同的表面结构要求应直接标注在图形中，如图 4.69(a)、(b)所示。

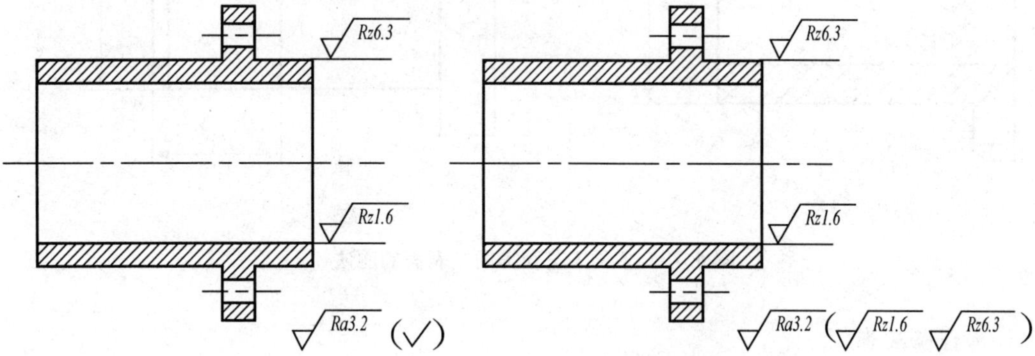

图 4.69　大多数表面有相同表面结构要求的简化注法

(2) 多个表面有共同要求的注法。如图 4.70 所示，用带字母的完整符号，以等式的形式在图形或标题栏附近，对有相同表面结构要求的表面进行简化注法。

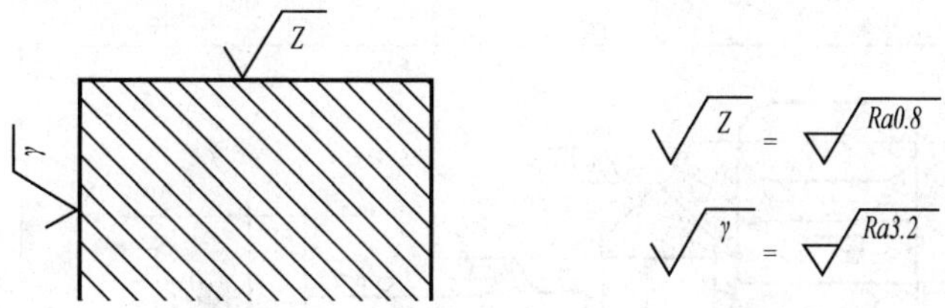

图 4.70　在图纸空间有限时的简化注法

只有表面结构符号的简化注法，如图 4.71 所示，用表面结构符号以等式的形式给出对多个表面共同的表面结构要求。

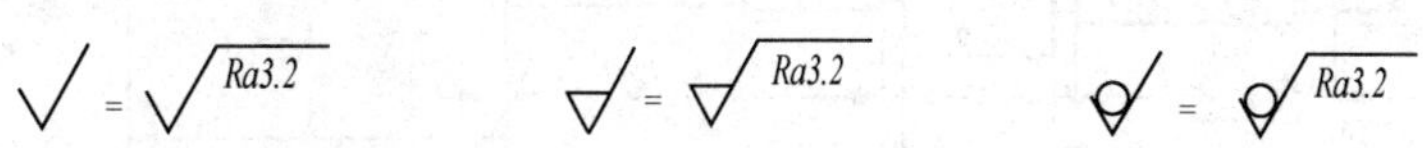

(a) 未指定工艺方法　　(b) 要求去除材料　　(c) 不允许去除材料

图 4.71　多个表面结构要求的简化注法

(3) 有两种或多种工艺获得的同一表面的注法。

由几种不同的工艺方法获得的同一表面，当需要明确每种工艺方法的表面结构要求时，可按图 4.72(a)所示进行标注(图中 Fe 表示基体材料为钢，Ep 表示加工工艺为电镀)。

图 4.72(b)所示为 3 个连续的加工工序的表面结构、尺寸和表面处理的标注。

第一道工序：单向上限值，$Rz=1.6\mu m$。

第二道工序：镀铬，无其他表面结构要求。

第三道工序：一个单向上限值，仅对长为 50mm 的圆柱表面有效，$Rz=6.3\mu m$。

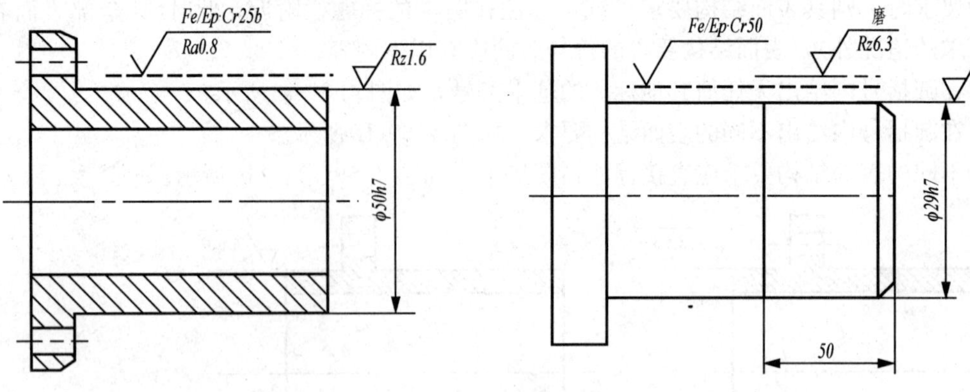

(a)　　　　　　　　(b)

图 4.72　多种工艺获得同一表面的注法

任务实施

减速器低速轴零件图的参考绘制结果如图 4.73 所示。

步骤如下。

(1) 固定图纸，确定图框和标题栏外框(草图)；

(2) 确定视图表达方案(一个基本视图和两个断面图)；

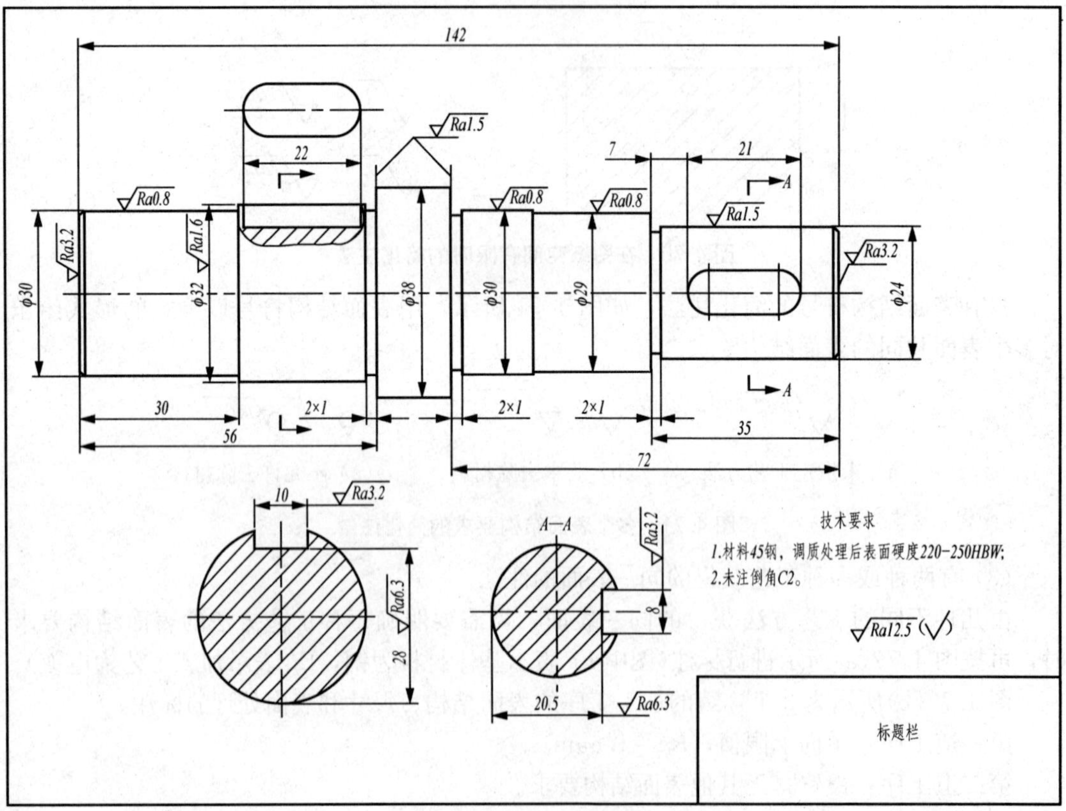

图 4.73　减速器低速轴

(3) 确定绘图比例并布局；
(4) 绘制低速轴草图；
(5) 描深图形；
(6) 标注尺寸及表面结构要求；
(7) 注写其他技术要求并填写标题栏。
完成图形如图 4.73 所示。

任务 4.2 绘制端盖零件图

学习目标

知识目标	(1) 掌握盘盖类零件的结构特点； (2) 掌握盘盖类零件的视图表达； (3) 掌握公差的标注方法
能力目标	(1) 能分析盘盖类零件的结构特点； (2) 能正确选择盘盖类零件的表达方案； (3) 能正确对盘盖类零件进行尺寸标注并注写技术要求； (4) 能看懂盘盖类零件图

任务引入

减速器的端盖是一类比较典型的盘盖类零件，其作用是对轴承进行轴向定位，并起到防尘和密封的作用。盘盖类零件主体一般为不同直径的回转体或其他形状的扁平板状，其厚度相对于直径小得多，常有凸台、凹坑，均匀分布安装孔、轮辐和键槽等结构。

本任务通过分析端盖的结构特征来确定端盖的视图表达方案，进而掌握常见盘盖类零件的视图表达方案，通过标注尺寸和注写技术要求掌握公差标注方法和几何公差的标注方法。

相关知识

4.2.1 端盖及其他盘盖类零件的结构特点

端盖一般应用于轴承外侧，根据所属机器的不同以及所在位置的不同，有多种类型。图 4.74(a)为减速器输入轴细端端盖，端盖为圆形，中间圆孔与轴配合，起定位和支撑作用。端盖边缘各小孔安装螺钉，端盖的凸缘与轴承接触，起到轴承轴向定位作用。这一类中间有孔的端盖又称透盖。图 4.74(b)为减速器轴粗端端盖，与(a)相比，中间没有孔，这一类端盖又称为闷盖。图 4.74(c)为齿轮油泵端盖，其形状是由油泵泵体的形状所决定的。

由图 4.74 可知，这类零件的主体多数是由共轴的回转体构成，也有一些盘盖类零件其主体是方形的。这类零件与轴套类零件正好相反，一般是轴向尺寸较小，而径向尺寸较大。盘盖类零件一般用于传递动力，改变速度，转换方向或起支承、轴向定位或密封等作用。

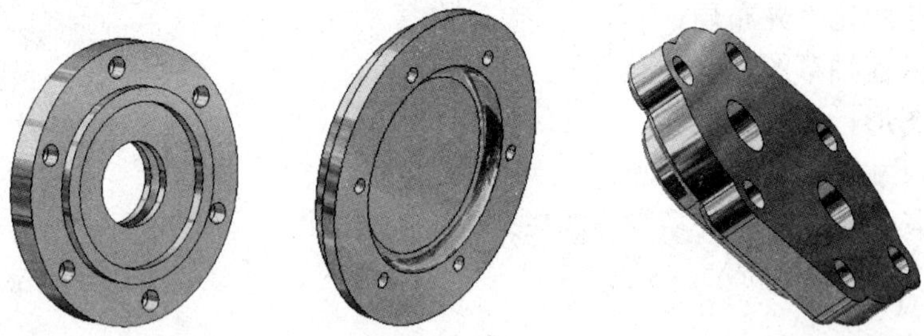

(a)　　　(b)　　　(c)

图 4.74　端盖

盘盖类零件上常具有轴孔；为了加强支承，减少加工面积，常设计有凸缘、凸台或凹坑等结构；为了与其他零件相连接，盘盖类零件上还常有较多的螺孔、光孔、沉孔、销孔或键槽等结构；此外，有些盘盖类零件上还具有轮辐、辐板、肋板以及用于防漏的油沟和毡圈槽等密封结构。

盘盖类零件包括手轮、皮带轮、齿轮、法兰盘、各种端盖等。

图 4.75 为其他一些盘盖类零件。

(a) 法兰盘　　　(b) 皮带轮　　　(c) 手轮

图 4.75　其他盘盖类零件

4.2.2　盘盖类零件常见的工艺结构

盘盖类零件的毛坯多为铸造件，主要在车床上进行加工。若零件较为轻薄则采用刨床或铣床加工。

与轴套类零件的工艺结构类似，以倒角和倒圆，退刀槽和越程槽为主，有的零件上有凸台、凹坑等结构。

不管何种零件，必须在制造时满足一定的制造工艺要求，即应具有合理的工艺结构。

1. 铸造工艺结构

1) 起模斜度

如图 4.76(a)所示，在铸造零件毛坯时，为便于将模型从砂型中取出，零件的内、外壁沿起模方向应有一定的斜度(1∶20～1∶10)，即约相当于图 4.75(a)中的 3～6°。起模斜度在制作模型时应予以考虑，视图上可以不注出。

2) 铸造圆角

如图 4.76(b)所示，为防止砂型在尖角处脱落和避免铸件冷却收缩时在尖角处产生裂纹，铸件各表面相交处应做成圆角。

(1) 铸造圆角的半径必须与铸件的壁厚相适应，壁厚大则半径亦大。一般 R=2～5mm。

（2）铸造圆角的半径尺寸集中标注在技术要求中，如：“未注铸造圆角 $R3\sim5$”。

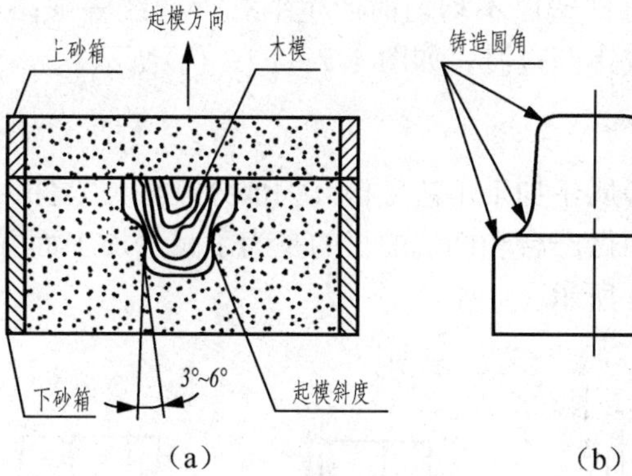

图 4.76　起模斜度与铸造圆角

由于铸造圆角的存在，零件上的表面交线就显得不明显。为了区分不同形状的表面，在零件图上仍画出两表面的交线，称为过渡线(可见过渡线用细实线表示)。过渡线的画法与相贯线画法相同，只是在其端点处不与其他轮廓线相接触，如图 4.77 所示。

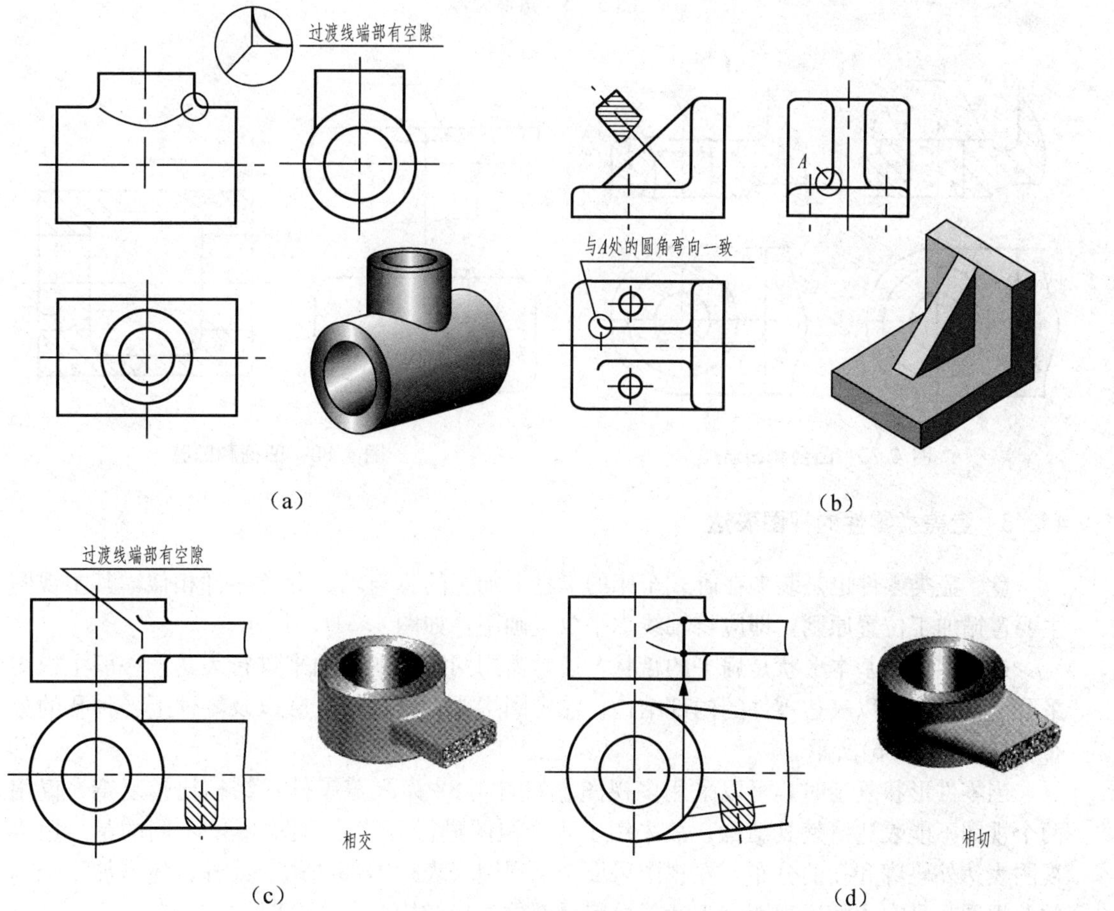

图 4.77　过渡线画法

3）铸件壁厚

为了避免浇铸后由于铸件壁厚不均匀而产生缩孔、裂纹等缺陷，如图 4.78(a)所示，应尽可能使铸件壁厚均匀或逐渐过渡，如图 4.78(b)、(c)所示。

2. 凸台和凹坑

凸台和凹坑(或者凹槽)属于加工工艺结构。大部分盘盖类零件、箱体类零件都有这种工艺结构。将零件的接触面做凸台和凹坑的目的是为了减少加工面并保证两零件的表面接触良好。如图 4.79 和 4.80 所示。

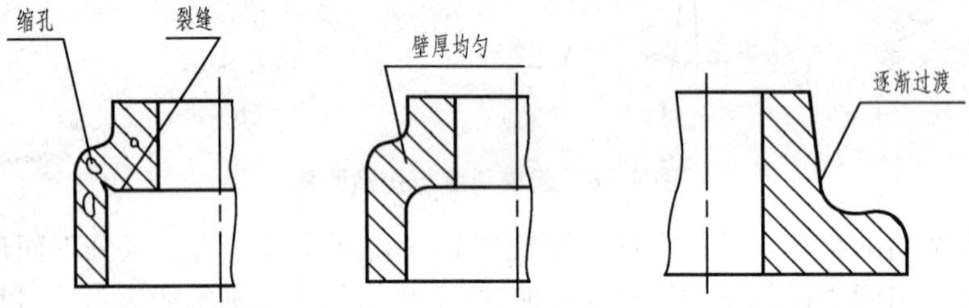

(a) 铸件缺陷　(b) 壁厚均匀　(c) 逐渐过渡

图 4.78　铸件壁厚

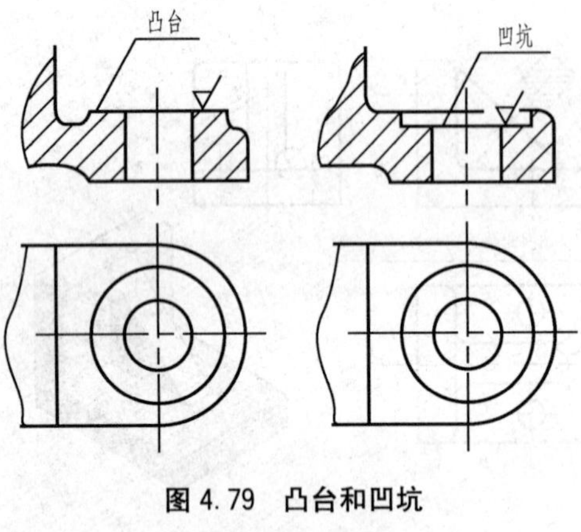

图 4.79　凸台和凹坑

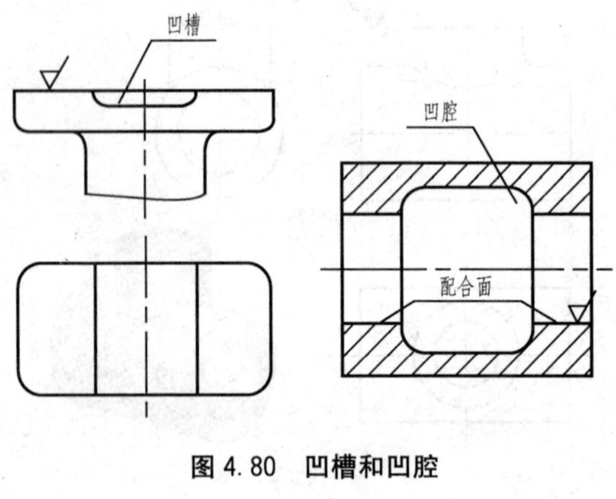

图 4.80　凹槽和凹腔

4.2.3　盘盖类零件的视图表达

盘、盖类零件也是装夹在卧式车床的卡盘上加工的。与轴、套类零件相似，其主视图主要遵循加工位置原则，即应将轴线水平放置画图，如图 4.81(a)所示。

这类零件的基本形状是扁平的盘状，通常需用两个基本视图来进行表达，一般主视图采取全剖视图，以表达零件的内部结构，左视图主要表达其外轮廓以及零件上各种孔的分布，如图 4.81(b)所示。

当零件形状复杂时，可以采用多视图。如图 4.82 为泵盖零件，结构比较复杂，仅用两个视图不能表达清楚其结构，故采用了 4 个视图进行表达。与图 4.81 不同的是，用主视图表达外轮廓和孔的分布，左视图采取全剖视图来表达内部结构。此外，还增加了全剖的俯视图，最右边的后视图则表达了泵盖后部的外形结构。

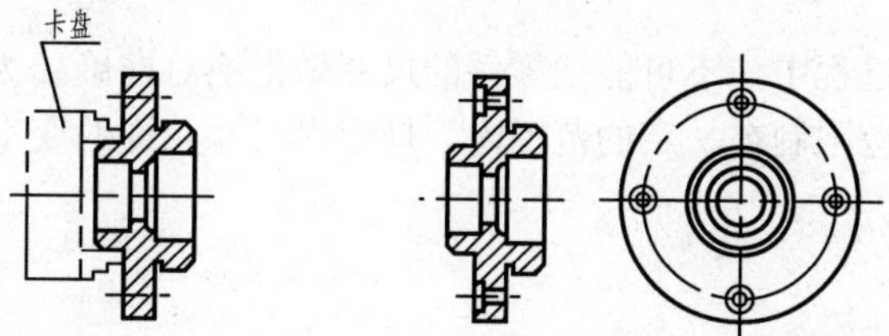

(a) 加工时的装夹位置　　(b) 视图的表达方案

图 4.81　端盖的视图表达

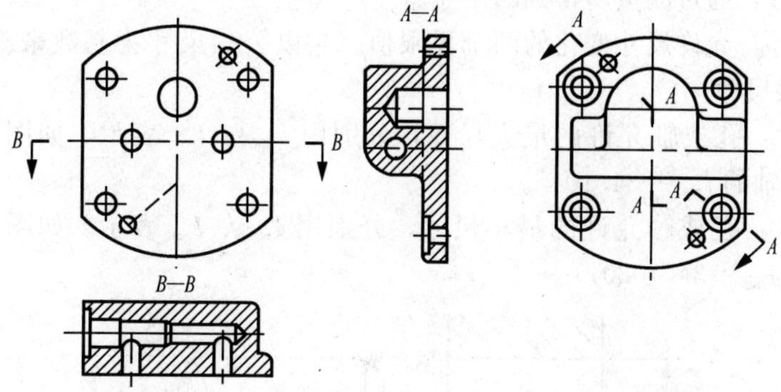

图 4.82　泵盖的视图表达

4.2.4　零件图中技术要求的书写

零件图的技术要求是指制造和检验该零件时应达到的质量要求。

技术要求主要包含以下内容。

(1) 零件的材料及毛坯要求；

(2) 零件的表面粗糙度要求；

(3) 零件的尺寸公差、形状和位置公差；

(4) 零件的热处理、涂镀、修饰、喷漆等要求；

(5) 零件的检测、验收、包装等要求。

这些内容有的按规定符号或代号标注在图上，有的用文字注写在图样的右下方。

由于技术要求涉及的专业知识面较广，此处仅介绍表面粗糙度、尺寸公差以及形状和位置公差的基本概念及其在图样上的标注方法，其中表面粗糙度在任务 4.1 中已经介绍。

1. 极限与配合(GB/T 1800.1—2009)

现代化大规模生产要求零件具有互换性，即从同一规格的一批零件中任取一件，不经修配就能装到机器或部件上，并能保证使用要求。零件的互换性是机械产品批量化生产的前提。

装配在一起的零件(如轴和孔)，只有各自达到相应的技术要求后，装配在一起才能满足所设计的松、紧程度和工作精度要求，实现功能并保证互换性。这个技术要求就是要控制零件功能尺寸的精度。控制的办法是限制功能尺寸不超出设定的极限值。同时从加工的经济性考虑，也必须要有这一技术要求。

1）尺寸公差

在零件的加工过程中，不可能把零件的尺寸做得绝对准确。为了保证互换性，必须将零件尺寸的加工误差限制在一定的范围内，规定出尺寸允许的变动量，这个变动量就是尺寸公差，简称公差。

基本术语如下。

（1）零件的尺寸。

① 公称尺寸：根据零件强度、结构和工艺要求，设计确定的尺寸。如图 4.83 所示，孔的公称尺寸 $L=35$，轴的公称尺寸 $l=35$。

② 实际尺寸：通过测量所得到的尺寸。

③ 极限尺寸：允许尺寸变化的两个界限值。它以公称尺寸为基数来确定，分为上极限尺寸和下极限尺寸。

上极限尺寸：孔或轴允许的最大尺寸，分别用 L_{max}、l_{max} 表示。如图 4.83 中，孔的 $L_{max}=35.025$；轴的 $l_{max}=34.1045$。

下极限尺寸：孔或轴允许的最小尺寸，分别用 L_{min}、l_{min} 表示。如图 4.83 中，孔的 $L_{min}=35$；轴的 $l_{min}=34.1020$。

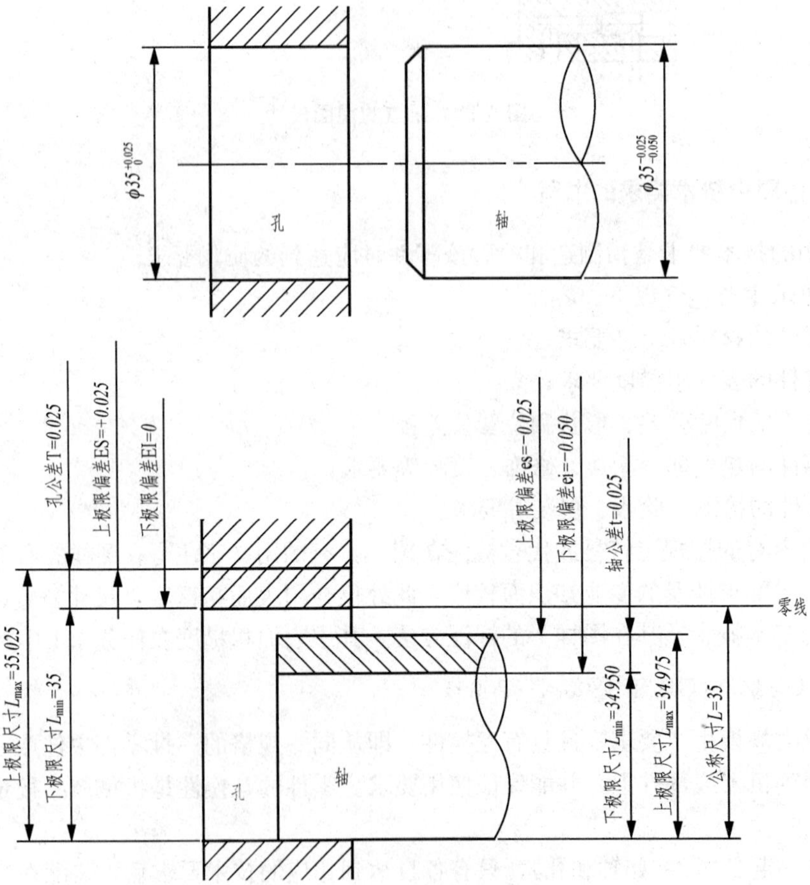

图 4.83　孔与轴的尺寸公差

(2) 偏差与公差。

① 偏差：某一尺寸(实际尺寸、极限尺寸等)减其公称尺寸所得的代数差。偏差可以为正、为负或为零。

极限偏差：极限尺寸减去公称尺寸所得的代数差，指上极限偏差和下极限偏差。

上极限偏差(ES，es)：上极限尺寸减其公称尺寸所得的代数差。

下极限偏差(EI，ei)：下极限尺寸减其公称尺寸所得的代数差。

轴的上极限偏差用 es 表示，下极限偏差用 ei 表示；孔的上极限偏差用 ES 表示，下极限偏差用 EI 表示。如图 4.83 中：

孔 $ES=L_{max}-L=35.025-35=+0.025$；$EI=L_{min}-L=35-35=0$

轴 $es=l_{max}-l=34.1045-35=-0.025$；$ei=l_{min}-l=34.1020-35=-0.050$

② 尺寸公差(Size Tolerance，简称公差，用 T 表示)：允许尺寸的变动量。

尺寸公差＝上极限尺寸－下极限尺寸＝上极限偏差－下极限偏差

孔公差用 Th 表示，轴公差用 Ts 表示。

由于上极限尺寸总是大于下极限尺寸，上极限偏差总是大于下极限偏差，所以它们的代数差值总为正值，一般将正号省略，取其绝对值。即尺寸公差是一个没有符号的绝对值。

尺寸偏差和公差的关系，如图 4.83 所示。

如：孔 $Th=35.025-35=0.025$ 或 $Th=+0.025-0=0.025$

轴 $Ts=34.1045-34.1020=0.025$ 或 $Ts=-0.025-(-0.050)=0.025$

③ 零线：表示公称尺寸的一条水平直线。

公差带：在公差带图解中由代表上极限尺寸和下极限尺寸的两条直线所限定的一个区域。它由公差大小和其相对零线的位置来确定，如图 4.84 所示。

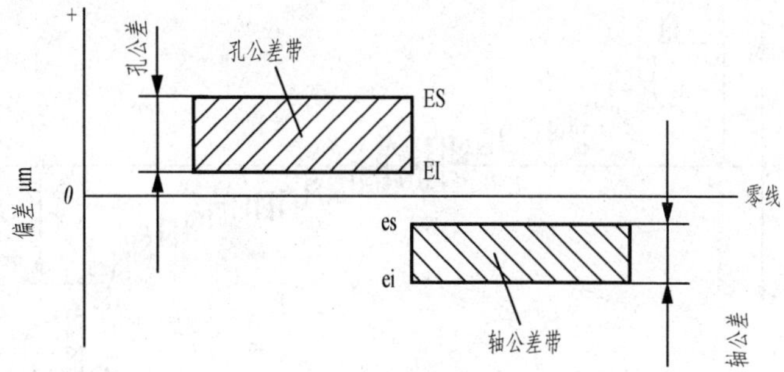

图 4.84　公差带示意图

公差等级：确定尺寸精度程度的等级。国家标准将公差等级分为 20 级，即 IT01、IT0、IT1、…、IT18。"IT"表示标准公差，公差等级的代号用阿拉伯数字表示，从 IT01 至 IT18 等级依次降低。

标准公差(IT)：用以确定公差带大小的公差。标准公差是公称尺寸的函数。对于一定的公称尺寸，公差等级愈高，标准公差值愈小，尺寸的精确程度愈高。表 4－8 为标准公差数值。

表 4-8　标准公差数值(GB/T 1800.2—2009)

公称尺寸/mm		标准公差等级																	
		IT1	IT2	IT3	IT4	IT5	IT6	IT7	IT8	IT9	IT10	IT11	IT12	IT13	IT14	IT15	IT16	IT17	IT18
大于	至	μm											mm						
—	3	0.8	1.2	2	3	4	6	10	14	25	40	60	0.1	0.14	0.25	0.4	0.6	1	1.4
3	6	1	1.5	2.5	4	5	8	12	18	30	48	75	0.12	0.18	0.3	0.48	0.75	1.2	1.8
6	10	1	1.5	2.5	4	6	9	15	22	36	58	90	0.15	0.22	0.36	0.58	0.9	1.5	2.2
10	18	1.2	2	3	5	8	11	18	27	43	70	110	0.18	0.27	0.43	0.7	1.1	1.8	2.7
18	30	1.5	2.5	4	6	9	13	21	33	52	84	130	0.21	0.33	0.52	0.84	1.3	2.1	3.3
30	50	1.5	2.5	4	7	11	16	25	39	62	100	160	0.25	0.39	0.62	1	1.5	2.5	3.9
50	80	2	3	5	8	13	19	30	46	74	120	190	0.3	0.46	0.74	1.2	1.9	3	4.6
80	120	2.5	4	6	10	15	22	35	54	87	140	220	0.35	0.54	0.87	1.4	2.2	3.5	5.4
120	180	3.5	5	8	12	18	25	40	63	100	160	250	0.4	0.63	1	1.6	2.5	4	6.3
180	250	4.5	7	10	14	20	29	46	72	115	185	290	0.46	0.72	1.15	1.85	2.9	4.6	7.2
250	315	6	8	12	16	23	32	52	81	130	210	320	0.52	0.81	1.3	2.1	3.2	5.2	8.1

基本偏差：用以确定公差带相对于零线位置的上极限偏差或下极限偏差一般是指靠近零线的那个偏差。根据实际需要，国家标准分别对孔和轴各规定了 28 个不同的基本偏差，如图 4.85 所示。

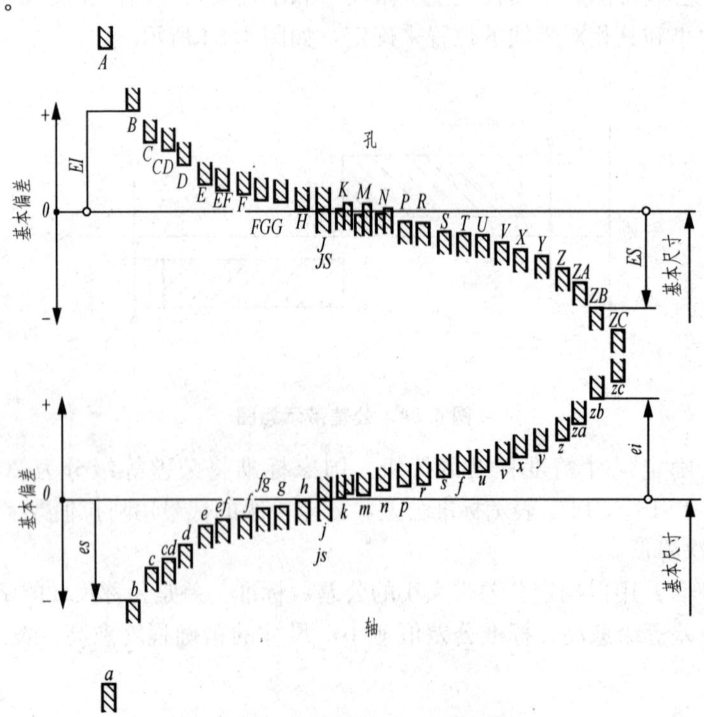

图 4.85　基本偏差系列示意图

孔的基本偏差从 A 到 H 为下极限偏差，从 J 到 ZC 为上极限偏差。

轴的基本偏差从 a 到 h 为上极限偏差，从 j 到 zc 为下极限偏差。

公差带代号：对于某一公称尺寸，取标准规定的一种基本偏差，配上一级标准公差，就可以形成一种公差带。用基本偏差代号的字母和标准公差等级代号的数字即可组成一种公差带代号，如 H9、h7、F8、f7 等。

如 ϕ50H8 表示公称尺寸是 ϕ50，公差等级为 8 级，基本偏差为 H 的孔的公差带，如图 4.86 所示。

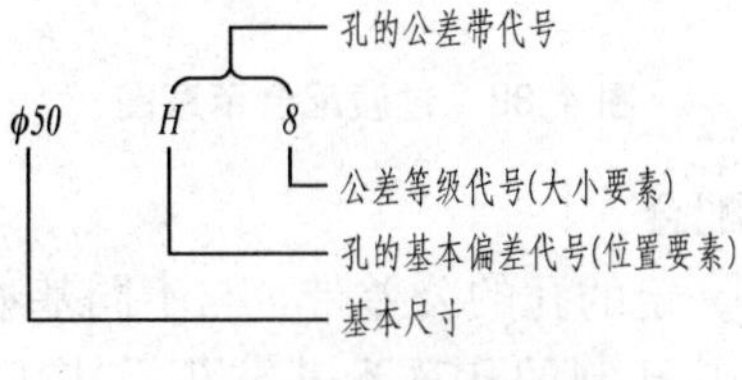

图 4.86 公差代号示例

ϕ50f7 表示公称尺寸是 ϕ50，公差等级为 7 级，基本偏差为 f 的轴的公差带。

2) 配合

在机器装配中，将公称尺寸相同的、相互结合的孔和轴公差带之间的关系，称为配合。

(1) 间隙和过盈。

间隙：孔的尺寸减去相配合的轴的尺寸之差为正。

过盈：孔的尺寸减去相配合的轴的尺寸之差为负，如图 4.87 所示。

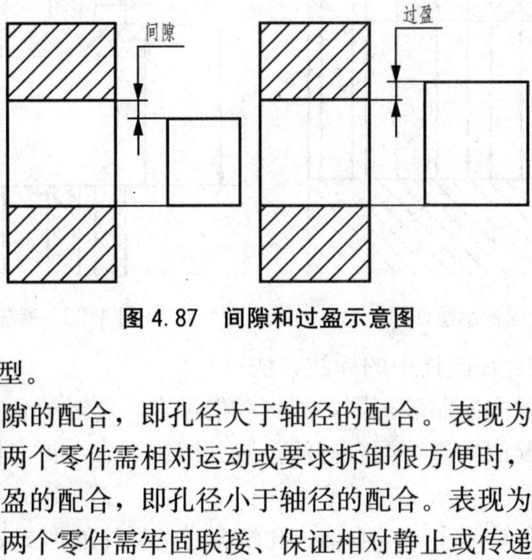

图 4.87 间隙和过盈示意图

(2) 配合的 3 种类型。

间隙配合：具有间隙的配合，即孔径大于轴径的配合。表现为孔的公差带在轴的公差带之上。当互相配合的两个零件需相对运动或要求拆卸很方便时，则须采用间隙配合。

过盈配合：具有过盈的配合，即孔径小于轴径的配合。表现为孔的公差带在轴的公差带之下。当互相配合的两个零件需牢固联接、保证相对静止或传递动力时，则须采用过盈配合。

过渡配合：可能具有间隙或过盈的配合。表现为孔的公差带和轴的公差带相互交叠，如图 4.88 所示。

过渡配合常用于不允许有相对运动，轴孔对中要求高，但又须拆卸的两个零件间的配合。

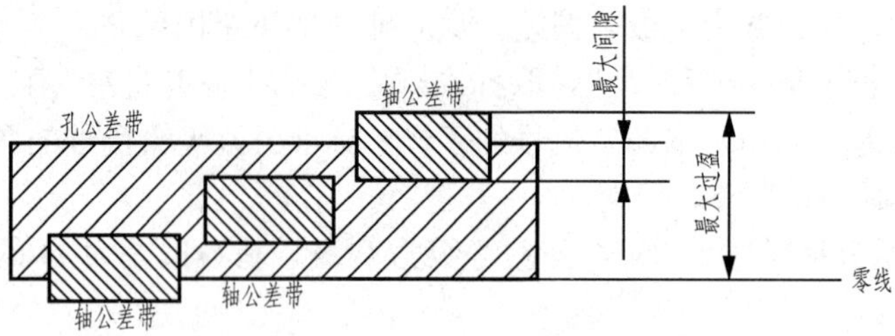

图 4.88　过渡配合示意图

(3) 基孔制配合和基轴制配合。

基孔制配合：基本偏差为一定的孔的公差带，与不同基本偏差的轴的公差带构成各种配合的一种制度称为基孔制。基孔制的孔称为基准孔，其基本偏差代号为“H”，国家标准规定基准孔的下极限偏差为零。基孔制配合如图 4.89 所示。

基轴制配合：基本偏差为一定的轴的公差带，与不同基本偏差的孔的公差带构成各种配合的一种制度称为基轴制。基轴制的轴称为基准轴，其基本偏差代号为“h”，国家标准规定基准轴的上极限偏差为零。基轴制配合如图 4.90 所示。

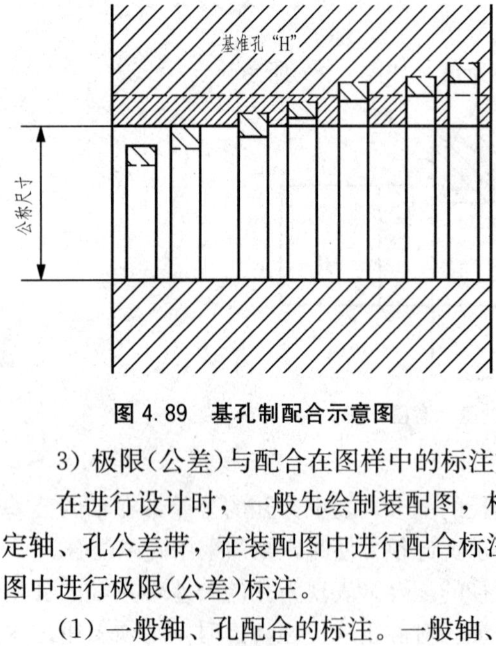

图 4.89　基孔制配合示意图

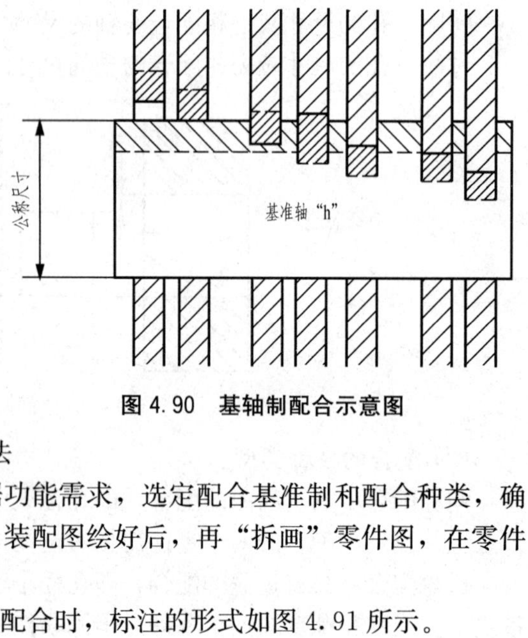

图 4.90　基轴制配合示意图

3) 极限(公差)与配合在图样中的标注方法

在进行设计时，一般先绘制装配图，根据功能需求，选定配合基准制和配合种类，确定轴、孔公差带，在装配图中进行配合标注。装配图绘好后，再“拆画”零件图，在零件图中进行极限(公差)标注。

(1) 一般轴、孔配合的标注。一般轴、孔配合时，标注的形式如图 4.91 所示。

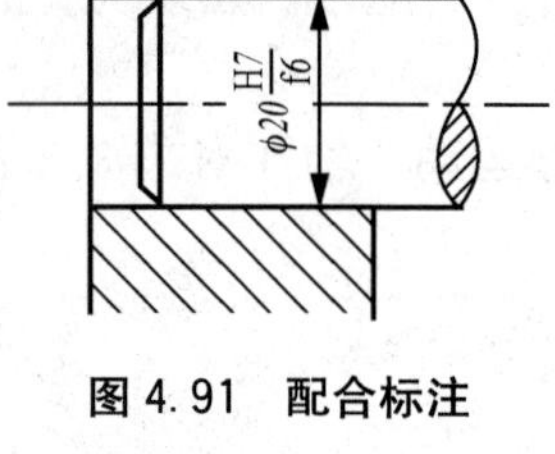

图 4.91　配合标注

(2) 零件图中公差的标注。标注公差有 3 种形式。

①标注公差带的代号。直接在公称尺寸后面标注出公差带代号。这种标注法和采用专用量具检验零件统一起来，适应大批量生产的需要，不需标注偏差数值，如图 4.92(a)所示。

②标注偏差数值。直接在公称尺寸后面标注出上、下极限偏差数值。这种注法主要用于小量或单件生产，以便加工和检验时减少辅助时间，如图 4.92(b)所示。

③标注公差带代号和偏差数值。在公称尺寸后面标注出公差带代号，并在后面的括弧中同时注出上、下极限偏差数值。在生产批量不明时，可将偏差数值和公差带代号同时标注，如图 4.92(c)所示。

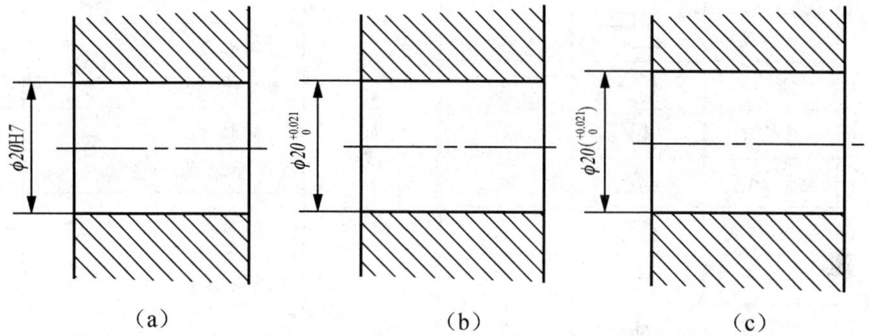

图 4.92　公差标注

2. 几何公差(GB/T 1182—2008)

几何公差指形状、方向、位置和跳动公差。

在加工圆柱形零件时，可能会出现母线不是直线，而呈现中间粗、两头细的情况，如图 4.93 所示。这种在形状上出现的误差，叫做形状误差。

在加工阶梯轴时，可能会出现各轴段的轴线不在一条直线上的情形，如图 4.94 所示。这种在相互位置上出现的误差，叫做位置误差。

如果零件在加工时产生的形、位误差过大，将会影响机器的质量。因此对零件上精度要求较高的部位，必须根据实际需要对零件加工提出相应的形状误差和位置误差的允许范围，即要在图纸上标出几何公差。

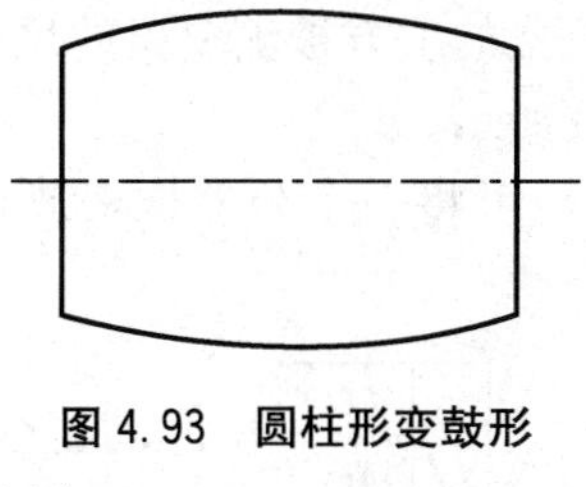

图 4.93　圆柱形变鼓形

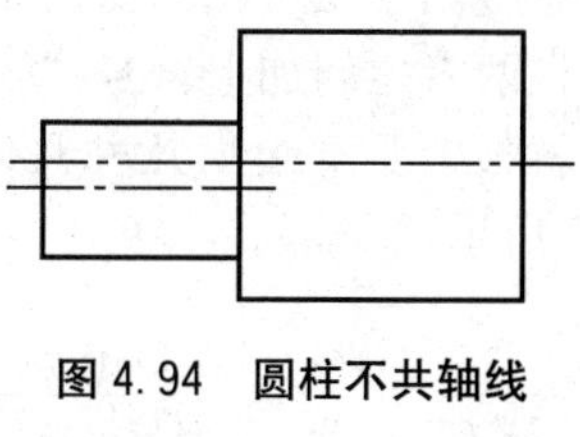

图 4.94　圆柱不共轴线

1) 基本术语

要素：要素是指零件上的特征部分——点、线或面。要素可以是实际存在的零件轮廓上的点、线或面，也可以是由实际要素取得的轴线或中心平面等。

被测要素：给出了几何公差要求的要素。

基准要素：用来确定被测要素方向、位置的要素。

公差带：限制实际要素变动的区域，公差带有形状、方向、位置、大小等属性。公差带的主要形状有两等距直线之间的区域、两等距平面之间的区域、圆内的区域、两同心圆之间的区域、圆柱面内的区域、两同轴圆柱面之间的区域、球内的区域、两等距曲线之间的区域和两等距曲面之间的区域等。

2）公差特征项目及符号

国家标准规定了 19 个几何公差特征项目，每一项目用一个符号表示，见表 4-9。

表 4-9 几何公差特征项目及符号

公差类型	几何特征	符号	有无基准	公差类型	几何特征	符号	有无基准
形状公差	直线度	—	无	位置公差	位置度	⌖	有或无
	平面度	⏥	无		同心度（用于中心度）	◎	有
	圆度	○	无		同轴度（用于轴线）	◎	有
	圆柱度	⌭	无		对称度	⌯	有
	线轮廓度	⌒	无		线轮廓度	⌒	有
	面轮廓度	⌓	无		面轮廓度	⌓	有
方向公差	平行度	//	有	跳动公差	圆跳动	↗	有
	垂直度	⊥	有		全跳动	⌰	有
	倾斜度	∠	有				
	线轮廓度	⌒	有				
	面轮廓度	⌓	有				

3）几何公差在图样上的标注

（1）公差框格。用公差框格标注几何公差时，公差要求注写在划分成两格或多格的矩形框格内，如图 4.95 所示。

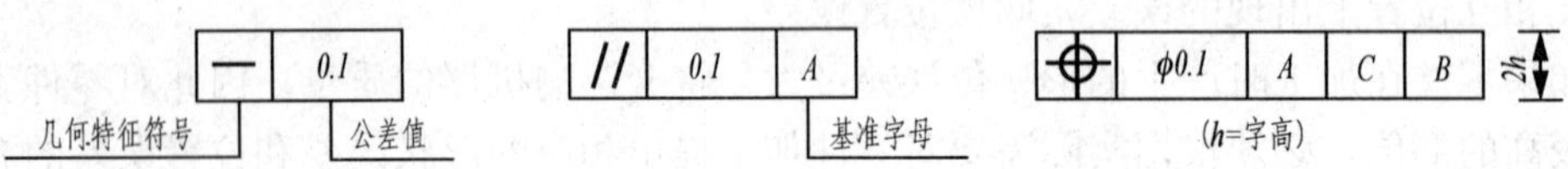

图 4.95 公差框格

当某项公差应用于几个相同要素时，也在公差框格的上方被测要素的尺寸之前注明要素的个数，并在两者之间加上符号“×”，如图 4.96 所示。

如果需要就某个要素给出几种几何特征的公差，可将一个公差框格放在另一个的下方。如图 4.97 所示。

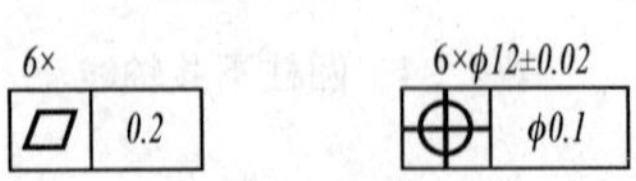

图 4.96 多个相同要素的标注

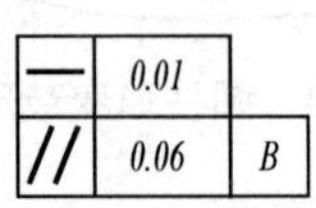

图 4.97 某要素几种公差的标注

（2）被测要素的标注。

① 当被测要素是线或表面时，指引线的箭头应指向要素的轮廓线或其延长线上，并明显地与尺寸线错开，如图 4.98(a)、(b)所示。箭头也可指向引出线的水平线，引出线引

自被测面，如图 4.98(c)所示。

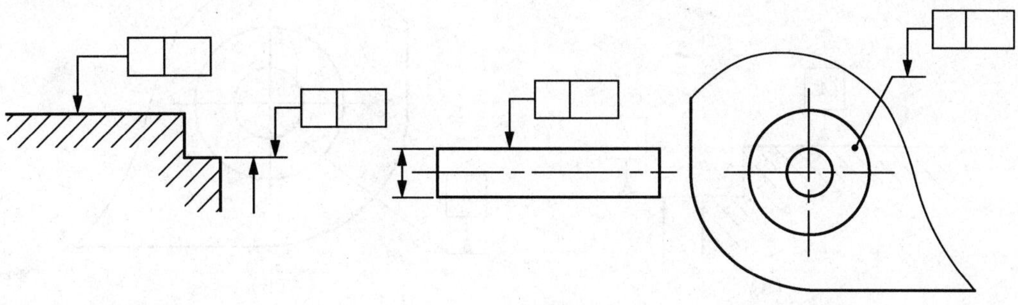

图 4.98　被测要素的标注(1)

② 当被测要素是中心线、中心面或中心点时，指引线的箭头应位于相应尺寸线的延长线上，如图 4.99(a)、(b)所示。

③ 当被测要素为各要素的公共轴线或公共中心平面时，指引线箭头可直接指在轴线或中心线上，如图 4.99(c)所示。

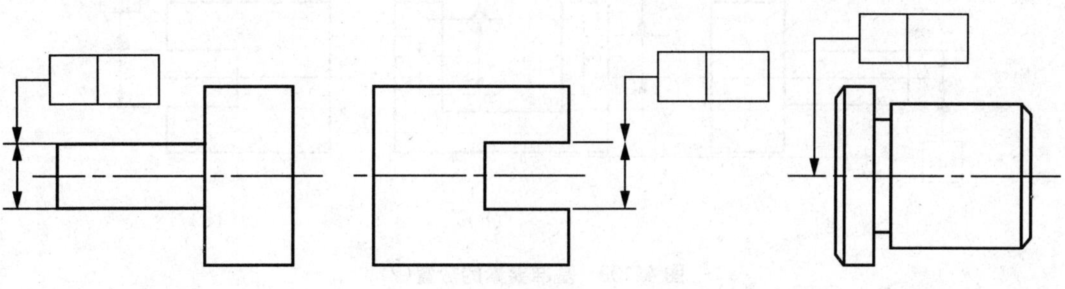

图 4.99　被测要素的标注(2)

(3) 基准要素的标注。基准要素是零件上用于确定被测要素的方向和位置的点、线或面，用基准符号表示。

① 基准符号。GB/T 1182—2008 规定，几何公差的基准要素为涂黑或“空白三角形＋短细线＋基准方格”，如图 4.100 所示，字母注写在基准方格内。其中三角形形状未作明确规定，一般用等边三角形。基准方格的高度与公差框格的高度相同，三角形的边长取方格高度的一半。

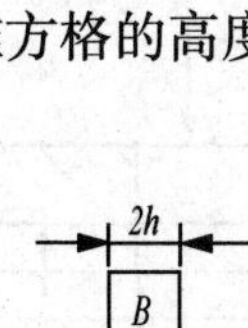

图 4.100　基准符号的画法

② 基准符号的放置。当基准要素是轮廓线或轮廓面时，基准三角形放置在要素的轮廓线或其延长线上(与尺寸线明显错开)，如图 4.101(a)所示，基准三角形也可放置在该轮廓面引出线的水平线上，如图 4.101(b)所示。

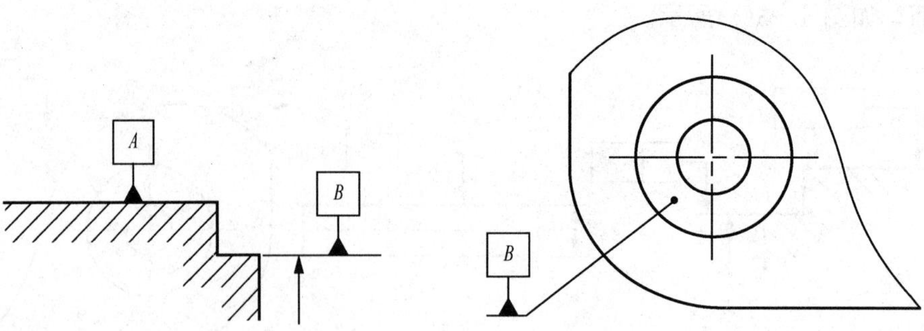

图 4.101 基准要素的放置(1)

当基准是尺寸要素确定的轴线、中心平面或中心点时，基准三角形应放置在该尺寸线的延长线上，如图 4.102(a)所示。如果没有足够的位置标注基准要素尺寸的两个尺寸箭头，则其中一个箭头可用基准三角形代替，如图 4.102(b)、(c)所示。

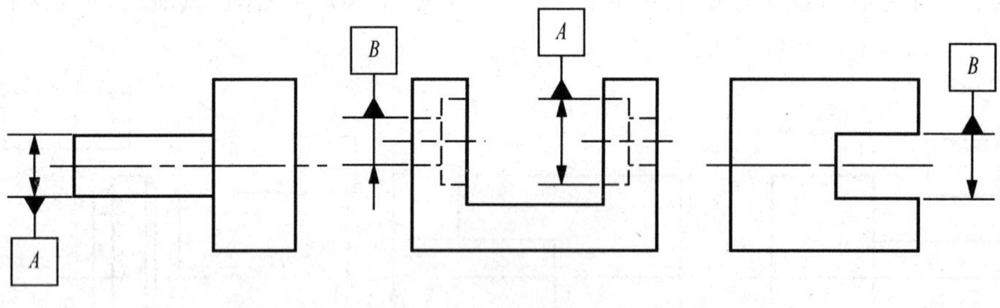

图 4.102 基准要素的放置(2)

4) 几何公差标注示例

图 4.103 所示是一根气门阀杆。当被测要素为线或表面时，从框格引出的指引线箭头应指在该要素的轮廓线或其延长线上。当被测要素是轴线时，应将箭头与该要素的尺寸线对齐，如 M8×1 轴线的同轴度注法。当基准要素是轴线时，应将基准符号与该要素的尺寸线对齐，如基准 A。

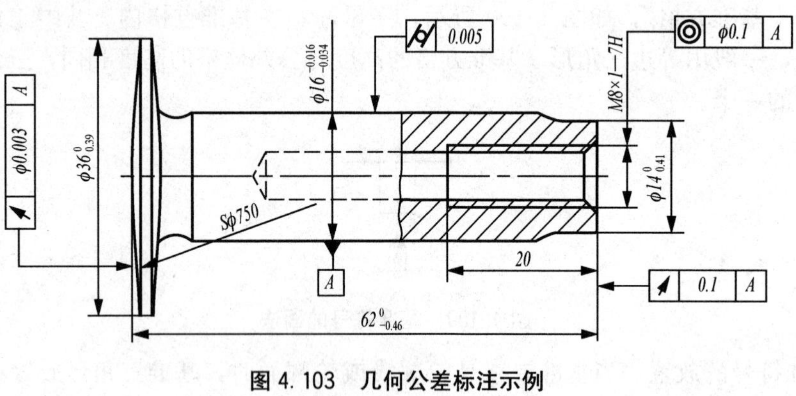

图 4.103 几何公差标注示例

4.2.5 盘盖类零件的尺寸标注

基准确定方法及标注原则见任务 4.1。

盘盖类零件上多有诸如螺孔、沉头孔之类的孔，其标注方法见表 4－10。

表 4－10 零件上常见孔的尺寸注法

结构类型		尺寸标注
螺孔	通孔	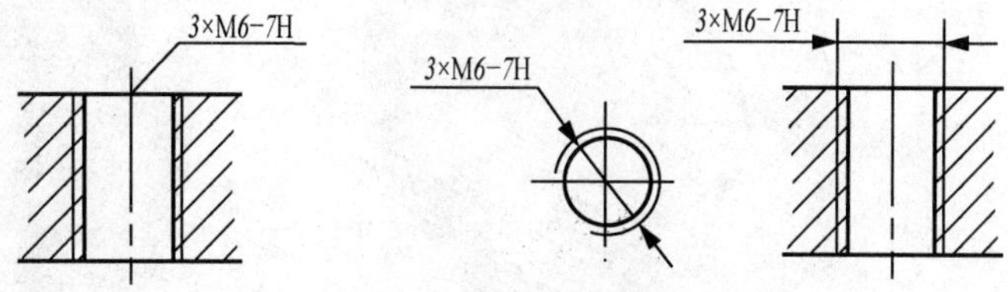
	不通孔	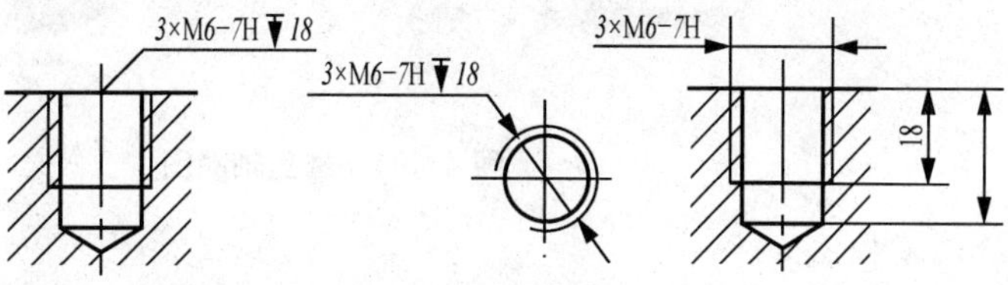
光孔	圆柱孔	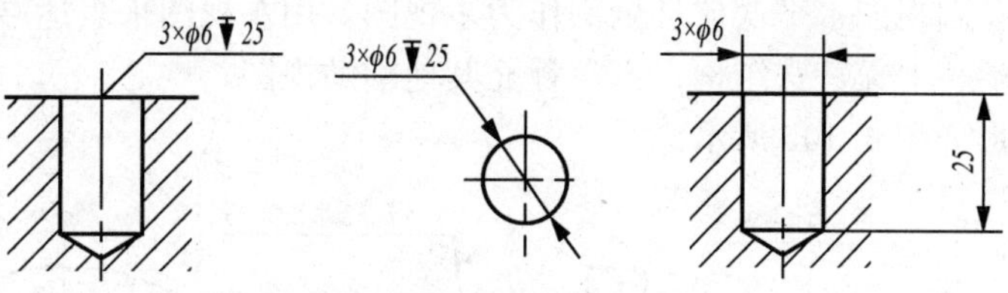
	锥销孔	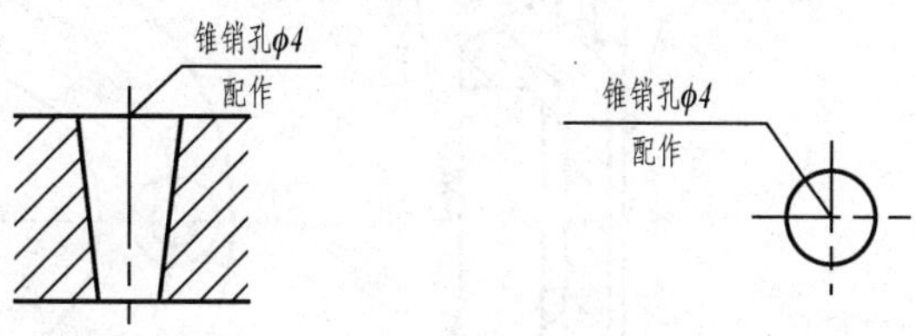
沉孔	锥形沉孔	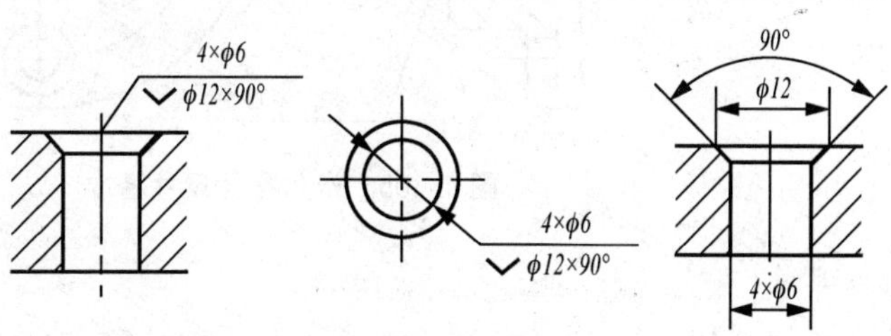
	柱形沉孔	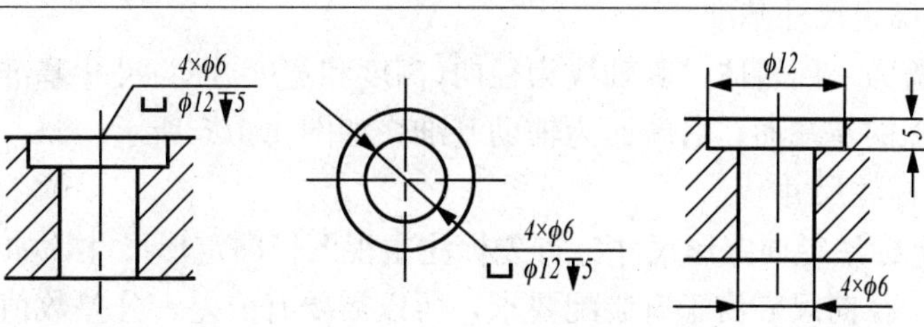

任务实施

减速器端盖是一种典型的盘盖类零件，其轴测图如图 4.104 所示，要求绘制并标注该零件。

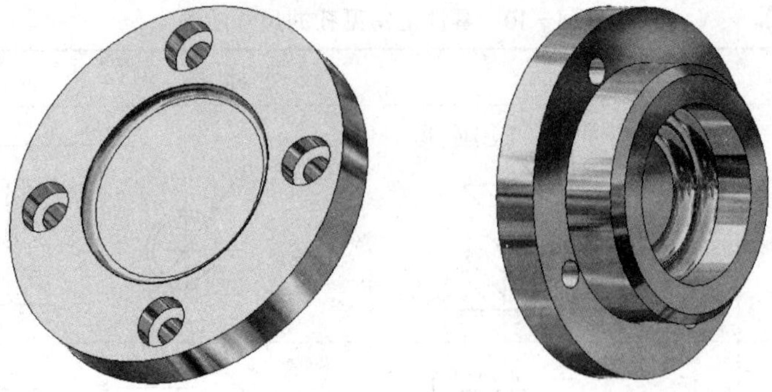

(a)　　　　　　　　　　(b)

图 4.104　端盖轴测图

1. 绘制零件图

以非圆视图水平摆放且全剖作为主视图，用左视图来表达端盖上连接孔的数目和分布情况。端盖上无特殊结构，不需补充其他辅助视图。

图形如图 4.105 所示。

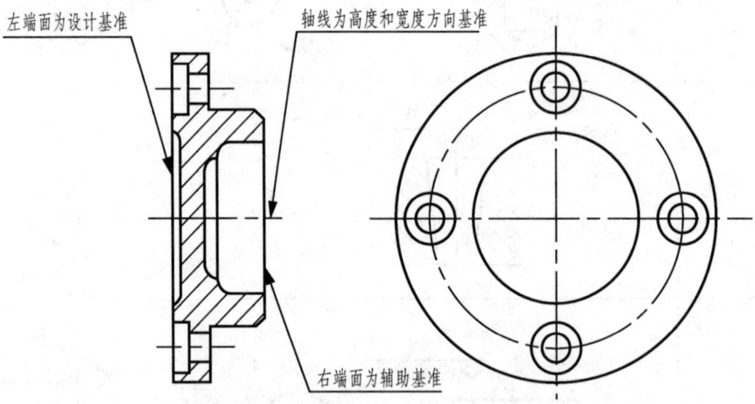

图 4.105　端盖零件尺寸基准

2. 标注尺寸

1) 确定尺寸基准

端盖为一回转体，其轴线为径向(高度和宽度方向)尺寸基准，长度方向的主要基准为经过加工的左端面，右端面为辅助基准，如图 4.105 所示。

2) 标注尺寸

(1) 标注径向定形尺寸。首先标注主视图径向定形尺寸，如图 4.106(a)所示。其中右边的两个径向尺寸由于有装配要求，所以需要有公差，公差数值的大小视加工和装配需要而定。注意标注顺序由内而外。

(2) 标注长度方向尺寸。标注长度尺寸 A、B、C、D、E，其中尺寸 A 为主要基准和辅助基准联系尺寸。

(3) 标注沉头孔尺寸。标注沉头孔定位尺寸和定形尺寸，如图 4.106(c)所示。沉头孔的标注方法见表 4-10。

3) 标注表面粗糙度

需要加工的表面都要有粗糙度的要求，具体数值大小由加工方法和设计要求而定，如图 4.107 所示。

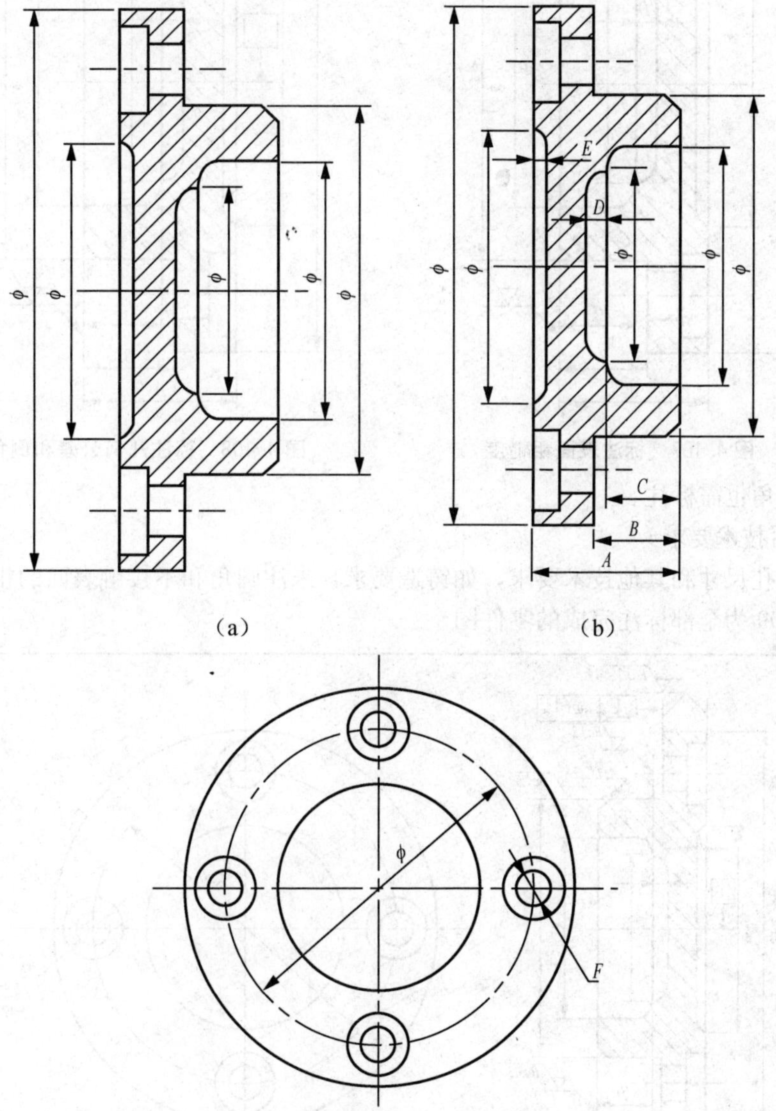

(a)　(b)　(c)

图 4.106　标注径向尺寸和长度尺寸

4) 标注几何公差和倒角

由于端盖要与箱体通过螺纹件装配在一起，端盖与箱体的接触面对中心轴线有一定的垂直度要求。故要在接触面上标注几何公差—垂直度。具体数值由设计要求而定，如图 4.108 所示。

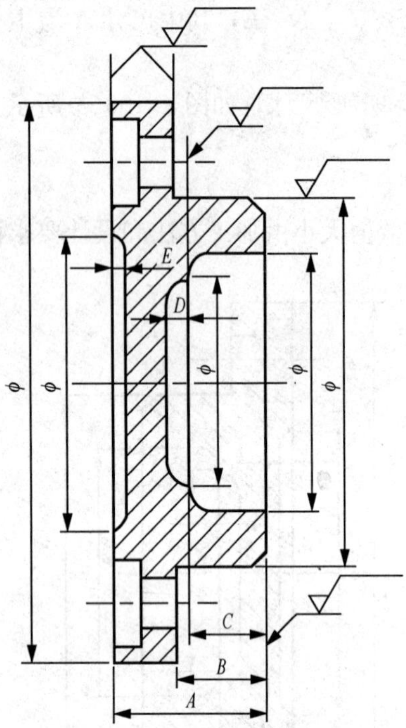

图 4.107　标注表面粗糙度

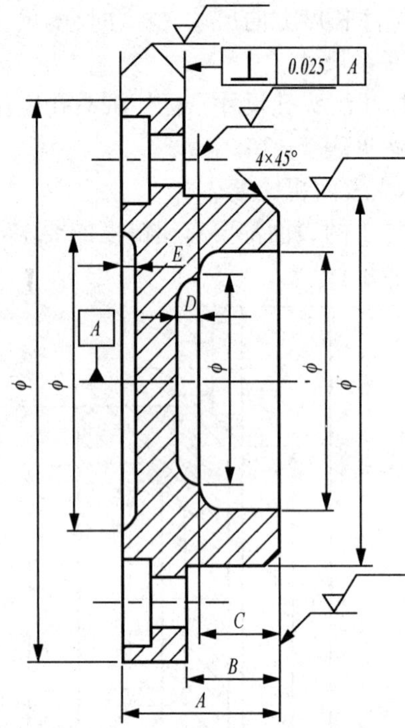

图 4.108　标注几何公差和倒角

端盖倒角也需标注。

5）注写技术要求

标注沉孔尺寸和其他技术要求，如铸造要求，未注圆角和不接触表面的粗糙度。图 4.109 为全部标注完成的零件图。

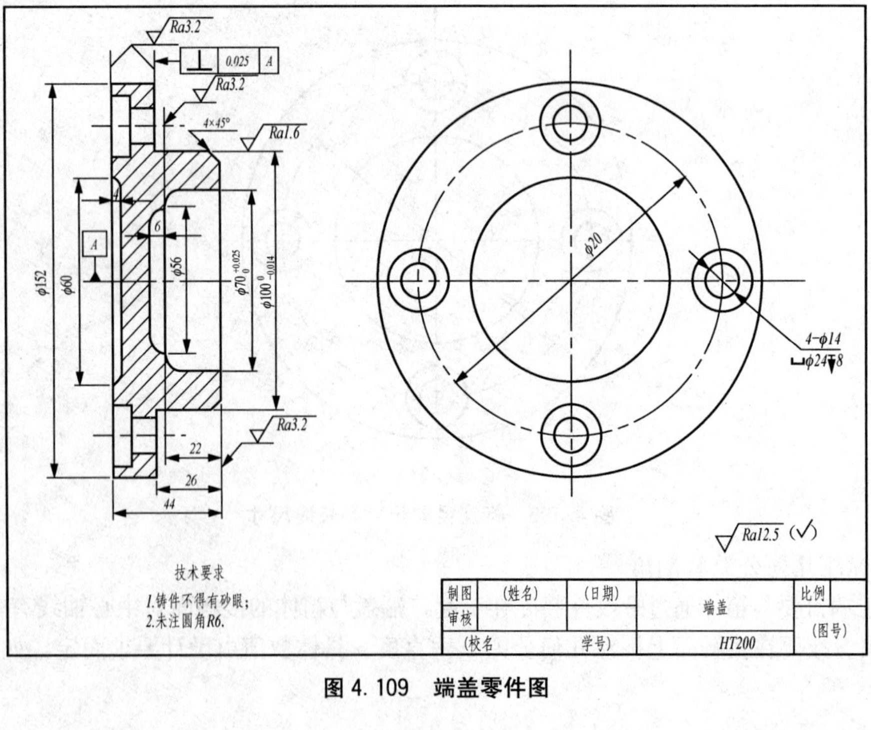

图 4.109　端盖零件图

任务 4.3　绘制螺纹联接件和滚动轴承

学习目标

知识目标	(1) 掌握标准化的概念； (2) 了解常用标准件的分类； (3) 掌握滚动轴承、螺纹联接件的代号分析及标准画法； (4) 掌握螺纹联接和键销联接的画法
能力目标	(1) 能对滚动轴承、螺栓等标准件进行代号分析，查找参数； (2) 能根据测绘结果确定标准件型号； (3) 能正确绘制滚动轴承、螺栓、螺钉等标准件的零件图； (4) 能正确绘制螺纹联接和键销联接图

任务引入

在减速器装配中，有很多的联接件，比如联接箱盖和箱体的螺栓和螺母、用于联接轴和带轮的键、用于对箱盖和箱体定位的销、支承传动轴的滚动轴承等，这些都是联接件，它们有一个共同的特征，即它们都是标准件。

所谓标准件就是结构形状和尺寸已经标准化的零件，这个标准有国家标准、行业标准、地方标准和企业标准之分，此处主要指国家标准。这种零件的形状是固定的，只需根据一个代号就可以从相关手册中查取它们的具体尺寸。常见的标准件有螺栓、螺钉、螺母、滚动轴承、键和销等。

前两个任务中的轴和端盖的主要结构形状和尺寸都未标准化，为一般件。而如齿轮和弹簧等零件，其结构形状和尺寸虽未实现标准化，但某些主要结构参数已实现标准化，可称之为常用件。一般件和常用件都是非标准件，简称非标件。

本任务通过绘制螺纹联接件和滚动轴承，掌握常用标准件的结构形状、代号分析和标准(简化)画法，并且学会根据代号查阅表格提取相关尺寸参数的方法。

任务要求：能够正确补齐图 4.110 联轴节装配图中的各种标准件连接画法。

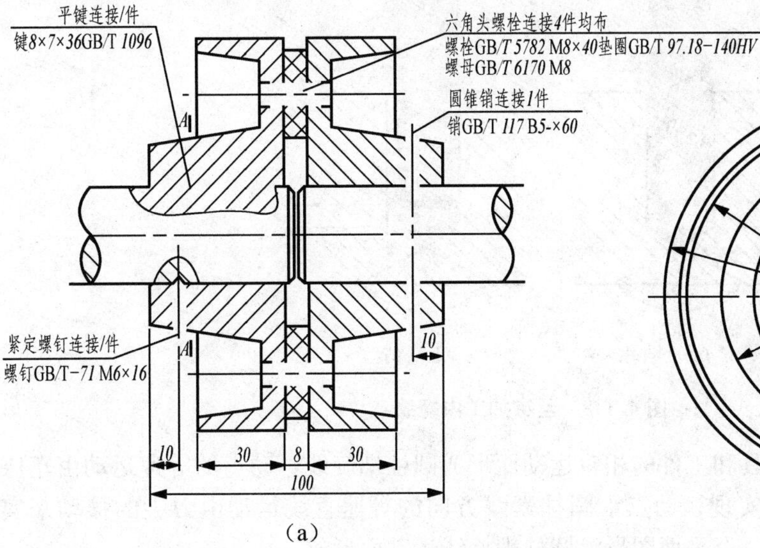

(a)

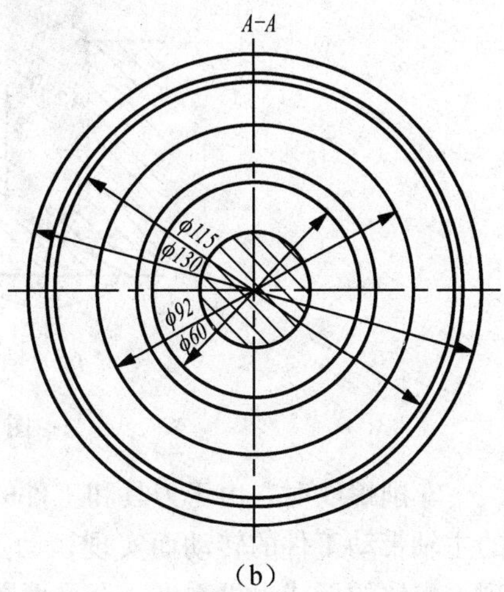

(b)

图 4.110　联轴节装配图

相关知识

4.3.1 螺纹

1. 螺纹的生成

螺纹是一种常见的设计结构，是在回转体表面上沿螺旋线所形成的具有相同剖面形状(如三角形、矩形、锯齿形等)的连续凸起(牙)和沟槽。螺纹在螺钉、螺栓、螺母和丝杠上起连接或传动作用。在圆柱(圆锥)外表面所形成的螺纹称为外螺纹；在圆柱(圆锥)内表面所形成的螺纹称内螺纹。

形成螺纹的加工方法很多，如在车床上车削内、外螺纹，也可用成形刀具(如板牙、丝锥)加工，如图 4.111 所示。对于加工直径比较小的内螺纹，先用钻头钻出光孔，再用丝锥攻丝，因钻头的钻尖顶角为 118°，所以不通孔的锥顶角应画成 120°，如图 4.112 所示。

(a) 车削外螺纹　　(b) 车削内螺纹

图 4.111　螺纹加工方法

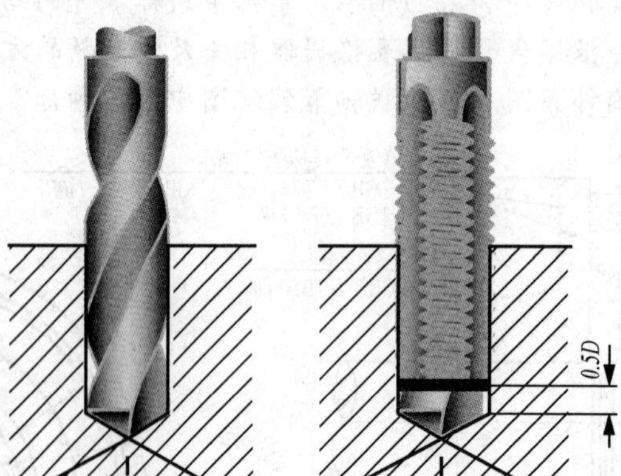

(a) 钻孔　　(b) 钻丝

图 4.112　丝锥加工内螺纹

车削螺纹时，由于刀具和工件的相对运动而形成圆柱螺旋线，动点的等速运动由车床的主轴带动工件的转动而实现；动点沿圆柱素线方向的等速直线运动由刀尖的移动来实现。螺纹的形成也可看做一个平面图形沿圆柱螺旋线运动而形成。

螺纹的表面可分为凸起和沟槽两部分。凸起部分的顶端称为牙顶，沟槽部分的底部称为牙底。

为了防止螺纹端部损坏和便于安装，通常在螺纹的起始处做出圆锥形的倒角或球面形的倒圆，如图 4.113 所示。

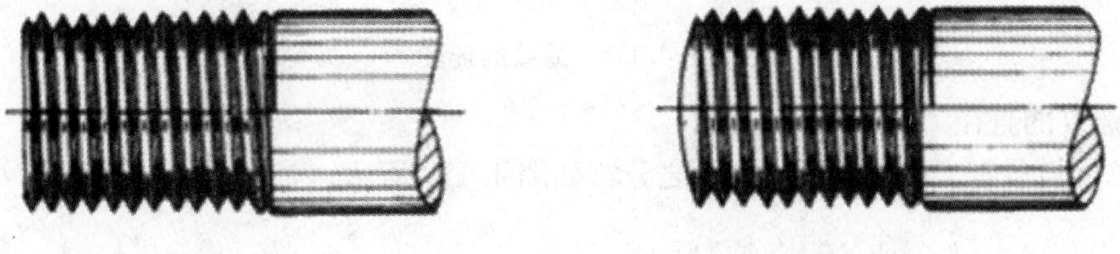

(a) 倒角　　(b) 倒圆

图 4.113　倒角和倒圆

当车削螺纹的刀具快要到达螺纹终止处时，要逐渐离开工件，因而螺纹终止处附近的牙型将逐渐变浅，形成不完整的螺纹牙型，这一段螺纹称为螺尾，如图 4.114 所示。加工到要求深度的螺纹才具有完整的牙型，才是有效螺纹。

为了避免出现螺尾，可以在螺纹终止处事先车削出一个槽，以便于刀具退出，这个槽称为螺纹退刀槽，如图 4.115 所示。

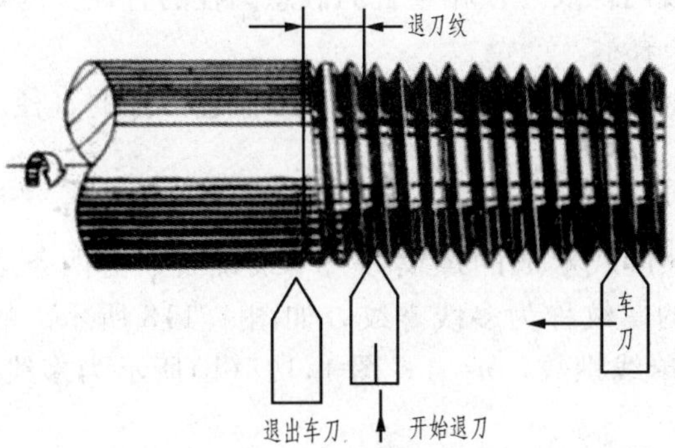

图 4.114　螺尾

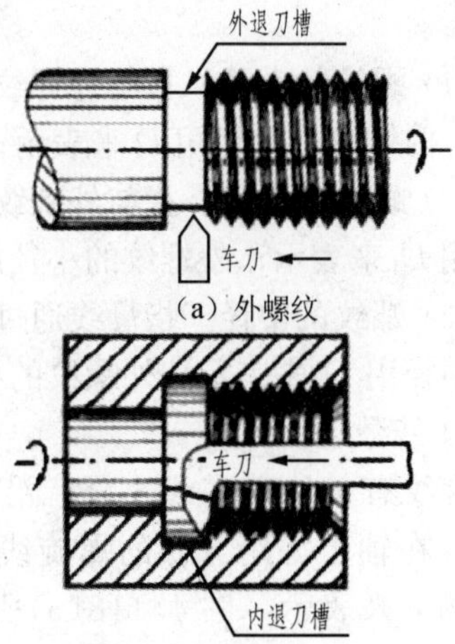

(b) 内螺纹

图 4.115　螺纹退刀槽

2. 螺纹要素

螺纹由牙型、直径、线数、螺距和导程、旋向 5 个要素确定。内、外螺纹一般要成对使用，在内、外螺纹相互旋合时，内、外螺纹的 5 个要素必须完全相同，否则不能旋合。

1) 牙型

螺纹的牙型是指通过螺纹轴线剖切面上所得到的断面轮廓形状，螺纹的牙型标志着螺纹的特征。常见的螺纹牙型有三角形、梯形、锯齿形等，如图 4.116 所示。不同的牙型有不同的用途。其中，矩形螺纹尚未标准化，其余牙型的螺纹均为标准螺纹。

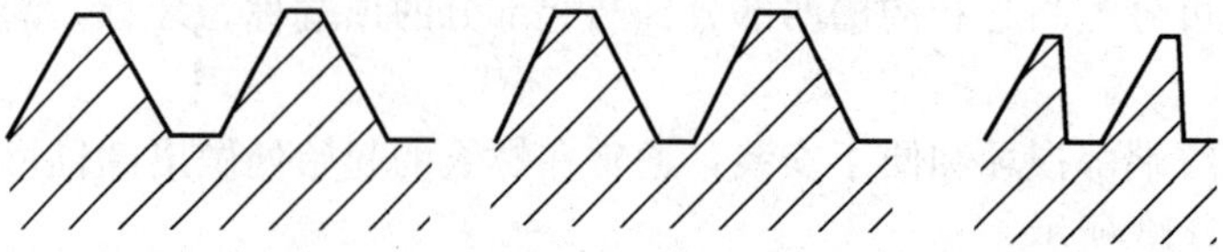

图 4.116　螺纹的牙型

2）螺纹的直径

螺纹的直径有大径、小径、中径之分，如图 4.117 所示。

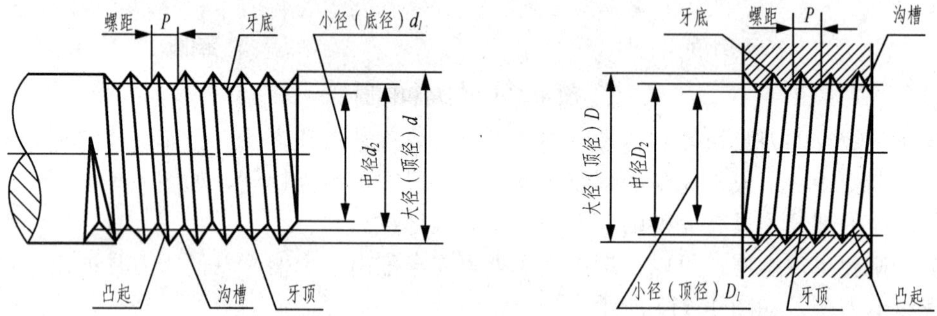

图 4.117　螺纹的直径

（1）螺纹的大径。指与外螺纹牙顶或内螺纹牙底相重合的假想圆柱的直径，又称公称直径。内螺纹的大径用 D 来表示；外螺纹的大径用 d 来表示。

（2）螺纹的小径。指与外螺纹牙底或内螺纹牙顶相重合的假想圆柱的直径。内螺纹的小径用 D_1 来表示；外螺纹的小径用 d_1 来表示。

（3）螺纹的中径。指母线通过牙型上沟槽和凸起宽度相等处的假想圆柱的直径。内螺纹的中径用 D_2 来表示；外螺纹的中径用 d_2 来表示。

3）线数

螺纹有单线和多线之分。沿一条螺旋线形成的螺纹称为单线螺纹；沿两条或两条以上，在轴上等距分布的螺旋线形成的螺纹称为多线螺纹，如图 4.118 所示。螺纹的线数用 n 来表示，图 4.118(a)所示为单线螺纹，$n=1$；图 4.118(b)所示为多线螺纹，$n=2$。

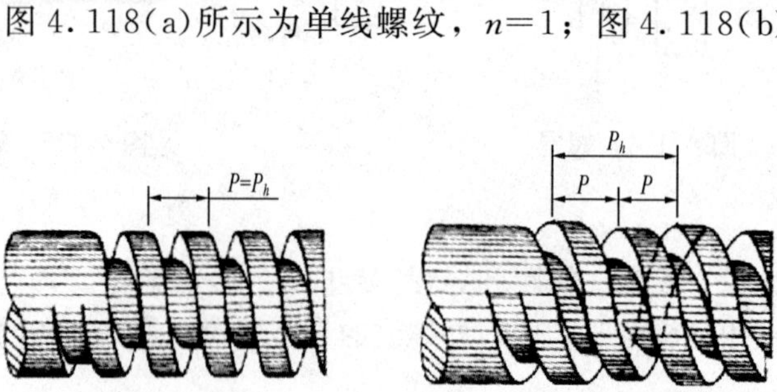

图 4.118　螺纹的线数、导程和螺距

4）螺距和导程

（1）螺距：相邻两牙在螺纹基本中径线上对应两点间的轴向距离叫螺距，用 P 表示。

(2) 导程：同一条螺纹上相邻两牙在螺纹基本中径线上对应两点间的轴向距离叫导程，用 P_h 表示。

如图 4.118 所示，对单线螺纹，$P_h=P$；对多线螺纹，导程=螺距×线数，即 $P_h=P\times n$。

5) 旋向

螺纹按其形成时的旋向，分为右旋螺纹和左旋螺纹两种，顺时针旋转旋入的螺纹，称为右旋螺纹，逆时针旋转旋入的螺纹，称为左旋螺纹，工程上常用右旋螺纹，如图 4.119 所示。

(a) 左旋—左边高　(b) 右旋—右边高

图 4.119　螺纹的旋向

在螺纹五要素中，凡是螺纹牙型、大径和螺距都符合标准的螺纹称为标准螺纹；螺纹牙型符合标准，而大径、螺距不符合标准的称为特殊螺纹；若螺纹牙型不符合标准，则称为非标准螺纹。

3. 螺纹的分类

螺纹按用途可分为 4 类。

(1) 紧固用螺纹。简称紧固螺纹，是用来连接零件的连接螺纹，如应用最广的普通螺纹。

(2) 传动用螺纹。简称传动螺纹，是用来传递动力和运动的传动螺纹，如梯形螺纹、锯齿形螺纹和矩形螺纹等。

(3) 管用螺纹。简称管螺纹，如 55°非密封管螺纹、55°密封管螺纹、60°密封管螺纹等。

(4) 专门用途螺纹。简称专用螺纹，如自攻螺钉用螺纹、气瓶专用螺纹等。

螺纹按标准化程度可分为 3 类。

(1) 标准螺纹。牙型、公称直径、螺距均符合标准的螺纹。

(2) 特殊螺纹。牙型符合标准，公称直径或螺距不符合标准的螺纹。

(3) 非标准螺纹。牙型不符合标准的螺纹。

常用螺纹的种类、牙型、代号和用途见表 4-11。

表 4-11 常用螺纹的种类、牙型、代号和和用途

螺纹分类及特征符号				牙型及牙型角	说明
连接螺纹	普通螺纹	粗牙普通螺纹(M)		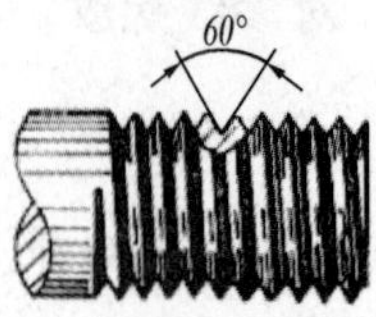	用于一般零件的连接，是应用最广泛的连接螺纹
		细牙普通螺纹(M)			对同样的公称直径，细牙螺纹比粗牙螺纹的螺距要小，多用于精密零件、薄壁零件的连接。螺纹代号都用“M”表示
	管螺纹	55°非密封管螺纹(G)		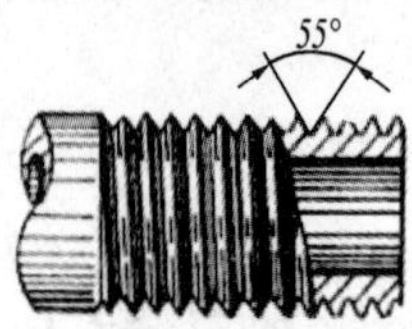	常用于低压管路系统连接的旋塞等管件附件中
		55°密封管螺纹	圆锥外螺纹(R)	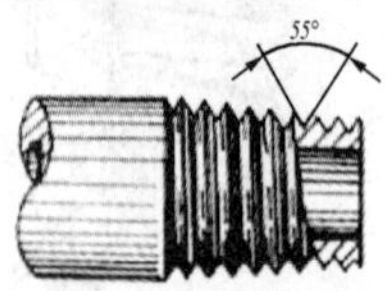	适用于密封性要求高的水管、油管、煤气管等中、高压的管路系统中
			圆锥内螺纹(Rc)		
			圆柱内螺纹(Rp)		
传动螺纹	梯形螺纹 (Tr)			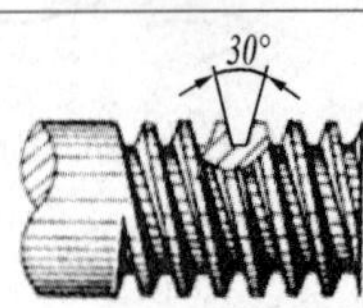	用于须承受两个方向轴向力的场合，如各种机床的传动丝杆等
	锯齿形螺纹 (B)			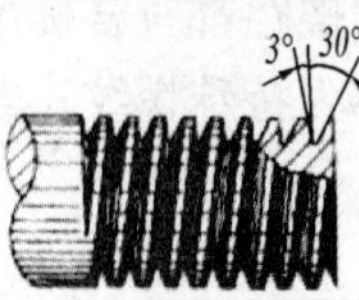	用于只承受单向轴向力的场合，如虎钳、千斤顶的丝杠等

4. 螺纹的规定画法

1) 外螺纹的画法

(1) 螺纹的大径和螺纹终止线用粗实线绘制，螺纹的小径用细实线绘制，倒角或倒圆的细实线也应画出，如图 4.120(a)所示。

(2) 在投影为圆的视图中，大径用粗实线画圆，小径通常画成 0.85d，用细实线画3/4圈，倒角圆省略不画，如图 4.120(a)、(b)所示。

(3) 在剖视图中，螺纹终止线只画出大径和小径之间的部分，剖面线应画到粗实线处，如图 4.120(b)所示。

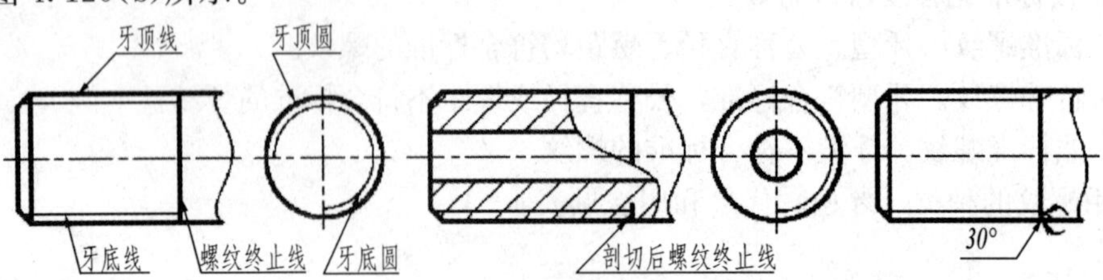

(a) (b) (c)

图 4.120 外螺纹的画法

螺尾部分一般不必画出，当需要表示螺尾时，螺尾部分的牙底用与轴线成 30°的细实线绘制，如图 4.120(c)所示。

2) 内螺纹的画法

(1) 内螺纹(螺孔)一般用剖视图表示，如图 4.121(a)所示。在剖视图中，内螺纹的大径用细实线来绘制，小径和螺纹终止线用粗实线来绘制，剖面线必须终止于粗实线。在投影为圆的视图中，小径画粗实线圆，大径画细实线圆，只画 3/4 圈，倒角圆省略不画。

(2) 内螺纹未被剖切时，其大径、小径和螺纹终止线均用虚线来表示，如图 4.121(b)所示。

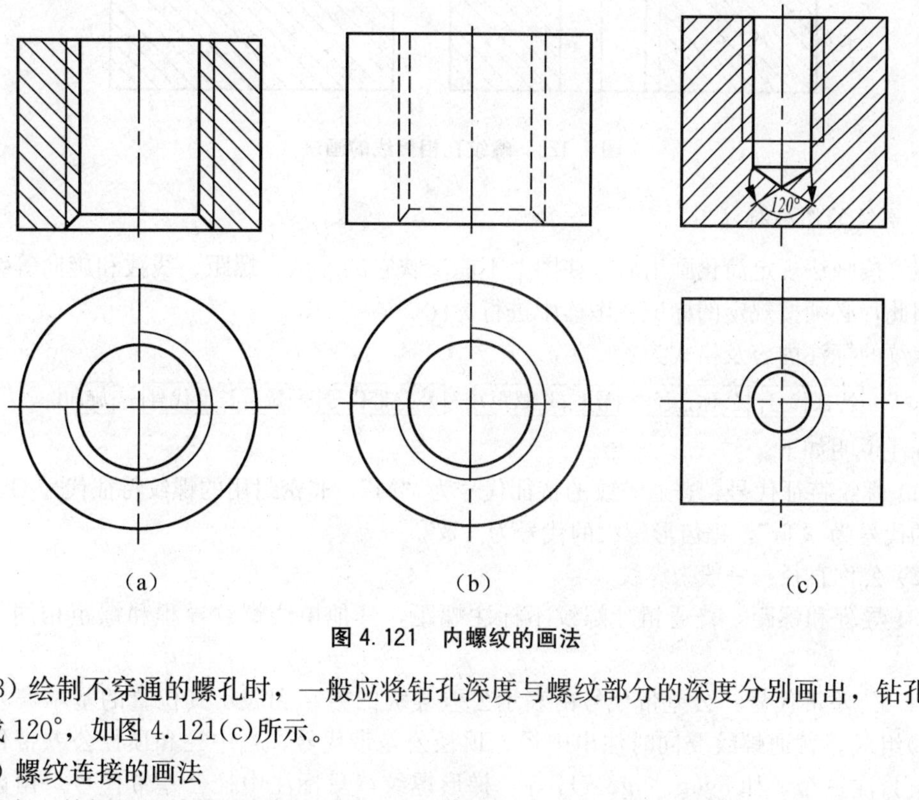

(a)　(b)　(c)

图 4.121　内螺纹的画法

(3) 绘制不穿通的螺孔时，一般应将钻孔深度与螺纹部分的深度分别画出，钻孔顶端应画成 120°，如图 4.121(c)所示。

3) 螺纹连接的画法

当内、外螺纹连接构成螺纹连接时，在剖视图中，如图 4.122 所示，其旋合部分应按外螺纹的画法绘制，其余部分仍按各自的画法来表示。注意使内螺纹的大径与外螺纹的大径，内螺纹的基本小径与外螺纹的基本小径分别对齐，剖面线画至粗实线处。

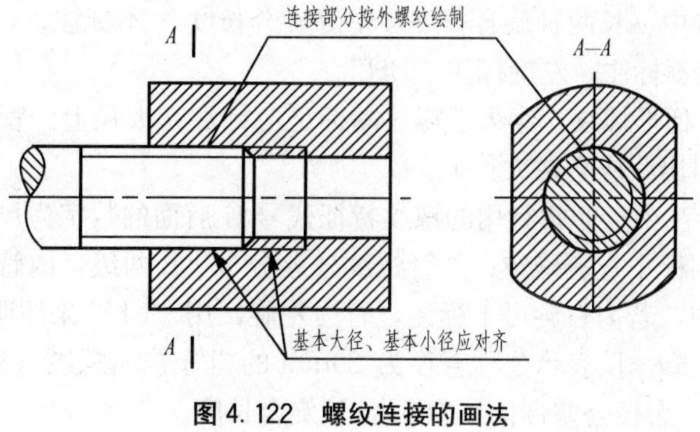

图 4.122　螺纹连接的画法

4）螺纹孔相贯线的画法

两螺纹孔或螺纹孔与光孔相贯时，其相贯线按螺纹的小径画出，如图 4.123 所示。

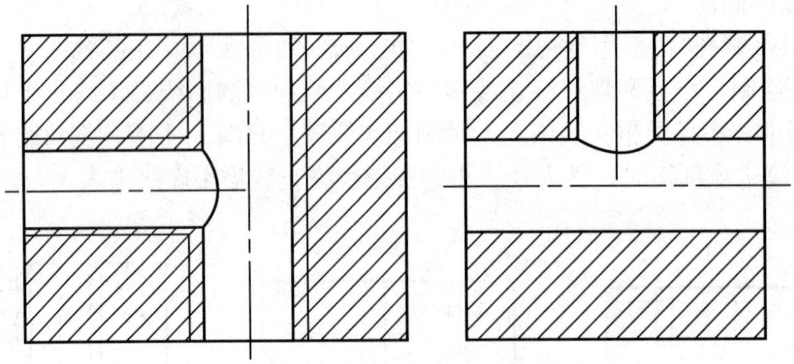

图 4.123　螺纹孔相贯线的画法

5. 螺纹的图样标注

螺纹按画法规定简化画出后，在图上不能反映它的牙型、螺距、线数和旋向等结构要素，因此，必须按规定的标记在图样中进行标注。

螺纹的标注内容及格式为：

特征代号　公称直径 × 导程(P 螺距) — 公差带代号 — 旋合长度代号 — 旋向

标注说明如下。

(1) 螺纹特征代号：普通螺纹的特征代号为"M"，非密封用的螺纹特征代号 G，梯形螺纹的代号为"Tr"，锯齿形螺纹的代号为"B"。

(2) 公称直径：一般为螺纹大经。

(3) 导程和螺距：普通粗牙螺纹不标注螺距，其他单线螺纹导程和螺距相同，只注螺距。

(4) 公差带代号：公差带代号由表示公差等级的数字和表示其位置的基本偏差代号(字母)组成。普通螺纹要同时注出中径、顶径公差带代号，当中径和顶径公差带代号相同时，只注一个，如 5g6g、6g、7H 等。梯形螺纹，只标注中径公差带代号。锯齿形螺纹不注公差带代号，只注表示公差等级的数字。代号中的字母小写的表示外螺纹，大写的表示内螺纹。

(5) 旋合长度代号：普通螺纹的旋合长度分为长、中、短 3 组，分别用代号 S、N、L 表示；梯形螺纹只有中、长两种旋合长度。中等旋合长度 N 不标注。

(6) 旋向：右旋不标注，左旋标注"LH"。

(7) 普通螺纹、梯形螺纹、锯齿形螺纹的标记应标注在大径上。管螺纹的代号标注在引出线的横线上，引出线应指在大径上。

(8) 在管螺纹标注中，非密封用的螺纹特征代号 G 后面的数字为尺寸代号，管螺纹直径可由尺寸代号从国标中查表确定；外管螺纹公差分 A、B 两级，内管螺纹只有一种公差不标注。旋向代号中，若为右旋可不标注，若为左旋，用"LH"来注明。

例如，M20—5g6g—L 表示公称直径为 20mm 的粗牙普通螺纹（外螺纹），右旋，中径公差带代号为 5g，大径公差带代号为 6g，长旋合长度。

例如，M10×1LH—6H 表示公称直径为 10mm，螺距为 1mm 的细牙普通螺纹（内螺纹），左旋、中径和大径公差带代号都为 6H，中等旋合长度。

例如 G1 1/2—LH 表示用于 55°非密封圆柱管螺纹，尺寸代号为 1 1/2，左旋。

例如 Tr40×14（P7）LH—8e—L 表示公称直径为 40mm，导程为 14mm，螺距为 7mm 的双线左旋梯形螺纹（外螺纹），中径公差带代号为 8e，长旋合长度。

4.3.2 螺纹紧固件及其连接的画法

1. 常用螺纹紧固件的种类及标记

用螺纹起连接和紧固作用的零件称为螺纹紧固件。螺纹紧固件的种类很多，常用的有螺栓、双头螺柱、螺母、螺钉、垫圈等，它们的结构形式及尺寸均已标准化，使用时可从相应的标准中查出所需的结构尺寸。图 4.124 为常用的螺纹标准件。常用螺纹紧固件的标记示例见表4 -12。

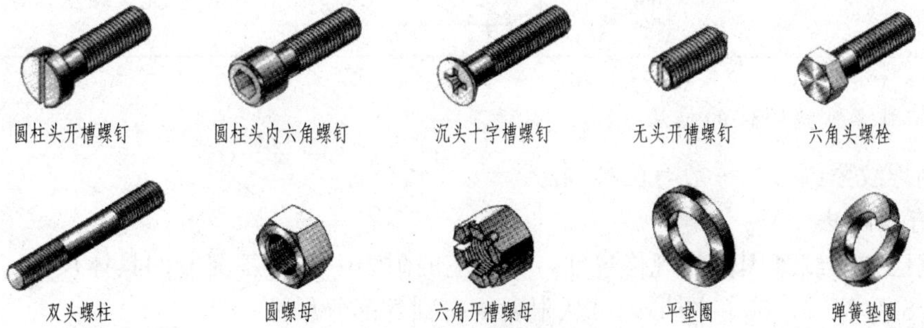

图 4.124 常用的螺纹标准件

表 4 - 12 常用螺纹紧固件的标记示例

名称及标准代号	图例	标记示例及说明
六角头螺栓 A级和 B级 GB/T 5782—2000	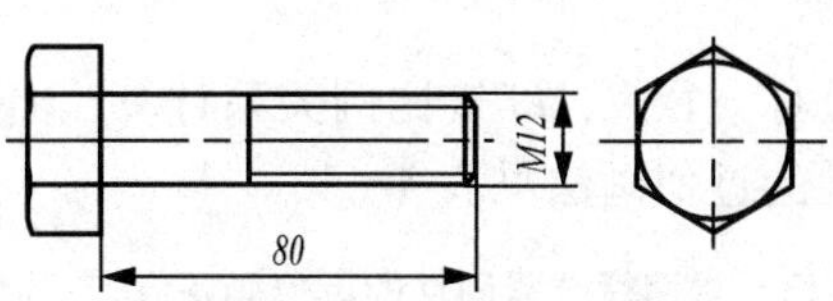	螺栓 GB/T 5782 M12×80 表示螺纹规格 d=M12、公称长度 l=80mm、性能等级为 8.8 级、A 级的六角头螺栓
双头螺柱 A级和 B级 GB/T 897—1988	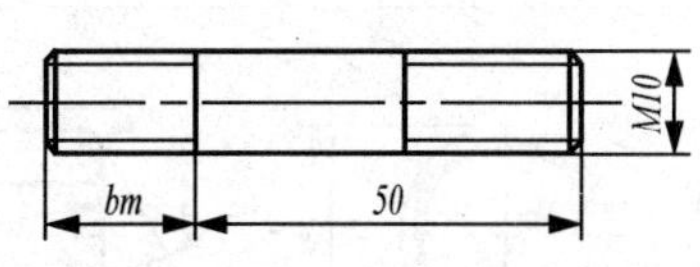	螺柱 GB/T 897 M10×50 表示两端均为粗牙普通螺纹、螺纹规格 d= M10、公称长度 l= 50mm、性能等级为 4.8 级、A 型、bm=d 的双头螺柱
开槽沉头螺钉 GB/T 68—2000	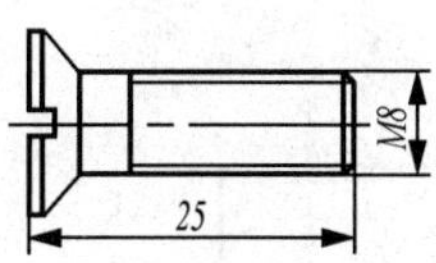	螺钉 GB/T 68 M10×60 表示开槽沉头螺钉，螺纹规格 d=10、公称长度 l=60mm

续表

名称及标准代号	图例	标记示例及说明
开槽圆柱头螺钉 GB/T 65—2000	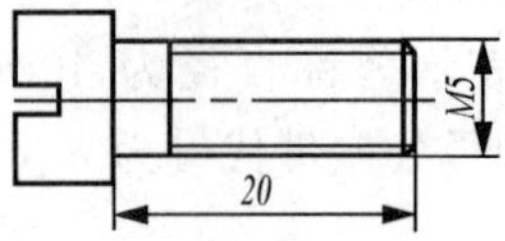	螺钉 GB/T65—2000 M5×20 表示螺纹规格为 d=M5、公称长度 l=20mm、性能等级为 4.8 级的开槽圆柱头螺钉
1 型六角螺母 A 级和 B 级 GB/T 6170—2000	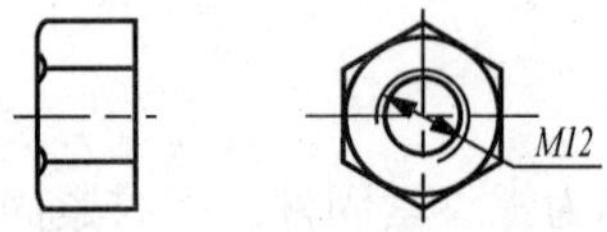	螺母 GB/T 6170—2000 M12 表示螺纹规格 d=M12、性能等级 10 级、不经表面处理、A 级的 1 型六角螺母
平垫圈 GB/T 97.1—2002	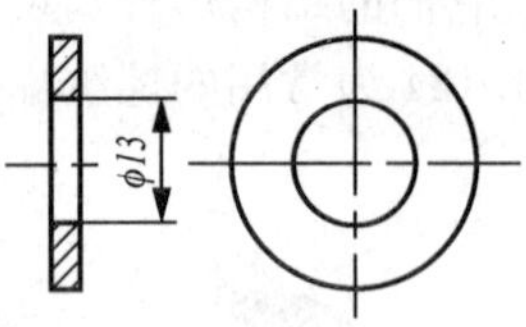	垫圈 GB/T 97.1 12—140HV 表示 A 级平垫圈，螺纹规格 d=12mm，性能等级为 140HV 级

2. 常用螺纹紧固件的画法

绘制螺纹紧固件，一般有两种画法。

1）查表画法

根据已知螺纹紧固件的规格尺寸，从相应的附表中查出各部分的具体尺寸。如绘制螺栓 GB 5782 M20×60 的图形，可从附表 4 查到各部分尺寸：

螺栓直径 $d=20$ 螺栓头厚 $k=12.5$

螺纹长度 $b=46$ 公称长度 $l=60$

六角头对边距 $s=30$ 六角头对角距 $e=33.53$

根据以上尺寸即可绘制螺栓零件图。

2）近似画法

在实际画图中，常根据螺纹公称直径 d、D 按比例关系计算出各部分的尺寸，近似画出螺纹紧固件。各常用螺纹紧固件的近似画法见表 4-13。

表 4-13 常用螺纹紧固件的近似画法

名称	常用螺纹紧固件的近似画法
螺栓 螺母	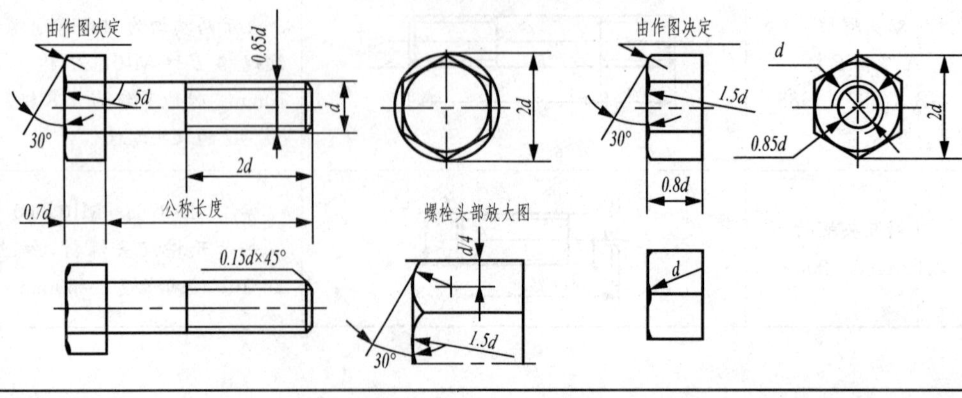

续表

名称	常用螺纹紧固件的近似画法
双头螺柱 内六角圆柱头螺钉	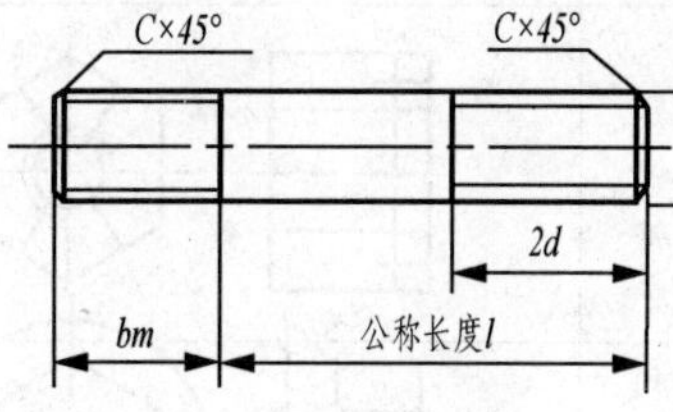 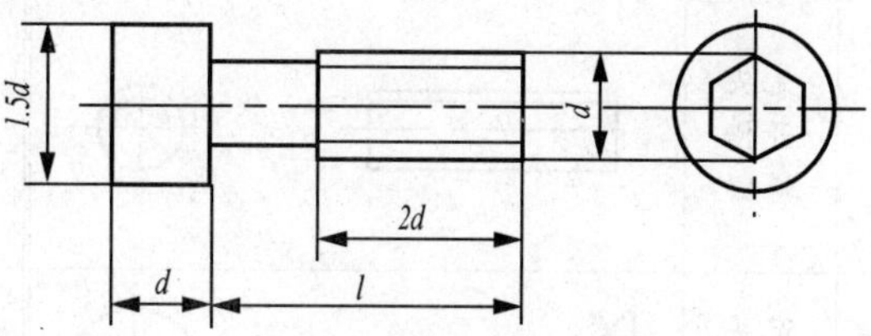
开槽圆柱头螺钉 沉头螺钉	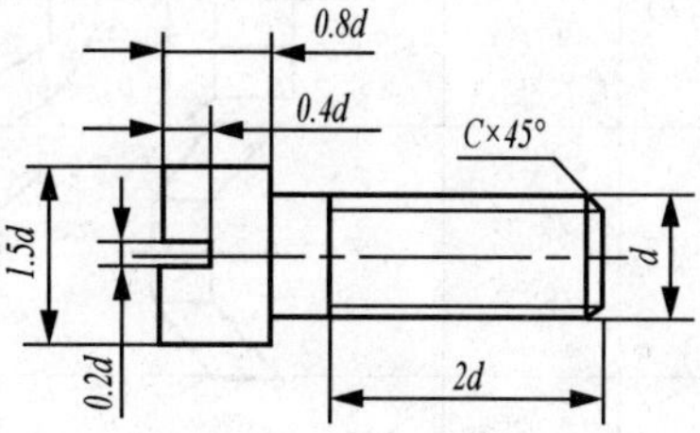 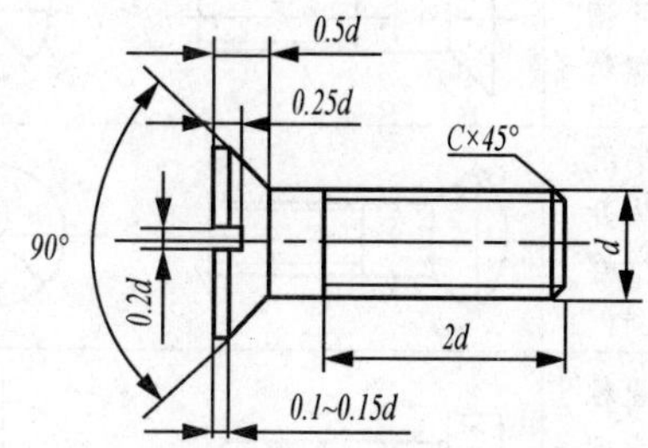
垫圈 弹簧垫圈	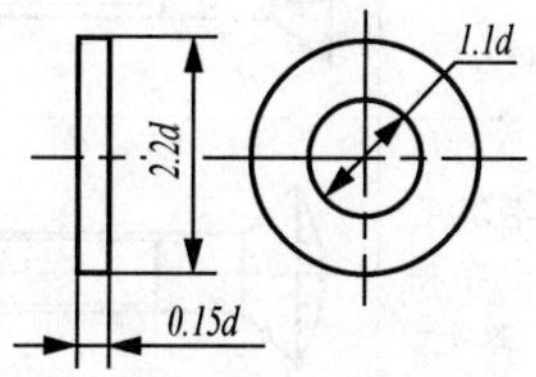 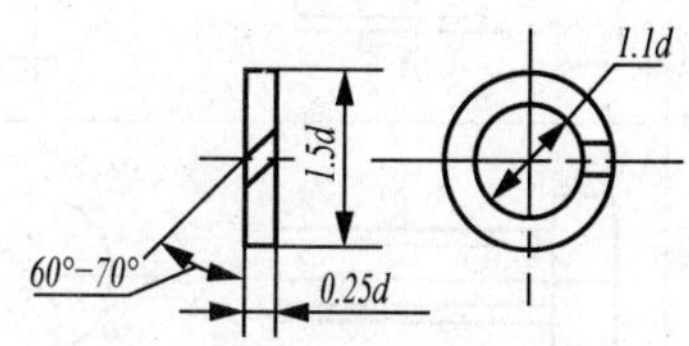
钻孔螺孔和光孔尺寸	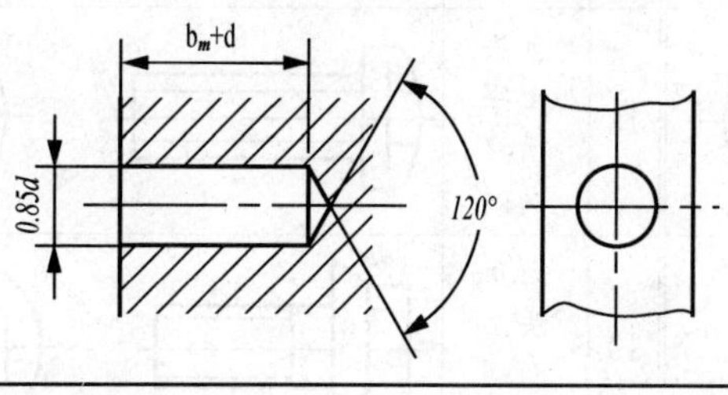 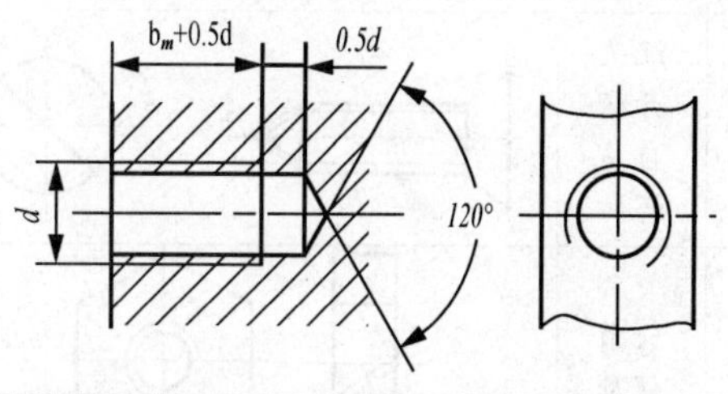

3）简化画法

在装配图中，常用螺栓、螺钉的头部和螺母等也可采用表 4－14 所示的简化画法。

表 4－14　装配图中螺纹紧固件的简化画法

序号	形式	简化画法	序号	形式	简化画法
1	六角头螺栓	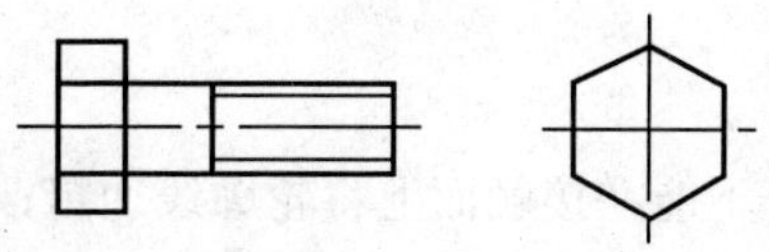	3	圆柱头内六角螺钉	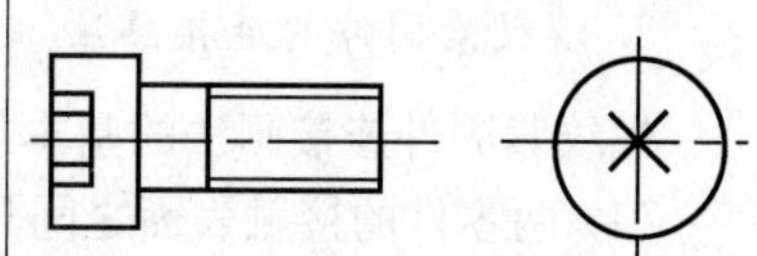
2	方头螺栓	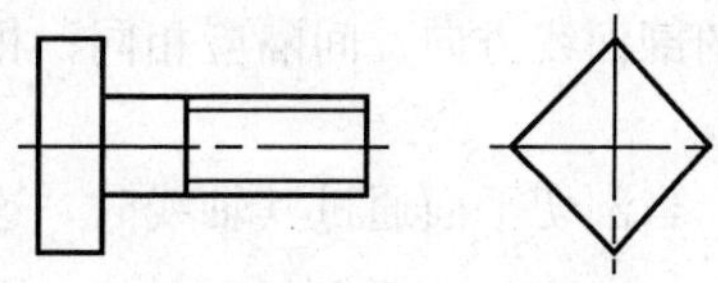	4	无头内六角螺钉	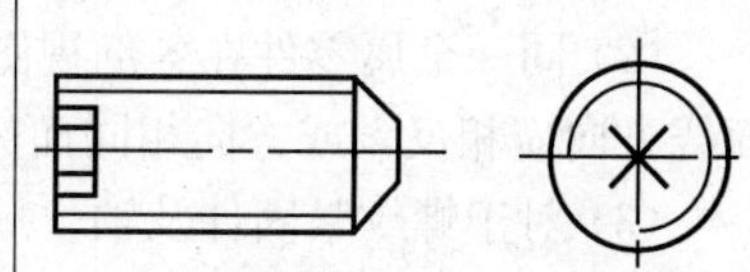

续表

序号	形式	简化画法	序号	形式	简化画法
5	无头开槽螺钉	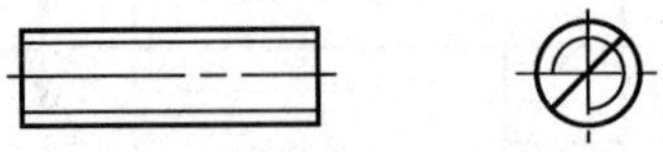	13	六角开槽螺母	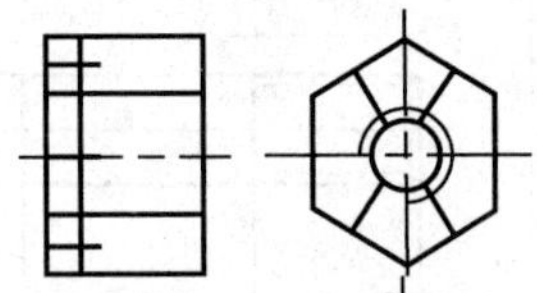
6	沉头开槽螺钉	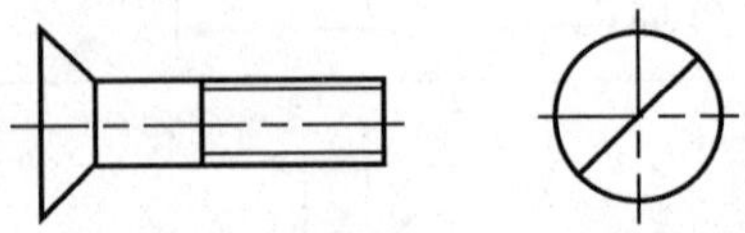	14	六角法兰面螺母	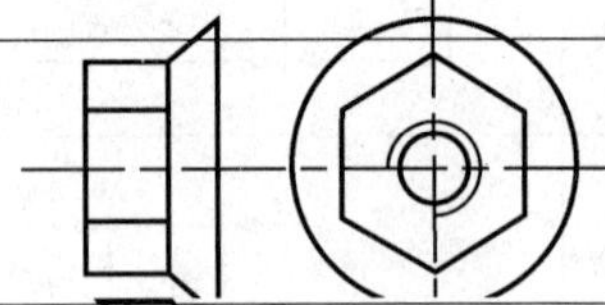
7	半沉头开槽螺钉	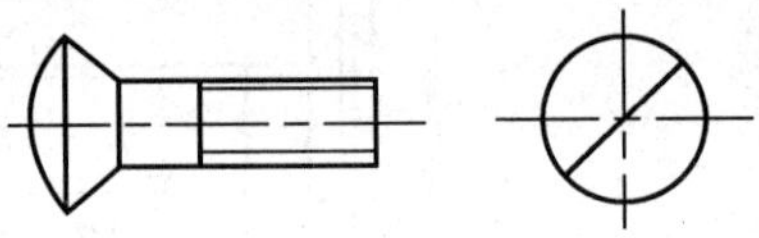	15	蝶形螺母	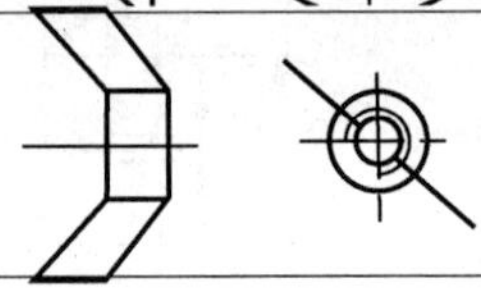
8	圆柱头开槽螺钉	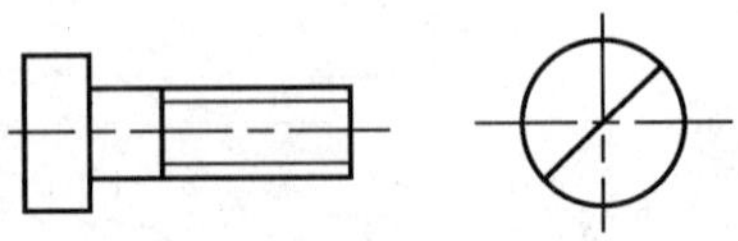	16	沉头十字槽螺钉	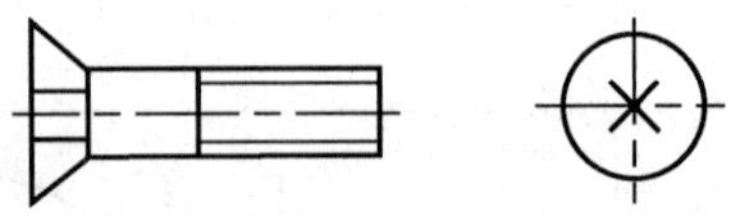
9	盘头开槽螺钉	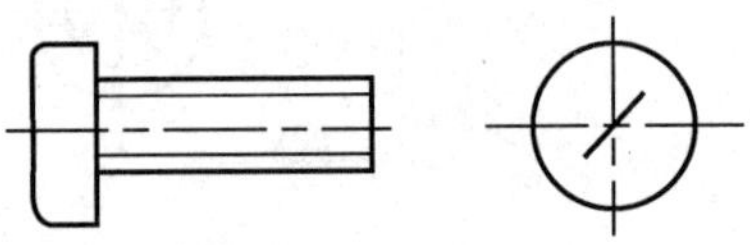	17	半沉头十字槽螺钉	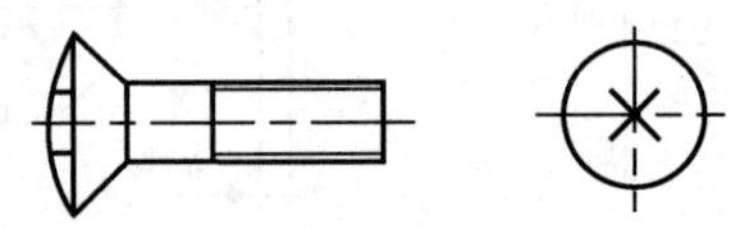
10	沉头开槽自攻螺钉	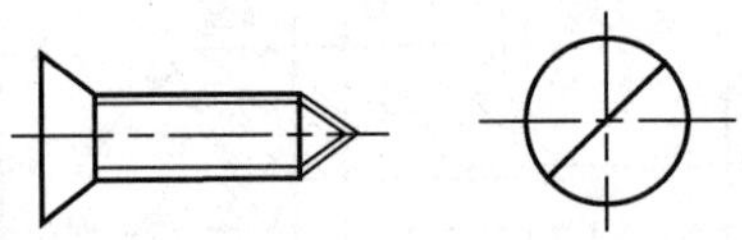	18	盘头十字槽螺钉	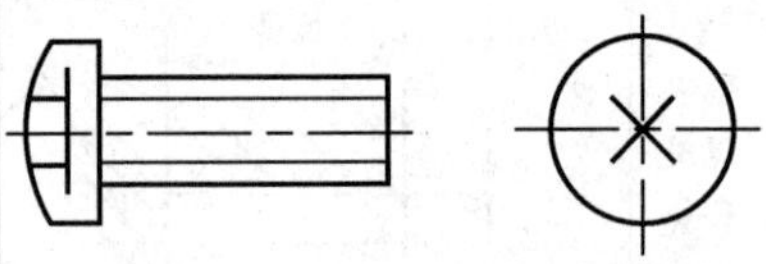
11	六角螺母	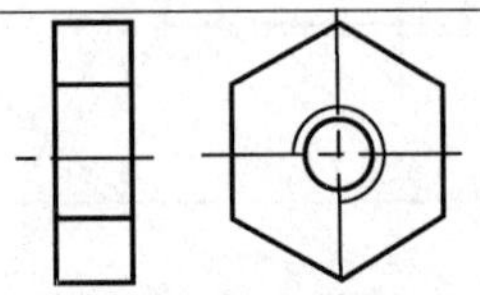	19	六角法兰面螺栓	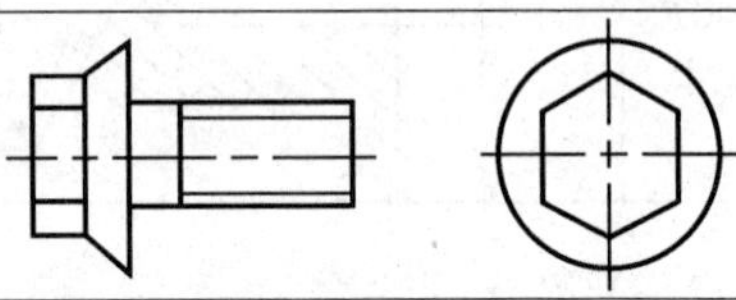
12	方头螺母	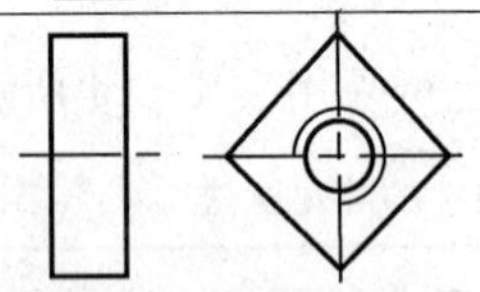	20	圆头十字槽木螺钉	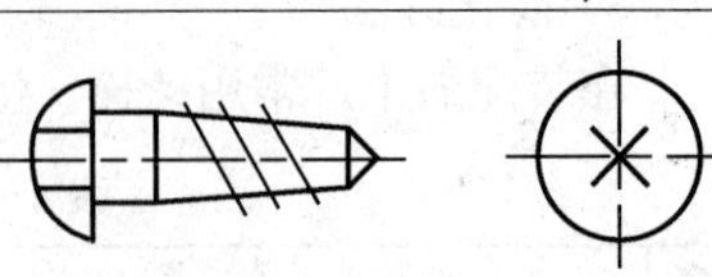

3. 螺纹紧固件的连接画法

螺纹紧固件连接画法的基本规定如下。

(1) 两零件的接触表面之间只画一条线，不能在接触面上将轮廓线加粗；不接触的表面间，不论间隙大小，都应画成两条轮廓线。

(2) 同一金属零件在各剖视图、断面图中的剖面线方向、间隔应相同；相邻零件的剖面线方向应相反，或方向相同而间隔不同。

(3) 对于螺纹紧固件及轴、球等实心零件，当剖切平面通过其轴线时，这些零件按不剖绘制。

螺纹紧固件的基本连接形式有螺栓连接、双头螺柱连接和螺钉连接 3 种，如图 4.125 所示。它们的连接画法分别介绍如下。

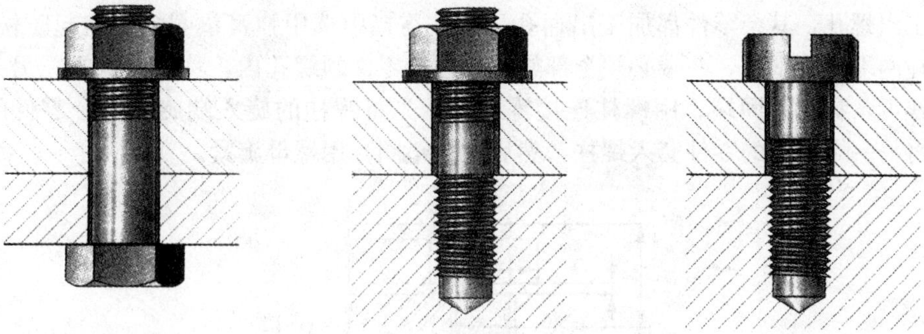

(a)　　　(b)　　　(c)

图 4.125　螺栓、螺柱、螺钉连接

1）螺栓连接

螺栓连接适用于连接不太厚的通孔的零件。螺栓连接中，应用最广的是六角头螺栓连接，它是用六角头螺栓、螺母和垫圈来紧固被连接零件的。垫圈的作用是防止拧紧螺母时损伤被连接零件的表面，并使螺母的压力均匀分布到零件表面上。被连接零件都加工出无螺纹的通孔，通孔直径稍大于螺纹直径，一般按 1.1d 画出。画螺栓连接时先要计算螺栓的公称长度 l。螺栓长度 $l \approx k+m+g_1+g_2+b_1$，计算出长度后查国家标准，根据螺栓长度系列取标准长度 l。

图 4.126 是螺栓连接的装配画法。螺栓连接件的尺寸规格可由国家标准查表获得。但在画螺纹紧固件时可用近似尺寸，其中：$b_1 \approx 0.3d$；$m \approx 0.8d$；$k \approx 0.7d$；$e \approx 2d$；$d_2 \approx 2.2d$；$h \approx 0.15d$。

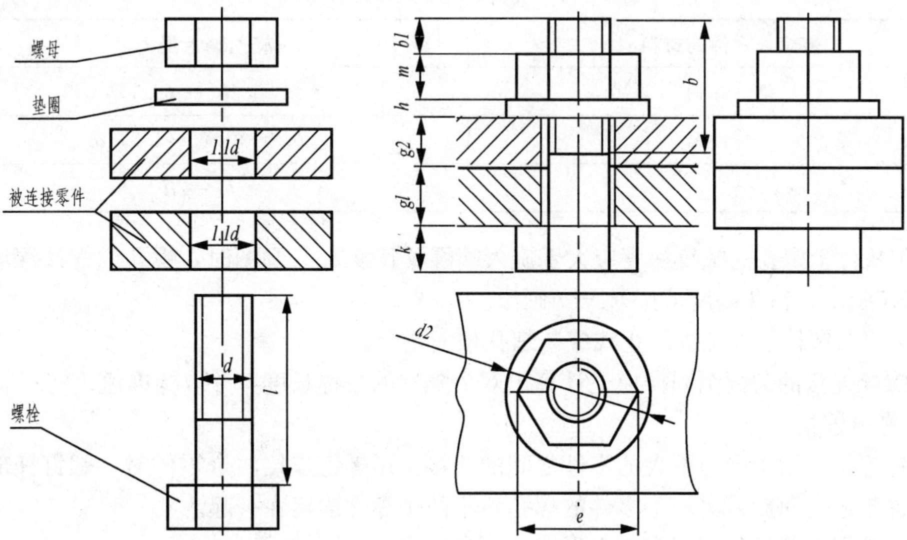

(a) 连接前　　　(b) 连接后

图 4.126　螺栓连接的简化画法

2）螺柱连接

螺柱连接是用双头螺柱、垫圈、螺母来紧固被连接零件的，如图 4.127 所示，双头螺柱连接用于被连接零件太厚或由于结构上的限制不宜用螺栓连接的场合。被连接零件中的一个加工出螺孔，其余零件都加工出通孔。螺柱连接中选用弹簧垫圈，它能起防松作用。双头螺柱两端都有螺纹，一端必须全部旋入被连接零件的螺孔内，称为旋入端；另一端用以拧紧螺母，称为紧固端。用螺柱连接零件时，先将螺柱的旋入端旋入一个零件的螺孔中，再将另一个带孔的零件套入螺柱，然后放入垫圈，用螺母旋紧。

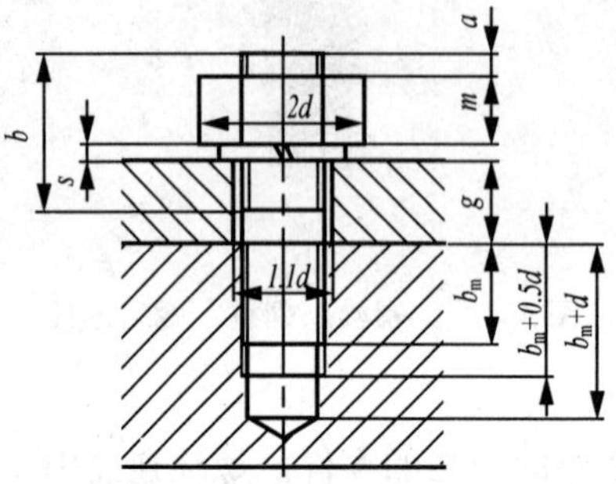

图 4.127　螺柱连接的简化画法

螺柱连接图如图 4.127 所示，各部分画法应注意以下各点。

(1) 双头螺柱的有效长度可参考螺栓连接，先按下式估算：

$$l \geqslant g+s+m+a$$

式中，a 取$(0.2\sim0.4)d$，然后查附表 5，选取相近的标准长度。

(2) 双头螺柱的旋入端长度 b_m 值与带螺孔的被连接件的材料有关，可参考表 4-15 选取。

表 4-15　双头螺柱旋入深度参考值

被旋入零件的材料	旋入端长度 b_m
钢、青铜	$b_m=d$
铸铁	$b_m=(1.25\sim1.5)d$
铝	$b_m=2d$

(3) 机件上螺孔的螺纹深度应大于旋入端螺纹长度 b_m，画图时，螺孔的螺纹深度可按 $b_m+0.5d$ 画出，钻孔深度可按 b_m+d 画出。

(4) 双头螺柱下部螺纹终止线应与螺孔顶面重合。

画螺栓连接的装配图同样应先计算出双头螺柱的公称长度，并取标准值。

3）螺钉连接

螺钉连接多用于受力不大的零件之间的连接。用螺钉连接两个零件时，螺钉杆部穿过一个零件的通孔而旋入另一个零件的螺孔，将两个零件固定在一起。

螺钉根据头部形状不同有许多形式，可参考附表 9。

螺钉连接的装配画法如图 4.128 所示，画图时应注意以下几点。

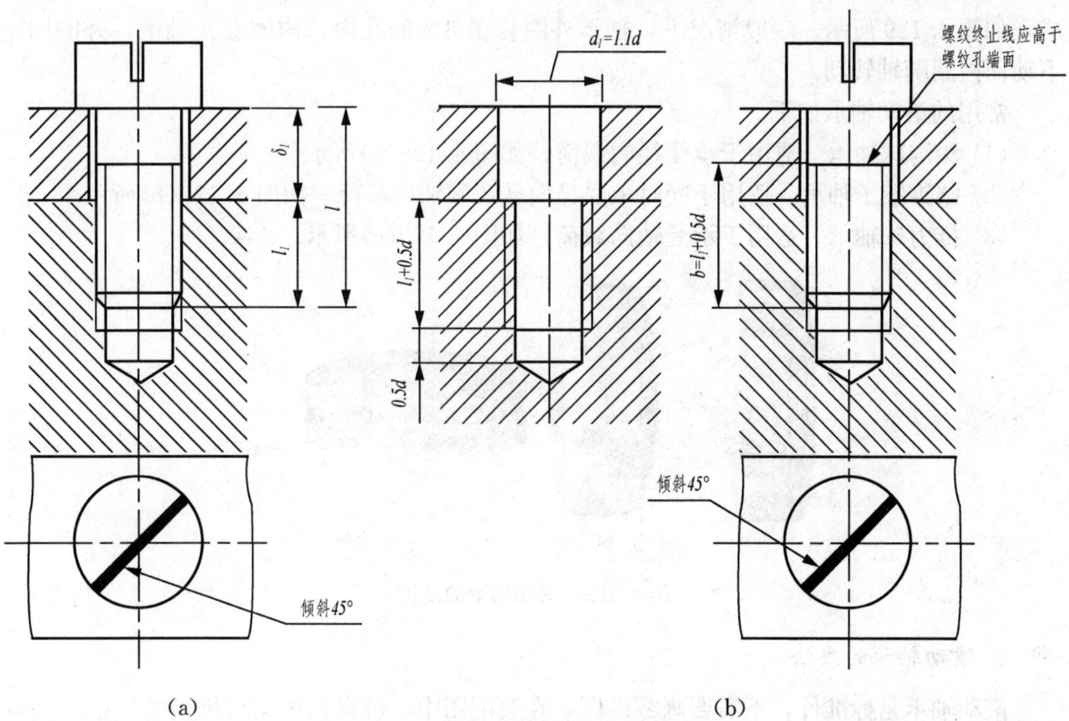

图 4.128　螺钉连接的装配画法

(1) 螺钉的有效长度 l 可按下式估算：

$$l=\delta_1+l_1$$

根据初步算出的 l 值，参考附表 9，在螺钉的标准中，选取与其近似的标准值，作为最后确定的 l。

(2) 螺钉的旋入端长度 l_1 与带螺孔的被连接件的材料有关，可参照双头螺柱连接的旋入端长度 b_m 值，近似选取 $l_1=b_m$。

(3) 为使螺钉连接牢靠，螺钉的螺纹长度和螺孔的螺纹长度都应大于旋入深度 l_1。螺孔的螺纹长度可取 $l_1+0.5d$。被连接件的光孔直径可近似地画成 $1.1d$。

(4) 为了使螺钉头能压紧被连接零件，螺钉的螺纹终止线应高出螺孔的端面，或在螺杆的全长上都有螺纹。

(5) 螺钉头部的一字槽，在俯视图上画成与中心线成 45°。若图形中的槽宽小于或等于 2mm 时，则应涂黑，如图 4.128(b)所示。

4.3.3　滚动轴承(GB/T 4459.7—1998)

轴承有滑动轴承和滚动轴承两种。它们的作用是支持轴旋转及承受轴上的载荷。由于滚动轴承的摩擦阻力小，所以在生产中使用比较广泛。

滚动轴承是标准组件，由专门的工厂生产，需用时根据要求确定型号，选购即可。在设计机器时，不必画滚动轴承的零件图，只要在装配图上按规定画出简图即可。

1. 滚动轴承的结构和分类

滚动轴承的种类很多，但它们的结构相似，一般由外圈、内圈、滚动体和保持架所组成，如图 4.129 所示。一般情况下，轴承外圈装在机座的孔内，内圈套在轴上，外圈固定不动而内圈随轴转动。

常用的滚动轴承如下。

(1) 深沟球轴承。适用于承受径向载荷，如图 4.129(a)所示。

(2) 圆锥滚子轴承。适用于同时承受径向载荷和轴向载荷，如图 4.129(b)所示。

(3) 推力球轴承。适用于承受轴向载荷，如图 4.129(c)所示。

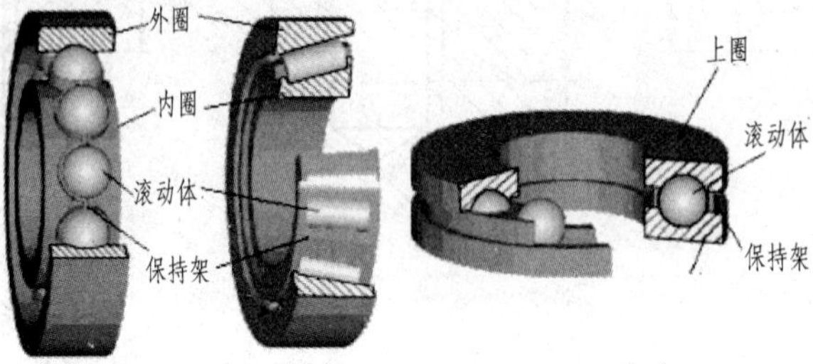

(a)　(b)　(c)

图 4.129　滚动轴承的结构

2. 滚动轴承的画法

滚动轴承是标准件，不需要画零件图，在装配图中，可根据国家标准所规定的画法或特征画法表示。画图时，轴承内径 d、外径 D、宽度 B 等几个主要尺寸根据轴承代号查附表 13～15 或有关手册确定。常用滚动轴承的表示法见表 4－16。

表 4－16　常用滚动轴承的表示法

轴承类型	承载特性	规定画法	特征画法	通用画法
		（均指滚动轴承在所属装配图的剖视图中的画法）		
深沟球轴承 (GB/T 276—1994) 6000 型	主要承受径向载荷	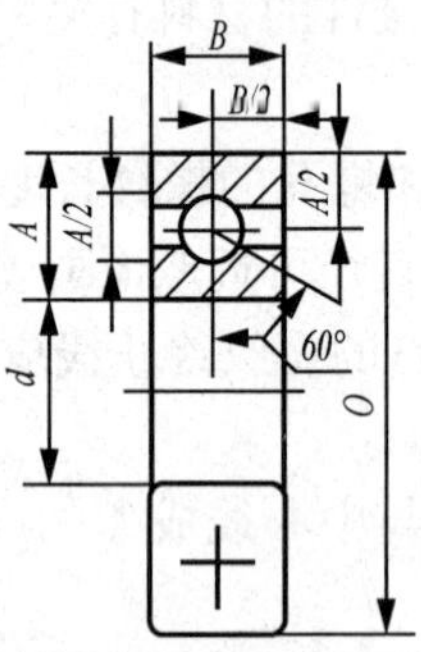	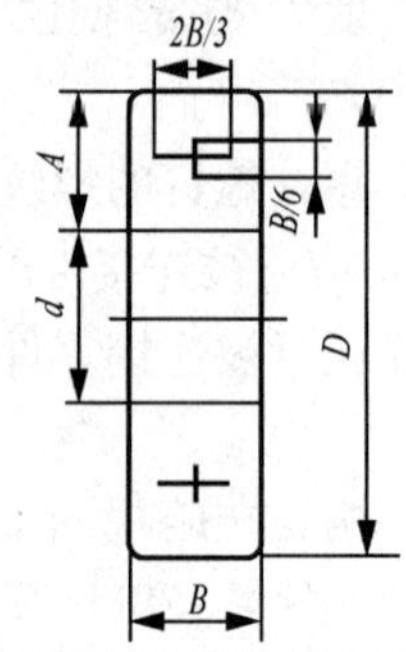	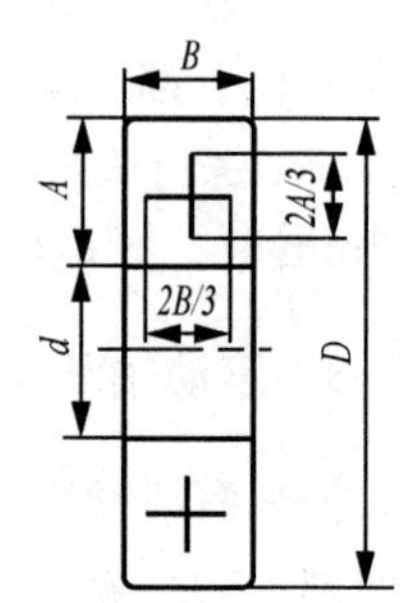
圆锥滚子轴承 (GB/T 297—1994) 30000 型	可同时承受径向和轴向载荷	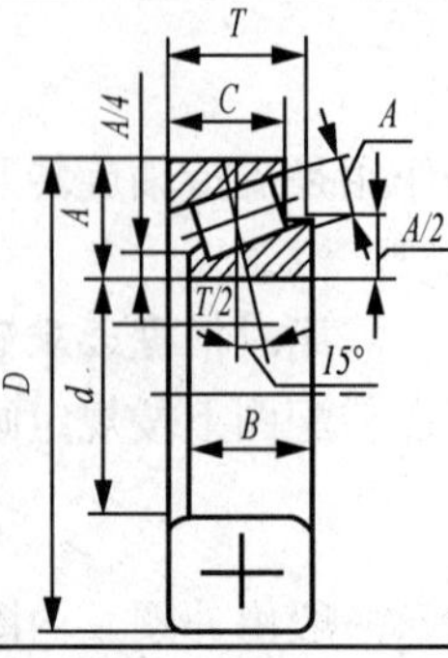	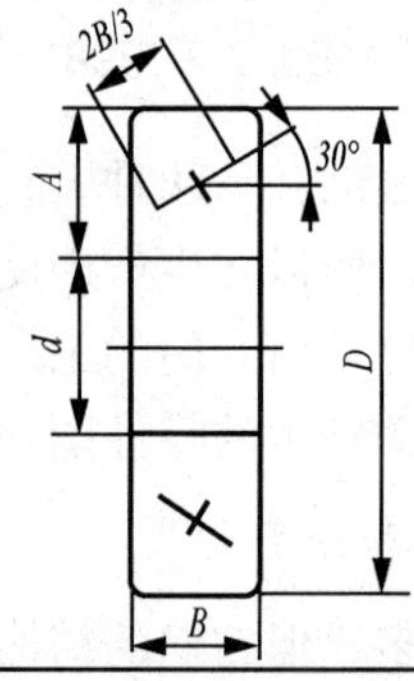	

续表

轴承类型	承载特性	规定画法	特征画法	通用画法
		（均指滚动轴承在所属装配图的剖视图中的画法）		
推力球轴承（GB/T 301—1995）510000 型	承受单方向的轴向载荷	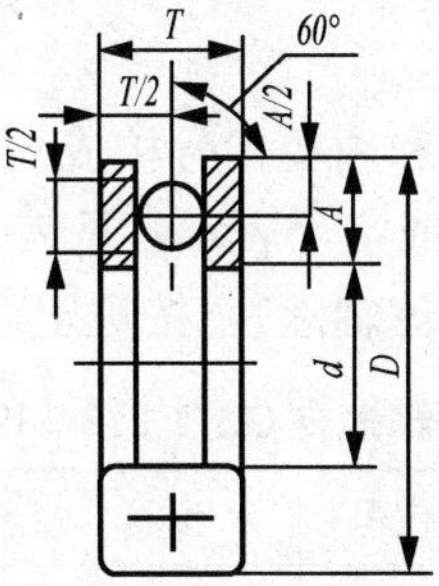	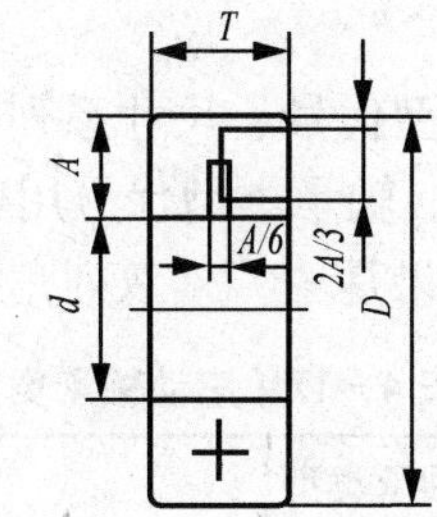	
3 种画法的选用场合		滚动轴承的产品图样、产品样本、产品标准和产品使用说明书中采用	当需要较形象地表示滚动轴承的结构特征时采用	当不需要确切地表示滚动轴承的外形轮廓、承载特性和结构特征时采用

在装配图中，滚动轴承通常按规定画法绘制，图 4.130 中的深沟球轴承上一半按规定画法画出，轴承内圈和外圈的剖面线方向和间隔均相同，而另一半按通用画法画出，即用粗实线画出正十字。

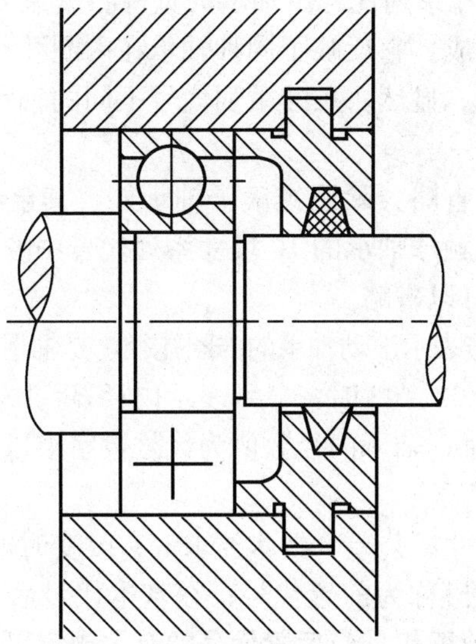

图 4.130 装配图中深沟球轴承的画法

特别提示

为了便于拆卸，在装配图中，轴肩尺寸应小于轴承内圈外径，孔肩直径应大于轴承外圈直径。

3. 滚动轴承的标记

滚动轴承代号是用字母加数字表示滚动轴承的结构、尺寸、公差等级、技术性能等特征的产品符号。

滚动轴承代号按顺序由基本代号、前置代号、后置代号构成。

前置、后置代号是轴承在结构形状、尺寸、公差、技术要求等有改变时，在基本代号上添加的补充说明。

1）基本代号

基本代号由轴承类型代号、尺寸系列代号和内径代号构成。

（1）轴承类型代号。轴承类型代号用数字或字母表示，见表 4-17，例如“6”表示深沟球轴承。类型代号如果是“0”（双列角接触球轴承），按规定可以省略不标。

表 4-17　滚动轴承类型代号(摘自 GB/T 272—1993)

代号	轴承类型	代号	轴承类型
0	双列角接触轴承	6	深沟球轴承
1	调心球轴承	7	角接触轴承
2	调心滚子轴承和推力调心滚子轴承	8	推力圆柱滚子轴承
3	圆锥滚子轴承	N	圆柱滚子轴承
4	双列深沟球轴承	U	外球面球轴承
5	推力球轴承	QJ	四点接触球轴承

注：在表中代号后或前加字母或数字表示该类型轴承中的不同结构。

（2）尺寸系列代号。尺寸系列代号由轴承的宽(高)度系列代号(一位数字)和直径系列代号(一位数字)左右排列组成。它反映了同种轴承在内圈孔径相同时内、外圈的宽度、厚度的不同及滚动体大小不同。显然，尺寸系列代号不同的轴承其外廓尺寸不同，承载能力也不同。

尺寸系列代号有时可以省略：除圆锥滚子轴承外，其余各类轴承宽度系列代号“0”，均省略；深沟球轴承和角接触球轴承的 10 尺寸系列代号中的“1”可以省略；双列深沟球轴承的宽度系列代号“2”可以省略。

（3）内径代号。内径代号表示滚动轴承的内圈孔径，是轴承的公称直径，用两位数表示。

当代号数字为 00、01、02、03 时，分别表示内径 d=10，12，15，17mm。

当代号数字为 04～99 时，轴承内径数值为代号数字乘以“5”。

2）补充代号

当轴承在形状结构、尺寸、公差、技术要求等有改变时，可使用补充代号。在基本代号前面添加的补充代号(字母)称为前置代号；在基本代号后面添加的补充代号(字母或字母加数字)称为后置代号。前置代号与后置代号的有关规定可查阅有关手册。

3）滚动轴承标记示例

应用实例 4-3

（1）滚动轴承 2 03　GB/T 276—1994

“03”为内径代号，d=17mm。

“2”为尺寸系列代号，实为“02”，其中数字“0”省略不写。

为双列角接触球轴承，其类型代号“0”按规定省略不写。

(2) 滚动轴承 30305 GB/T 297—1994

“05”为内径代号，$d=5\times5=25$(mm)。

“03”为尺寸系列代号，中窄系列。

“3”为类型代号，圆锥滚子轴承。

4.3.4 键连接和销连接

在机械设备中键主要用于连接轴和轴上的零件(如齿轮、皮带轮等)以传递扭矩，也有的键具有导向的作用。轴、键、带轮的连接如图 4.131 所示。

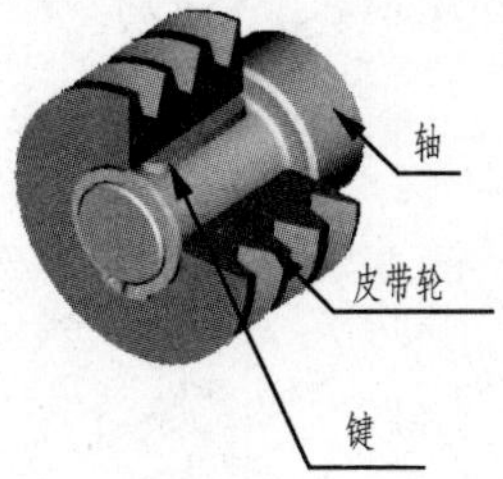

图 4.131 轴、键、带轮连接

常用键有普通平键、半圆键和钩头楔键。

1. 常用键及其标记

1) 常用键的类型(图 4.132)

(a) 平键 (b) 半圆键 (c) 钩头楔键

图 4.132 常用键

普通平键：应用最为广泛，其类型和尺寸如图 4.133 所示。

半圆键：半圆键常用于载荷不大的传动轴上。由于半圆键在槽中能绕其几何中心摆动，以适应轴上键槽的斜度，因而在锥形轴上应用较多。其尺寸如图 4.134(a)所示。

钩头楔键：键的上顶面有 1∶100 的斜度，装配时将键沿轴向嵌入键槽内，钩头楔键靠上下面接触的摩擦力将轴和轮连接。其尺寸如图 4.134(b)所示。

2) 键的标记

键是标准件，在图样中应按国家标准规定做出标记。

(1) 普通平键的标记。普通平键分为 A、B 和 C 型，3 种普通平键的标记方法类似。其格式为：GB/T 1096 键型式 $b\times h\times L$

其中：b 为键宽，h 为键的高度，L 为键的长度。

标记示例如下。

宽度$b=16$mm、高度 $h=10$mm、长度 $L=100$mm 普通 A 型平键的标记为：

GB/T 1096 键 16×10×100 (普通 A 型平键的型号 A 可以省略不标)

宽度$b=16$mm、高度 $h=10$mm、长度 $L=100$mm 普通 B 型平键的标记为：

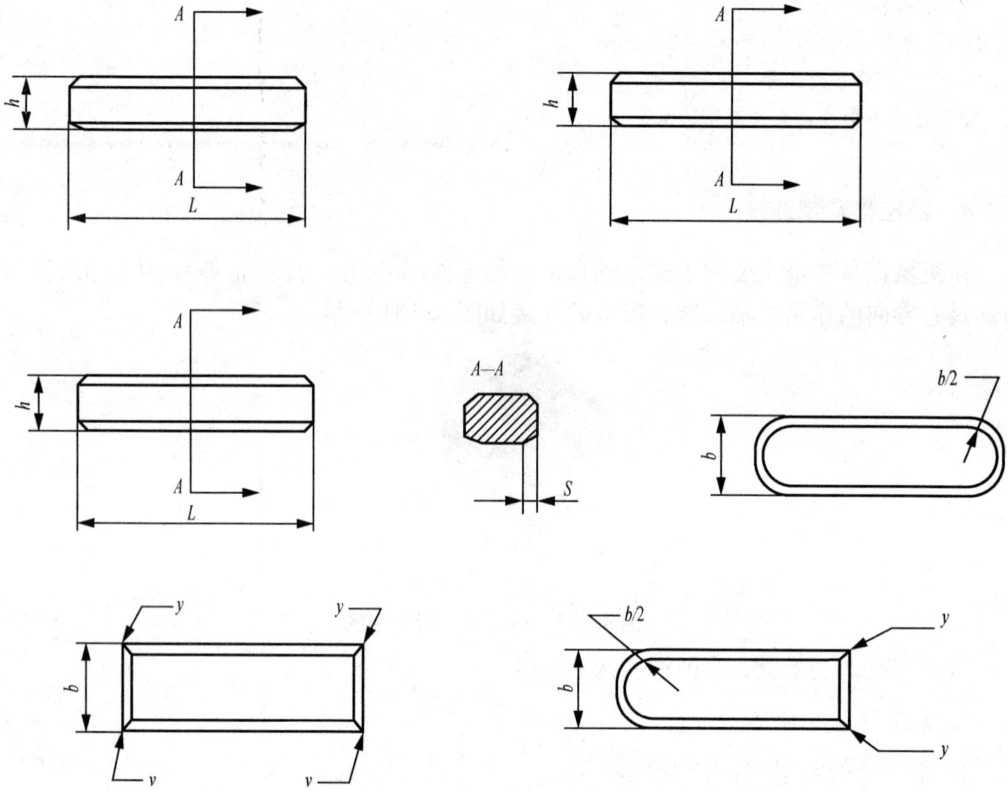

图 4.133 平键的类型和尺寸

GB/T 1096 键 B 16×10×100

宽度b=16mm、高度 h=10mm、长度 L=100mm 普通 C 型平键的标记为：

GB/T 1096 键 C 16×10×100

(2) 半圆键的标记。半圆键的标记形式为：

GB/T 1099.1 键 $b×h×D$

其中：b 为键宽，h 为键的高度，D 为半圆键的直径。

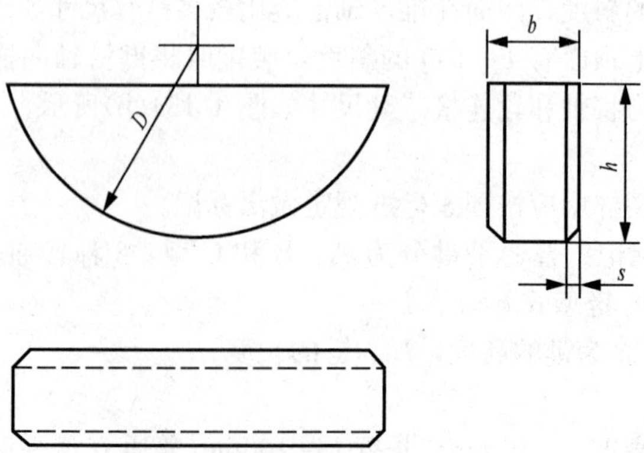

(a) 普通半圆键的剖面尺寸

图 4.134 半圆键和钩头楔键的尺寸

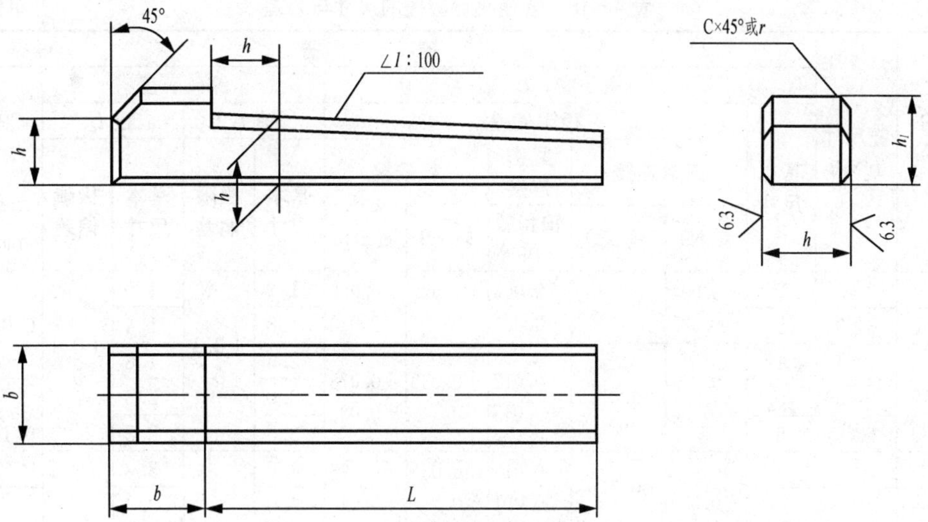

（b）钩头楔键的形式尺寸

图 4.134　半圆键和钩头楔键的尺寸（续）

标记示例如下。

宽度 b=6mm、高度 h=10mm、直径 D=25mm 普通型半圆键的标记为：

GB/T 1099.1 键 6×10×25

（3）钩头楔键的标记。钩头楔键的标记形式为：

GB/T 1564 键　$b\times L$

标记示例如下。

宽度 b=16mm、高度 h=10mm、长度 L=100mm 普通型半圆键的标记为：

GB/T 1564 键　16×100

3）键槽的画法及尺寸标注

因为键是标准件，所以一般不必画出零件图，但要画出零件上与键相配合的键槽，如图 4.135 所示。键槽的宽度 b 可根据轴的直径 d 查表确定，轴上的槽深 t_1 和轮毂上的槽深 t_2 可从键的标准中查得，键的长度 l 应小于或等于轮毂的长度。键槽的画法和尺寸标注如图 4.135 所示，普通平键的尺寸和键槽的断面尺寸按轴的直径在表 4-18 中查得。

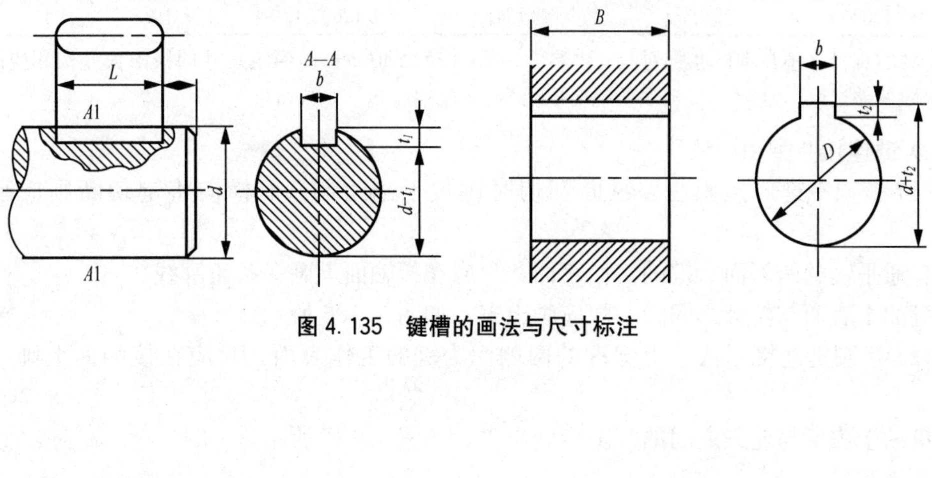

图 4.135　键槽的画法与尺寸标注

表 4-18　普通平键键槽的尺寸与公差　　单位：mm

轴的直径 d	键尺寸 $b\times h$	键槽											
		宽度 b						深度				半径 r	
		基本尺寸	极限偏差					轴 t_1		毂 t_2			
			正常连接		紧密连接	松连接		基本尺寸	极限偏差	基本尺寸	极限偏差		
			轴 N9	毂 JS9	轴和毂 P9	轴 H9	毂 D10					min	max
6～8	2×2	2	−0.004	±0.012 5	−0.006	+0.025	+0.060	1.2	+0.1 0	1.0	+0.1 0	0.08	0.16
8～10	3×3	3	−0.029		−0.031	0	+0.020	1.8		1.4			
10～12	4×4	4	0 −0.030	±0.015	−0.012 −0.042	+0.030 0	+0.078 +0.030	2.5		1.8			
12～17	5×5	5						3.0		2.3		0.16	0.25
17～22	6×6	6						3.5		2.8			
22～30	8×7	8	0 −0.036	±0.018	−0.015 −0.051	+0.036 0	+0.098 +0.040	4.0	+0.2 0	3.3	+0.2 0		
30～38	10×8	10						5.0		3.3		0.25	0.40
38～44	12×8	12	0 −0.043	±0.021 5	−0.018 −0.061	+0.043 0	+0.120 +0.050	5.0		3.3			
44～50	14×9	14						5.5		3.8			
50～58	16×10	16						6.0		4.3			
58～65	18×11	18						7.0		4.4			
65～75	20×12	20	0 −0.052	±0.026	−0.022 −0.074	+0.052 0	+0.149 +0.065	7.5		4.9		0.40	0.60
75～85	22×14	22						9.0		5.4			
85～95	25×14	25						9.0		5.4			
95～110	28×16	28						10.0		6.4			
110～130	32×18	28	0 −0.062	±0.031	−0.026 −0.088	+0.062 0	+0.180 +0.080	11.0		7.4			
130～150	36×20	36						12.0	+0.3 0	8.4	+0.3 0	0.70	1.00
150～170	40×22	40						13.0		9.4			
170～200	45×25	45						15.0		10.4			
200～230	50×28	50						17.0		11.4			
230～260	56×32	56	0 −0.074	±0.037	−0.032 −0.106	+0.074 0	+0.220 +0.100	20.0		12.4		1.20	1.60
260～290	63×32	63						20.0		12.4			
290～330	70×36	70						22.0		14.4			
330～380	80×40	80						25.0		15.4		2.00	2.50
380～440	90×45	90	0 −0.087	±0.043 5	−0.037 −0.124	+0.087 0	+0.260 +0.120	28.0		17.4			
440～500	100×50	100						31.0		19.5			

注：①轴的直径 d 不在本标准所列，仅供参考；②$(d-t_1)$和$(d+t_2)$两组尺寸的极限偏差按相应的 t_1 和 t_2 的极限偏差选取，但$(d-t_1)$极限偏差应取负号(−)。

4) 键连接装配图画法

(1) 普通平键连接画法。纵向剖切时键按不剖绘制，而横向将键切断则应画出剖面线。

普通平键的两侧面为键的工作表面，只应在接触面上画一条轮廓线。

键的上表面与轮廓之间的间隙应画出来，如图 4.136 所示。

(2) 半圆键连接画法。半圆键的两侧面为键的工作表面，只应在接触面上画一条轮廓线。

键的上表面与轮毂之间的间隙应画出来，如图 4.137 所示。

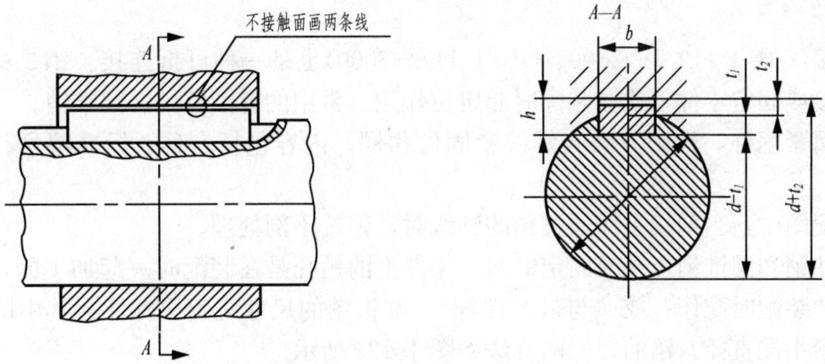

图 4.136　普通平键连接画法

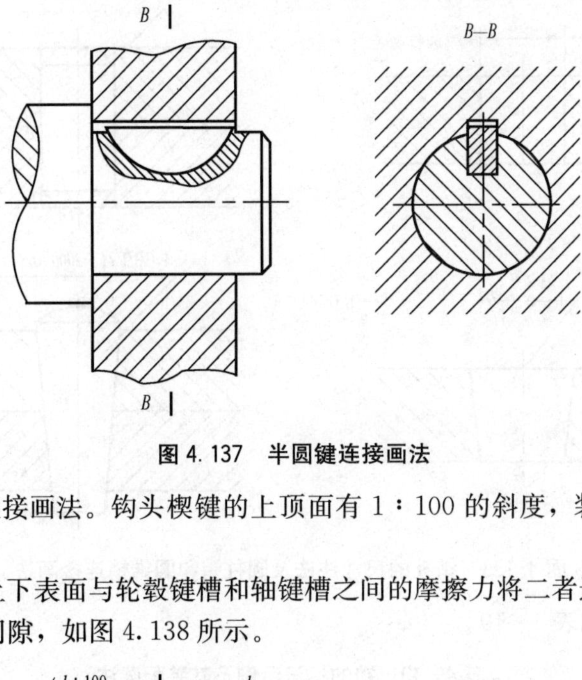

图 4.137　半圆键连接画法

(3) 钩头楔键连接画法。钩头楔键的上顶面有 1∶100 的斜度，装配时将键沿轴向打入键槽中。

钩头楔键是靠上下表面与轮毂键槽和轴键槽之间的摩擦力将二者连接。因而装配图中键的上下表面没有间隙，如图 4.138 所示。

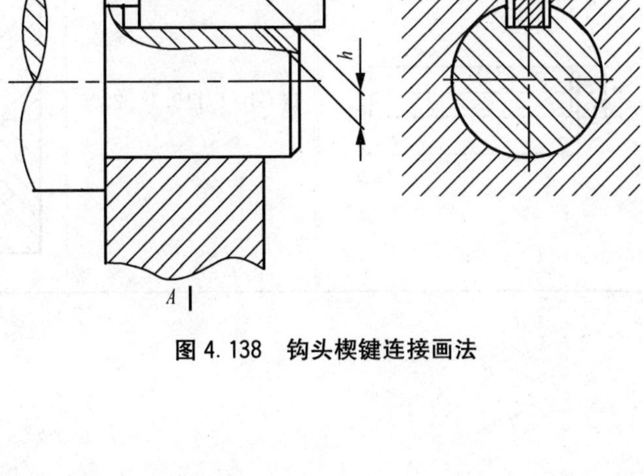

图 4.138　钩头楔键连接画法

2. 销连接

销连接(GB/T 119.1—2000、GB/T 117—2000)也是一种可拆连接。销是标准件，主要用于连接或固定零件，或在装配时起定位作用。常用的有圆柱销、圆锥销。

销也属紧固件，标记方法与螺纹紧固件相同，内容包括名称、标准编号、型式与尺寸等。

在装配图中，当剖切平面通过销的轴线时，销按不剖处理。

用圆柱销和圆锥销连接或固定的两个零件上的销孔是在装配时一起加工的，在零件图上应注写“装配时配作”或“与××件配”。圆锥销的尺寸应引出标注，其中圆锥销的公称直径是指小端直径。销的装配图画法如图 4.139 所示。

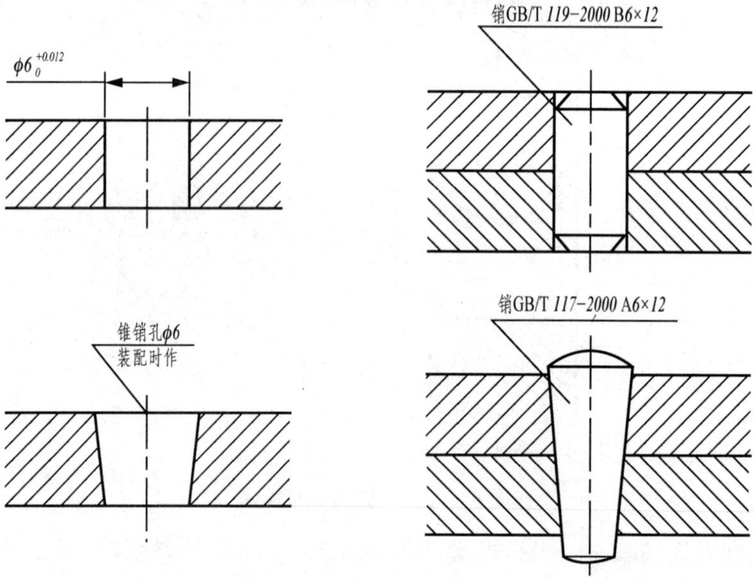

图 4.139 销孔的尺寸注法及圆柱销和圆锥销连接画法

销的标记示例见表 4-19。

表 4-19 销的标记示例及其装配画法

名称及标准	主要尺寸	标记	装配画法
圆柱销 GB/T 119.1—2000	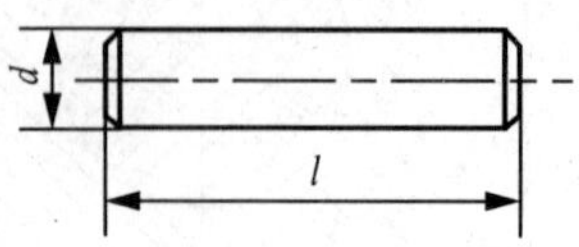	销 GB/T 119.1—2000 $d \times l$	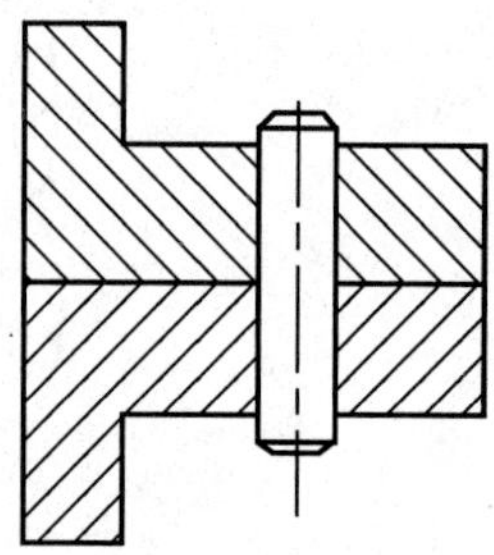

续表

名称及标准	主要尺寸	标记	装配画法
圆锥销 GB/T 117—2000	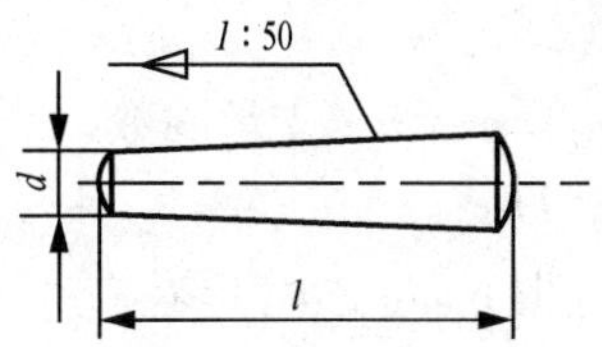	销 GB/T 117—2000 $d\times l$	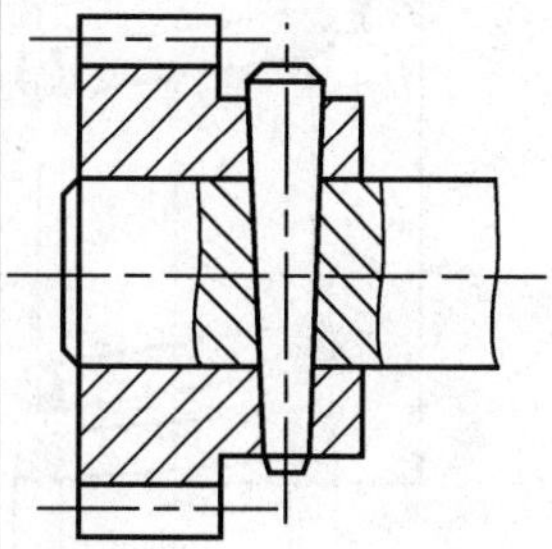

4.3.5　弹簧

1. 弹簧的用途和类型

弹簧是一种常用件，是一种能储存能量的零件，在机器、仪表和电器等产品中起到减震、储能和测量等作用。弹簧的种类很多，根据外形的不同，常见的有螺旋弹簧(图 4.140)和涡卷弹簧(图 4.141)。常用的螺旋弹簧按用途又分为压缩弹簧、拉伸弹簧和扭力弹簧。

此处重点介绍圆柱螺旋压缩弹簧的有关参数名称和画法，其他种类弹簧的画法可参阅有关标准规定。

(a) 压缩弹簧　(b) 拉伸弹簧　(c) 扭转弹簧

图 4.140　螺旋弹簧

图 4.141　涡卷弹簧

2. 圆柱螺旋压缩弹簧的术语和尺寸关系

圆柱螺旋压缩弹簧由钢丝绕成，一般将两端并紧后磨平，使其端面与轴线垂直，便于支承，并紧磨平的若干圈不产生弹性变形称为支承圈，通常支承圈圈数有 1.5、2、2.5 共 3 种。

弹簧中参加弹性变形进行有效工作的圈数，称为有效圈数 n。

弹簧并紧磨平后在不受外力情况下的全部高度，称为自由高度 H_0。

圆柱螺旋压缩弹簧的参数如图 4.142 所示。

(1) 弹簧钢丝直径 d。

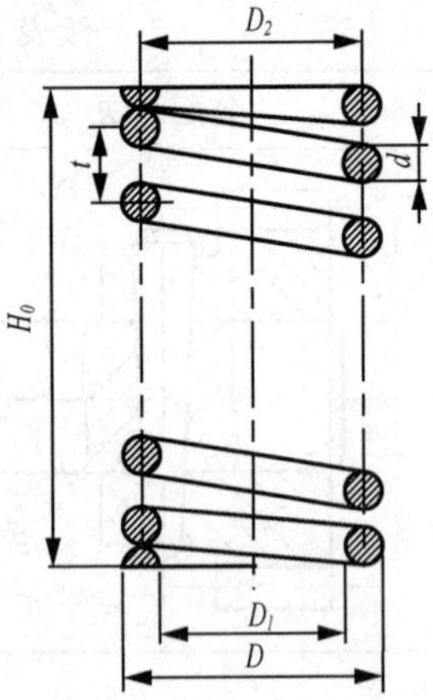

图 4.142　圆柱螺旋压缩弹簧

(2) 弹簧外径 D。

(3) 弹簧内径 D_1，$D_1 = D - 2d$。

(4) 弹簧中径 D_2，$D_2 = D - d$。

(5) 弹簧节距 t。

(6) 有效圈数 n。

(7) 总圈数 n_1；$n_1 = n +$ 支承圈数。

(8) 自由高度 H_0。

支承圈为 2.5 时，$H_0 = nt + 2d$。

支承圈为 2 时，$H_0 = nt + 1.5d$。

支承圈为 1.5 时，$H_0 = nt + d$。

(9)弹簧丝展开长度 L。

$$L = n_1\sqrt{(\pi D_2)^2 + t_2} \approx n_1 \pi D_2$$

3. 圆柱螺旋压缩弹簧的规定画法

(1) 弹簧在平行于轴线投影面上的视图中，各圈的轮廓不必按螺旋线的真实投影画出，可用直线来代替螺旋线的投影，如图 4.143 所示。

(2) 螺旋弹簧均可画成右旋，但对左旋的螺旋弹簧，不论画成左旋或右旋，一律要注出旋向“左”字。

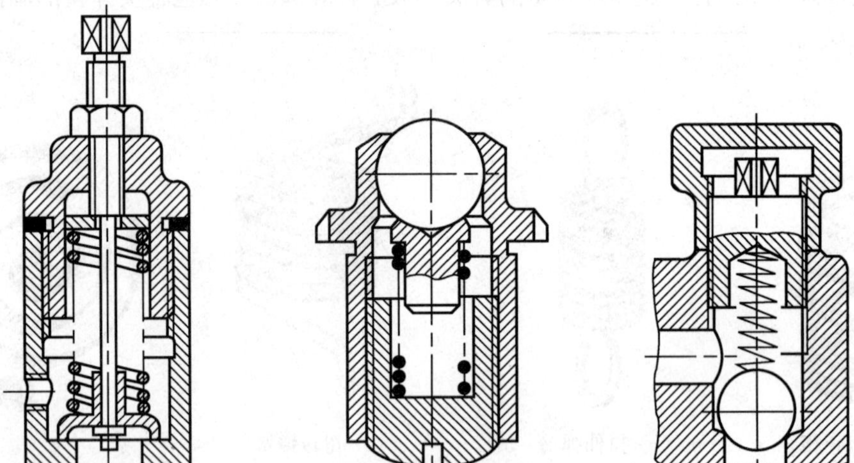

(a)　　(b)　　(c)

图 4.143　装配图中弹簧的画法

(3) 有效圈数在 4 圈以上时，可只画出两端的 1～2 圈，中间各圈可省略不画。省略中间各圈后，允许缩短图形长度，并将两端用细点画线连起来，但应注明弹簧设计要求的自由高度，如图 4.142 所示。

(4) 在装配图中，被弹簧遮挡的结构一般不画出，可见部分应从弹簧的外轮廓线或从弹簧钢丝剖面的中心线画起，如图 4.143(a)所示。

(5) 当弹簧被剖切时，剖面直径或厚度在图形上等于或小于 2mm，也可用涂黑表示，如图 4.143(b)所示；也允许用示意画法，如图 4.143(c)所示。

应用实例 4-4

已知钢丝直径 d，弹簧外径 D，弹簧节距 t，有效圈数 n，支承圈数，右旋，画图步骤如下。

(1) 根据计算出的弹簧中径及自由高度 H_0 画出矩形 $ABCD$，如图 4.144(a)所示。

(2) 在 AB、CD 中心线上画出弹簧支承圈的圆，如图 4.144(b)所示。

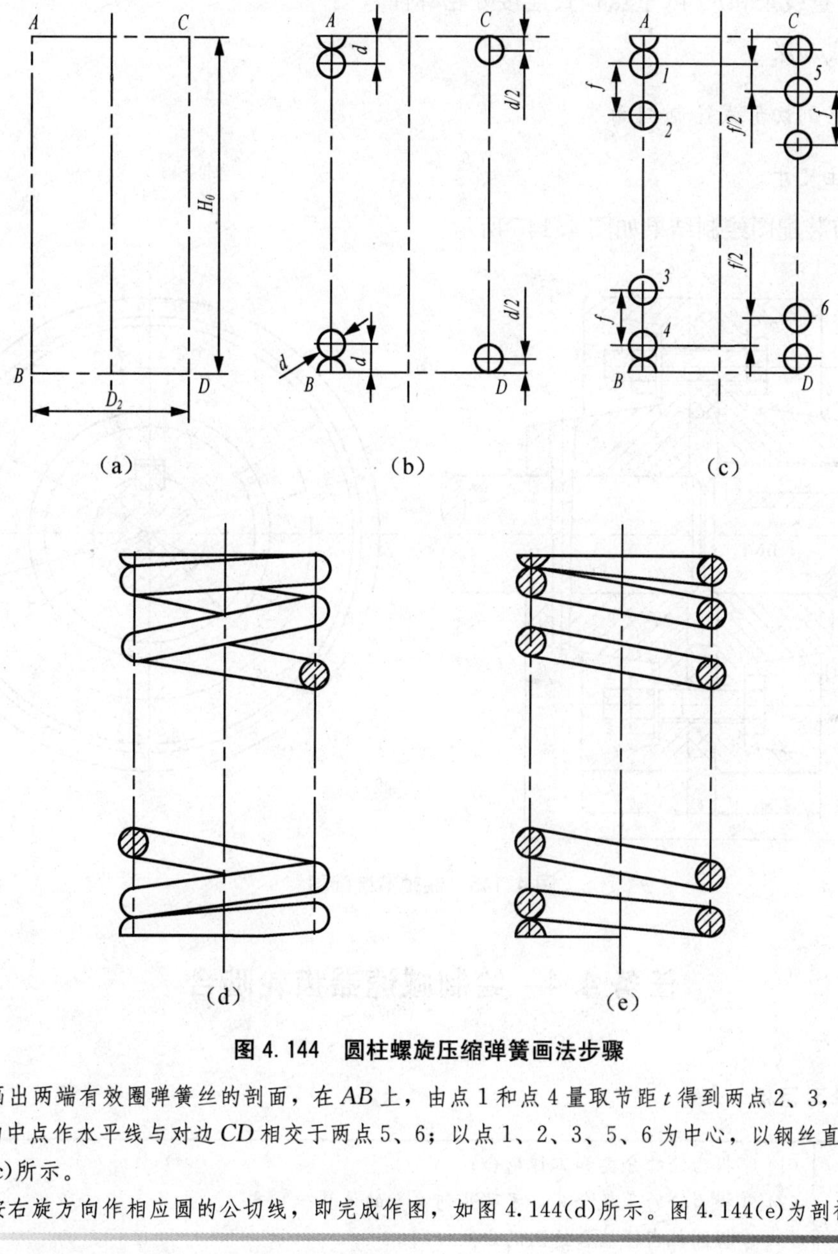

图 4.144 圆柱螺旋压缩弹簧画法步骤

(3) 画出两端有效圈弹簧丝的剖面，在 AB 上，由点 1 和点 4 量取节距 t 得到两点 2、3，然后从线段 12 和 34 的中点作水平线与对边 CD 相交于两点 5、6；以点 1、2、3、5、6 为中心，以钢丝直径画圆，如图 4.144(c)所示。

(4) 按右旋方向作相应圆的公切线，即完成作图，如图 4.144(d)所示。图 4.144(e)为剖视图。

任务实施

绘图步骤如下。

1. 绘制草图

(1) 查表获得各标准件相关尺寸；

(2) 绘制基准线和联轴节轮廓；

(3) 根据所查尺寸绘制螺栓连接、销连接和紧定螺钉连接，注意大径、小径和螺纹终止线；

(4) 检查线条和尺寸(重点检查连接处轮廓性)；

2. 图线加深

3. 根据剖切形式绘制剖面线

4. 标注尺寸

联轴节装配图绘制结果如图 4.145 所示。

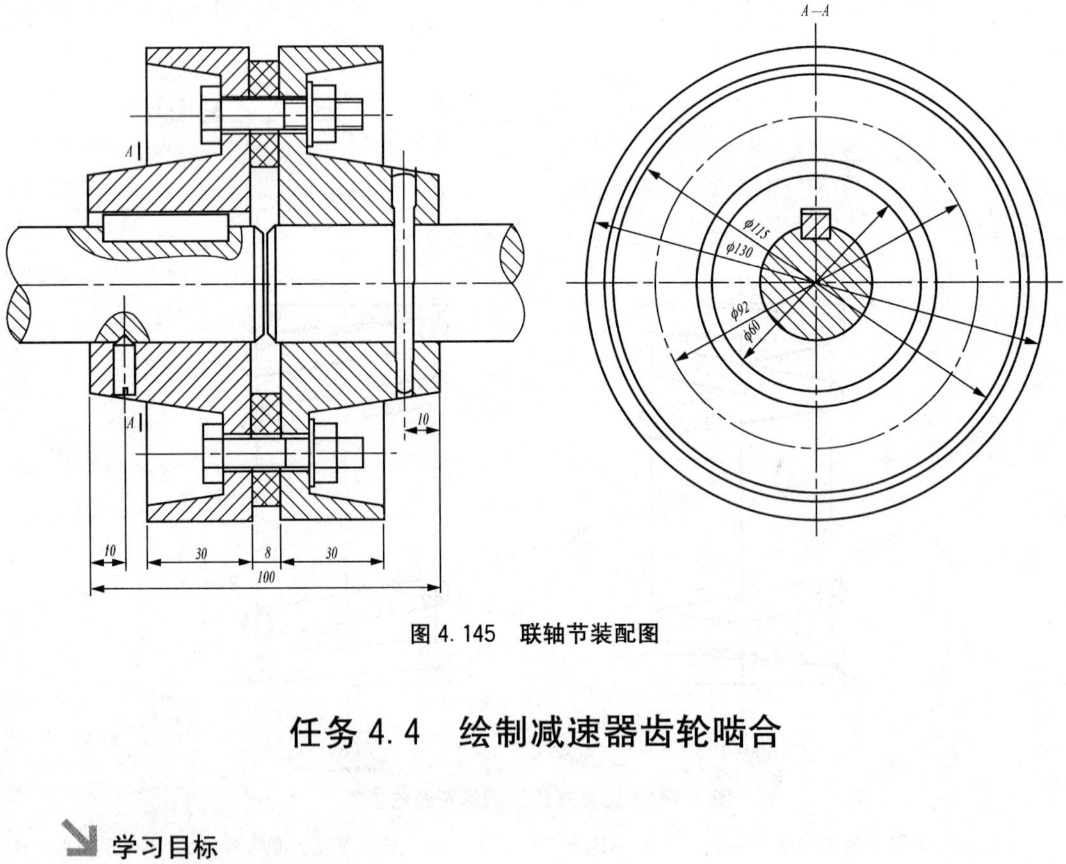

图 4.145　联轴节装配图

任务 4.4　绘制减速器齿轮啮合

学习目标

知识目标	(1) 掌握齿轮的分类和工作场合； (2) 掌握齿轮的参数含义，了解几何参数的计算； (3) 掌握圆柱齿轮啮合绘图的方法
能力目标	(1) 了解齿轮减速器的功用； (2) 掌握齿轮的分类和传动特点； (3) 能掌握齿轮及轮齿的各个参数； (4) 能绘制直齿圆柱齿轮啮合和斜齿圆柱齿轮啮合

任务引入

减速器是由封闭在刚性箱体内的齿轮或蜗杆传动所组成的，它是一种具有固定传动比的传动装置，通常置于原动机与工作机之间。它的功用是降低转速，并相应地增大转矩。减速的程度取决于传动比，而传动比则取决于啮合齿轮各自的齿数。

常见的齿轮减速器有齿轮减速器、蜗杆减速器和行星减速器。齿轮减速器是应用最为广泛的，包括圆柱齿轮减速器、圆锥齿轮减速器和圆锥—圆柱齿轮减速器3种。

齿轮减速器中的齿轮作为常用件，其轮齿几何要素、规定画法等内容是必须掌握的。

本任务要求根据测绘出的配对齿轮参数尺寸绘制齿轮啮合，参数如下：模数2.5；小齿轮(齿轮轴)齿数25，轴颈50mm；大齿轮齿数93，孔径60mm；其他尺寸自定。

相关知识

齿轮是广泛应用于机器或部件中的传动零件，它不仅可以用来传递动力，还能改变转速和回转方向。齿轮的轮齿部分已经标准化。常用的齿轮可以分为三大类，如图4.146所示。

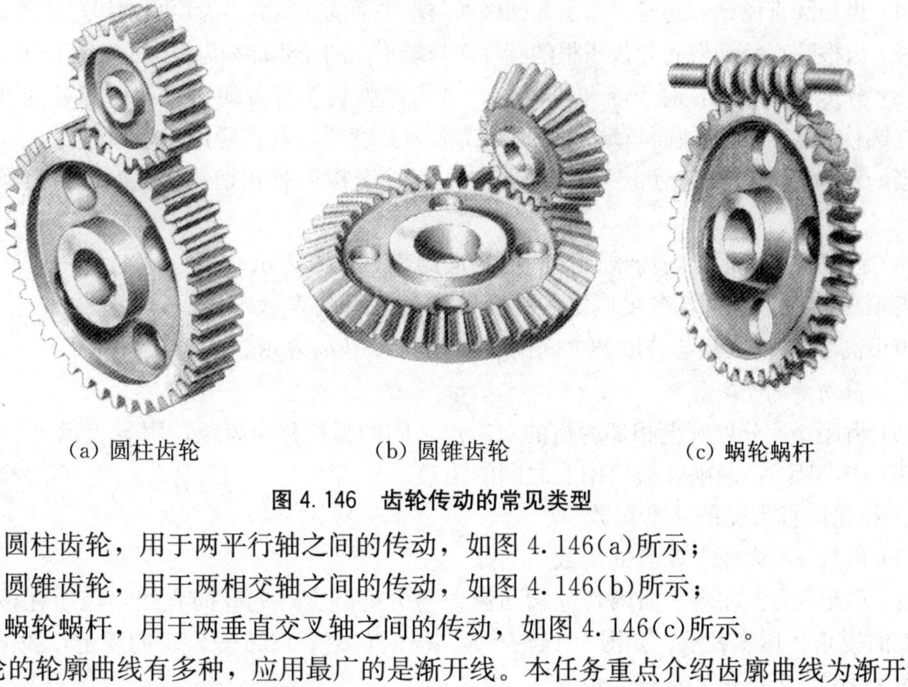

(a) 圆柱齿轮　　(b) 圆锥齿轮　　(c) 蜗轮蜗杆

图4.146　齿轮传动的常见类型

(1) 圆柱齿轮，用于两平行轴之间的传动，如图4.146(a)所示；

(2) 圆锥齿轮，用于两相交轴之间的传动，如图4.146(b)所示；

(3) 蜗轮蜗杆，用于两垂直交叉轴之间的传动，如图4.146(c)所示。

齿轮的轮廓曲线有多种，应用最广的是渐开线。本任务重点介绍齿廓曲线为渐开线的标准直齿圆柱齿轮的几何要素及其画法。

4.4.1　圆柱齿轮

按齿轮轮齿方向的不同，圆柱齿轮可分为直齿齿轮、斜齿齿轮和人字齿齿轮等。

1. 圆柱齿轮各部分名称和尺寸关系

1) 几何要素和尺寸关系

直齿圆柱齿轮的齿向与齿轮轴线平行，图4.147所示为相互啮合的两直齿圆柱齿轮各部分名称和代号。

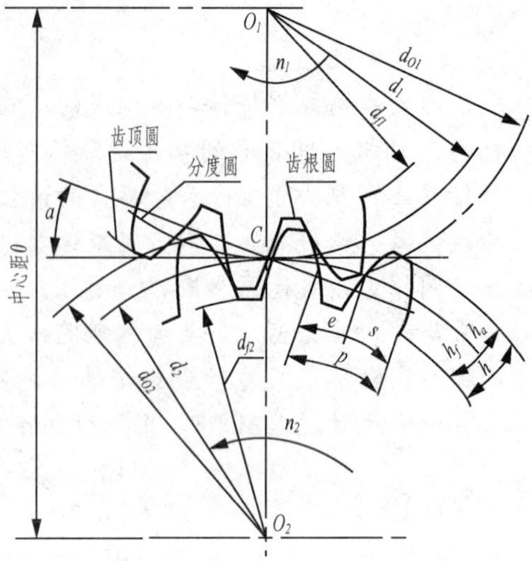

图 4.147　齿轮的几何要素及其代号

（1）齿顶圆直径 d_a：过轮齿齿顶的圆柱面与端平面的交线称为齿顶圆，其直径用 d_a 表示。

（2）齿根圆直径 d_f：过轮齿齿根的圆柱面与端平面的交线称为齿根圆，其直径用 d_f 表示。

（3）分度圆直径 d：对于渐开线齿轮，过齿厚弧长 s 与齿间弧长 e 相等处的圆柱面称为分度圆柱面。分度圆柱面与端平面的交线称为分度圆，其直径用 d 表示。

当一对齿轮啮合安装后，在理想状态下，两个分度圆是相切的，此时的分度圆也称为节圆。

（4）齿高 h：齿顶圆与齿根圆之间的径向距离，用 h 表示。

齿顶高 h_a：齿顶圆与分度圆之间的径向距离，用 h_a 表示。

齿根高 h_f：齿根圆与分度圆之间的径向距离，用 h_f 表示。

全齿高 $h=h_a+h_f$。

（5）齿距 p：分度圆上相邻两齿的对应点之间的弧长称为齿距，用 p 表示。

（6）中心距 a：两啮合齿轮中心之间的距离。

2）齿轮圆柱齿轮的基本参数

（1）齿数 z：齿轮上轮齿的个数。

（2）齿形角 α：在端平面内，过端面齿廓与分度圆交点的径向直线与齿廓在该点的切线所夹的锐角，用 α 表示，如图 4.148 所示。根据 GB/T 1356—2001 的规定，我国采用的齿形角为 20°，齿形角又称压力角。

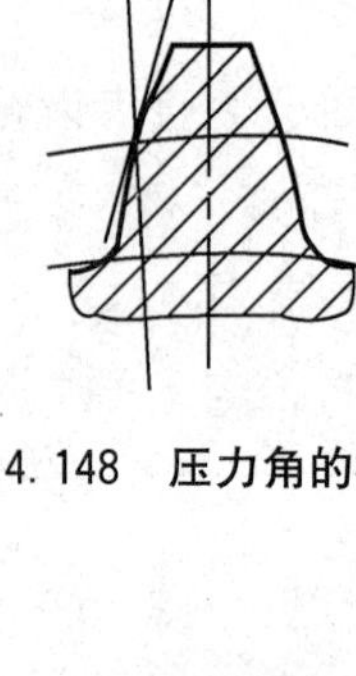

图 4.148　压力角的概念

(3) 模数 m：若齿轮的齿数用 z 表示，则分度圆的周长为 $\pi d=pz$，即 $d=pz/\pi$，式中 π 为无理数，为了计算和测量方便，令 $m=p/\pi$，称 m 为模数，其单位为 mm。

模数是设计和制造齿轮的一个重要参数。模数越大，轮齿越厚，齿轮的承载能力越大。为了便于设计和加工，国家标准中规定了齿轮模数的标准数值，见表 4 - 20。

表 4 - 20　圆柱齿轮的标准模数（GB/T 1357—2008）

第一系列	第二系列	第一系列	第二系列	第一系列	第二系列
1		4		16	
	1.125		4.5		18
1.25		5		20	
	1.375		5.5		22
			(6.5)		
1.5		6		25	
			7		
	1.75				28
2		8		32	
	2.25		9		35
2.5		10		40	
	2.75		11		45
3		12		50	
	3.5		14		

注：①对斜齿轮是指法向模数。

②应优先选用第一系列，其次选用第二系列，括号内的模数尽量不用。

(4) 传动比 i：主动齿轮转速 n_1(r/min)与从动齿轮转速 n_2(r/min)之比称为传动比，即 $i=n_1/n_2$。由于主动齿轮和从动齿轮单位时间里转过的齿数相等，即 $n_1z_1=n_2z_2$，因此，传动比 i 也等于从动齿轮齿数 z_2 与主动齿轮齿数 z_1 之比，即

$$i=\frac{n_1}{n_2}=\frac{z_2}{z_1}$$

3) 直齿圆柱齿轮各部分尺寸的计算公式

齿轮的基本参数 z、m、α 确定以后，齿轮各部分尺寸可按表 4 - 21 中的公式计算。

表 4 - 21　直齿圆柱齿轮各基本尺寸的计算公式

名称	代号	计算公式
分度圆直径	d	$d=mz$
齿顶圆直径	d_a	$d_a=m(z+2)$
齿根圆直径	d_f	$d_f=m(z-2.5)$
齿顶高	h_a	$h_a=m$
齿根高	h_f	$h_f=1.25m$
齿高	h	$h=h_a+h_f=2.25m$
齿距	p	$p=\pi m$

续表

名称	代号	计算公式
中心距	a	$a=\frac{1}{2}(d_1+d_2)=\frac{1}{2}m(z_1+z_2)$
传动比	i	$i=\frac{n_1}{n_2}=\frac{d_1}{d_2}=\frac{z_2}{z_1}$

4）斜齿圆柱齿轮各部分名称和尺寸关系

斜齿圆柱齿轮的轮齿做成螺旋形状，这种齿轮传动平稳，适用于较高转速的传动。

斜齿轮的轮齿倾斜以后，它在端面上的齿形和垂直轮齿方向法面上的齿形不同。斜齿轮的分度圆柱面的展开图如图 4.149 所示，图中 πd 为分度圆周长；β 为螺旋角，表示轮齿倾斜程度。

斜齿轮在端面方向(垂直于轴线)上有端面齿距 pt 和端面模数 m_t，而在法面方向(垂直于螺旋线)上有法向齿距 p_n 和法向模数 m_n，从图 4.149 可知：

$$p_n = p_t\cos\beta$$
$$m_n = m_t\cos\beta$$

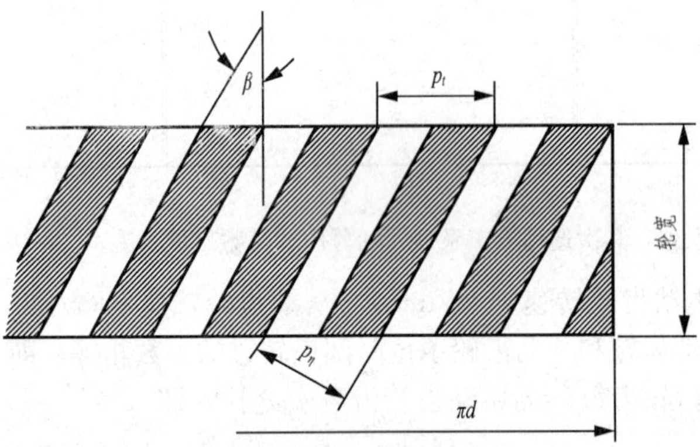

图 4.149　斜齿轮在分度圆上的展开图

加工斜齿轮的刀具，其轴线与轮齿的法线方向一致，为了和加工直齿圆柱齿轮的刀具通用，将斜齿轮的法向模数 m_n 取为标准模数，根据表 4－20 取标准值。齿高也由法向模数确定。

标准斜齿圆柱齿轮法向压力角 $\alpha=20°$，其各部分尺寸的计算公式见表 4－22。

表 4－22　斜齿圆柱齿轮各基本尺寸的计算公式

名称	代号	计算公式
分度圆直径	d	$d_1=\frac{m_n z_1}{\cos\beta}$；$d_2=\frac{m_n}{\cos\beta}$
齿顶圆直径	d_a	$d_{a1}=d_1+2m_n$；$d_{a2}=d_2+2m_n$
齿根圆直径	d_f	$d_{f1}=d_1-2.5m_n$；$d_{f2}=d_2-2.5m_n$
齿顶高	h_a	$h_a=m_n$
齿根高	h_f	$h_f=1.25m_n$
齿高	h	$h=h_a+h_f=2.25m_n$

续表

名称	代号	计算公式
法面齿距	p_n	$p_n=\pi m_n$
端面齿距	p_t	$p_t=\dfrac{\pi m_n}{\cos\beta}$
中心距	a	$a=\dfrac{1}{2}(d_1+d_2)=\dfrac{m_n}{2\cos\beta}(z_1+z_2)$

2. 圆柱齿轮的规定画法

1) 单个直齿圆柱齿轮画法

(1)齿顶圆和齿顶线用粗实线绘制；分度圆和分度线用细点画线绘制；齿根圆和齿根线用细实线绘制，也可省略不画。

(2) 在剖视图中，齿根线用粗实线绘制，轮齿部分不画剖面线。

(3) 如需要表示轮齿(斜齿、人字齿)的方向时，可用 3 条与轮齿方向一致的细实线表示。齿轮的其他结构，可按投影画出，如图 4.150 所示。

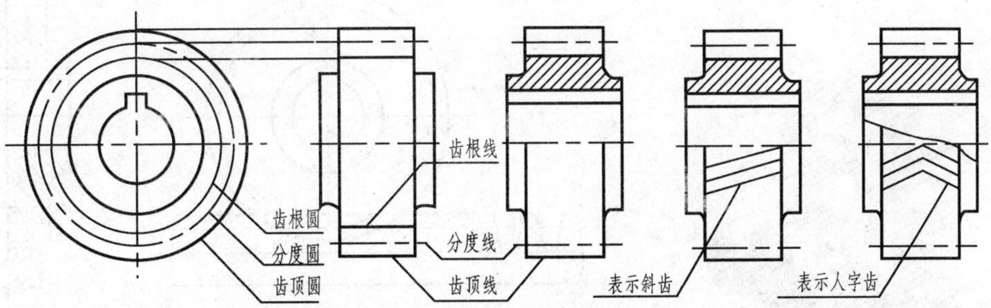

图 4.150　单个圆柱齿轮的画法

2) 直齿圆柱齿轮啮合图的画法

两标准齿轮互相啮合时，两轮分度圆处于相切的位置，此时分度圆又称为节圆。两齿轮的啮合画法，关键是啮合区的画法，其他部分仍按单个齿轮的画法规定绘制。啮合区的画法规定如下(图 4.151)。

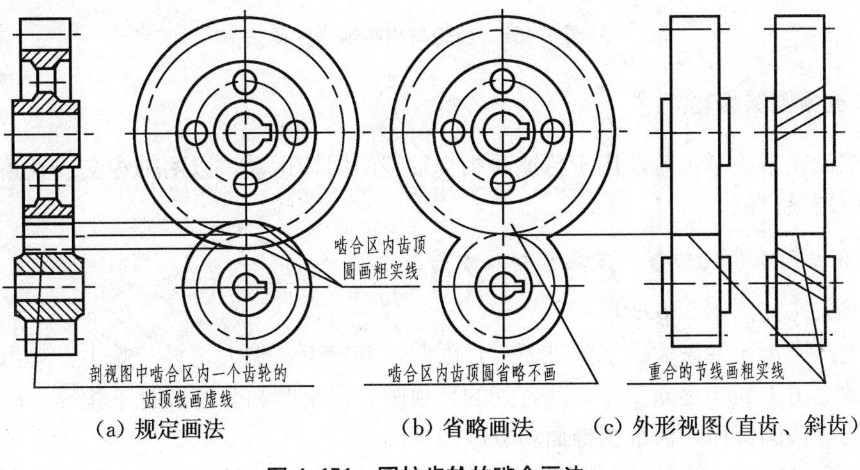

(a) 规定画法　(b) 省略画法　(c) 外形视图(直齿、斜齿)

图 4.151　圆柱齿轮的啮合画法

(1) 在投影非圆的视图中，在啮和区内，将一个齿轮的轮齿用粗实线绘制，另一个齿轮的轮齿被遮挡的部分用细虚线绘制，如图 4.151(a)所示，也可省略不画。

(2) 在投影为圆的视图中，两齿轮的节圆相切，啮合区内的齿顶圆均用粗实线绘制，如图 4.151(a)所示，其省略画法如图 4.151(b)所示。

(3) 在非圆投影的外形视图中，啮合区只用粗实线画出节线，齿顶线和齿根线均不画。在两齿轮其他处的节线仍用细点画线绘制，如图 4.151(c)所示。需要表示轮齿的方向时，用 3 条与轮齿方向一致的细实线表示，画法与单个齿轮相同，如图 4.151(c)所示。

3) 齿轮与齿条啮合画法

当齿轮的直径无限大时，齿轮就成为齿条，如图 4.152(a)所示。此时，齿顶圆、分度圆、齿根圆和齿廓曲线(渐开线)都成为直线。齿轮与齿条相啮合时，齿轮旋转，齿条则作直线运动。齿条的模数和压力角应与相啮合的齿轮的模数和压力角相同。

齿轮和齿条啮合的画法与两圆柱齿轮啮合的画法基本相同，如图 4.152(b)所示。在主视图中，齿轮的节圆与齿条的节线相切。在全剖的左视图中，应将啮合区域内的齿顶线之一画成细实线，另一轮齿被遮部分画成虚线或省略不画。

(a) 轴测图

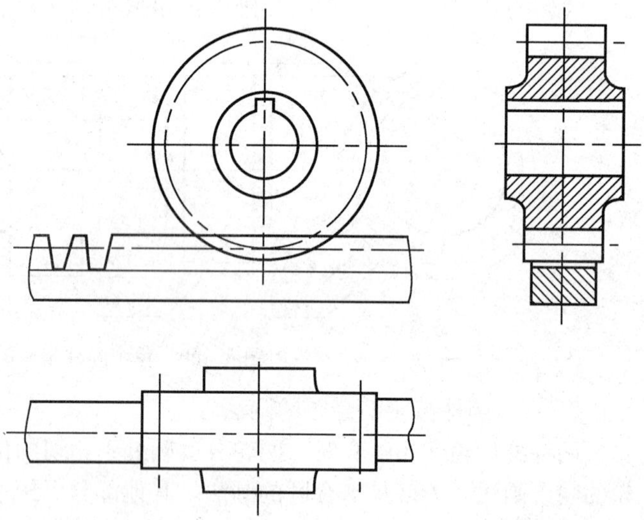

(b) 规定画法

图 4.152 齿轮与齿条啮合的画法

4.4.2 直齿圆锥齿轮

圆锥齿轮俗称伞齿轮，用于传递两相交轴间的回转运动，以两轴相交成直角的圆锥齿轮传动应用最广泛。

1. 直齿圆锥齿轮的各部分名称和尺寸关系

尺寸关系如图 4.153 所示。

由于圆锥齿轮的轮齿位于圆锥面上，因此，其轮齿一端大，另一端小，其齿厚和齿槽宽等也随之由大到小逐渐变化，其各处的齿顶圆、齿根圆和分度圆也不相等，而是分别处于共顶的齿顶圆锥面、齿根圆锥面和分度圆锥面上。

国家标准规定，以大端的模数和分度圆来决定其他各部分的尺寸。圆锥齿轮的齿顶圆直

径 d_a、齿根圆直径 d_f、分度圆直径 d、齿顶高 h_a、齿根高 h_f 和齿高 h 等都是对大端而言。

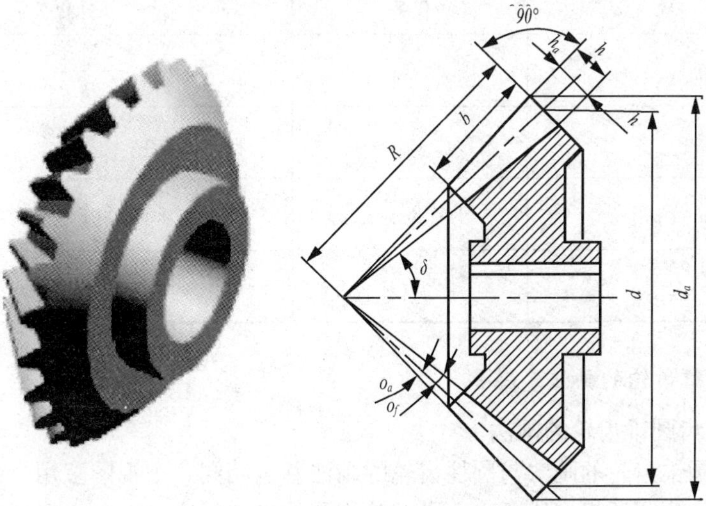

图 4.153　直齿圆锥齿轮的结构要素

圆锥齿轮的大端模数系列国家标准数值见表 4 - 23。

表 4 - 23　圆锥齿轮模数(GB 12368—1990)　　单位：mm

1	1.125	1.25	1.375	1.5	1.75	2	2.25	2.5	2.75	3	3.25	3.5	3.75
4	4.5	5	5.5	6	6.5	7	8	9	10	11	12	14	16
18	20	22	25	28	30	32	36	40	45	50			

分度圆锥面的素线与齿轮轴线间的夹角称为分锥角，用 δ 表示。从顶点沿分度圆锥面的素线至背锥面的距离称为外锥距，用 R 表示。

模数 m、齿数 z、齿形角 α 和分锥角 δ 是直齿圆锥齿轮的基本参数，是决定其他尺寸的依据。只有模数和齿形角分别相等，且两齿轮分锥角之和等于两轴线间夹角的一对直齿圆锥齿轮才能正确啮合。标准直齿圆锥齿轮各基本尺寸的计算公式见表 4 - 24。

表 4 - 24　标准直齿圆锥齿轮的计算公式

名　　称	代号	计算公式
分度圆锥角	δ_1(小齿轮) δ_2(大齿轮)	$\tan\delta_1=\frac{z_1}{z_2}$；$\tan\delta_2=\frac{z_2}{z_1}$ $\delta_1+\delta_2=90°$
分度圆直径	d	$d=mz$
齿顶圆直径	d_a	$d_a=m(z+2\cos\delta)$
齿根圆直径	d_f	$d_f=m(z-2.4\cos\delta)$
齿顶高	h_a	$h_a=m$
齿根高	h_f	$h_f=1.2m$
齿高	h	$h=h_a+h_f=2.2m_n$

续表

名　称	代号	计算公式
外锥距	R	$R=\frac{mz}{2\sin\delta}$
齿顶角	θ_a	$\tan\theta_a=\frac{2\sin\delta}{z}$
齿根角	θ_f	$\tan\theta_f=\frac{2.4\sin\delta}{z}$
齿宽	b	$b\leqslant\frac{R}{3}$

2. 直齿圆锥齿轮的画法

1）单个直齿圆锥齿轮的画法

单个直齿圆锥齿轮的画法与圆柱齿轮的画法基本相同。主视图多用全剖视图，左视图中大端、小端齿顶圆用粗实线画出，大端分度圆用细点画线画出，齿根圆和小端分度圆规定不画，如图 4.154 所示。

2）直齿圆锥齿轮啮和的画法

直齿圆锥齿轮啮合的画法如图 4.155 所示。

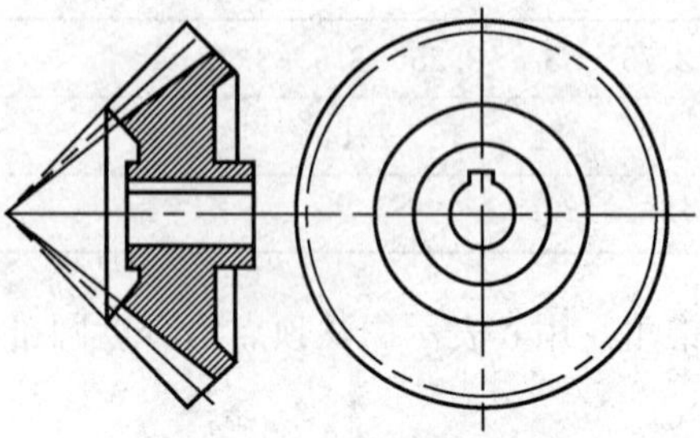

图 4.154　单个直齿圆锥齿轮画法

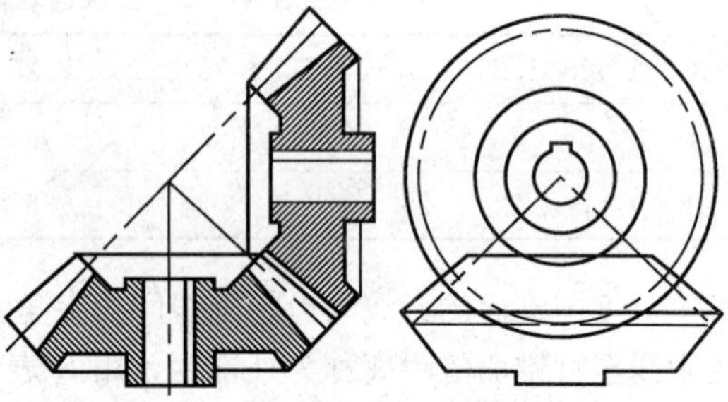

图 4.155　直齿圆锥齿轮啮合画法

4.4.3　齿轮零件图的绘制和标注

图 4.156 为一直齿轮零件图。在绘制齿轮零件图时应注意视图的选择、尺寸基准的选择、公差的标注以及技术要求的书写等问题。

1. 选择视图

一般两视图：轴线横置，采用半剖或全剖画出零件的主视图；左视图可全画，也可局部，只要表达出轴孔和键槽的形状和尺寸。

如为斜齿轮，应在图中表示出螺旋方向。

2. 尺寸基准

要注意基准面。齿轮零件图上各径向尺寸以孔心为高度基准，齿宽方向的尺寸则以端面为基准。分度圆直径虽不能测，但是设计之基本尺寸，故必须标注。

齿根圆是由齿轮参数加工得到，不必标注。

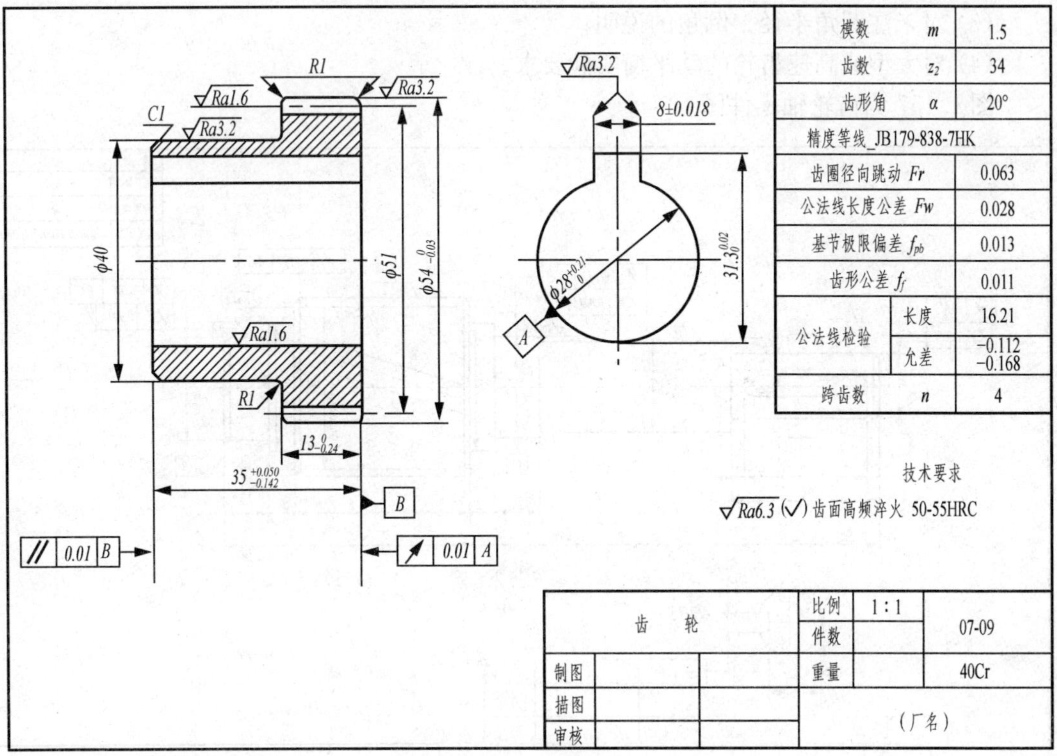

图 4.156　齿轮零件图

3. 尺寸公差

(1) 轴孔是加工、测量和装配的重要基准，尺寸精度要求较高，应根据装配图上标注的配合性质和公差等级查公差表，标出其极限偏差。

(2) 齿顶圆的偏差值与该直径是否作为测量基准有关，而且均为负值。

齿顶圆作为基准有两种情况：

①加工时用齿顶圆定位或找正，此时要控制齿顶圆的径向跳动；

②齿顶圆定位检查齿厚或基节尺寸公差时要控制齿顶圆公差和径向跳动。

(3) 键槽宽度 b 的极限偏差和轴上的尺寸($d-t_1$)的极限偏差可查键的资料，注意，键连接是基轴制，键为标准件。轮廓中的键槽极限偏差为正值。

4. 其他标注

任何一张齿轮零件图或齿轮轴的零件图上必须有模数、齿数、压力角和精度等级的标注，应在图纸右上角列表标注。

齿圈径向跳动 F_r、公法线长度公差 F_W、基节极限偏差 f_{pb}、齿形公差 f_f 等可标注，也可省略。

5. 技术要求

技术要求应包含以下全部或部分内容。

(1) 对铸锻件及毛坯的要求；

(2) 对材料机械性能的要求，如热处理方法及达到的硬度范围值；

(3) 对未注圆角半径、倒角的说明；

(4) 对大型或高速齿轮的动平衡实验要求。

图 4.157 为齿轮轴零件图。

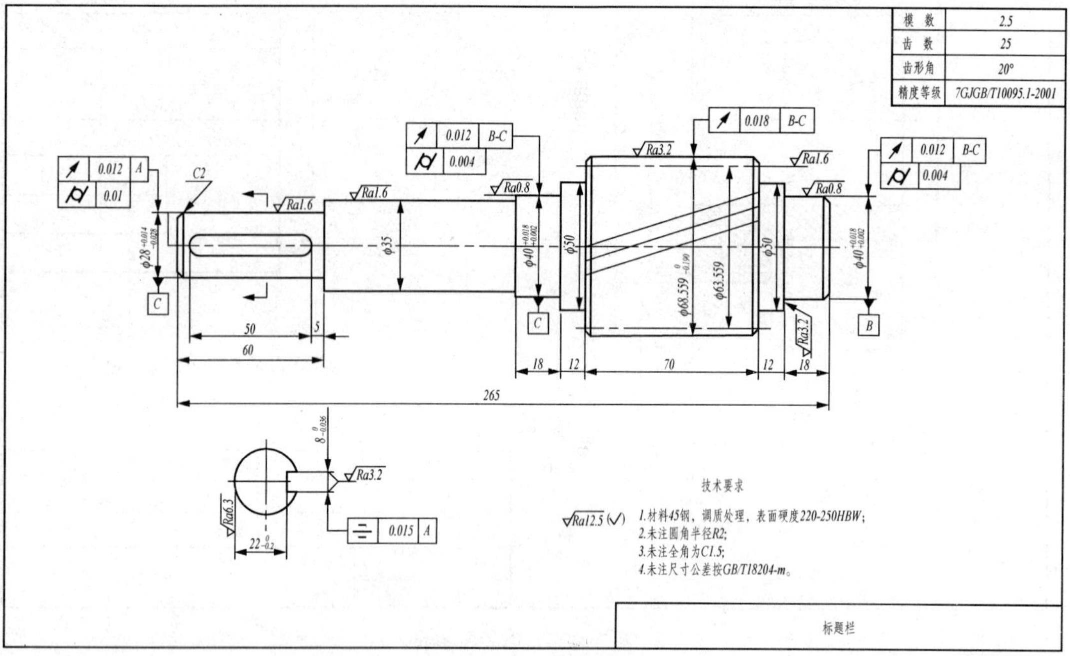

图 4.157 齿轮轴零件图

任务实施

1. 计算绘图参数

模数 2.5；小齿轮(齿轮轴)齿数 25，轴颈 50mm；大齿轮齿数 93，孔径 60mm。绘图参数见表 4-25。

表 4-25 绘图参数表

单位：mm

	大齿轮	小齿轮
分度圆直径	232.5	62.5
齿顶圆直径	237.5	67.5
齿根圆直径	226.25	56.25
齿宽(自定)	66	70
中心距	147.5	

2. 绘制啮合图

大齿轮凹槽结构及孔分布情况自定。啮合图形如图 4.158 所示。

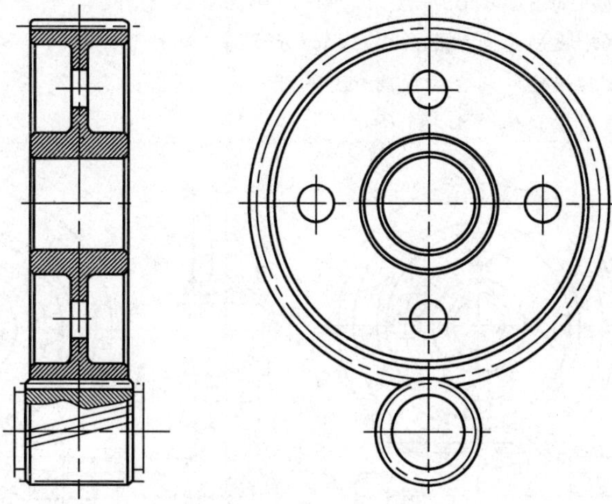

图 4.158　根据给定参数所绘啮合图形

拓展阅读

蜗轮蜗杆的规定画法

蜗轮蜗杆是用来传递空间交叉两轴间的回转运动，最常见的是两轴垂直交叉。工作时，蜗杆为主动件，蜗轮为从动件。蜗杆的齿数(z_1)称为头数，相当于螺杆上螺纹的线数。蜗杆常用单头或双头，在传动时，蜗杆旋转一圈，蜗轮只转过一个齿或两个齿。因此，用蜗轮蜗杆传动，可获得较大的传动比($i=z_2/z_1$，z_2为蜗轮齿数)。对圆柱齿轮或锥齿轮来说，一般传动比越大，齿轮所占的空间也越大。相对而言，蜗轮蜗杆结构更为紧凑，所以被广泛用于传动比大的机械传动中。蜗轮蜗杆传动的主要缺点是效率低。

蜗轮和蜗杆的轮齿是螺旋形的，蜗轮的齿顶面和齿根面常制成圆环面。啮合的蜗轮和蜗杆，必须有相同的模数和齿形角。国家标准规定，在通过蜗杆轴线并垂直于蜗轮轴线的主平面内，蜗杆和蜗轮的模数、齿形角为标准值，其啮合关系相当于齿条和齿轮的啮合。

蜗轮和蜗杆各部分几何要素的代号和规定画法，如图 4.159 所示。其画法与圆柱齿轮基本相同，但在蜗轮投影为圆的视图中，只画出分度圆和最外圆，不画齿顶圆和齿根圆。

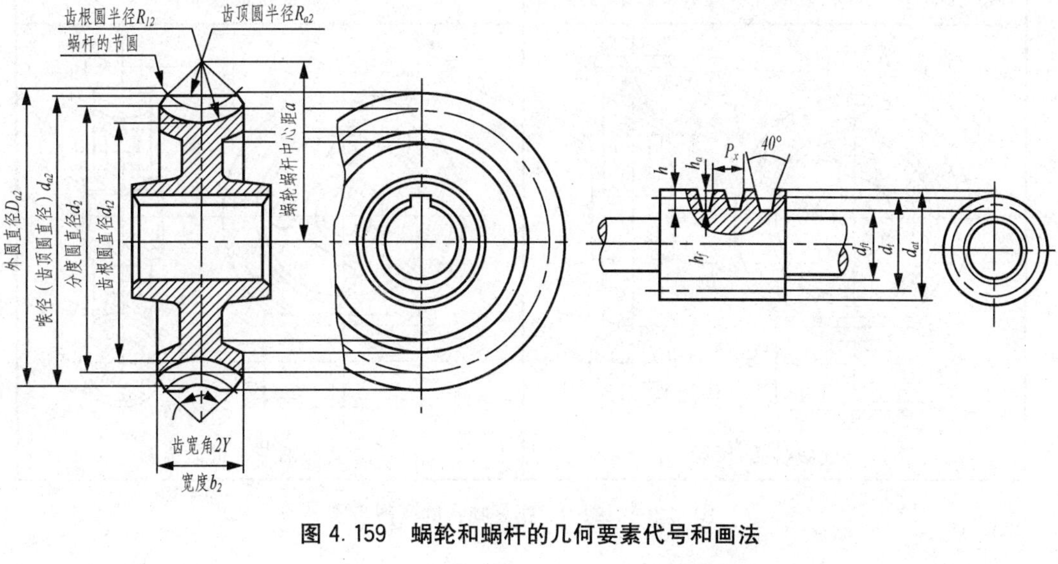

图 4.159　蜗轮和蜗杆的几何要素代号和画法

蜗轮和蜗杆的啮合画法如图 4.160 所示。在蜗杆投影为圆的视图中，啮合区只画蜗杆，蜗轮被遮挡的部分可省略不画。在蜗轮投影为圆的视图中，蜗轮分度圆与蜗杆节线相切，蜗轮外圆与蜗杆顶线相交。若采用剖视，蜗杆齿顶线与蜗轮外圆、齿顶圆相交的部分均不画出。

蜗轮、蜗杆啮合的画图步骤如图 4.161 所示。

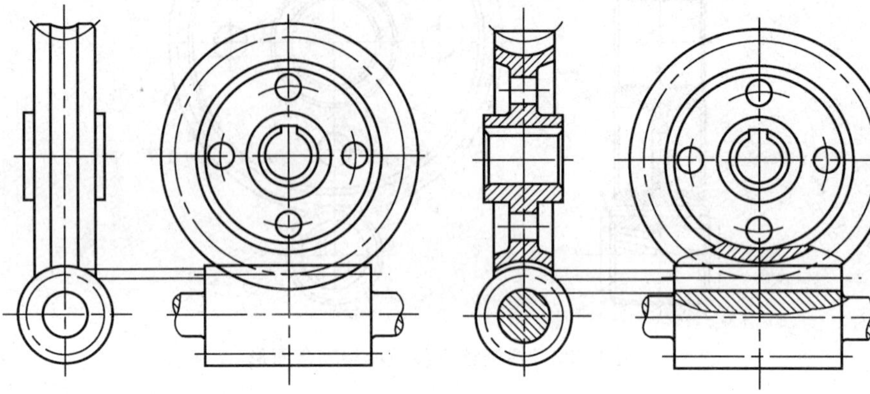

图 4.160　蜗轮、蜗杆啮合的画法

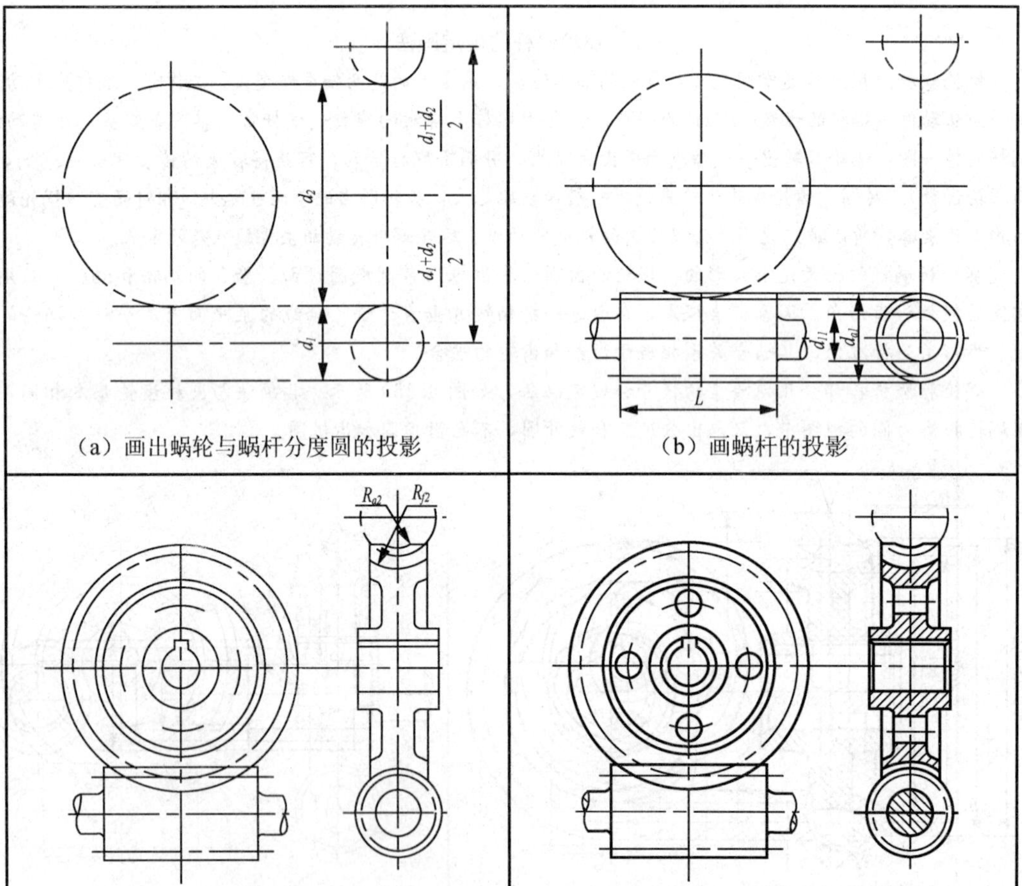

(a) 画出蜗轮与蜗杆分度圆的投影

(b) 画蜗杆的投影

(c) 画蜗轮的投影

(d) 画其他细节，最后描深

图 4.161　蜗轮、蜗杆啮合的画图步骤

任务 4.5　绘制减速器箱体零件图

学习目标

知识目标	(1) 箱体类零件的结构特点； (2) 零件视图的选择原则； (3) 零件图的尺寸标注； (4) 零件的工艺结构
能力目标	能够正确选择箱体类零件的视图表达方案并正确绘制箱体零件图

任务引入

箱体类零件多为铸件，一般可起支撑、容纳、定位和密封等作用。能够正确绘制减速器箱体零件图是本任务研究的主要内容。

任务要求：正确选择视图表达方案并绘制图 4.162 中的减速器箱体和箱盖。

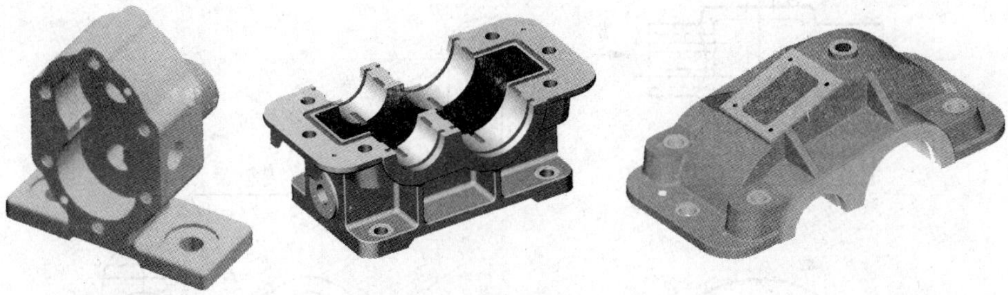

(a) 油泵泵体　(b) 减速箱箱座　(c) 减速箱箱盖

图 4.162　几种箱体类零件

相关知识

4.5.1　箱体类零件的结构和特点

箱体类零件有其共同的主要特点：形状复杂，壁薄且不均匀，内部呈腔型，加工部位多，加工难度大，既有精度要求较高的平面和孔系，又有许多精度要求较低的紧固孔。它将机器或部件中的轴、套、齿轮等有关零件组装成一个整体，使它们之间保持正确的相互位置，并按照一定的传动关系协调地传动运动或动力。常见的箱体类零件有：机床主轴箱、机床进给箱、变速箱体、减速箱箱座和箱盖、发动机缸体和机座、油泵泵体等。

图 4.162 是几种常见的箱体类零件。

箱体类零件多为铸造件，具有许多铸造工艺结构，如铸造圆角、铸件壁厚、拔模斜度。箱底面上常有凹槽结构。铸件上也有凸台和凹坑结构。

4.5.2　局部视图和斜视图

箱体类零件有些外部结构复杂，有些内部结构复杂，甚至有倾斜结构。对于箱体类零件，仅用几个基本视图和剖视图是不足以表达清楚其真实结构，必须要用到局部视图和斜视图。

1. 局部视图

将机件的某一部分向基本投影面投射所得的视图称为局部视图。当机件在某个方向仅部分形状需要表达，又没有必要画出其他完整的基本视图时，可采用局部视图。图 4.163 所示的座体机件，在画出主、俯两个基本视图后，仍有两侧的凸台形状和左下侧的肋板厚度没有表达清楚，因此需要画出表达该部分的局部视图 A 和局部视图 B。

采用局部视图时应注意以下几个问题。

(1) 局部视图可按基本视图配置，视图名称可省略标注，如图 4.163(a)中的局部视图 A。也可按向视图的形式配置并标注，如图 4.163(a)中的局部视图 B。

(2) 局部视图的断裂处边界线用波浪线或双折线表示，如图 4.163(a)中局部视图 A；当所示的局部结构是完整的，且外轮廓线封闭时，则不必画出其断裂边界线，如图 4.163(a)中局部视图 B。

(3) 波浪线表示机件的断裂边界，应画在实体上，不能超出机件的轮廓，如图 4.163(b)所示。

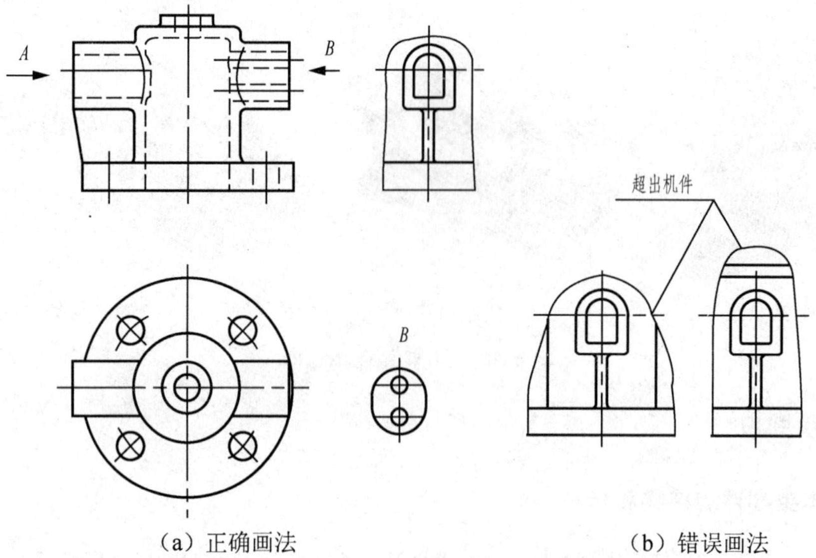

(a) 正确画法　　(b) 错误画法

图 4.163　局部视图

2. 斜视图

将机件向不平行于基本投影面的平面投射所得的视图称为斜视图，如图 4.164(b)所示。机件某一部分的结构形状是倾斜的(不平行于任何基本投影面)，无法在基本投影面上表达该部分的实形。这时，可用换面法的方法，增设一个与倾斜表面平行且垂直一个基本投影面的辅助投影面，并在该投影面上作出反映倾斜部分实形的投影。

画斜视图应注意以下几个问题。

(1) 斜视图一般只表达倾斜部分的局部形状，其余部分的结构不必画出。可用波浪线或对折线断开。

(2) 斜视图一般按投影关系配置，也可按向视图形式配置。无论如何配置，都要标注，即在图形上方中间位置水平标出视图名称“×”，在相应的视图附近用箭头指明投射方向，并注明相应的字母。

(3) 有时为使绘图方便，也可将图形旋转某一角度后再画出。但在标注时，须加注旋转符号↷或↶，旋转符号是半径为字高的半圆弧，箭头指向要与图形实际旋转方向一致，且箭头靠近字母，当需要标注图形旋转角度大小时，可将旋转角度注写在字母后，如图4.164(c)所示。

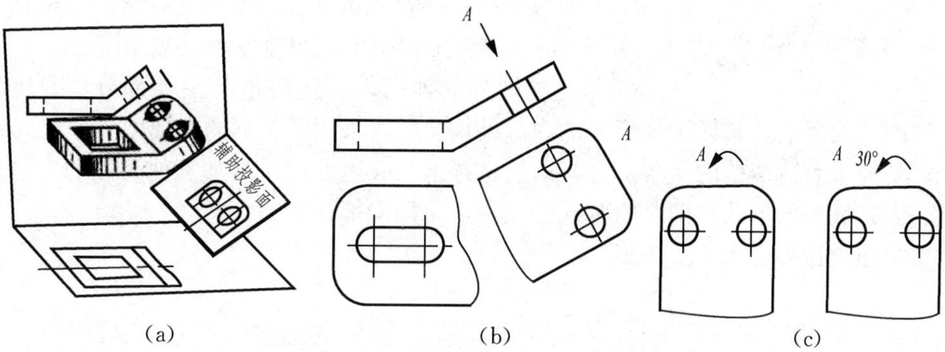

图4.164　斜视图

4.5.3　箱体类零件视图的选择原则

1. 表达方案的选择原则

绘制箱体零件图时首先考虑看图方便。在完整、清晰地表达出零件的内、外结构形状的前提下，力求绘图简便，要达到这个目的，应选择一个较好的表达方案。箱体类零件通常采用3个或以上的基本视图，根据具体结构特点选用半剖、全剖或局部剖视图，并辅以断面图、斜视图、局部视图等表达方法。

(1) 主视图的选择原则。以工作位置或自然安放位置和以最能反映其各组成部分形状特征及相对位置的方向作为主视图的投影方向。

(2) 其他视图的选择原则。主视图确定后，根据零件的具体情况，合理、恰当地选择其他视图，在完整、清晰地表达零件的内、外结构形状的前提下，应尽量减少视图数量。

2. 箱体类零件视图的选择

(1) 箱体类零件多数经过较多工序制造而成，各工序的加工位置不尽相同，主视图主要按形状特征和工作位置确定。

(2) 除基本视图适当配以剖视图外，箱体类零件上的一些局部结构常采用局部视图、斜视图、断面图等进行表达。

(3) 视图投影关系一般较复杂，常会出现截交线和相贯线；由于它们是铸件毛坯，所以经常会遇到过渡线，要认真分析。

3. 常见的箱体类零件的表达方法

1) 齿轮泵体

(1) 确定主视图的投影方向及表达方法。为了反映泵体的主要特征，按照零件主视图

图 4.165　齿轮泵体轴测图

的选择原则，主视图按工作位置安放，将底板放平，并以反映其各组成部分形状特征及相对位置最明显的方向作为主视图的投影方向，如图 4.165 所示。

在主视图上，采用 3 个局部剖视图，其中两个局剖视图表达进、出油孔的结构，另一个局剖视图表达安装孔的结构。该视图主要表达泵体的形状特征和泵体由上下两部分组成且左右对称的结构特征。

(2) 其他视图的选择及表达方法。主视图确定后，根据由主体到局部，逐步补充的顺序加以完善，具体方法如下。

分析除主视图外其他尚未表达清楚的主要部分，确定相应的基本视图。为了表达泵体主体部分的内部结构特征，采用了全剖的左视图。

分析其他未表达清楚的次要部分，通过选择适当表达方法或增加其他视图的方法来加以补充。表达底板的形状及两个安装孔的位置，采用局部视图 B。

完整视图表达如图 4.166 所示。

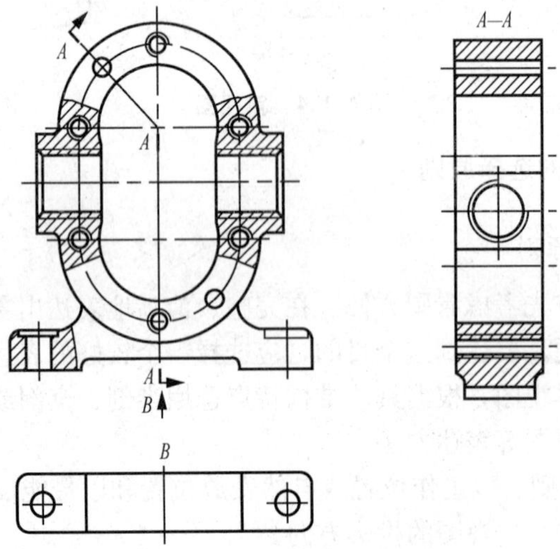

图 4.166　齿轮泵体的视图表达

2) 阀体(四通管)

阀体轴测图如图 4.167 所示。阀体的结构大致分为 5 个部分：Ⅰ——底法兰；Ⅱ——右前方法兰和接管；Ⅲ——阀体主体；Ⅳ——顶法兰；Ⅴ——左上方法兰和接管。该阀体的上下、前后、左右均不对称，内、外结构形状都需要表达。

(1) 确定主视图的投影方向及表达方法。为了反映阀体的形状和位置特征，按照该类零件的主视图选择原则，将底法兰放平，并以图箭头所示的方向作为主视图的投影方向。

主视图采用两个相交剖切平面得到全剖视图 $B—B$，以表达阀体的内部结构及左上方接管与右前方接管的相通关系，同时用规定画法表达法兰Ⅰ、Ⅴ上的小孔结构。参见图 4.167(a)所示的剖切方案。

(2) 其他视图的选择及表达方法。为了表达底部和顶部法兰的形状以及左、右两个接管的方向和法兰Ⅱ上的通孔结构，用两个互相平行剖切平面，得到了全剖视的俯视图 $A—A$。参见图 4.167(b)所示的剖切方案。

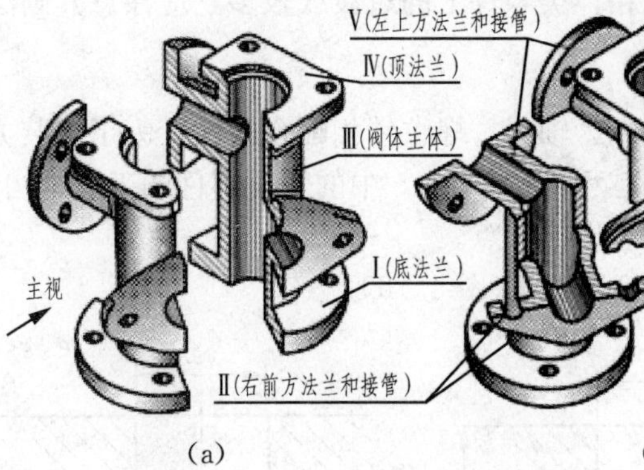

图 4.167　阀体轴测图

① 为表达左上方法兰Ⅴ的形状及其孔的位置，采用了 $C—C$ 剖视图，该图还表示出接管及法兰的直径；

② 为表达法兰Ⅱ的形状、孔的位置及接管的直径，用单一斜剖面剖切，得到 $E—E$ 斜剖视图；

③ 为表达阀体顶部法兰Ⅳ的形状及 4 个孔的分布位置，用局部视图 D；

④ 为表达阀体顶部法兰Ⅳ上孔的结构，用局部剖视图 $F—F$。完整的表达方案，如图 4.168所示。

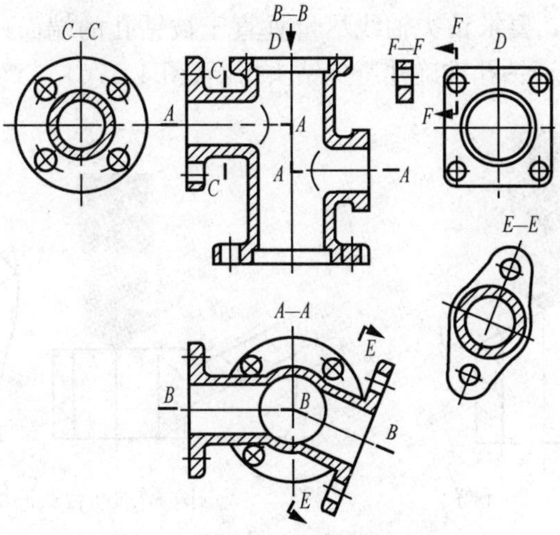

图 4.168　阀体的视图表达

4.5.4　零件上常见的工艺结构

1. 铸造工艺结构

箱体类零件多为铸造件，具有许多铸造工艺结构，如铸造圆角、铸件壁厚、起模斜度(见 4.2.2)。

箱体类零件安装板底面上常有凹槽结构，安装板顶面上常有凸台结构。做凸台和凹坑的目的是为了减少加工面并保证两零件的表面接触良好(见 4.2.2)。

由于铸造圆角的存在，箱体类零件上的过渡线较多，应注意其画法(见 4.2.2)。

2. 机械加工工艺结构

箱体类零件上有大量与轴、轴承、螺纹件相配合的孔。为了安装方便，孔上常有倒圆结构。孔上也常有退刀槽和越程槽(见 4.1.5 中的轴类零件的工艺结构)。

在箱体上钻孔时，应注意以下两点。

(1) 不通孔底部有 120°度圆锥角(图 4.169)。

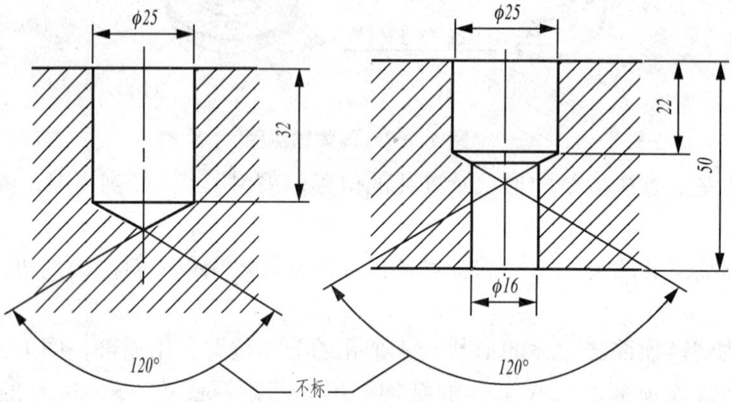

图 4.169 钻孔结构一

(2) 用钻头钻孔时，要求钻头轴线尽量垂直于被钻孔的端面，通常增加凸台或凹坑，避免钻头单边受力，保证钻孔准确并避免钻头折断(图 4.170)。

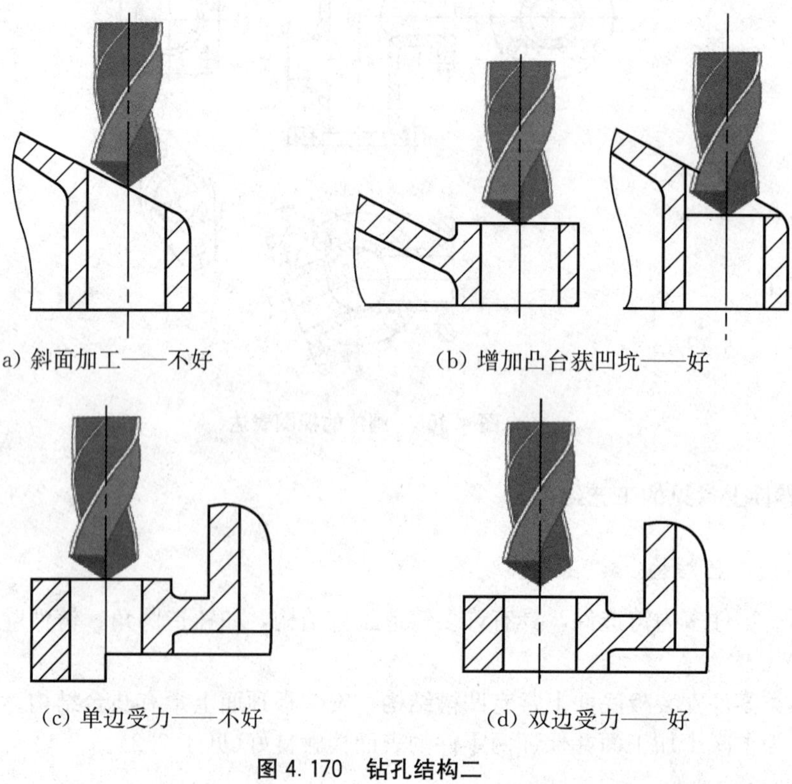

(a) 斜面加工——不好　(b) 增加凸台获凹坑——好

(c) 单边受力——不好　(d) 双边受力——好

图 4.170 钻孔结构二

4.5.5　箱体类零件的尺寸及技术要求的标注

1. 箱体类零件的尺寸标注

箱体类零件的形状比较复杂，尺寸也比较多，所以标注尺寸时应按一定的方法和步骤进行。下面以传动器箱体为例，说明箱体类零件尺寸的标注方法与步骤。其轴测图如图 4.171 所示。

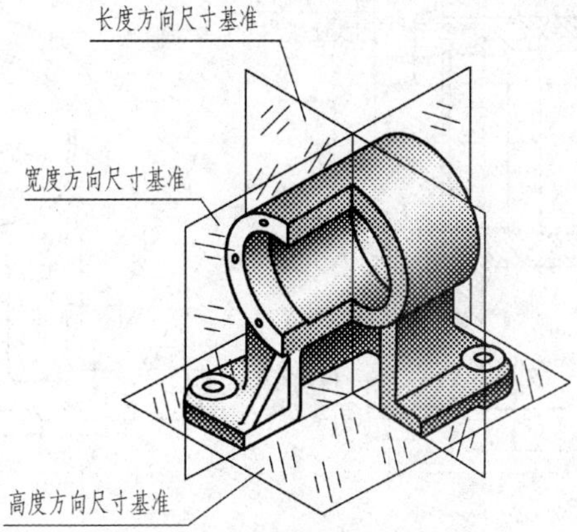

图 4.171　传动器箱体轴测图

1）确定尺寸基准

(1) 长度方向的主要尺寸基准为左右对称面；

(2) 宽度方向尺寸基准为前后对称面；

(3) 高度方向的尺寸基准为箱体的底面。

2）尺寸标注步骤

根据尺寸基准，按照形体分析法标注定形、定位尺寸及总体尺寸。

(1) 标注空心圆柱的尺寸；

(2) 标注底板的尺寸；

(3) 标注长方形腔体和肋板的尺寸；

(4) 检查有无遗漏和重复的尺寸。

2. 箱体类零件技术要求的标注

1）极限与配合及表面粗糙度

(1) 箱体类零件中轴承孔、结合面、销孔等表面粗糙度要求较高，其余加工面要求较低。

(2) 轴承孔的中心距、孔径以及一些有配合要求的表面、定位端面一般有尺寸精度的要求。

(3) 轴承孔为工作孔，表面粗糙度 Ra 为 1.6，要求最高。

2）几何公差

(1) 同轴的轴、孔之间一般有同轴度要求。

(2) 不同轴的轴、孔之间，轴和孔与底面间一般有平行度要求。

(3) 传动器箱体的轴承孔为工作孔，给出了同轴度、平行度、圆柱度 3 项几何公差要求。

3）其他技术要求

(1) 箱体类零件的非加工表面在图样的右上角标注粗糙度要求。

(2) 零件图的文字技术要求中常注明：箱体需要人工时效处理；铸造圆角为 $R3 \sim R5$；非加工面涂漆等。

图 4.172 为标注完整的传动器箱体零件图。

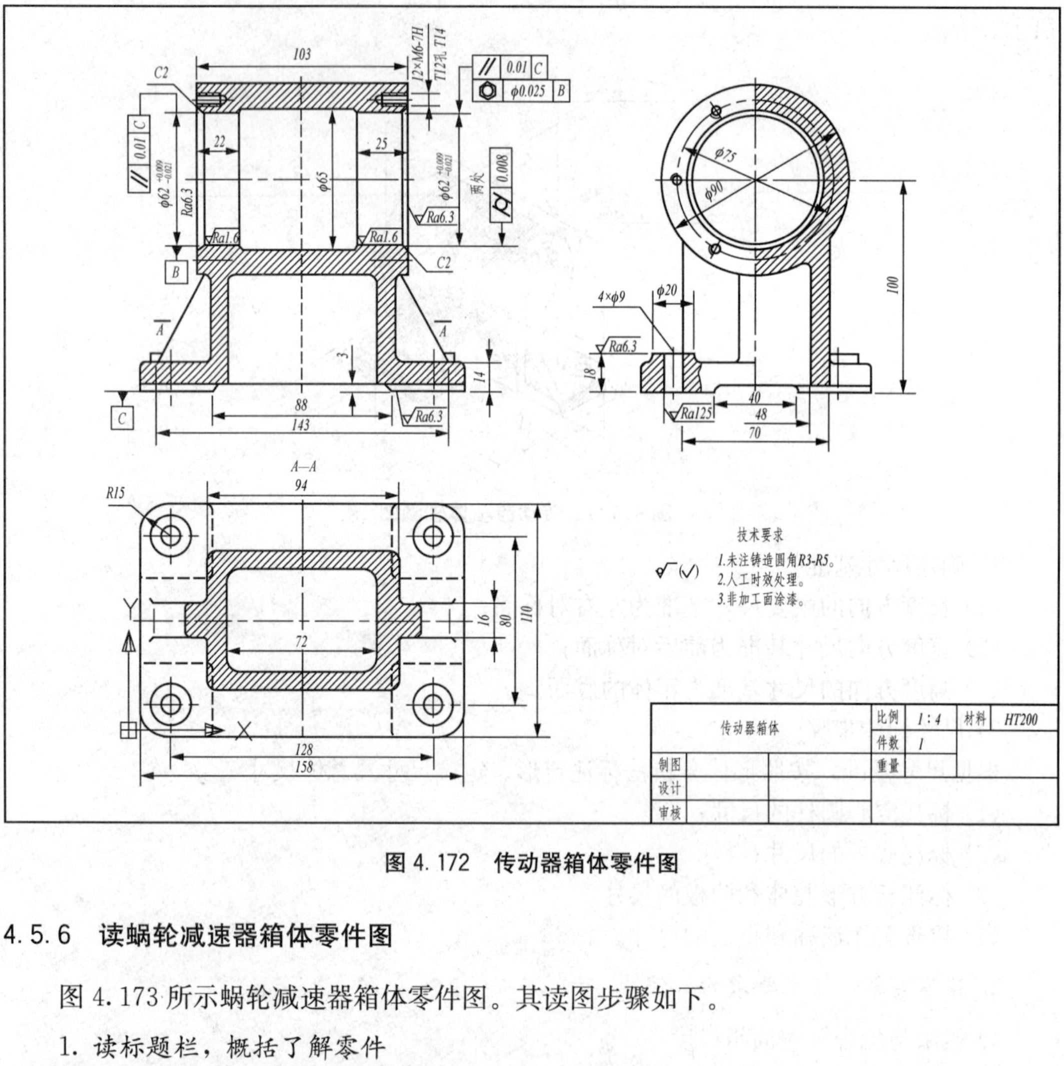

图 4.172　传动器箱体零件图

4.5.6　读蜗轮减速器箱体零件图

图 4.173 所示蜗轮减速器箱体零件图。其读图步骤如下。

1. 读标题栏，概括了解零件

从标题栏了解零件的名称蜗轮箱体、材料 HT200、比例 1∶2、件数 1 等。该零件是起支承与包容作用。根据绘图比例由图形的总体尺寸可估计零件的实际大小比图形大一倍。

2. 分析视图，明确表达目的

(1) 该箱体的零件图采用主视图、俯视图、左视图 3 个基本视图，另外还用了 A、B、E、F 共 4 个局部视图。

(2) 主视图是全剖视图，重点表达了箱体内部的主要结构形状。在主视图的右下方有一个重合断面，是表达肋板的形状。

(3) 俯视图采用半剖视图，在主视图上可找到剖切平面 A—A 的剖切位置。

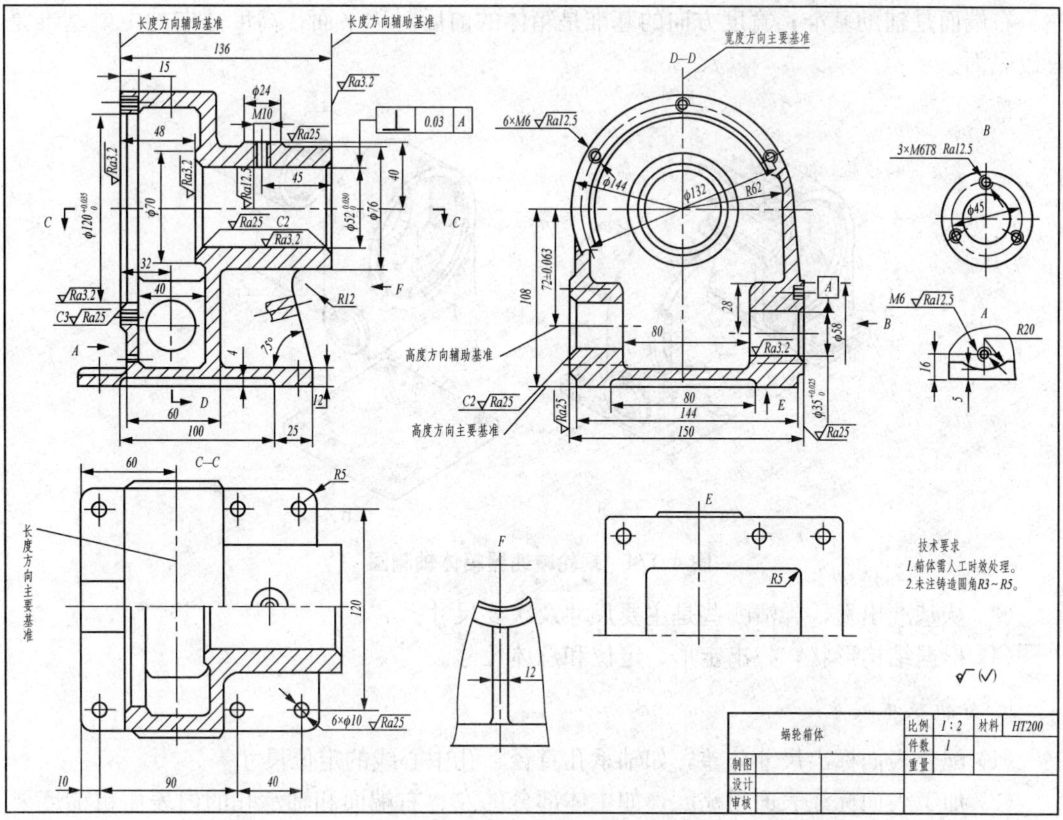

图 4.173　蜗轮减速器箱体零件图

(4) 左视图大部分表达了箱体的外形，采用局部剖视是用于表达蜗杆支撑孔处的结构。

A 向视图表达了底板上放油塞处的局部结构；

B 向视图表达了箱体两侧凸台的形状；

F 向视图表达了圆筒、底板和肋板的连接情况；

E 向视图采用了简化画法，表达了底板的凹槽形状。

3. 分析形体，想象零件的形状

(1) 根据形体分析法该箱体可分为 4 个主要部分：主体部分、蜗轮轴的支撑部分、肋板部分和底板部分。

(2) 按投影关系找出各个部分在其他视图上的对应投影，分析结构形状和作用。

①主体部分：用来容纳啮合的蜗轮蜗杆。

②蜗轮轴的支撑部分：箱体的蜗轮轴的轴孔。

③肋板部分：作用是用来加强蜗轮轴孔部分与底板的连接效果。

④底板部分：作用是用来安装箱体。

(3) 综合起来想象出蜗轮箱体的结构形状，如图 4.174 所示。

4. 分析尺寸，搞清形体间的定形定位尺寸

(1) 分析长、宽、高 3 个方向的尺寸基准。

(2) 从主、俯视图可以看出，长度方向的主要基准是过蜗杆轴线的竖直平面，箱体的

左、右端面是辅助基准；宽度方向的基准是箱体的前后对称平面；高度方向的主要基准是底板底面。

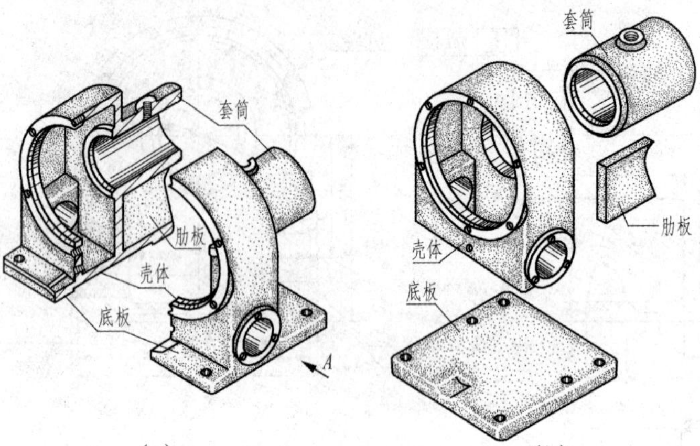

（a）　　（b）

图 4.174　蜗轮减速器箱体轴测图

（3）从基准出发，弄清哪些是主要尺寸及次要尺寸。

（4）根据结构形状，找出定形、定位和总体尺寸。

5. 分析技术要求

（1）配合表面标出尺寸公差，如轴承孔直径、孔中心线的定位尺寸等。

（2）加工表面标注表面粗糙度，如主体部分的左、右端面和轴承孔的内表面粗糙度要求较高，底面的表面粗糙度可略大等。

（3）重要的线面标注几何公差，如轴承孔、轴线与基准平面 A 的垂直度公差为 0.03 等。

（4）箱体的其余表面粗糙度是用不去除材料的方法获得，或是毛坯面。

（5）该箱体需要人工时效处理；铸造圆角为 $R3 \sim R5$。

任务实施

绘制图 4.1 中一级齿轮减速器箱体和箱盖的零件图。

步骤：

1. 选择视图表达方案

箱座和箱盖形状都较为复杂，应以三视图结合辅助视图表达。

（1）主视图：按照工作位置原则选择主视图如图。

（2）辅助视图：各种尺寸的孔、底板、肋板均需表达。

2. 绘制草图

注意布局要好。

3. 加深图线

4. 标注尺寸和注写技术要求

（1）注意尺寸应齐全。

（2）表面粗糙度和几何公差不能遗漏。每个加工面都应有表面粗糙度要求。

参考图形如图 4.175 和图 4.176 所示。

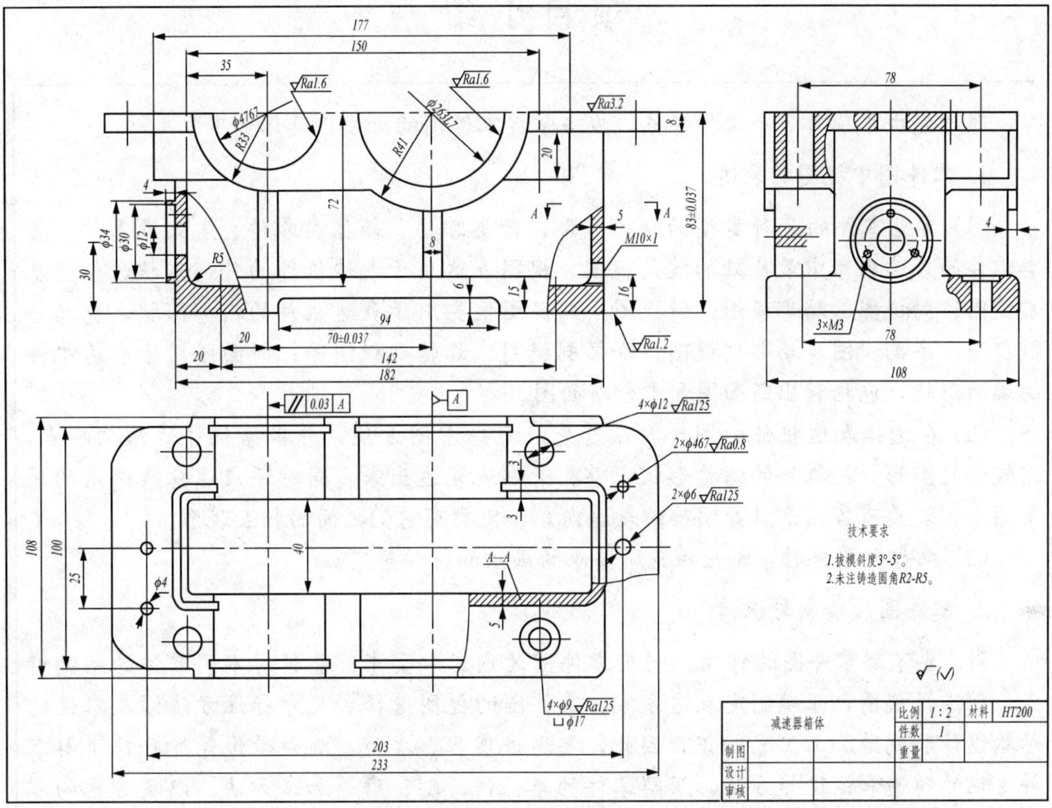

图 4.175 减速器箱体零件图

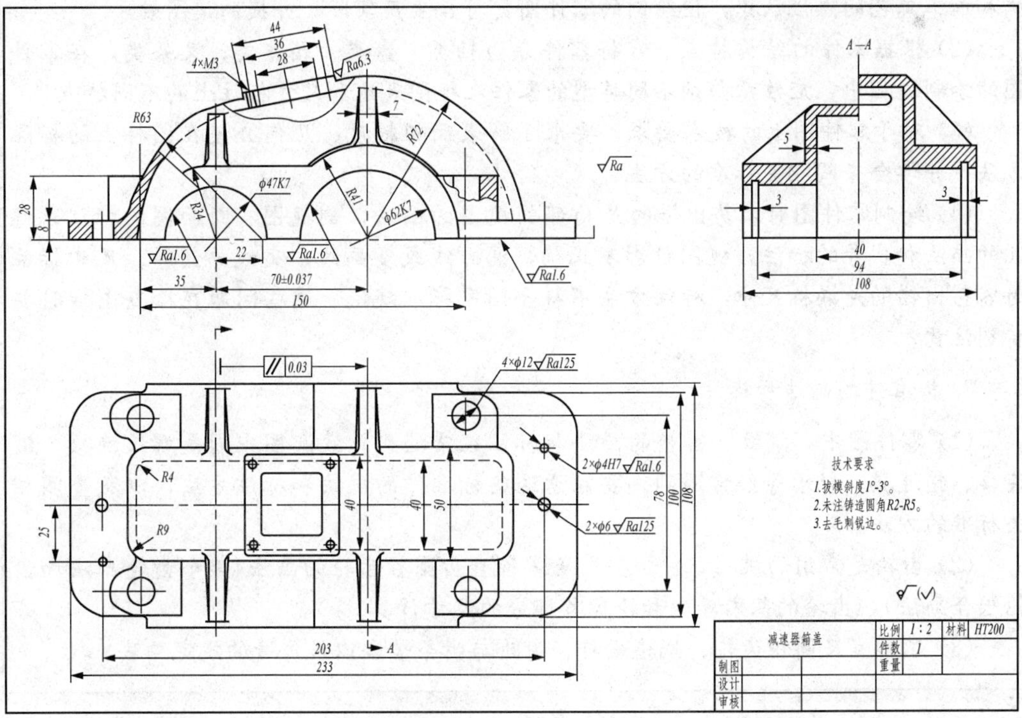

图 4.176 减速器箱盖零件图

项目小结

通过完成本项目5个工作任务，应当掌握零件图的画法，具体如下。

1. 零件图中视图的表达

(1) 常见零件的几种类型为轴类零件、盘类零件、箱体类零件、支架类零件。各类零件的表达内容中最基础的就是视图。视图表达用于表达机件的外部形状，包括基本视图、向视图、局部视图、斜视图；剖视图主要用于表达机件的内部形状，包括全剖视图、半剖视图、局部剖视图、阶梯剖视图、旋转剖视图等；断面图用于表达机件的端面形状，包括移出断面图和重合断面图。

(2) 在选择表达机件的图样时，首先应考虑看图方便，并根据机件的结构特点，用较少的图形，把机件的结构形状完整、清晰地表达出来。同时还应注意所选用的每个图形，既要有各图形自身明确的表达内容，又要有它们之间的相互联系。

(3) 画每种图样时，都应注意所要求的画法和标注规定。

2. 零件图的绘制与识读

(1) 要了解零件图的作用，明确零件图的内容和要求；能针对不同零件的结构特点合理选择视图，正确制定表达方案。零件图的视图选择和尺寸标注方法涉及零件的结构设计和制造加工工艺知识，因此，要通过实习、参观、观看录像等途径，了解零件毛坯的铸造和锻造等方法，了解零件的车、铣、刨、磨等加工方法，以及常见的零件结构，如倒角、圆角、退刀槽、砂轮越程槽和各种类型的孔等，并由此获得零件结构和加工工艺的感性认识，使绘制的零件图更符合生产实际，并提高读图效率。

(2) 根据零件的结构特点，常将零件分为轴类、盘类、箱体类、叉架类。在零件图的绘制过程中，应注意归纳不同类型的零件在视图表达和尺寸标注上的不同特点。

(3) 对于零件图上的技术要求，要求了解表面粗糙度、几何公差在图样上的标注方法，并学会查阅相关标准的方法。

(4) 绘制零件图时容易出错的是局部剖视图的画法，剖视图、断面图的标注，螺孔的画法和代号的标注，视图投影不正确，漏画线或多画线，交线画错等；尺寸标注时容易出错的是漏标尺寸，标注方法不符合国家标准规定。这些问题在检查图样时要特别注意。

3. 标准件的画法和标注

(1) 零件图中，螺纹、键槽的画法和标注经常遇到；装配图中则是螺纹连接、键连接、销连接、轴承等经常遇到。要注意这些标准件的画法和标注方法，以及查阅相关标准的方法。

(2) 齿轮是常用的机械零件。要重点掌握直齿圆柱齿轮的画法(单个齿轮画法和齿轮啮合画法)，齿轮的基本参数和轮齿各部分的尺寸计算。

(3) 了解直尺圆锥齿轮、蜗轮蜗杆、齿轮与齿条啮合以及弹簧的规定画法。

项目5

减速器装配图的绘制

任务5.1 绘制减速器装配图

学习目标

知识目标	(1) 掌握装配图的表达方法； (2) 掌握装配图上的尺寸标注和技术要求； (3) 掌握零部件序号与明细表的绘制； (4) 掌握装配工艺结构
能力目标	(1) 能够选择合理的表达方法绘制装配图； (2) 能够在装配图上标注正确尺寸和技术要求； (3) 能够表达出装配图中的工艺结构； (4) 能够完整地绘制减速器装配图

任务引入

装配图是用来表示机器或部件的样图，装配图主要表达机器或部件的装配、检验、调试、安装、维修等。因此装配图是机械设计、制造、使用、维修以及进行技术交流的重要技术文件。

相关知识

5.1.1 装配图概述

1. 装配图的作用

装配图是机器或部件在设计和生产中的重要技术文件和技术依据，它可以用来表达部件或机器的工作原理、零件的主要结构和形状以及它们之间的装配关系，还可以为装配、检验、安装和调试提供所需的尺寸和技术要求。

2. 装配图的分类

1）设计装配图

在开发一种新产品时，设计者可按一般的设计程序，从完成某种功用的目的入手，构想其整体及结构等内容，画出其装配图；也可根据拟仿制产品的实物测绘，记录下该零部件的设计思想，画出装配图。这类图样应详尽地表明产品的工作原理、传动系统、装配连接方式，能依照此类装配图拆画成全套零件图，直至按其尺寸和技术要求等内容知道零件的总装配，生产出合格的产品来。

2）装配工作用装配图

仅供产品拆装、调试、维修用的装配图，其重点在零部件之间的装配关系及操作、检测方法和要求上，而与此无关的视图的尺寸均不必详细交代。

3）装配略图

向营销部门和用户提供的用于介绍产品基本组成概况，知道包装、运输、平面布置、安装等方面的简略装配图，称为装配略图。这类装配图中仅有少数表达内部结构情况，多数只用清晰的轮廓线表明整体或部件的外形，再加上总体尺寸、安装尺寸和简短的文字说明。

3. 装配图的内容

图 5.1 是齿轮油泵的装配图，从图中可以了解到一张完整的装配图应包括以下 4 项内容。

1）一组图形

用来表达机器或部件的工作原理，零件间的装配关系、连接方式及主要的零件的结构形状等。

2）必要的尺寸

装配图中应标注该装配体的规格、性能尺寸、装配结合尺寸、总体尺寸、安装尺寸和检验尺寸。图 5.1 中，ϕ12H7/g6 为装配尺寸，175 为整体尺寸，96 为安装尺寸。

3）技术要求

用文字、代号符号说明装配体在装配安装调试等方面应达到的技术指标。

4）标题栏、序号、明细栏

应填写本装配体的名称，图样代号，比例，单位名称，设计、工艺、审核者的责任签字及日期。

5.1.2 装配图的表达方法

机件的基本表示法都适用表达装配图，但装配体都是由一些零件组装而成的，在表达不同组成零件与它们之间的关系时，还有一些只适于用来表达装配体的画法规定。

1. 装配图的画法规定

1）零件间接触面、配合面的画法

两相邻零件的接触面或配合面只用一条轮廓线表示，如图 5.2 中的①所示。而对于未接触的两表面、非配合面(基本尺寸不同)，用两条轮廓线表示，如图 5.2 中的③所示。若间隙很小或狭小剖面区域，可以夸大表示，如图 5.2 中的⑦所示。

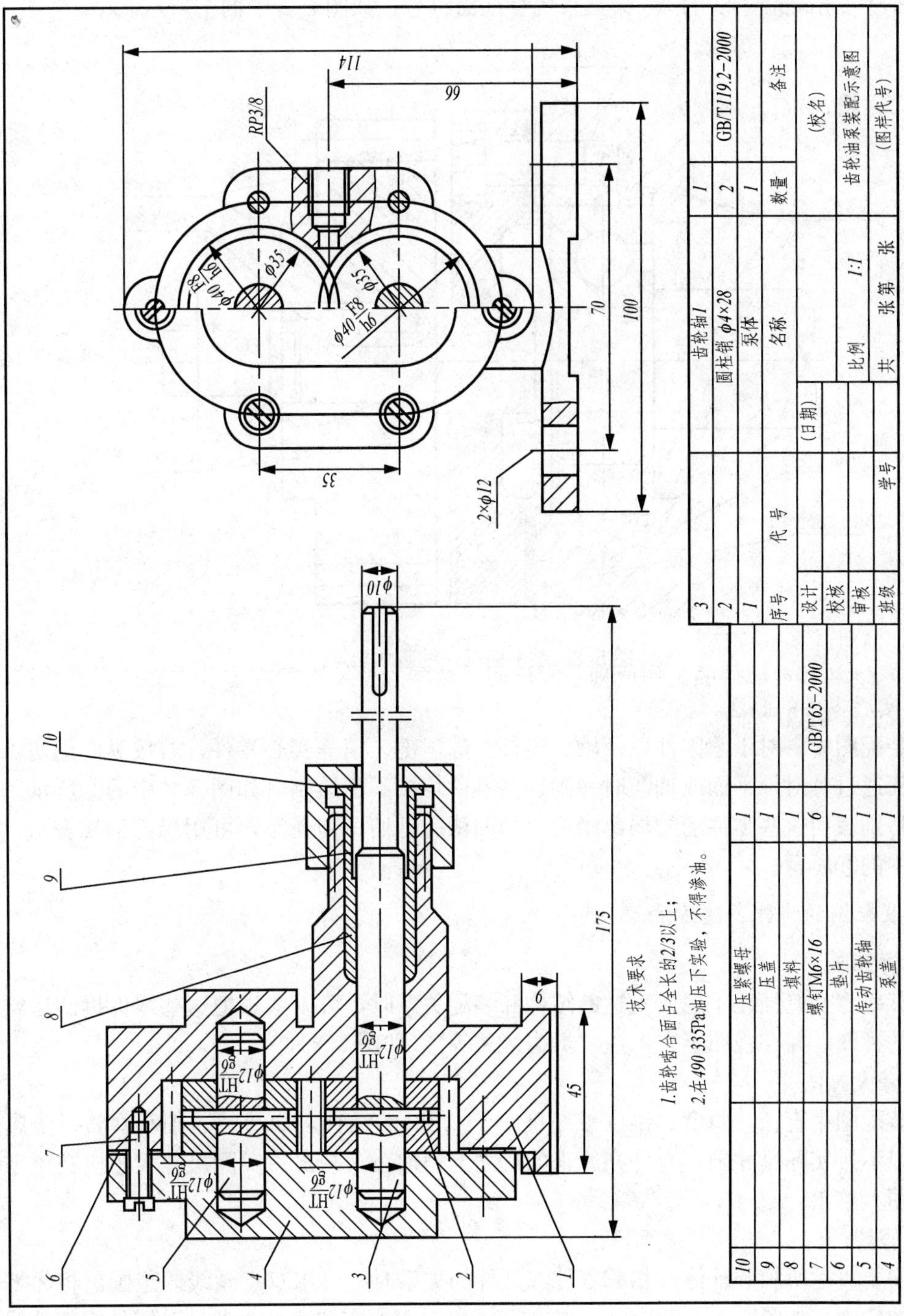

114
99
70
100
35
175
45
6
RP3/8
2×φ12
φ35
φ40 F8/h6
φ12 H7/g6
φ10
1
2
3
4
5
6
7
8
9
10
技术要求
1.齿轮啮合面占全长的2/3以上;
2.在490 335Pa油压下实验，不得渗油。
10 压紧螺母 1
9 压盖 1
8 填料 1
7 螺钉M6×16 6 GB/T65-2000
6 垫片 1
5 传动齿轮轴 1
4 泵盖 1
3 齿轮轴 1
2 圆柱销 φ4×28 2 GB/T119.2-2000
1 泵体 1
序号 代号 名称 数量 备注
设计 (日期) (校名)
校核
审核
班级 学号
比例 1:1 齿轮油泵装配示意图
共 张 第 张 (图样代号)

图 5.1　齿轮油泵

2）剖面线的画法

相邻的两个金属零件，剖面线的倾斜方向应相反，或者方向一致而间隔不等以示区别，如图 5.2 中的④所示。同一零件在不同视图中的剖面线方向和间隔必须一致。剖面区域厚度小于 2mm 的图形可以以涂黑来代替剖面符号，如图 5.2 中的⑦所示。

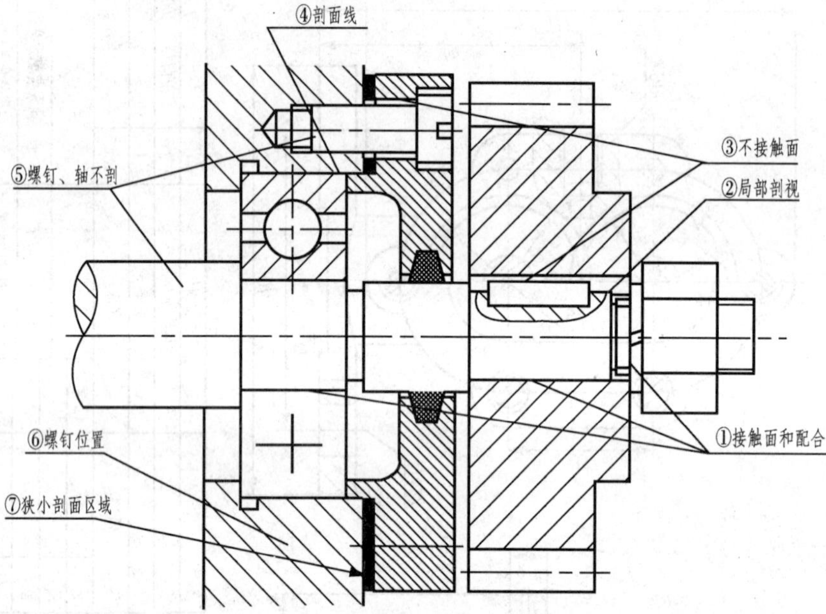

图 5.2 装配图画法的基本规定

3）实心零件的画法

在装配图中，对于紧固件以及轴、连杆、球、键、销等实心零件，若按纵向剖切，且剖切平面通过其对称平面或轴线时，则这些零件均按不剖绘制，如图 5.2 中的⑤所示。如果需要特别表明这些零件上的局部结构，如凹槽、键槽、销孔等，可用局部剖视表示，如图 5.2 中的②所示。

2. 装配图的特殊表达方法

1）拆卸画法

当某些零件遮挡住了想要表达的结构和装配关系时，可以假想把这些零件拆卸后绘制其相应的视图，并在视图上方标注“拆去××等”（如图 5.3）。

2）夸大画法

凡装配图中直径、斜度、锥度或厚度小于 2mm 的结构，如垫片、细小弹簧、金属丝等，可以不按实际尺寸画，允许在原来的尺寸上稍加夸大画出。实际尺寸大小应在该零件的零件图上给出。

3）假想画法

当需要表达所画装配体与相邻零件或部件的关系时，可用双点画线假想画出相邻零件或部件的轮廓，如图 5.4(b)和图 5.5 中的刀头部分；当需要表达某些运动零件或部件的运动范围及极限位置时，可用双点画线画出其极限位置的外形轮廓[5.4(a)]；当需要表达钻具、夹具中所夹持工件的位置情况时，可用双点画线画出所夹持工件的外形轮廓。

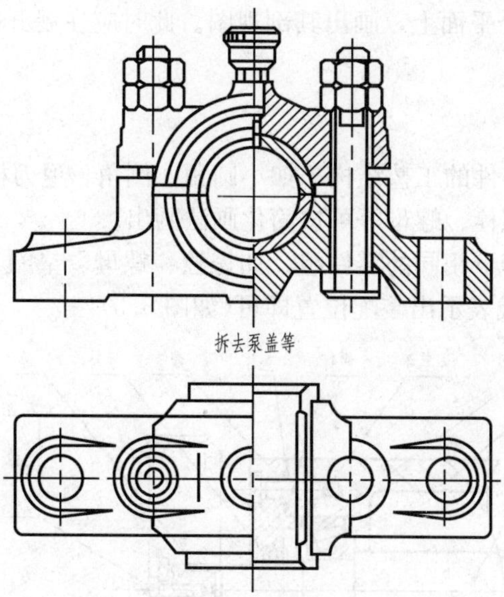

图 5.3　滑动轴承的特殊画法

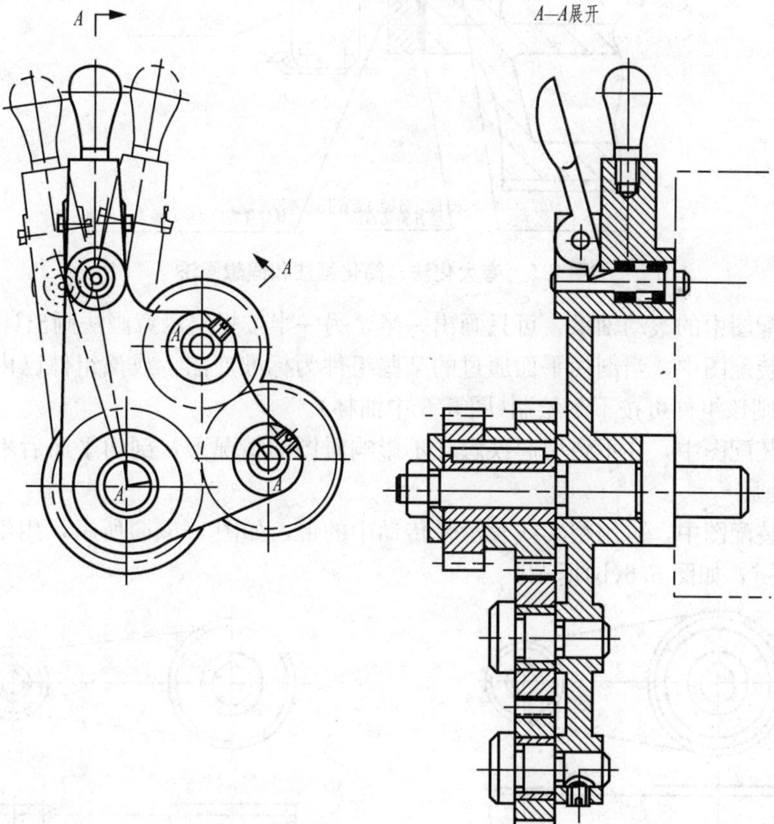

图 5.4　挂轮架展开画法

4）展开画法

为了表达传动机构的传动路线和装配关系，可假想按传动顺序沿轴线剖切，然后依次将各剖切平面展开在一个平面上，画出其剖视图。此时应在展开图的上方注明“×—×展开”字样(图 5.4)。

3. 简化画法

(1) 在装配图中，零件的工艺结构，如小圆角、倒角、退刀槽等可不画出。

(2) 在装配图中，螺栓、螺母等可按简化画法画出。

(3) 对于装配图中若干相同的零件组，如螺栓、螺母、垫圈等，可只详细地画出一组或几组，其余只用点画线表示出装配位置即可(如图 5.5)。

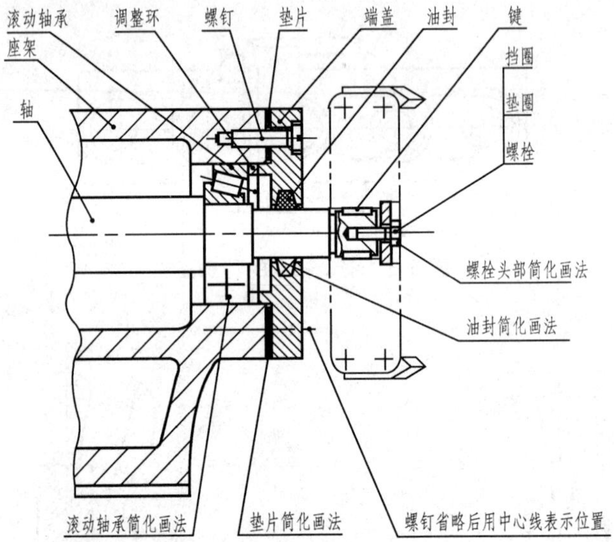

图 5.5　夸大化法、简化画法和假想画法

(4) 装配图中的滚动轴承，可只画出一半，另一半按规定示意画法画出(图 5.5)。

(5) 在装配图中，当剖切平面通过的某些组件为标准产品，或该组件已由其他图形表达清楚时，则该组件可按不剖绘制(图 5.3 中油杯)。

(6) 在装配图中，在不致引起误解，不影响看图的情况下，剖切平面后不需表达的部分可省略不画。

(7) 在装配图中，可用粗实线表示带传动中的带，如图 5.6(a)所示，用细点画线表示链传动中的链，如图 5.6(b)所示。

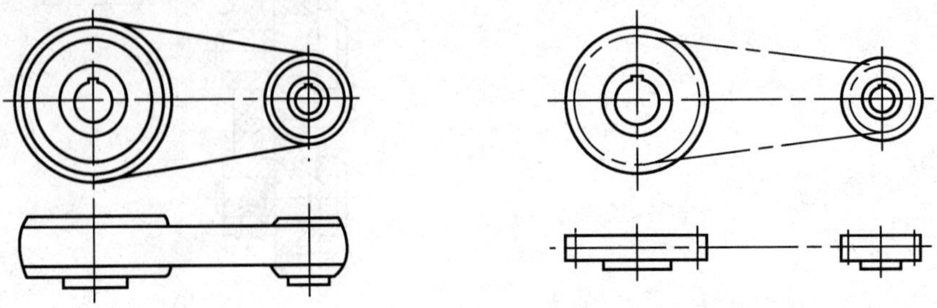

(a)　　(b)

图 5.6　带传动和链传动的简化画法

5.1.3 装配图的尺寸标注及技术要求

1. 装配图上的尺寸标注

装配图上不需要注出零件的全部尺寸。仅需标注进一步说明机器的性能、工作原理、装配关系和安装要求的尺寸。

1) 规格尺寸

也叫性能尺寸，反映部件或机器的规格和工作性能，这种尺寸在设计时要首先确定，它是设计机器、了解和选用机器的依据。

2) 装配尺寸

表示零件间装配关系和工作精度的尺寸，一般有下列几种。

(1) 配合尺寸：表示零件间有配合要求的一些重要尺寸。

(2) 相对位置尺寸：表示装配时需要保证的零件间较重要的距离、间隙等。

(3) 装配时加工尺寸：有些零件要装配在一起后才能进行加工，装配图上要标注装配时的加工尺寸。

3) 安装尺寸

将部件安装在机器上或将机器安装到基座上所需的尺寸。一般是座体底板上安装孔的定形和定位尺寸。

4) 外形尺寸

表示机器或部件总长、总宽、总高。它是包装、运输、安装和厂房设计时所需的尺寸。

5) 其他重要尺寸

不属于上述的尺寸，但设计或装备时需要保证的尺寸。

2. 装配图中的技术要求

装配图中的技术要求，一般可从以下几个方面来考虑。

(1) 装配体装配后应达到的性能要求。

(2) 装配体在装配过程中应注意的事项及特殊加工要求。例如，有的表面需装配后加工，有的孔需要将有关零件装好后配作等。

(3) 检验、试验方面的要求。

(4) 使用要求。如对装配体的维护、保养方面的要求及操作使用时应注意的事项等。

与装配图中的尺寸标注一样，不是上述内容在每一张图上都要注全，而是根据装配体的需要来确定。

技术要求一般注写在明细表的上方或图纸下部空白处。如果内容很多，也可另外编写成技术文件作为图纸的附件。

球阀装配图如图 5.7 所示。

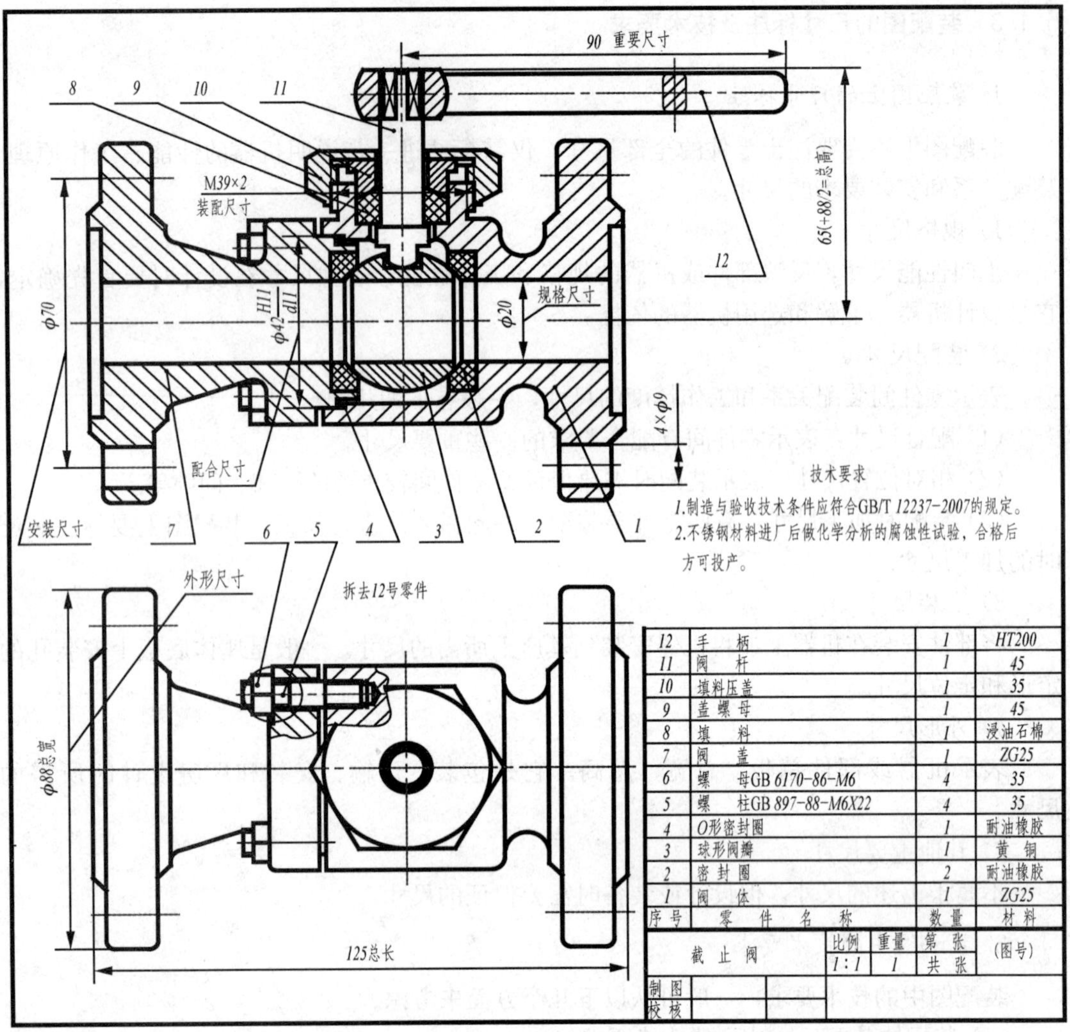

序号	零件名称	数量	材料
12	手柄	1	HT200
11	阀杆	1	45
10	填料压盖	1	35
9	盖螺母	1	45
8	填料	1	浸油石棉
7	阀盖	1	ZG25
6	螺母GB 6170-86-M6	4	35
5	螺柱GB 897-88-M6X22	4	35
4	O形密封圈	1	耐油橡胶
3	球形阀瓣	1	黄铜
2	密封圈	2	耐油橡胶
1	阀体	1	ZG25

截止阀	比例	重量	第 张	(图号)
	1:1	1	共 张	
制图				
校核				

图 5.7 球阀装配图

5.1.4 装配图的零、部件序号及明细表

1. 零、部件序号

(1) 序号应标注在图形轮廓线的外边，并填写在指引线的横线上或圆内，其字体高度比尺寸数字大一号或两号。指引线应从所指零件的可见轮廓内引出，并在末端画一小圆点，如图 5.8(a)所示。

(2) 若所指部分不便画圆点时，可在指引线末端画出箭头，如图 5.8(b)所示。

(3) 指引线不要彼此相交。

(4) 必要时，指引线可画成折线，但只允许弯折一次，如图 5.8(c)所示。

(5) 对于零件组，允许采用公共指引线，如图 5.8(d)所示。

(6) 每一种零件只编写一个序号。

(7) 要沿水平或垂直方向按顺时针或逆时针次序排列整齐。

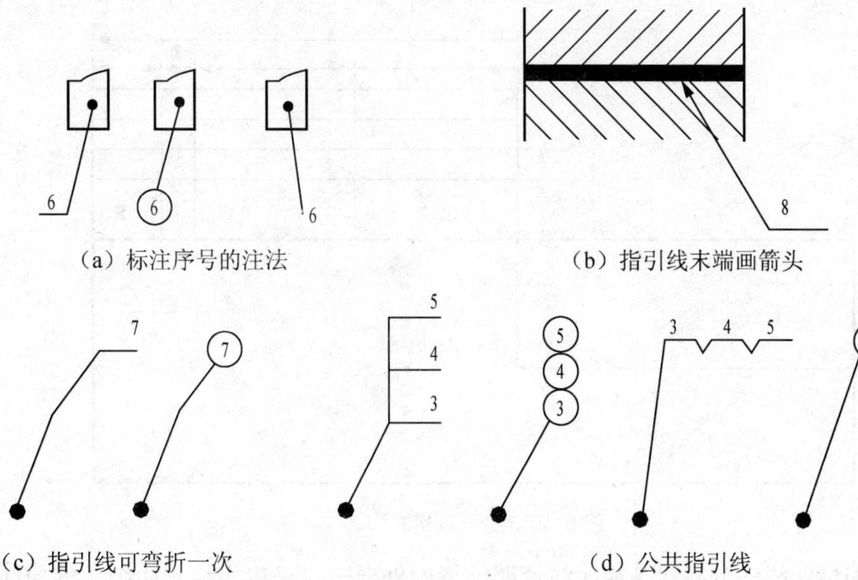

（a）标注序号的注法　（b）指引线末端画箭头

（c）指引线可弯折一次　（d）公共指引线

图 5.8　序号的画法

2. 标题栏和明细表

装配图和零件图的标题栏在内容格式上完全一样，所不同的是装配图中的标题栏中的“材料”栏目无须填写。因为装配体不是只有一个零件，每个零件的材料又不尽相同，各个零件的材料是填写在明细栏里的。

明细表(又称明细栏)是部件全部零件的详细目录，表中填有零件的序号、名称、数量、材料、附注及标准。明细表在标题栏的上方，当位置不够时可移一部分紧接标题栏左边继续填写(图 5.12)。明细表中的零件序号应与装配图中的零件编号一致，并且由下往上填写，因此，应先编零件序号再填明细表。

装配图标题栏和明细表现在常用两种格式。如项目 1 中的图 1.31 为学生作业用简化标题栏和明细表。图 1.32 为国家标准(GB/T 10609.2—2009)中规定的装配图标题栏格式，其明细表格式如图 5.9 或 5.10 所示。

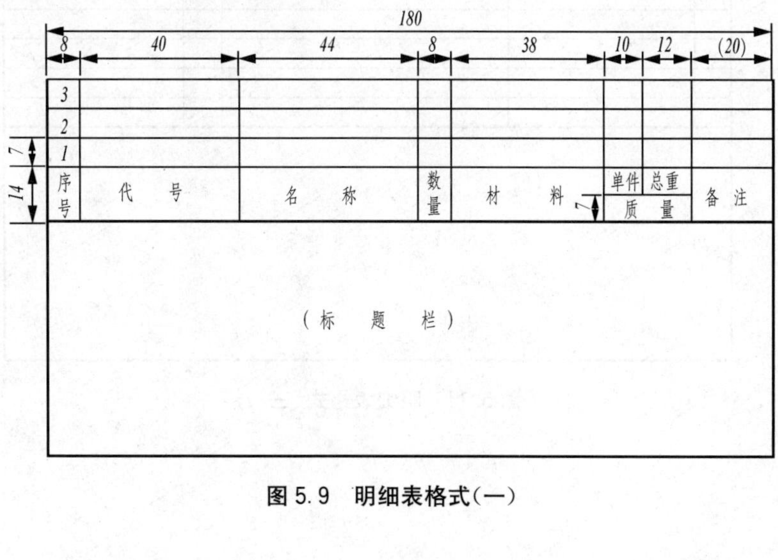

图 5.9　明细表格式(一)

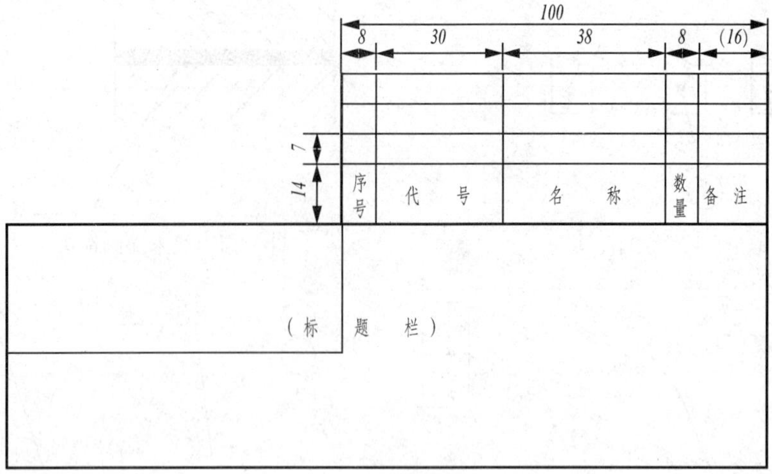

图 5.10　明细表格式(二)

明细栏和标题栏的分界线是粗实线，明细栏的外框竖线是粗实线，明细栏的横线和内部竖线均为细实线(包括最上一条横线)。

当装配图中不能在标题栏的上方配置明细表时，可作为装配图的续页按照 A4 幅面单独给出(图 5.11 和 5.12)。其顺序应是从上到下延伸，还可连续加页，但应在明细表的下方配置标题栏。这种情况下，明细表的外框和上面两条横线均为粗线，其余横线和竖线均为细线。

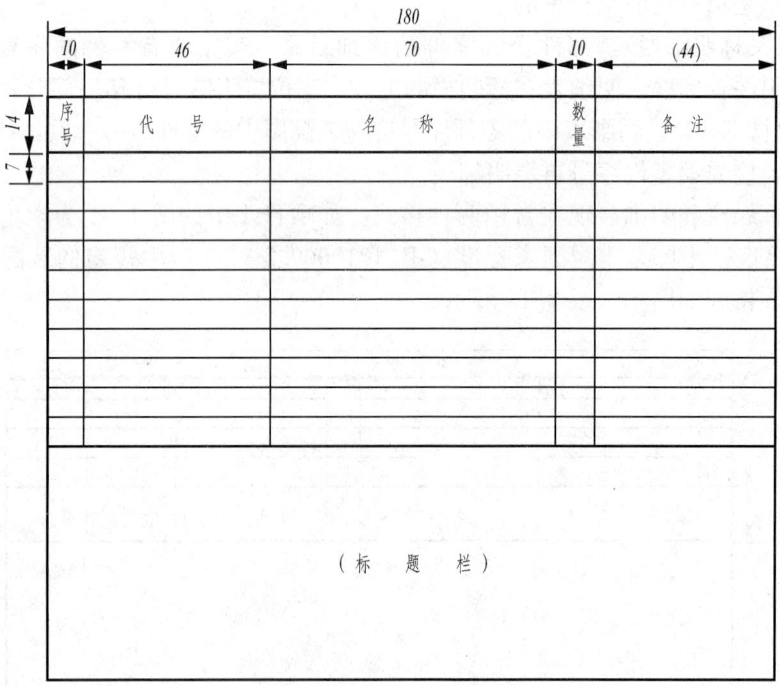

图 5.11　明细表格式(三)

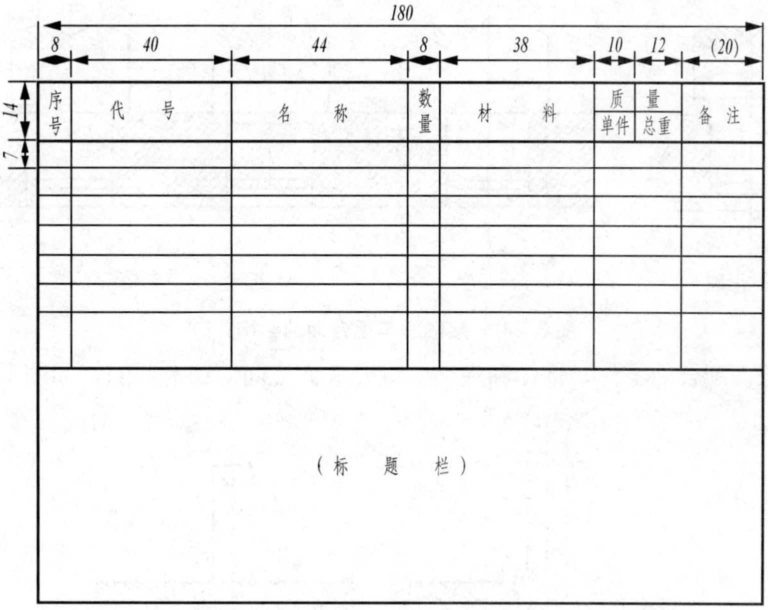

图 5.12　明细表格式(四)

5.1.5　常见装配结构

1. 接触面与配合面的画法

(1) 两个零件在同一方向上只允许有一对接触面，这样既方便加工又保证良好接触，反之，既给加工带来麻烦又无法满足接触要求(图 5.13)。

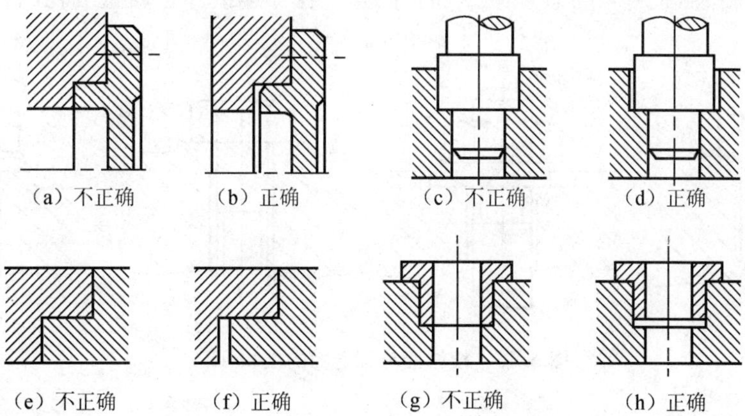

图 5.13　接触面与配合面的结构(一)

(2) 在轴和孔配合时，若要求轴肩和孔的端面相互接触，则应在孔口处加工出倒角，或在轴肩处加工退刀槽(图 5.14)，以确保两个端面的接触良好。

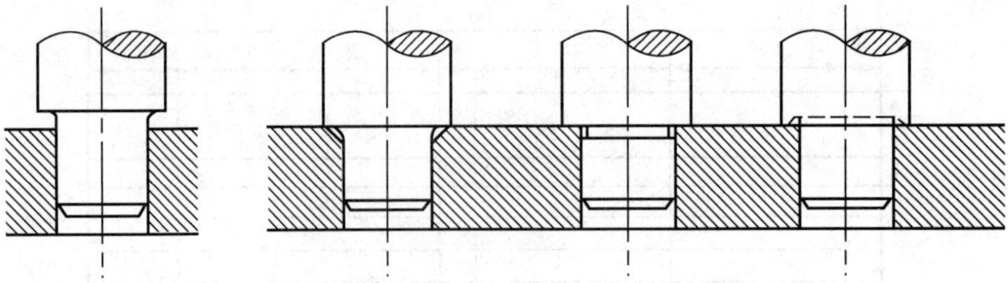

(a) 不正确　　(b) 正确

图 5.14　接触面与配合面的结构(二)

(3) 两锥面配合的零件，锥体和端面的锥孔底面之间应留有间隙，如图 5.15 所示。

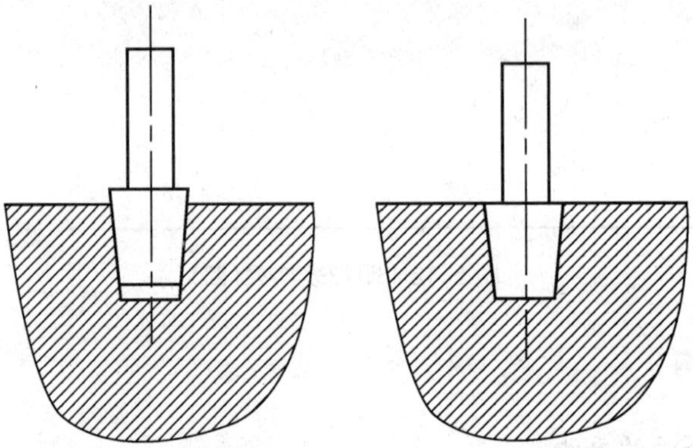

(a) 正确　　(b) 不正确

图 5.15　接触面与配合面的结构(三)

(4) 为保证接触良好，合理地减少加工面积，在被连接件上设置沉孔凸台等结构，如图 5.16 所示。

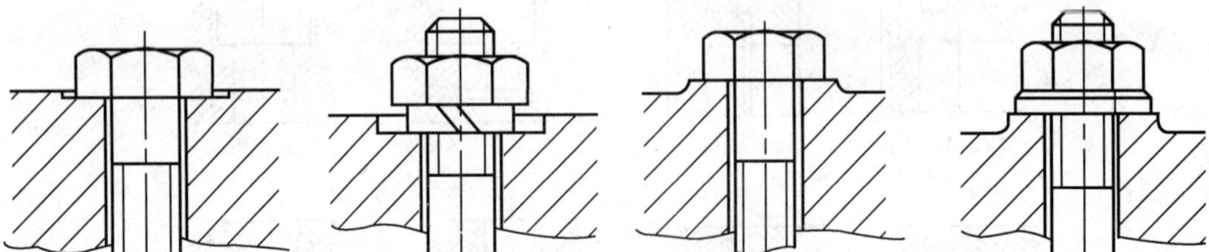

图 5.16　接触面与配合面的结构(四)

2. 零件轴向定位结构

装在轴上的滚动轴承及齿轮等，一般都要有轴向定位结构，以保证不发生轴向移动。图 5.17 所示轴上的滚动轴承及齿轮靠轴肩定位。齿轮的另一端用螺母、垫圈压紧，垫圈与轴肩的台阶面间应留有轴向间隙，以便压紧齿轮。

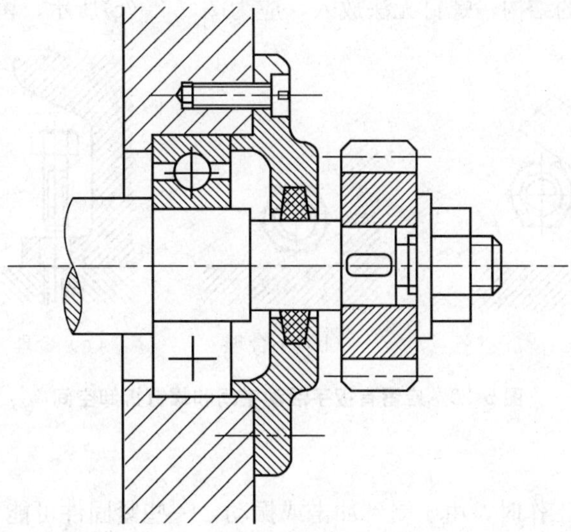

图 5.17　轴向定位结构

3. 螺纹连接的合理结构

为保证拧紧、螺杆上螺纹终止处应制出退刀槽[图 5.18(a)]，或在螺孔上制出凹坑[图 5.18(b)]或倒角[图 5.18(c)]。为保证紧固件和被连接件的良好接触，被连接件上做出沉孔、凸台等结构，如图 5.18(d)所示。沉孔的尺寸可根据紧固件的尺寸从有关手册中查取。

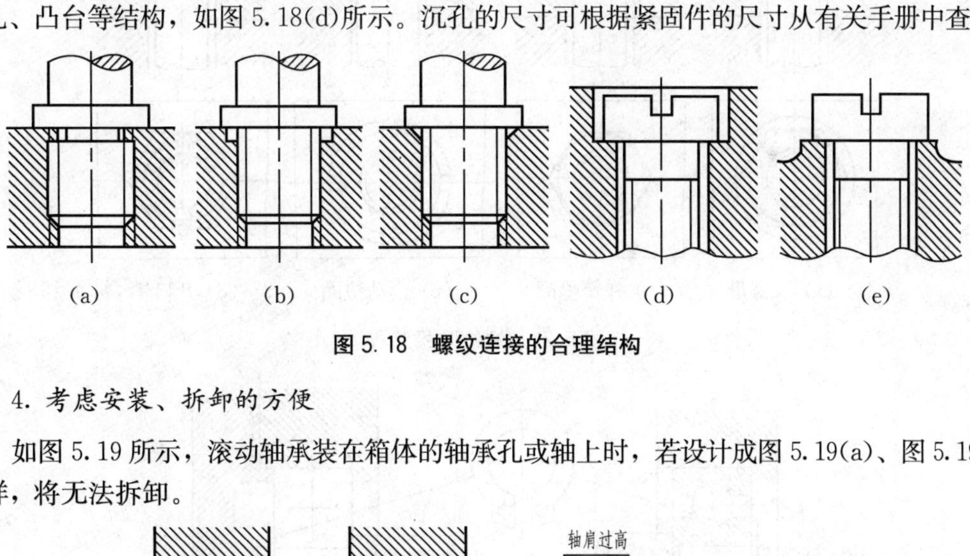

图 5.18　螺纹连接的合理结构

4. 考虑安装、拆卸的方便

如图 5.19 所示，滚动轴承装在箱体的轴承孔或轴上时，若设计成图 5.19(a)、图 5.19(c)那样，将无法拆卸。

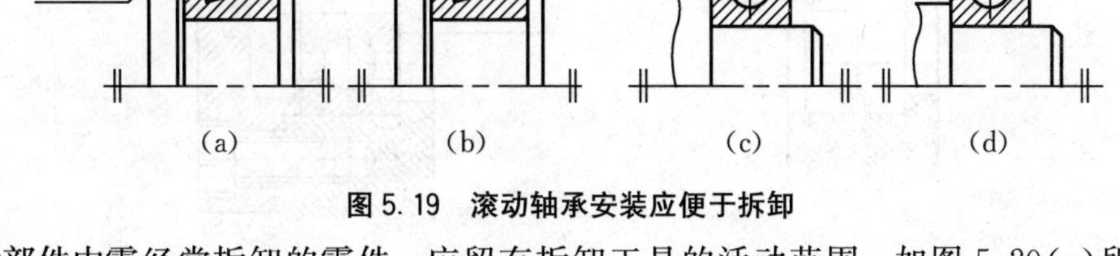

图 5.19　滚动轴承安装应便于拆卸

对部件中需经常拆卸的零件，应留有拆卸工具的活动范围，如图 5.20(a)所示，而图 5.20(b)所示的结构，由于空间太小，扳手无法使用，是不合理的设计。

图 5.20(d)所示的结构，螺钉无法放入，应为图 5.20(c)所示，留有放入螺钉的空间。

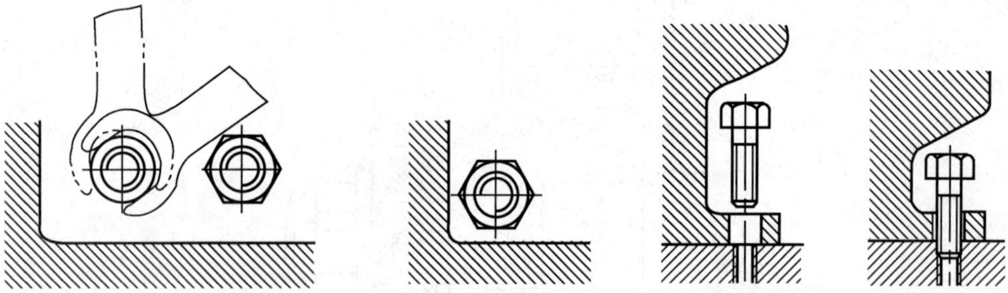

(a) 合理　(b) 不合理　(c) 合理　(d) 不合理

图 5.20　应留有扳手活动空间和螺钉拆卸空间

5. 防松装置

机器或者部件在工作时，由于受到冲击或振动，一些紧固件可能会产生松动现象，因此，在某些装置中需采用防松结构。几种常用防松结构如图 5.21 和图 5.22 所示。

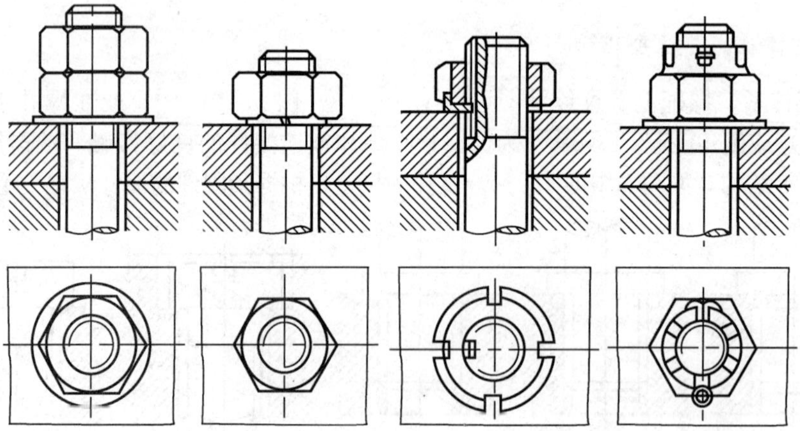

(a) 双螺母　(b) 弹簧垫圈　(c) 止动垫圈　(d) 开口销

图 5.21　螺纹防松装置

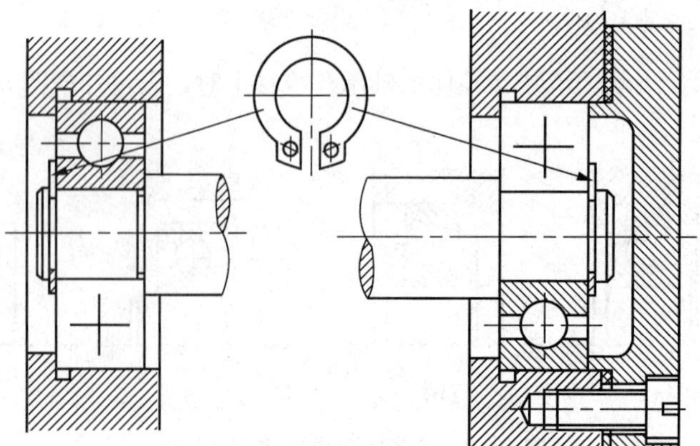

图 5.22　滚动轴承固定装置

6. 密封装置

机器或部件的某些部位需要密封装置，以防止液体外流或灰尘进入。图 5.23(a)所示为齿轮油泵密封装置的画法。通常用油浸的石棉绳或橡胶作填料，拧紧压盖螺母，通过填料压盖即可将填料压紧，起到密封的作用。但填料压盖与泵体端面之间必须留有一定的间隙，才能保证将填料压紧。填料压盖的内孔应大于轴径，以免轴转动时产生摩擦，图 5.23(b)的画法是错误的。图 5.17 表示了毛毡充满端盖梯形密封槽的画法。

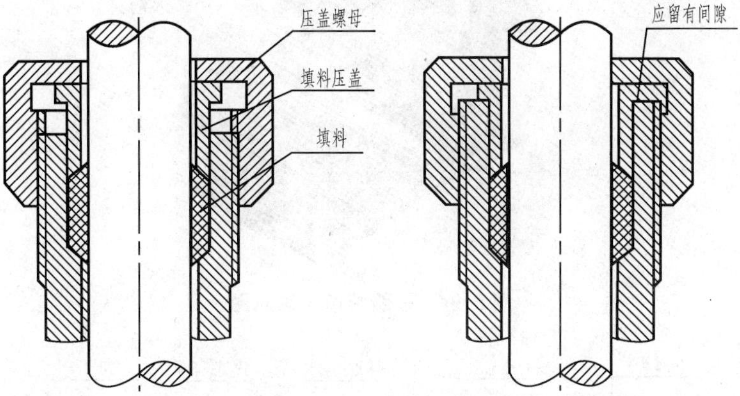

(a) 正确　　(b) 错误

图 5.23　密封装置的画法

任务实施

无论是设计或测绘机器、部件，在画装配图前都应对其功用、工作原理、结构特点、装配关系等内容加以分析，做到心中先有这个装配体，然后再确定表达方案，画出一张正确、清晰、易懂的装配图来。一般方法和步骤如下。

(1) 分析装配示意图、零件图，了解部件的功用和结构特点。

(2) 确定表达方案，先选择主视图，然后选择其他视图。

(3) 按照绘制装配图的步骤依次绘制装配图。

下面以减速器为例，说明由零件图绘制装配图的方法与步骤。

1. 了解部件的功用和结构特点

分析部件的装配示意图及零件图，了解零件间的相对位置和连接关系，了解部件的工作原理。减速器的轴测图如图 5.24 所示。

减速器是通过一对或数对齿数不同的齿轮啮合传动，达到高速旋转运动变为低速旋转运动的减速机构。本级减速器为单级传动圆柱齿轮减速器，即通过一对齿数不同的齿轮啮合旋转，动力由主动轴(齿轮轴)的伸出端输入，小齿轮旋转带动大齿轮旋转，并通过键将动力传递到从动轴输出。由于主动齿轮的齿数比从动齿轮的齿数少得多，所以主动轴的高速转，经齿轮传动降为从动轴的低速转，从而达到减速的目的。由图 5.25 可知，减速器由 31 种零件组成，其中标准件 11 种，主要零件是轴、齿轮、箱体与箱盖等。

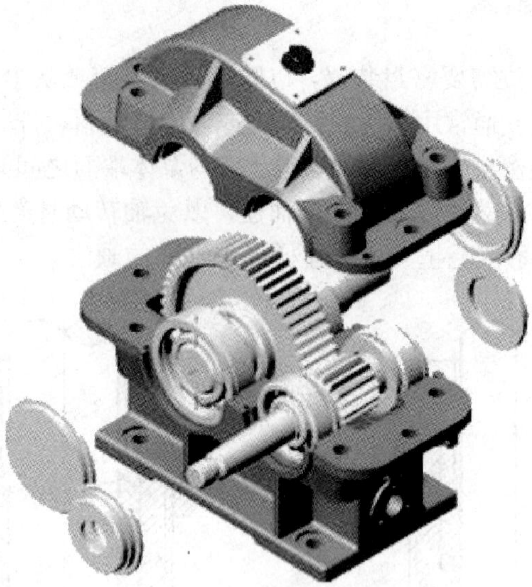

图 5.24　一级减速器轴测图

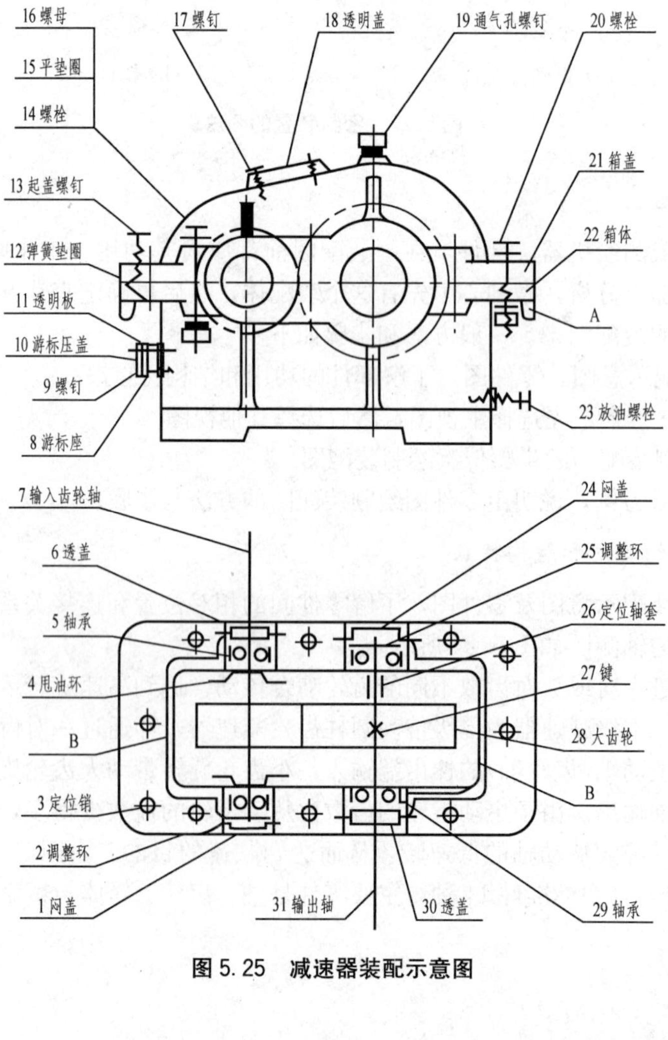

图 5.25　减速器装配示意图

2. 确定表达方案

1）主视图的选择

在选择装配图的主视图时应考虑以下几个原则。

(1) 应满足装配体的工作位置，并尽可能地反映该装配体的特征结构；

(2) 主视图方向应能反映装配体的工作原理和主要装配干线；

(3) 应尽可能反映零件之间的相对位置关系。

减速器的装配图按工作位置确定主视图，表达减速器的整机外形，如图 5.26 所示。

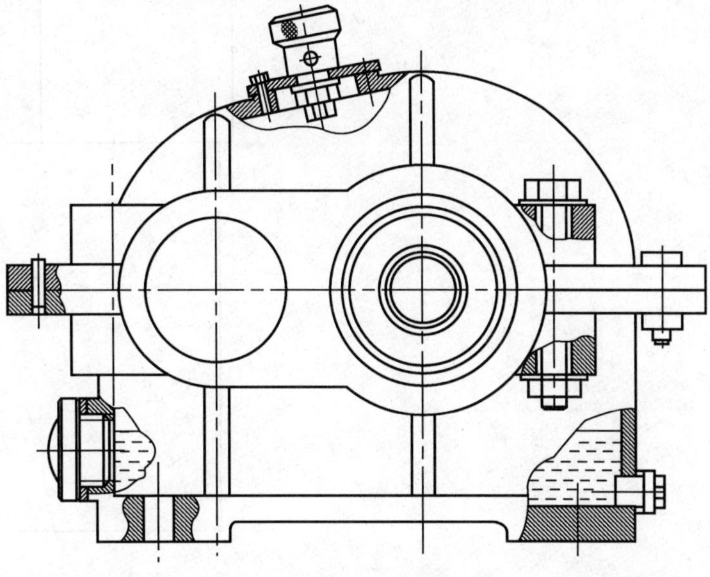

图 5.26　减速器装配图主视图

2）其他视图的选择

根据已选定的主视图，选择其他视图，以补充主视图未表达清楚的部分，视图选择的原则是：在表达清楚的前提下，视图数量应尽量少，方便看图和画图。

本例中选用主、俯、左 3 个基本视图表达其内外结构形状，并采多处用局部剖视表示底座上安装孔、游标以及箱盖上螺孔等结构。

3. 装配图绘制的步骤

(1) 在拟定好装配体视图表达方案后，便可根据装配体的大小及复杂程度，选用合适的绘图比例，确定图幅，并画出图框及标题栏。

(2) 合理布置图面。从各装配干线入手，以点画线或细线布置各视图位置。

(3) 打底稿。一般先画大的主要零件，定出框架，最后完成所有视图。

(4) 进一步进行细节描述，此时要细心，防止遗漏。

(5) 标注尺寸、画剖面线、编零件序号，填写标题栏、明细栏、技术要求

(6) 经最后校核加深，确认无误后，签署姓名。

减速器装配图的绘制如图 5.27 所示。

图 5.27　减速器装配图画法(一)——定方案、定比例、定图幅画图框

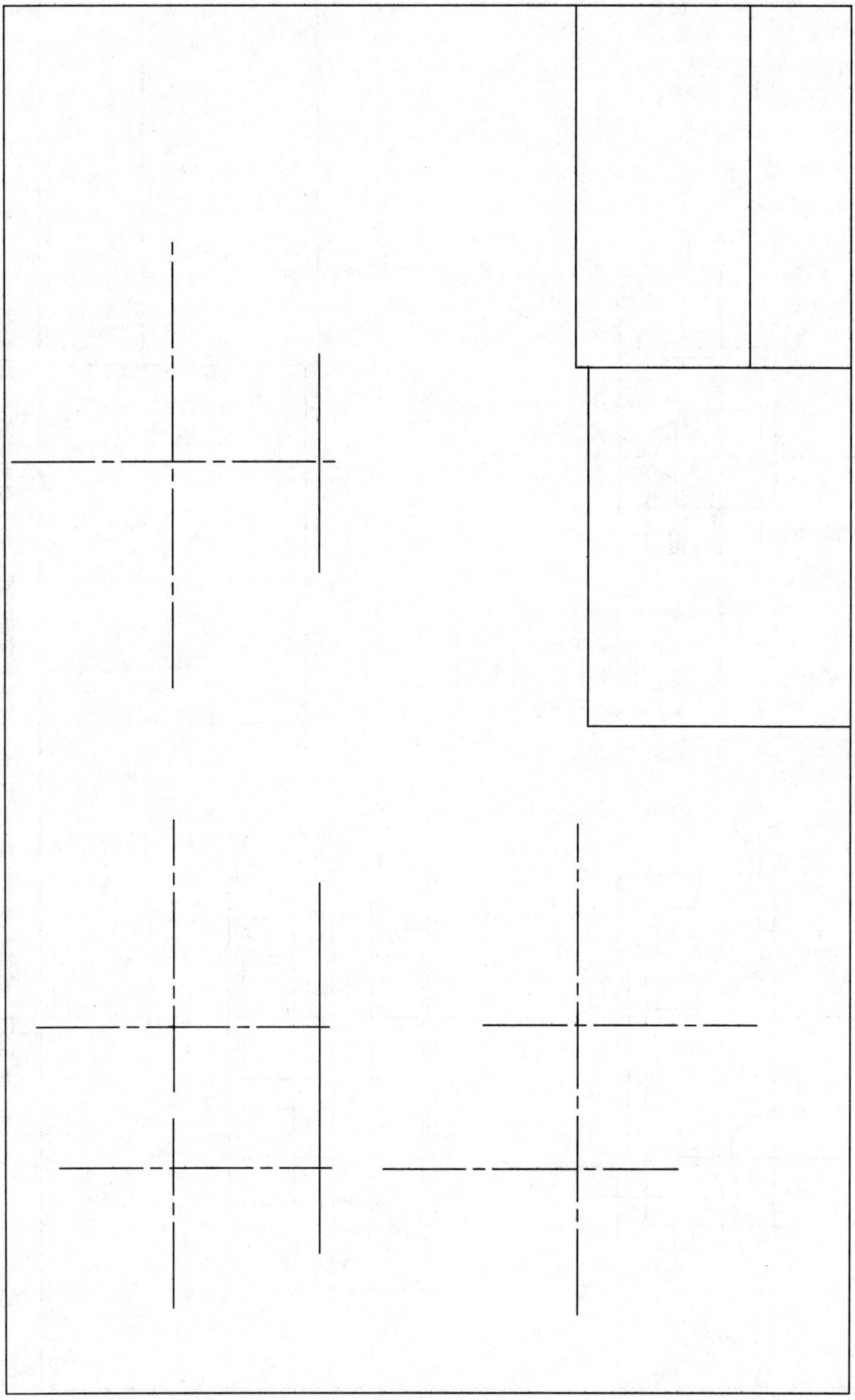

图5.27　减速器装配图画法(二)——根据表达方案、画主要基准线

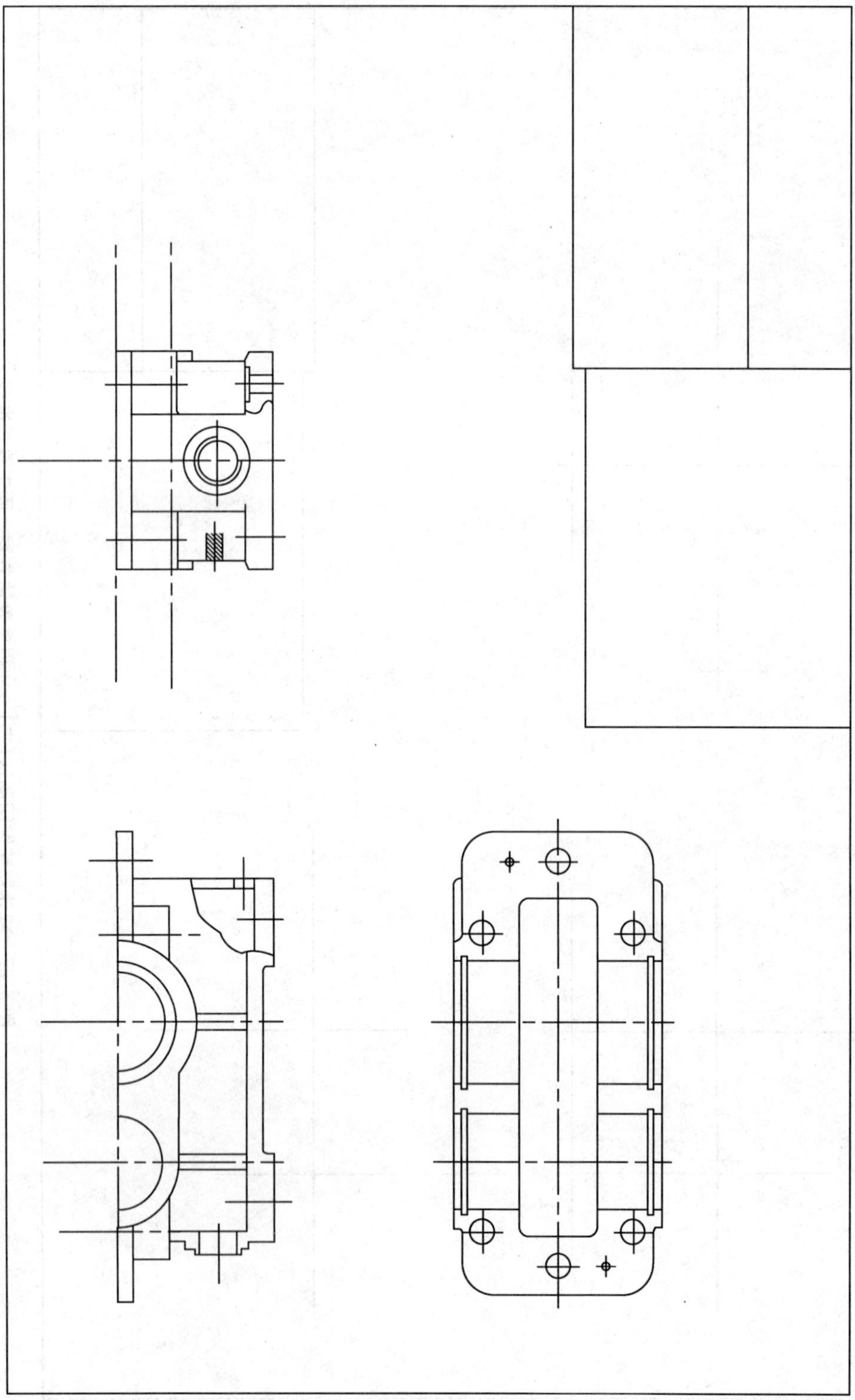

图 5.27　减速器装配图画法(三)——画主要装配干线，逐次向外扩张，画出箱体

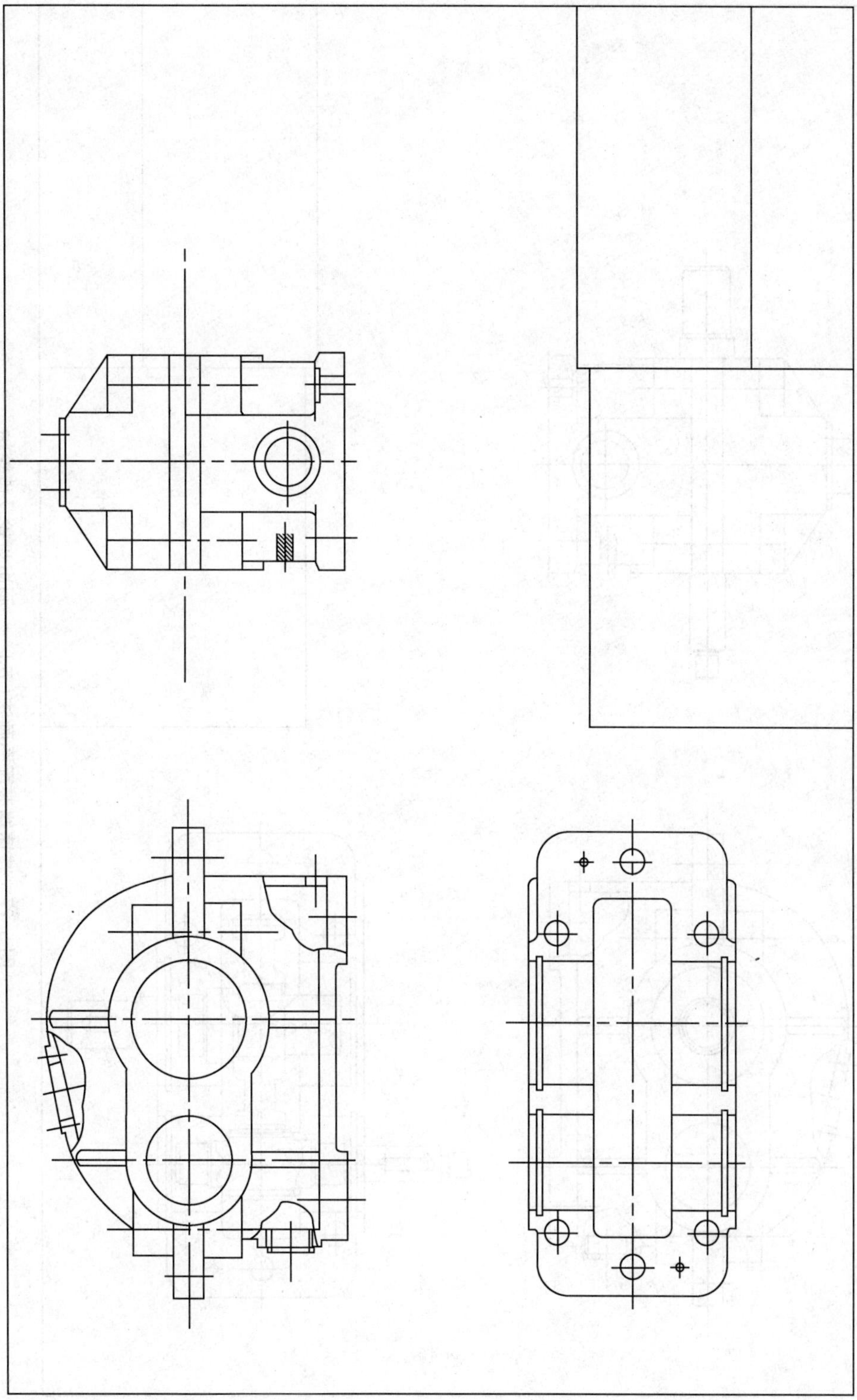

图 5.27　减速器装配图画法(四)——画出箱盖

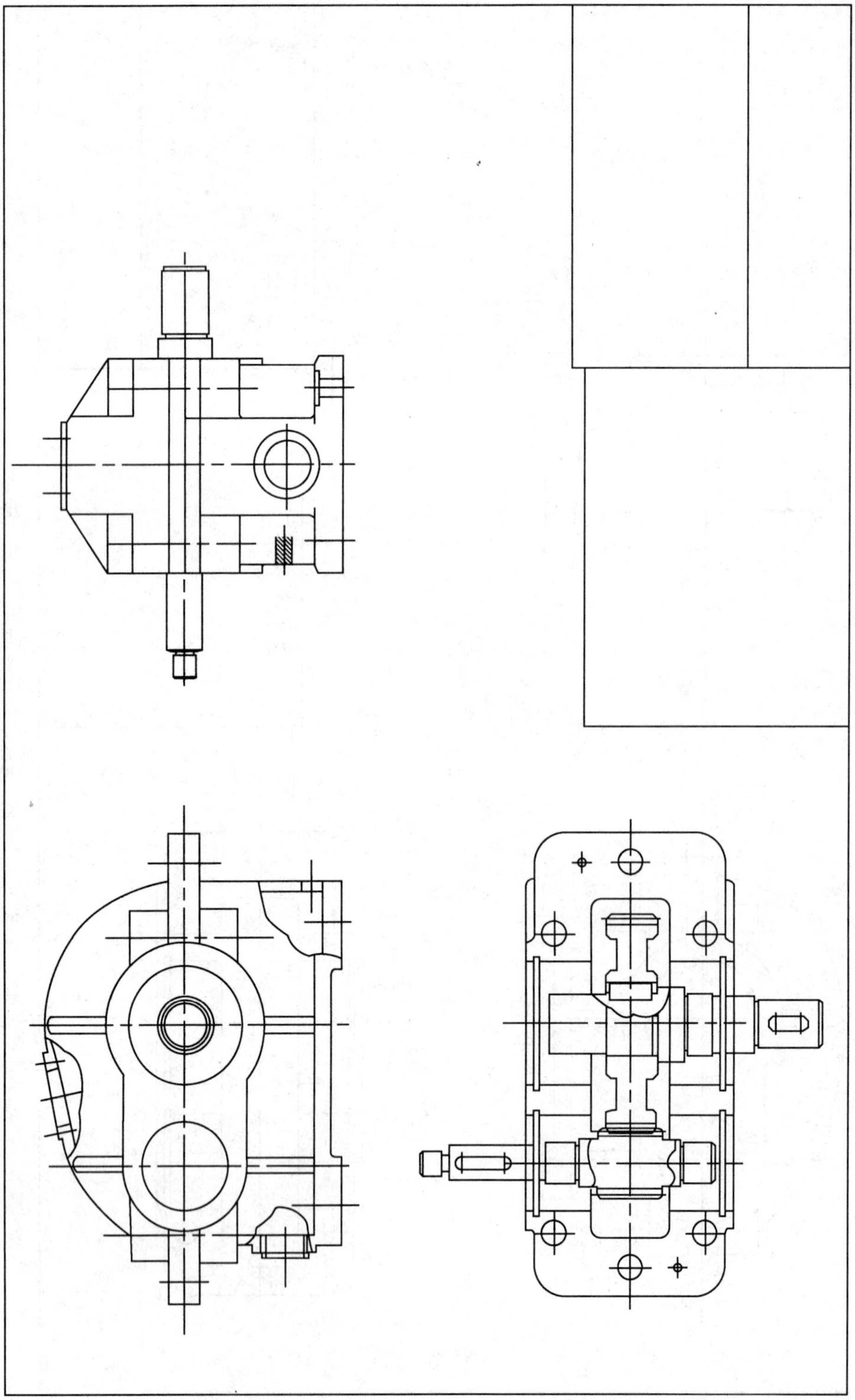

图 5.27　减速器装配图画法(五)——画出齿轮及齿轮轴

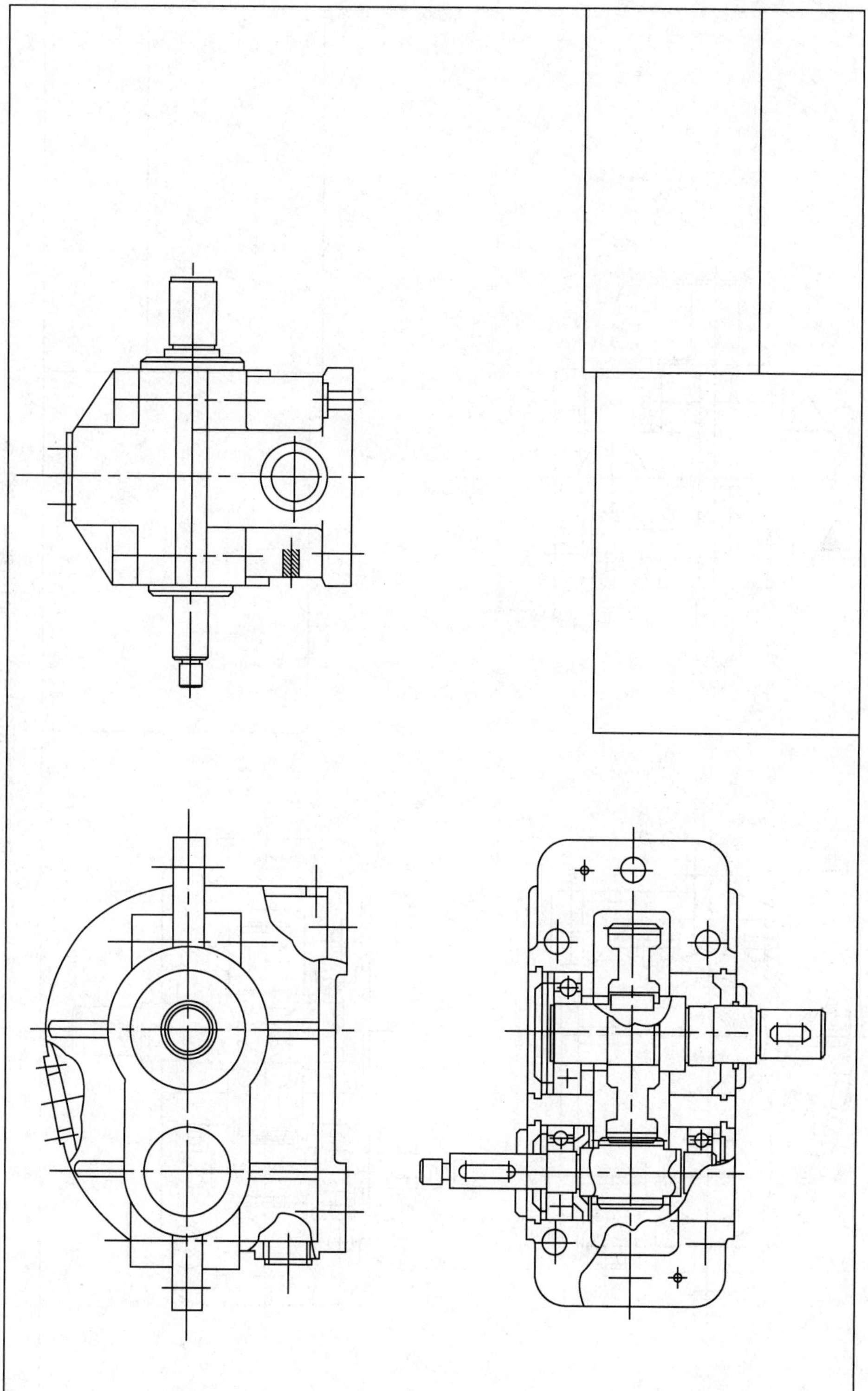

图 5.27　减速器装配图画法(六)——选择俯视图剖视方案，画出轴承、轴承端盖、轴套、调整环、密封圈

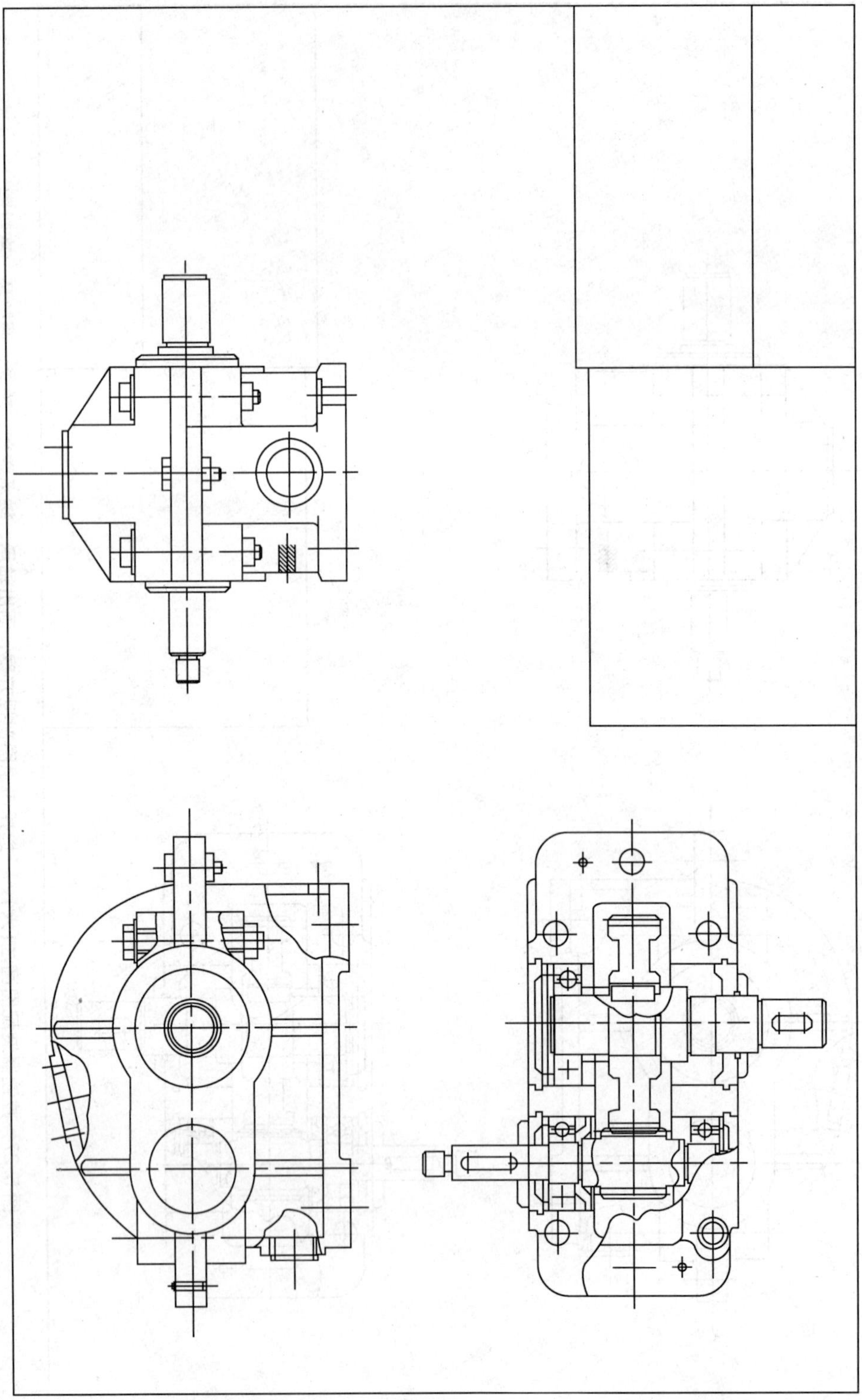

图 5.27　减速器装配图画法(七)——画出螺栓、销连接

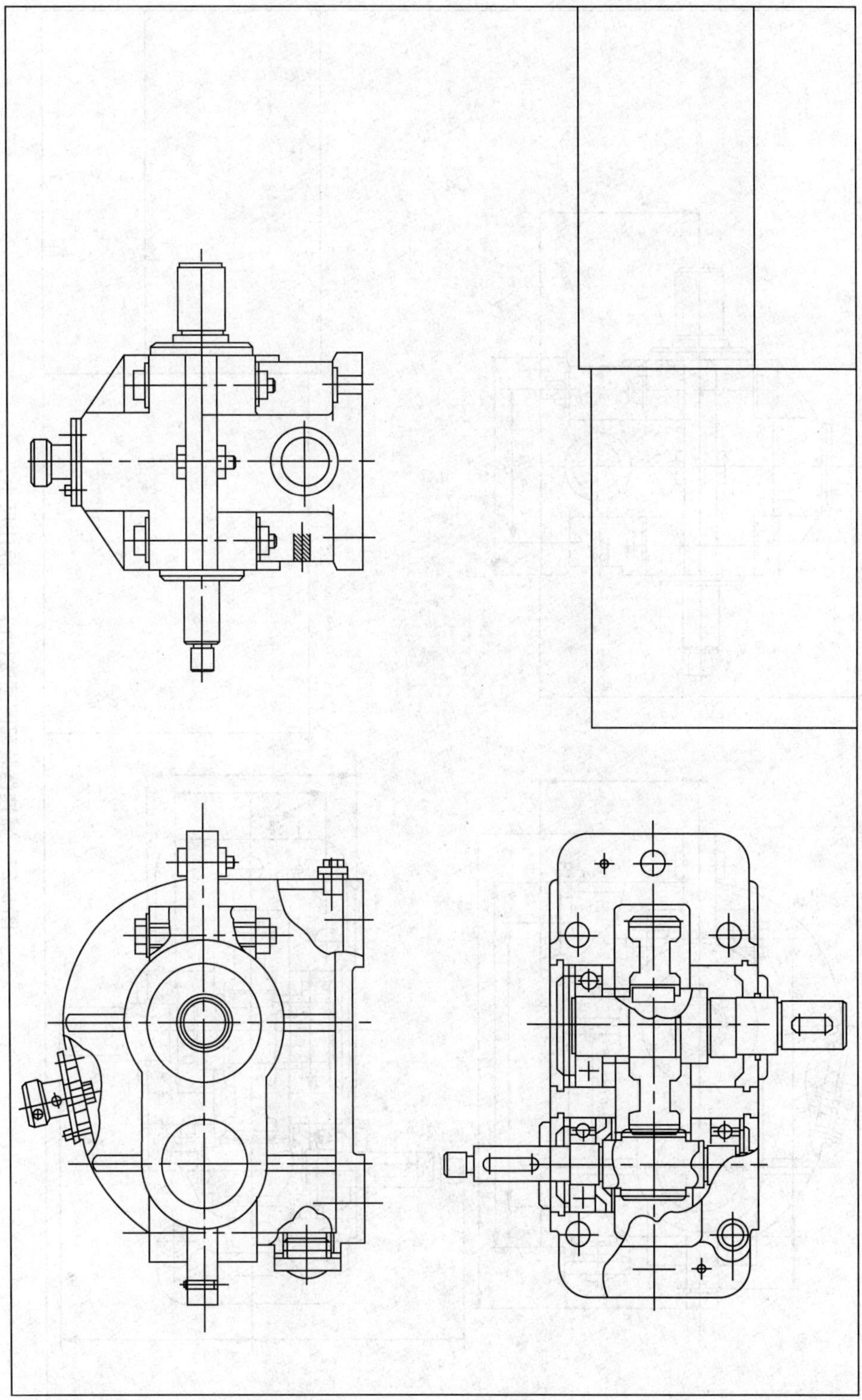

图 5.27　减速器装配图画法(八)——画出透气塞、塑料游标和密封螺栓

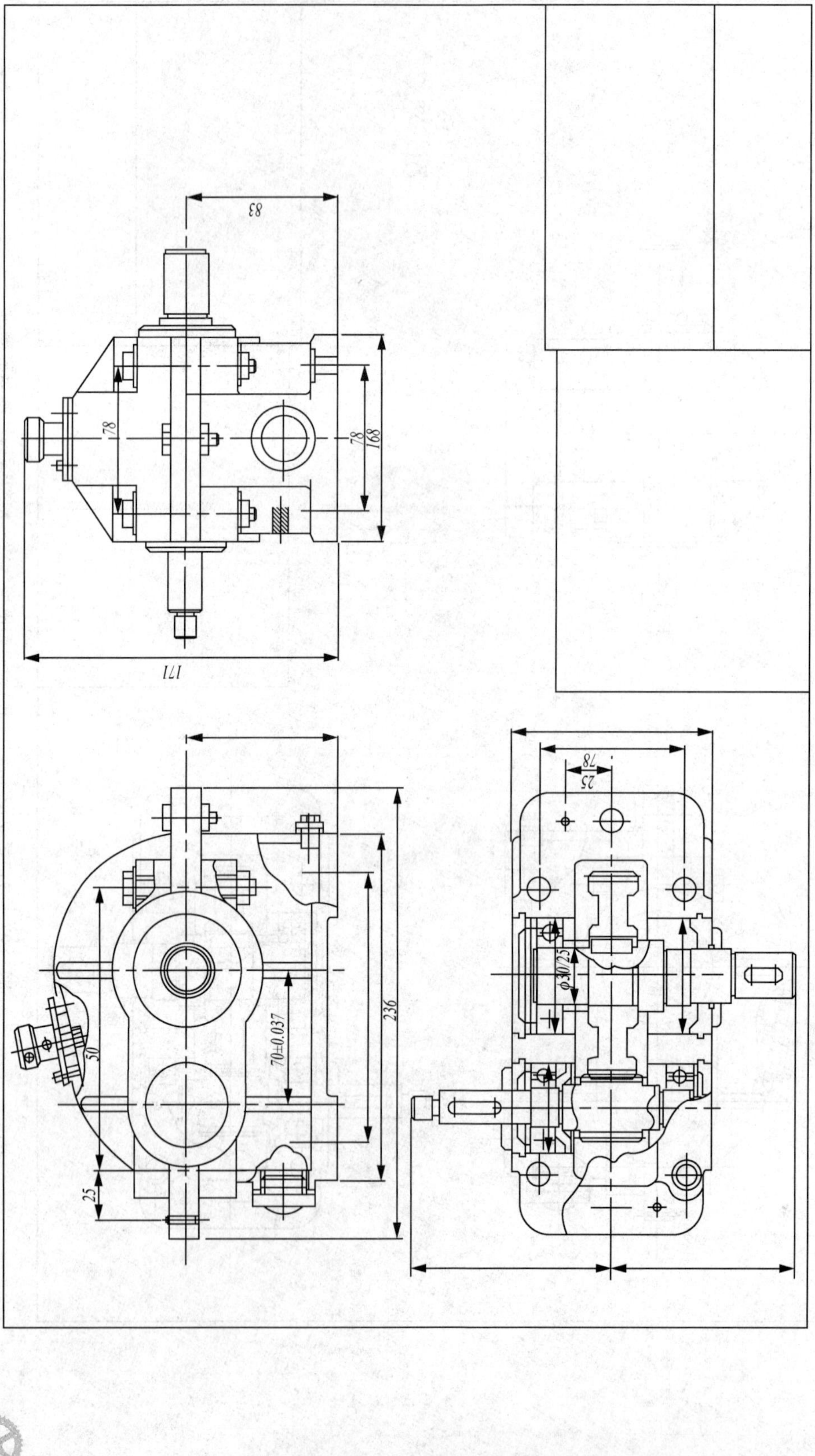

图 5.27　减速器装配图画法(九)——标注尺寸

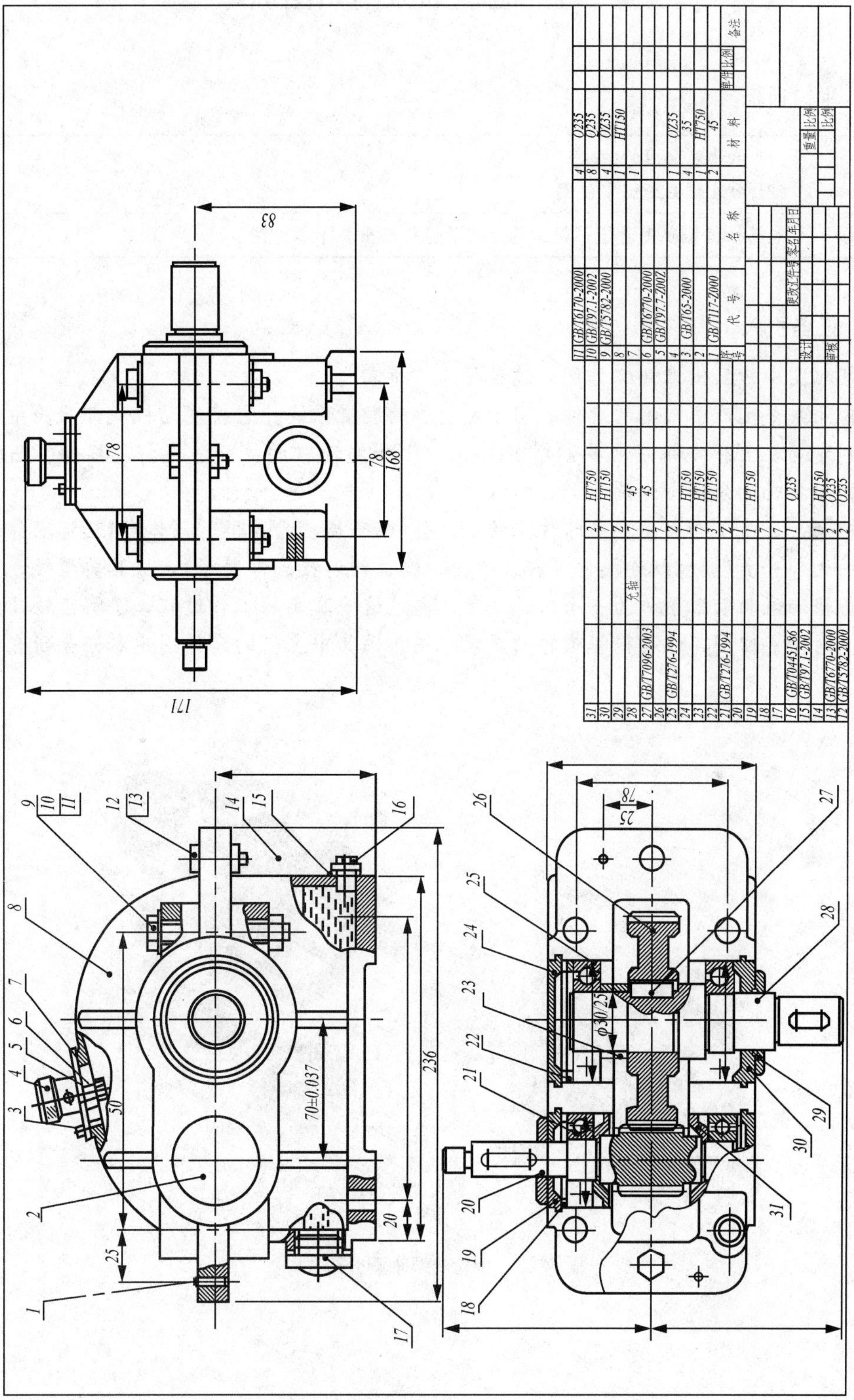

图5.27　减速器装配图画法(十)——编件号、填写明细表、标题栏和技术要求，检查描深

任务5.2　齿轮油泵的识图训练

学习目标

知识目标	(1) 识读装配图的方法； (2) 由装配图绘制零件图
能力目标	能够根据装配图看懂机器工作原理并能拆画出其中零件图

任务引入

从装配图中拆画出零件工作图的过程称为“拆零”。

齿轮油泵是生产中常用的部件，用于发动机的润滑系统。它将发动机底部油箱中的润滑油送到发动机上有关部件需要润滑的部位，比如发动机的主轴、连杆、摇臂、凸轮颈等。齿轮油泵轴测分解图如图5.28所示。

齿轮油泵涵盖了四大类典型零件中的三大类(轴套类、盘盖类、箱体类)及标准件和常用件中的大部分类型(螺纹连接件连接、齿轮、键、销连接、弹簧等)，极具典型性，因此以识读齿轮油泵的装配图作为一个工作任务。通过这一真实的工作过程，了解齿轮油泵工作原理，看懂装配图，能够根据齿轮油泵装配图拆画其中主要的零件图是本任务研究的主要内容。

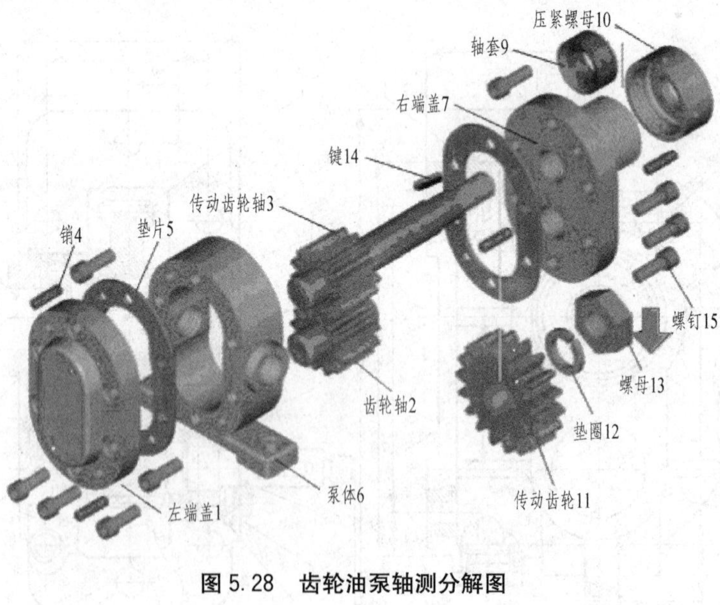

图5.28　齿轮油泵轴测分解图

相关知识

5.2.1 看装配图

1. 看装配图的目的和要求

在设计和生产实际工作中，经常要阅读装配图，看装配图是工程技术人员的基本技能之一。装配图是传达关于整机设计和装配加工等信息的载体，是一种工程语言。

例如，在设计过程中，要按照装配图来设计和绘制零件图；在安装机器及其部件时，要按照装配图来装配零件和部件；在技术学习或技术交流时，则要参阅有关装配图才能了解、研究一些工程、技术等有关问题。一般来说，看装配图应该达到以下几项要求。

(1) 了解装配体的功用、性能和工作原理。

(2) 弄清各零件间的装配关系和装拆次序。

(3) 看懂各零件的主要结构形状和作用等。

(4) 了解技术要求中的各项内容。

2. 看装配图的方法、步骤

下面以齿轮油泵装配图(图 5.29)为例，具体讲解如何看懂装配图并拆画其零件图。

1) 概括了解

(1) 首先根据标题栏、明细表和有关资料了解装配体的名称、用途、零件数量及大致组成情况。

读标题栏和明细栏了解部件名称为“齿轮油泵”，由 15 种零件组成，其中标准件 5 种，形状并不复杂；各零件的名称、材料和数量；按图上的编号了解各零件的大体装配情况。

(2) 分析视图。阅读装配图时，应分析全图采用了哪些表达方法，为什么采用它们，并找出各视图间的投影关系，进而明确各视图所表达的内容。

齿轮油泵视图表达方案：

齿轮油泵装配图由两个视图表达：主视图采用了全剖视，表达了齿轮油泵的主要装配关系；左视图沿左端盖和泵体结合面剖切，并沿进油口轴线取局部剖视，表达了齿轮油泵的工作原理。

2) 了解工作原理和装配关系

经过上面的分析，需进一步了解部件的运动，支承、润滑、密封等结构，弄清零件间的配合性质、连接方式等。

齿轮油泵工作原理如下。

如图 5.30 所示，当主动齿轮(上轮)做逆时针转动，从动齿轮顺时针转动时，啮合区右侧将产生负压，于是，油池中的油在大气压力作用下，将从进油口进入泵腔内。随着齿轮的转动，油被上下轮齿带到左边的高压区，并从出油口送到输油系统。

3) 分离零件、了解零件的结构形状和作用

通过前面的分析，在弄清楚工作原理、传动路线后，还要将每个零件从装配图中分离出来，完善它们的全部结构和尺寸。这时才算是看懂了设计者所要表达的装配图的内涵，也才能为将来分离拆画一套零件图做好准备。

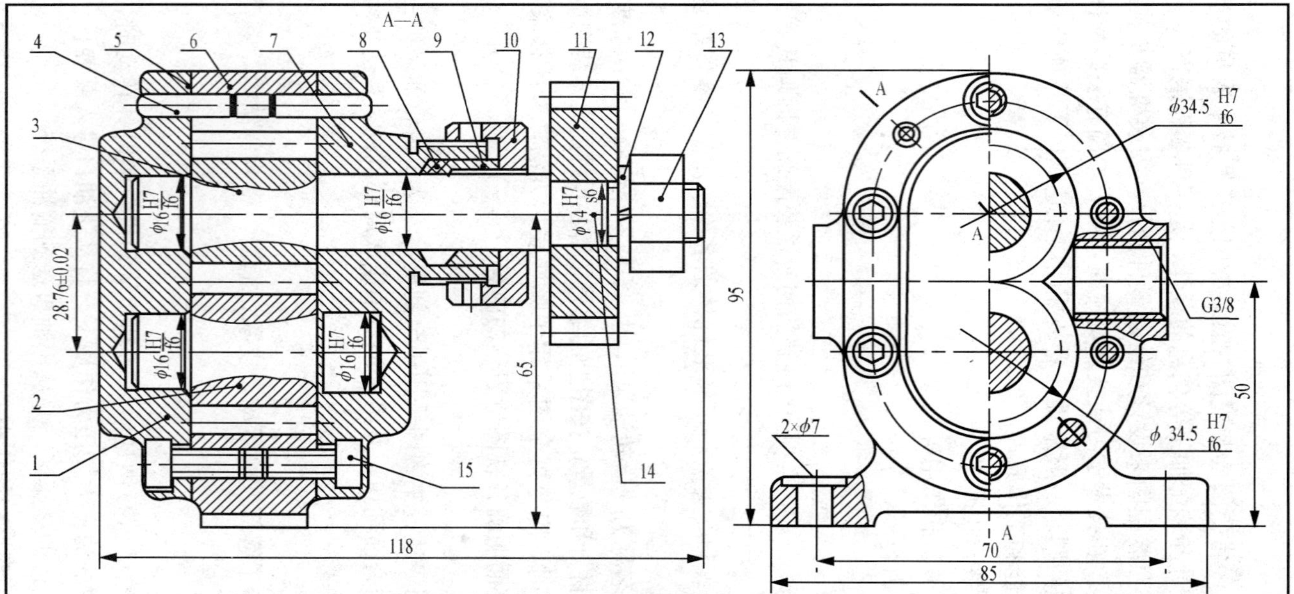

技术要求

1.齿轮安装后，应转动灵活。

2.两齿轮轮齿的啮合面应占齿长的3/4上。

15	螺钉M6×16	12	35	GB/T70.1-2000	5	垫片	2	纸	t=1
14	键 4×10	1	45	GB/T1096-2003	4	销 B5×18	4	45	GB/T119.1-2000
13	螺母M12×1.5	1	35	GB/T6170-2000	3	传动齿轮轴	1	45	m=3,z=9
12	垫圈 12	1	65Mn	GB/T 93-1987	2	齿轮轴	1	45	m=3,z=9
11	传动齿轮	1	45	m=2.5,Z=20	1	左端盖	1	HT200	
10	压盖螺母	1	35		序号	零件名称	数量	材料	附注及标准
9	压盖	1	QSn6-6-3		齿轮油泵				比例
8	密封圈	1	毛毡						共 张 第 张
7	右端盖	1	HT200		制图			(厂 名)	图号
6	泵体	1	HT200		审核				

图 5.29　齿轮油泵装配图

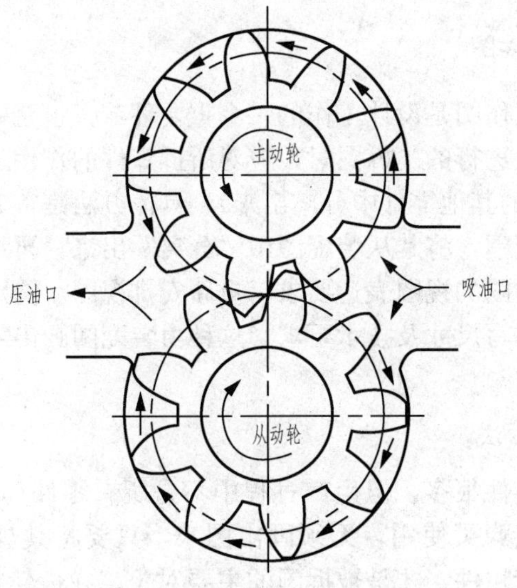

图 5.30　齿轮油泵工作原理图

4）分析零件间的装配关系与零件结构

分析部件的装配关系，要弄清零件之间的配合关系、连接固定方式等。

（1）配合关系。轴与端孔的配合尺寸为 ϕ16H7/f6，属基孔制，间隙配合。可保证齿轮轴转动自如。

齿轮的齿顶与油泵体的内壁之间的配合尺寸为 ϕ34.5H7/f6，属基孔制，间隙配合。可保证一对齿轮运转时不受阻碍。

（2）连接和固定方式。左、右端盖与泵体用螺钉连接，用销钉准确定位。

齿轮轴的轴向定位由齿轮端面与左、右端盖内侧表面接触定位。

齿轮 11 在轴上的定位则用螺母和键进行固定和定位。

（3）密封装置。为防止漏油及灰尘、水分的侵入，泵体在主动齿轮轴的伸出端设置密封装置，并由压盖螺母和压盖将密封圈压紧密封。

在左、右端盖与泵体之间由垫片 5 密封。垫片 5 的另一个作用是调整齿轮的轴向间隙。

（4）主要零件的结构形状。由图 5.30 可以想象，左端盖、泵体和右端盖的结构形状如图 5.31、图 5.32 和图 5.33 所示。

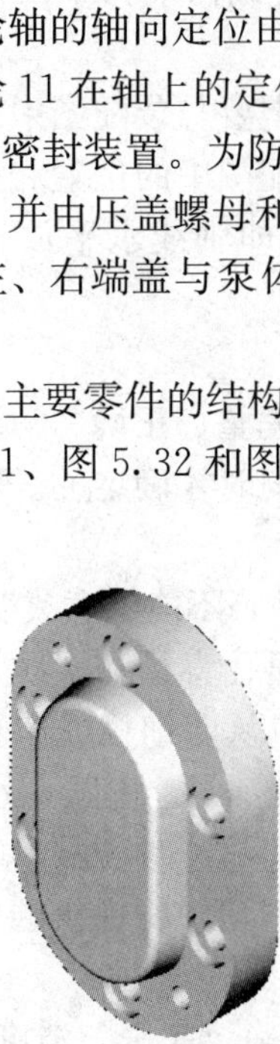

图 5.31　左端盖轴测图

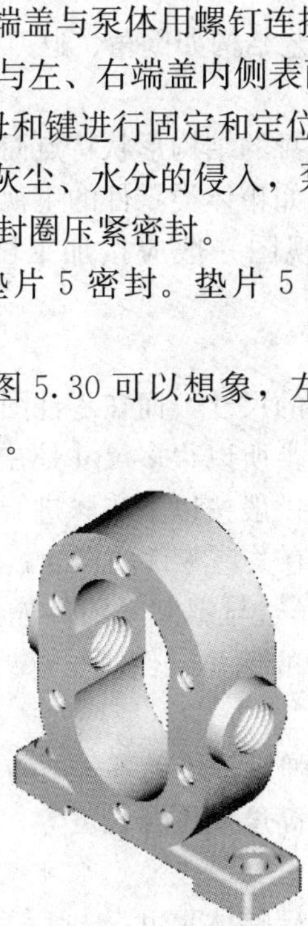

图 5.32　泵体轴测图

图 5.33　右端盖轴测图

5.2.2 由装配图拆画零件图

由装配图拆画零件工作图是设计工作的一个重要环节，也是一项细致的工作，它是在全面读懂装配图的基础上进行的。拆图时，应对所拆零件的作用进行分析，然后分离该零件(即把零件从与其组装的其他零件中分离出来)。具体方法是首先在装配图中各视图的投影轮廓中找出该零件的范围，将其从装配图中“分离”出来，再结合分析结果，补齐所缺的轮廓线，然后根据零件图的视图表达要求，重新安排视图。选定和画出零件的各视图以后，应按零件图的要求注写尺寸及技术要求。这种由装配图画出零件图的过程就称为拆画零件图。

1. 不同零件的处理方法

一部机器或部件中零件很多，但生产过程中不是所有零件都需要拆零的。有的零件，如标准件、外购件可直接购买使用，无须画出图来，只要将其规格、代号与标准查明即可。只有属于本产品的专用件，才是被拆画的主要对象。在齿轮油泵中，主要拆画的有 7 个零件。

2. 拆画零件图的步骤

1) 分离零件确定零件的结构形状

(1) 读懂装配图，然后可利用剖面线的方向、间隔等信息隔离画出所拆画零件的投影轮廓。

(2) 对装配图中未表达清楚的部分可根据零件的作用，想象零件的结构形状补齐零件的投影。

(3) 对于装配图中简化了的工艺结构如倒角、退刀槽等也要补画出来。

2) 重新确定零件的表达方案

对零件视图的选择应按零件本身的结构形状特点而定，不一定要与装配图中的表达方法一样。一般来讲，大的主要零件如箱体类零件的主视图多与装配图中的位置和投影方向的选择一致。而轴套类零件的主视图一般应按加工位置放置，即轴线水平放置确定主视图。

3) 确定零件的尺寸

由于装配图上给出的只是必要的尺寸，而在零件图上则要求完整、正确、清晰、合理地标注零件各组成部分的全部尺寸，所以很多尺寸是在拆画零件图时才确定的。因此在拆画出的零件图上进行尺寸标注时，一般按以下步骤进行。

(1) 抄：凡装配图上已标注的有关该零件的尺寸，应直接照抄，不能随意改变。

(2) 查：零件上某些尺寸数值(如与螺纹紧固件连接的零件通孔直径和螺纹尺寸；与键、销连接的尺寸；标注结构要素的倒角、倒圆、退刀槽等)，应从明细栏或有关标准中查得。

(3) 算：如所拆零件是齿轮、弹簧等传动零件或常用件，则其设计时所需参数，如齿轮的分度圆和齿顶圆、弹簧的自由高度和展开长度等，应根据装配图中所提供的参数，通过计算来确定。

(4) 量：在对所拆画的零件进行整体尺寸分析后，对照“正确、完全、清晰、合理”的基本要求，对装配图中没有标注出的该零件的其他尺寸，可在装配图中直接测量，并按装配图的绘图比例换算、圆整后标出。

4）确定零件的技术要求

零件的技术要求除在装配图上已标出的(如极限与配合)可直接抄标到零件图上外，其他的技术要求要根据零件的作用通过查表或参照类似产品确定，比如表面粗糙度：轴承为1.6以上，有配合要求的相对运动的表面3.2以上，无相对运动的接触表面6.3，非接触表面6.3以下。

5）填写标题栏

标题栏中所填写的零件名称，材料，数量等要与装配图明细栏中的内容一致。

拆画零件图是一种综合能力训练。它不仅需要具有读懂装配图的能力，而且还应具备有关的专业知识。随着计算机绘图技术的普及，拆画零件图的方法将会变得更容易。如果是由计算机绘出的机器或部件的装配图，可对被拆画的零件进行复制，然后加以整理，并标注尺寸，即可画出零件图。

3. 拆画零件图举例

要求：从图5.29所示齿轮油泵装配图中拆画泵体(6号零件)的零件图。

步骤：

(1) 分离零件，想象零件的结构、形状。

根据装配图中各视图的投影轮廓中找出该零件的范围，再根据图中的剖面线及零件序号的标注范围，将泵体零件从装配图中分离出来，如图5.34所示，该零件属箱体类零件，由包容轴孔、空腔的壳体及底座组成。

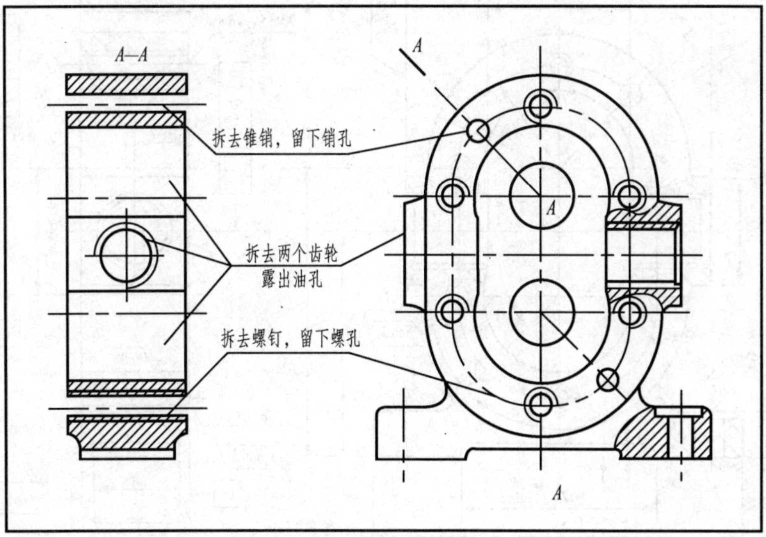

图5.34　分离零件

(2) 确定零件的表达方案。

根据零件的工作位置确定主视图的安放位置，并按形状特征原则决定其投射方向，该零件的主视图确定为图5.35左视图即为原装配图中的主视方向；为表达底板形状及底板上安装孔的位置，通过其功能分析及想象补充完整，作出B向局部视图进行表达。

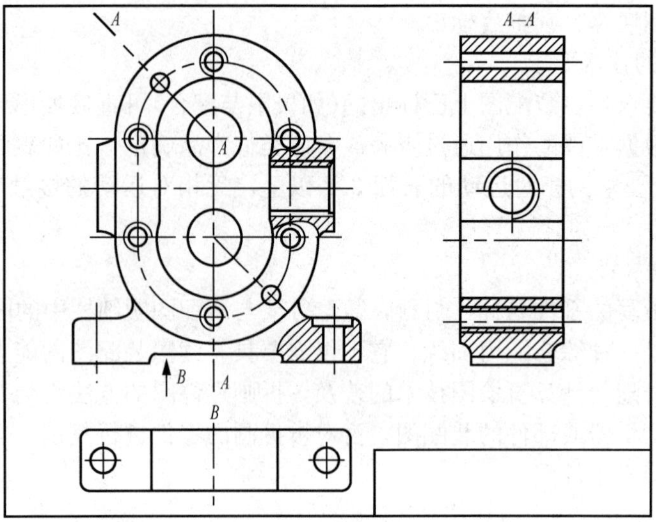

图 5.35　重新确定泵体的表达方案

(3) 标注尺寸及技术要求，填写标题栏。

按照零件图的要求，并根据上述“抄”、“查”、“算”、“量”的步骤，正确、完整、清晰并尽可能合理地标注尺寸；再经过查阅标准和各种技术资料以及与同类零件的分析类比，标注各项技术要求，完成全图，如图 5.36 所示。

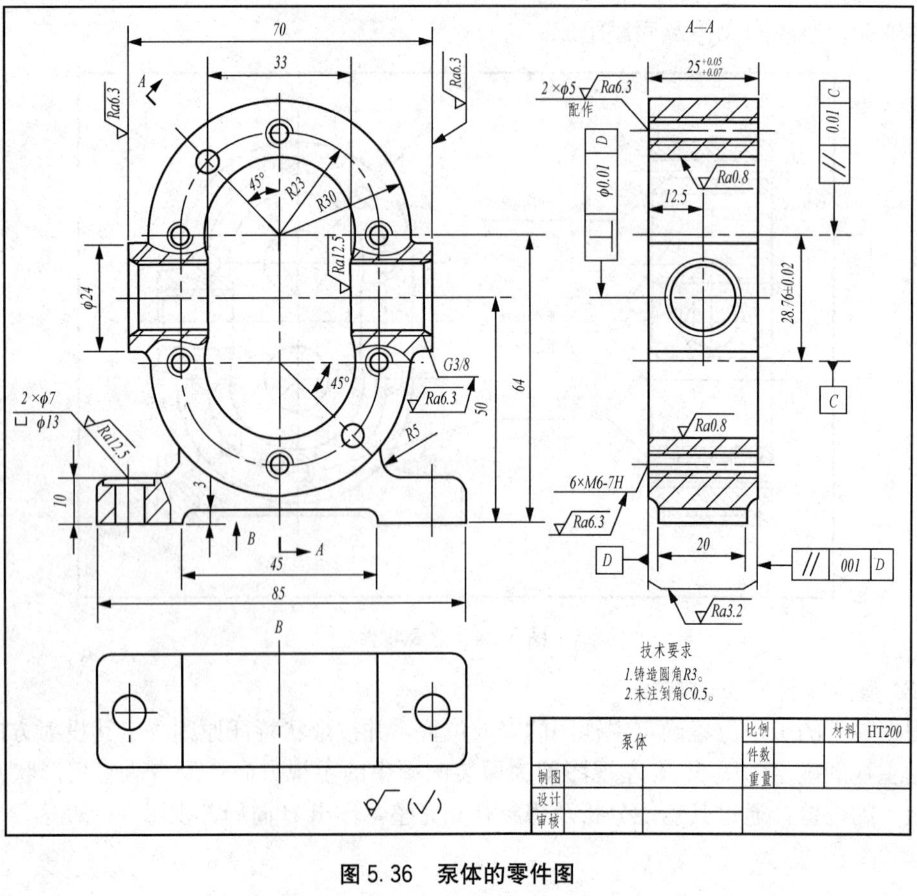

图 5.36　泵体的零件图

项目小结

(1) 本项目通过减速器装配图的绘制，讲述了装配图的画法、尺寸标注、技术要求、零部件序号、明细栏、识读装配图和拆画零件等技能。

(2) 读者应重点掌握装配图的画法。

(3) 识读装配图的基本方法和步骤是：概括了解；分析视图；分析工作原理和装配关系；分析零件；分析尺寸；归纳总结。

(4) 由装配图拆画零件时，读者应在看懂的基础上，分离所需拆画的零件，补齐被遮挡的图线，确定在装配图上未表达清楚的结构，画出零件图，标注尺寸和技术要求等。

附 录

附表 1　普通螺纹直径与螺距、基本尺寸(GB/T 193—2003 和 GB/T 196—2003)

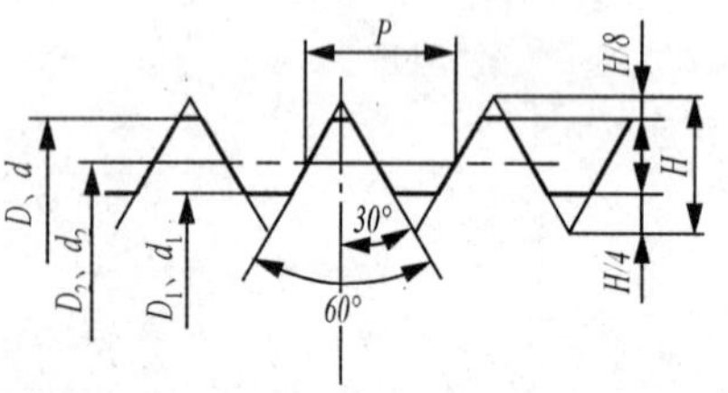

标记示例

公称直径 24mm，螺距 3mm，右旋粗牙普通螺纹，其标记为：M24

公称直径 24mm，螺距 1.5mm，左旋细牙普通螺纹，公差带代号 7H，其标记为：M24×1.5－7H

单位：mm

公称直径 D、d 第一系列	公称直径 D、d 第二系列	螺距 P 粗牙	螺距 P 细牙	粗牙小径 D_1、d_1	公称直径 D、d 第一系列	公称直径 D、d 第二系列	螺距 P 粗牙	螺距 P 细牙	粗牙小径 D_1、d_1
3		0.5	0.35	2.459	16		2	1.5，1	13.835
4		0.7	0.5	3.242		18	2.5	2，1.5，1	15.294
5		0.8		4.134	20				17.294
6		1	0.75	4.917		22			19.294
8		1.25	1，0.75	6.647	24		3	2，1.5，1	20.752
10		1.5	1.25，1，0.75	8.376	30		3.5	(3)，2，1.1，1	26.211
12		1.75	1.25，1，	10.106	36		4	3，2，1.5	31.670
	14	2	1.5，1.25*，1	11.835		39			34.670

注：应优先采用第一系列，括号内尺寸尽可能不用，带＊者仅用于火花塞。

附表 2　梯形螺纹直径与螺距系列、基本尺寸

(GB/T 5796.2—2005、GB/T 5796.3—2005、GB/T 5796.4—2005)　　单位：mm

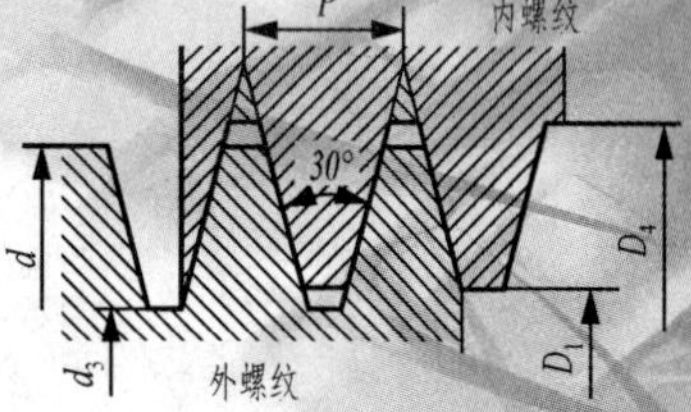

标记示例

公称直径 28mm、螺距 5mm、中径公差带代号为 7H 的单线右旋梯形内螺纹，其标记为：Tr28×5－7H

公称直径 28mm、导程 10mm、螺距 5mm，中径公差带代号为 8e 的双线左旋梯形外螺纹，其标记为：Tr28×10(P5)—8e—LH

内外螺纹旋合所组成的螺纹副的标记为：Tr24×8—7H/8e

续表

公称直径		螺距 P	大径 D_4	小径		公称直径		螺距 P	大径 D_4	小径	
第一系列	第二系列			d_3	D_1	第一系列	第二系列			d_3	D_1
16		2	16.50	13.50	14.00	24		3	24.50	20.50	21.00
		4		11.50	12.00			5		18.50	19.00
	18	2	18.50	15.50	16.00			8	25.00	15.00	16.00
		4		13.50	16.00		26	3	26.50	22.50	23.00
20		2	20.50	17.50	18.00			5		20.50	21.00
		4		15.50	16.00			8	27.00	17.00	18.00
	22	3	22.50	18.50	19.00	28		3	28.50	24.50	25.00
		5		16.50	17.00			5		22.50	23.00
		8	23.0	13.00	14.00			8	29.00	19.00	20.00

注：外螺纹公差代号有 9c、8c、7e；内螺纹公差代号有 9H、8H、7H。

附表 3　管螺纹代号及基本尺寸

55°非密封管螺纹（GB/T 7307—2001）

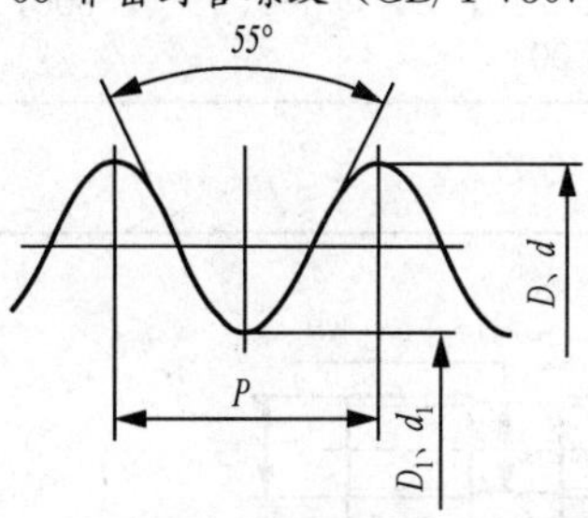

标记示例

尺寸代号为 1/2 的 A 级右旋外螺纹的标记为：G1/2A

尺寸代号为 1/2 的 B 级左旋外螺纹的标记为：G1/2B—LH

尺寸代号为 1/2 的右旋内螺纹的标记为：G1/2

尺寸代号	每 25.4mm 内的牙数 n	螺距 P/mm	大径 $D=d$/mm	小径 $D_1=d_1$/mm	基准距离/mm
1/4	19	1.337	13.157	11.445	6
3/8	19	1.337	16.662	14.950	6.4
1/2	14	1.814	20.955	18.631	8.2
3/4	14	1.814	26.441	24.117	9.5
1	11	2.309	33.249	30.291	10.4
1 1/4	11	2.309	41.910	38.952	12.7
1 1/2	11	2.309	47.803	44.845	12.7
2	11.	2.309	59.614	56.656	15.9

附表 4　六角头螺栓

单位：mm

六角头螺栓—A 和 B 级（GB/T 5782—2000）

六角头螺栓—全螺纹（GB/T 5783—2000）

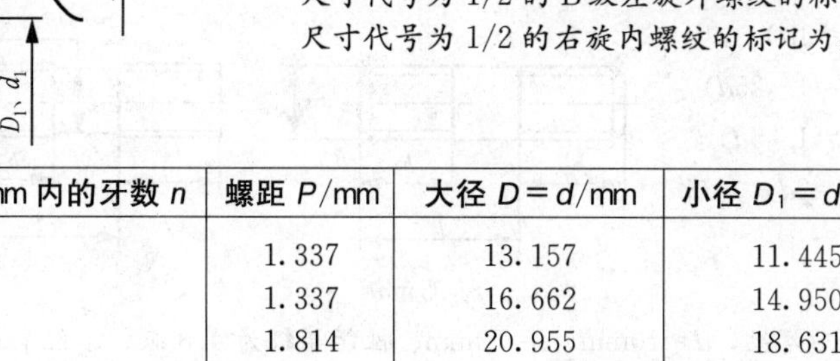

标记示例

螺纹规格 d=M12、公称长度 l=80mm、性能等级为 8.8 级、表面氧化、A 级的六角螺栓，其标记为：

螺栓 GB/T 5782 M12×80

续表

螺纹规格 d		M3	M4	M5	M6	M8	M10	M12	M16	M20	M24	M30	M36
s		5.5	7	8	10	13	16	18	24	30	36	46	55
k		2	2.8	3.5	4	5.3	6.4	7.5	10	12.5	15	18.7	22.5
r		0.1	0.2	0.2	0.25	0.4	0.4	0.6	0.6	0.6	0.8	1	1
e	A	6.01	7.66	8.79	11.05	14.38	17.77	20.03	26.75	33.53	39.98	—	—
	B	5.88	7.50	8.63	10.89	14.20	17.59	19.85	26.17	32.95	39.55	50.85	51.11
(b) GB/T 5782	$l\leqslant125$	12	14	16	18	22	26	30	38	46	54	66	—
	$125<l\leqslant200$	18	20	22	24	28	32	36	44	52	60	72	84
	$l>200$	31	33	35	37	41	45	49	57	65	73	85	97
l 范围 (GB/T 5782)		20～30	25～40	25～50	30～60	40～80	45～100	50～120	65～160	80～200	90～240	110～300	140～360
l 范围 (GB/T 5783)		6～30	8～40	10～50	12～60	16～80	20～100	25～120	30～150	40～150	50～150	60～200	70～200
l 系列		6，8，10，12，16，20，25，30，35，40，45，50，55，60，65，70，80，90，100，110，120，130，140，150，160，180，200，220，240，260，280，300，320，340，360，380，400，420，440，460，480，500											

附表 5　双头螺柱

GB/T 897—1988($b_m=1d$)
GB/T 898—1988($b_m=1.25d$)
GB/T 899—1988($b_m=1.5d$)
GB/T 900—1988($b_m=2d$)

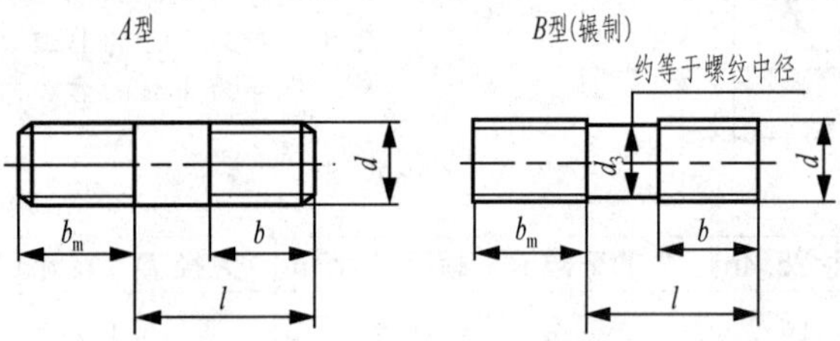

标记示例

两端均为粗牙普通螺纹，d=10mm、l=50mm、性能等级为 4.8 级、不经表面处理、B 型、b_m=1d 的双头螺柱，其标记为：　螺柱　GB/T 897　M10×50

若为 A 型，则标记为：　螺柱　GB/T 897　AM10×50

单位：mm

d		2	2.5	3	4	5	6	8
b_m	GB/T 897—1988					5	6	8
	GB/T 898—1988					6	8	10
	GB/T 899—1988	3	3.5	4.5	6	8	10	12
	GB/T 900—1988	4	5	6	8	10	12	16
$\frac{l}{b}$		$\frac{12\sim25}{6}$	$\frac{14\sim30}{8}$	$\frac{16\sim18}{6}$、$\frac{22\sim40}{10}$	$\frac{16\sim20}{8}$、$\frac{22\sim40}{12}$	$\frac{16\sim20}{10}$、$\frac{22\sim50}{14}$	$\frac{20\sim22}{10}$、$\frac{25\sim28}{14}$、$\frac{30\sim75}{16}$	$\frac{20\sim22}{12}$、$\frac{25\sim28}{16}$、$\frac{30\sim90}{20}$

续表

d		10	12	16	20	36	42	48
b_m	GB/T 897—1988	10	12	16	20	36	42	48
	GB/T 898—1988	12	15	20	25	45	50	60
	GB/T 899—1988	15	18	24	30	54	63	72
	GB/T 900—1988	20	24	32	40	72	84	96
$\frac{l}{b}$		$\frac{25\sim28}{14}$、$\frac{30\sim35}{16}$、$\frac{38\sim130}{25}$	$\frac{25\sim30}{16}$、$\frac{32\sim40}{20}$、$\frac{45\sim180}{30}$	$\frac{30\sim38}{20}$、$\frac{40\sim55}{30}$、$\frac{60\sim200}{40}$	$\frac{35\sim45}{25}$、$\frac{50\sim70}{40}$、$\frac{75\sim200}{50}$	$\frac{65\sim75}{45}$、$\frac{80\sim110}{60}$、$\frac{120\sim300}{80}$	$\frac{70\sim80}{50}$、$\frac{85\sim120}{70}$、$\frac{130\sim300}{90}$	$\frac{80\sim90}{60}$、$\frac{95\sim140}{80}$、$\frac{150\sim300}{100}$
l		12 16 18 20 25 30 35 40 45 50 55 60 65 70 75 80 85 90 95 100 110 120 130 140 150 160 170 180 190 200 210 220 230 240 250 260 280 300						

附表6 1型六螺母（GB/T 6170—2000）

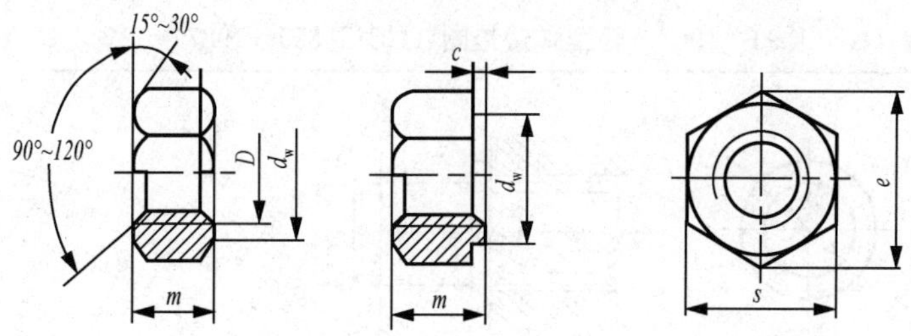

标记示例

螺纹规格 D=M12、性能等级为8级、不经表面处理、产品等级为A级的1型六角螺母，其标记为：

螺母 GB/T 6170 M12

单位：mm

螺纹规格 d		M3	M4	M5	M6	M8	M10	M12	M16	M20	M24	M30	M36
e	(min)	6.01	7.66	8.79	11.05	14.38	17.77	20.03	26.75	32.95	39.55	50.85	60.79
s	(max)	5.5	7	8	10	13	16	18	24	30	36	46	55
	(min)	5.32	6.78	7.78	9.78	12.73	15.73	17.73	23.67	29.16	35	45	53.8
c	(max)	0.4	0.4	0.5	0.5	0.6	0.6	0.6	0.8	0.8	0.8	0.8	0.8
d_w	(max)	4.6	5.9	6.9	8.9	11.6	14.6	16.6	22.5	27.7	33.2	42.7	51.1
	(min)	3.45	4.6	5.75	6.75	8.75	10.8	13	17.3	21.6	25.9	32.4	38.9
m	(max)	2.4	3.2	4.7	5.2	6.8	8.4	10.8	14.8	18	21.5	25.6	31
	(min)	2.15	2.9	4.4	4.9	6.44	8.04	10.37	14.1	16.9	20.2	24.3	29.4

附表 7　平垫圈—A 级(GB/T 97.1—2002)、平垫圈倒角型—A 级(GB/T 97.2—2002)

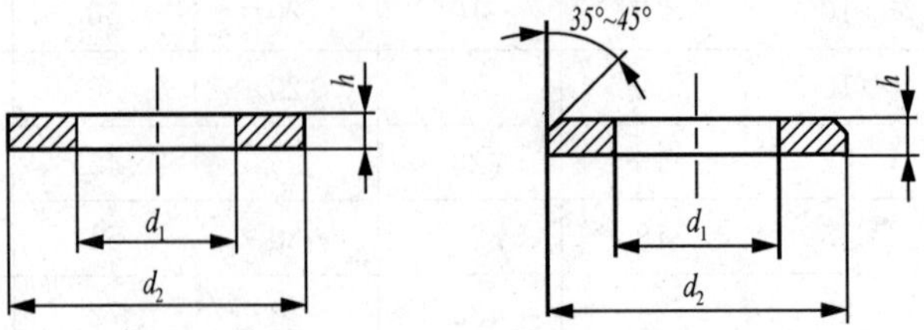

标记示例

标准系列，公称规格 8mm，由钢制造的硬度等级为 200HV 级、不经表面处理、产品等级为 A 级的平垫圈，

其标记为：垫圈 GB/T 97.18

单位：mm

公称规格(螺纹大径 d)	2	2.5	3	4	5	6	8	10	12	14	16	20	24	30
内径 d_1	2.2	2.7	3.2	4.3	5.3	6.4	8.4	10.5	13	15	17	21	25	31
外径 d_2	5	6	7	9	10	12	16	20	24	28	30	37	44	56
厚度 h	0.3	0.5	0.5	0.8	1	1.6	1.6	2	2.5	2.5	3	3	4	4

附表 8　标准型弹簧垫圈（GB/T 93—1987）轻型弹簧垫圈（GB/T 859—1987）

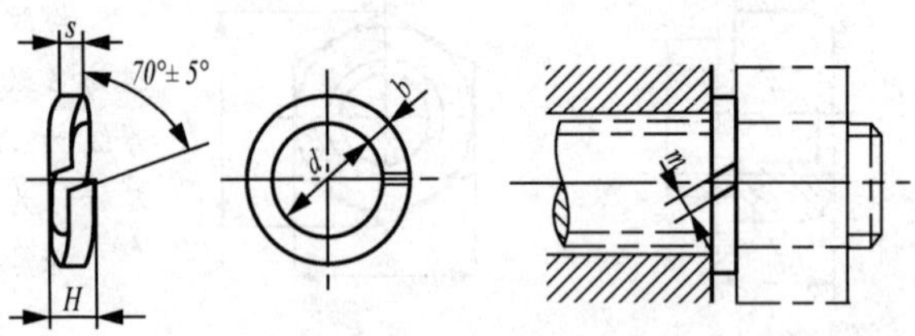

标记示例

公称直径 16mm、材料为 65Mn、表面氧化的标准型弹簧垫圈，其标记为：

垫圈 GB/T 93 16

单位：mm

规格(螺纹大径)		2	2.5	3	4	5	6	8	10	12	16	20	24	30	36	42	48
d		2.1	2.6	3.1	4.1	5.1	6.2	8.2	10.2	12.3	16.3	20.5	24.5	30.5	36.6	42.6	49
H	GB/T 93—1987	1.2	1.6	2	2.4	3.2	4	5	6	7	8	10	12	13	14	16	18
	GB/T 859—1987	1	1.2	1.6	1.6	2	2.4	3.2	4	5	6.4	8	9.6	12			
$S(b)$	GB/T 93—1987	0.6	0.8	1	1.2	1.6	2	2.5	3	3.5	4	5	6	6.5	7	8	9
S	GB/T 859—1987	0.5	0.6	0.8	0.8	1	1.2	1.6	2	2.5	3.2	4	4.8	6			
$m\leqslant$	GB/T 93—1987	0.4		0.5	0.6	0.8	1	1.2	1.5	1.7	2	2.5	3	3.2	3.5	4	4.5
	GB/T 859—1987	0.3		0.4		0.5	0.6	0.8	1	1.2	1.6	2	2.4	3			
b	GB/T 859—1987	0.8		1	1.2		1.6	2	2.5	3.5	4.5	5.5	6.5	8			

附表9 开槽螺钉

开槽圆柱头螺钉(GB/T 65—2000)、**开槽沉头螺钉**(GB/T 68—2000)、**开槽盘头螺钉**(GB/T 67—2008)

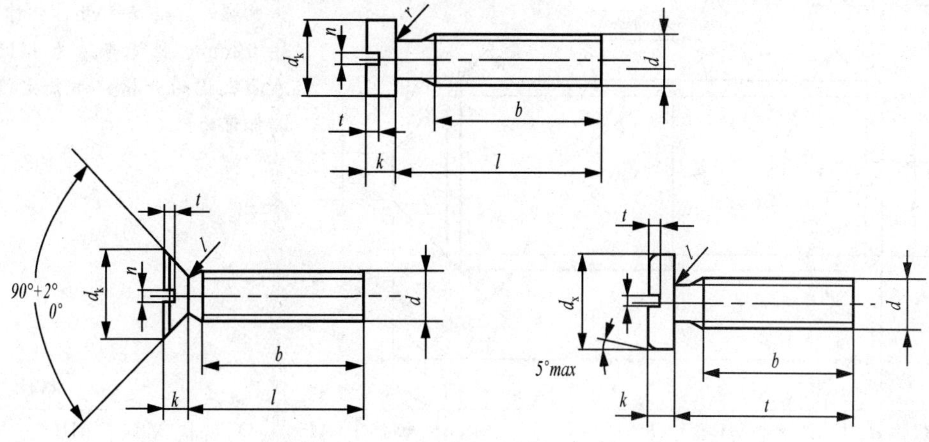

标记示例

螺纹规格 d=M5。公称长度 l=20mm、性能等级为4.8级、不经表面处理的A级开槽圆柱头螺钉，其标记为：螺钉 GB/T 65 M5×20

单位：mm

螺纹规格 d		M1.6	M2	M2.5	M3	M4	M5	M6	M8	M10
GB/T 65—2000	d_k					7	8.5	10	13	16
	k					2.6	3.3	3.9	5	6
	t_{min}					1.1	1.3	1.6	2	2.4
	r_{min}					0.2	0.2	0.25	0.4	0.4
	l					5～40	6～50	8～60	10～80	12～80
	全螺纹时最大长度					40	40	40	40	40
GB/T 67—2000	d_k	3.2	4	5	5.6	8	9.5	12	16	23
	k	1	1.3	1.5	1.8	2.4	3	3.6	4.8	6
	t_{min}	0.35	0.5	0.6	0.7	1	1.2	1.4	1.9	2.4
	r_{min}	0.1	0.1	0.1	0.1	0.2	0.2	0.25	0.4	0.4
	l	2～16	2.5～20	3～25	4～30	5～40	6～50	8～60	10～80	12～80
	全螺纹时最大长度	30	30	30	30	40	40	40	40	40
GB/T 68—2000	d_k	3	3.8	4.7	5.5	8.4	9.3	11.3	15.8	18.5
	k	1	1.2	1.5	1.65	2.7	2.7	3.3	4.65	5
	t_{min}	0.32	0.4	0.5	0.6	1	1.1	1.2	1.8	2
	r_{min}	0.4	0.5	0.6	0.8	1	1.3	1.5	2	2.5
	l	2.5～16	3～20	4～25	5～30	6～40	8～50	8～60	10～80	12～80
	全螺纹时最大长度	30	30	30	30	45	45	45	45	45
n		0.4	0.5	0.6	0.8	1.2	1.2	1.6	2	2.5
b_{min}		25				38				
l 系列		2、2.5、3、4、5、6、8、10、12、(14)、16、20、25、30、35、40、45、50、(55)、60、(65)、70、(75)、80								

附表 10 紧定螺钉(GB/T 71—1985)

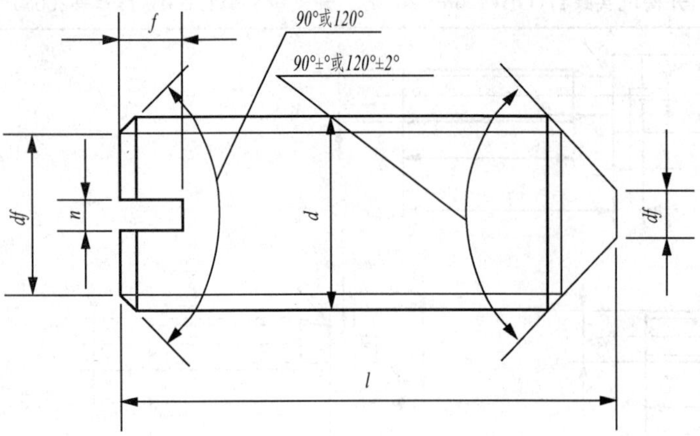

标记示例

螺纹规格 d=M5、公称长度 l=12mm、性能等级为 14H 级、表面氧化的开槽锥端紧定螺钉，其标记为：

螺钉 GB 71—1985—M5×12

单位：mm

螺纹规格 d		M1.2	M1.6	M2	M2.5	M3	M4	M5	M6	M8	M10	M12
P		0.25	0.35	0.4	0.45	0.5	0.7	0.8	1	1.25	1.5	1.75
df		螺纹小径										
dt		0.12	0.16	0.2	0.25	0.3	0.4	0.5	1.5	2	2.5	3
n	公称	0.2	0.25	0.25	0.4	0.4	0.6	0.8	1	1.2	1.6	2
	min	0.26	0.31	0.31	0.46	0.46	0.66	0.86	1.06	1.26	1.66	2.06
	max	0.4	0.45	0.45	0.6	0.6	0.8	1	1.2	1.51	1.91	2.31
t	min	0.4	0.56	0.64	0.72	0.8	1.12	1.28	1.6	2	2.4	2.8
	max	0.52	0.74	0.84	0.95	1.05	1.42	1.63	2	2.5	3	3.6
l	公称	2	2.5	3	4	5	6	8	10	12	16	20
	min	1.8	2.3	2.8	3.7	4.7	5.7	7.7	9.7	11.6	15.6	19.6
	max	2.2	2.7	3.2	4.3	5.3	6.3	8.3	10.3	12.4	16.4	20.4
l	公称	25	30	35	40	45	50	60				
	min	24.6	29.6	34.5	39.5	44.5	49.5	59.4				
	max	25.4	30.4	35.5	40.5	45.5	50.5	60.6				

附表 11 圆柱销 不淬硬钢个奥氏体钢(GB/T 119.1—2000)、圆柱销 淬硬钢和马氏体不锈钢(GB/T 119.2—2000)

末端形状，由制造者确定，允许倒圆或凹穴

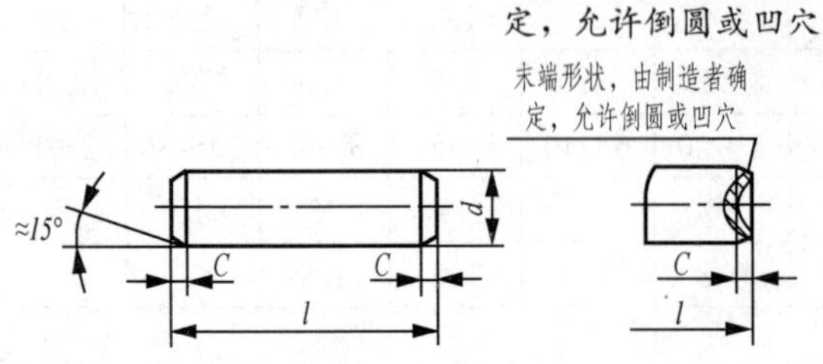

标记示例

公称直径 d=6mm，公差 m6、公称长度 l=30mm、材料为钢、不经淬火、不经表面处理的圆柱销，其标记为：

销 GB/T 119.1 6m6×30

公称直径 d=6mm，公称长度 l=30mm、材料为钢、普通淬火(A 型)、表面氧化处理的圆柱销，其标记为：

销 GB/T 119.2 6×30

单位：mm

续表

公称直径 d		3	4	5	6	8	10	12	16	20	25	30	40	50
$c\approx$		0.50	0.63	0.80	1.2	1.6	2.0	2.5	3.0	3.5	4.0	5.0	6.3	8.0
公称长度 l	GB/T 119.1	8～30	8～40	10～50	12～60	14～80	18～95	22～140	26～180	35～200	50～200	60～200	80～200	95～200
	GB/T 119.2	8～30	10～40	12～50	14～60	18～80	22～100	26～100	40～100	50～100	—	—	—	—
l 系列		8，10，12，14，16，18，20，22，24，26，28，30，32，35，40，45，50，55，60，65，70，75，80，85，90，95，100，120，140，160，180，200												

注：(1) GB/T 119.1—2000 规定圆柱销的公称直径 d=0.6～50mm，公称长度 l=2～200mm，公差有 m6 和 h8。

(2) GB/T 119.2—2000 规定圆柱销的公称直径 d=1～20mm，公称长度 l=3～100mm，公差仅有 m6。

(3) 当圆柱销公差为 h8 时，其表面粗糙度 $Ra\leqslant 1.6\mu m$。

附表 12 圆锥销(GB/T 117—2000)

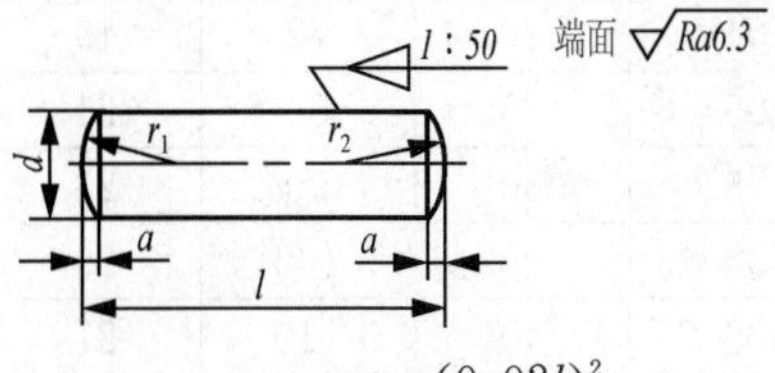

$r_1\approx d \quad r_2\approx d+\frac{a}{2}+\frac{(0.02l)^2}{8a}$

标记示例

公称直径 d=10mm、公称长度 l=60mm、材料为 35 钢、热处理硬度（28～38）HRC、表面氧化处理的 A 型圆锥销，其标记为：

销 GB/T 117 10×60

单位：mm

公称直径 d	4	5	6	8	10	12	16	20	25	30	40	50
$a\approx$	0.5	0.63	0.8	1	1.2	1.6	2	2.5	3	4	5	6.3
公称长度 l	14～55	18～60	22～90	22～120	26～160	32～180	40～200	45～200	50～200	55～200	60～200	65～200
l 系列	2，3，4，5，6，8，10，12，14，16，18，20，22，24，26，28，30，32，35，40，45，50，55，60，65，70，75，80，85，90，95，100，120，140，160，180，200											

注：(1) 标准规定圆锥销的公称直径 d=0.6～50mm。

(2) 有 A 型和 B 型。A 型为磨削，锥面表面粗糙度 $Ra=0.8\mu m$；B 型为切削或冷镦，锥面粗糙度 $Ra=3.2\mu m$。

附表 13 深沟球轴承(GB/T 276—1994)

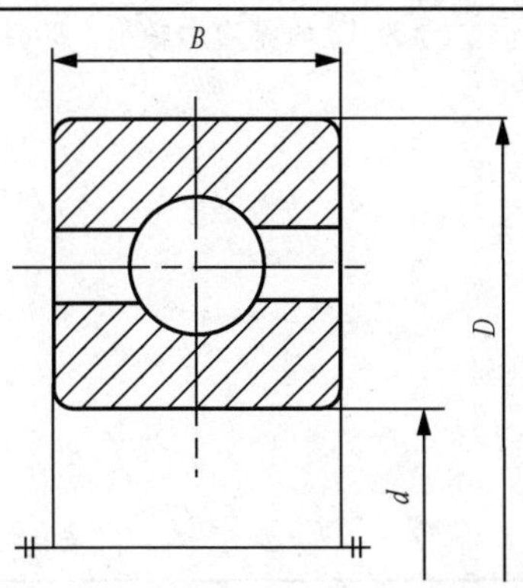

代号示例

尺寸系列代号为 02、内径代号为 06 的深沟切轴承：6206

类型代号

6

单位：mm

续表

轴承代号		外形尺寸			轴承代号		外形尺寸		
		d	D	B			d	D	B
01系列	6004	20	42	12	02系列	6202	15	35	11
	6005	25	47	12		6203	17	40	12
	6006	30	55	13		6204	20	47	14
	6007	35	62	14		6205	25	52	15
	6008	40	68	15		6206	30	62	16
	6009	45	75	16		6207	35	72	17
	6010	50	80	16		6208	40	80	18
	6011	55	90	18		6209	45	85	19
	6012	60	95	18		6210	50	90	20
	6013	65	100	18		6211	55	100	21
	6014	70	110	20		6212	60	110	22
	6015	75	115	20					
	6016	80	125	22					
03系列	6302	15	42	13	04系列	6404	20	72	19
	6303	17	47	14		6405	25	80	21
	6304	20	52	15		6406	30	90	23
	6305	25	62	17		6407	35	100	25
	6306	30	72	19		6408	40	110	27
	6307	35	80	21		6409	45	120	29
	6308	40	90	23		6410	50	130	31
	6309	45	100	25		6411	55	140	33
	6310	50	110	27		6412	60	150	35
	6311	55	120	29		6413	65	160	37
	6312	60	130	31		6414	70	180	42
	6313	65	140	33		6415	75	190	45
						6416	80	200	48

附表 14　圆锥滚子轴承(GB/T 297—1994)

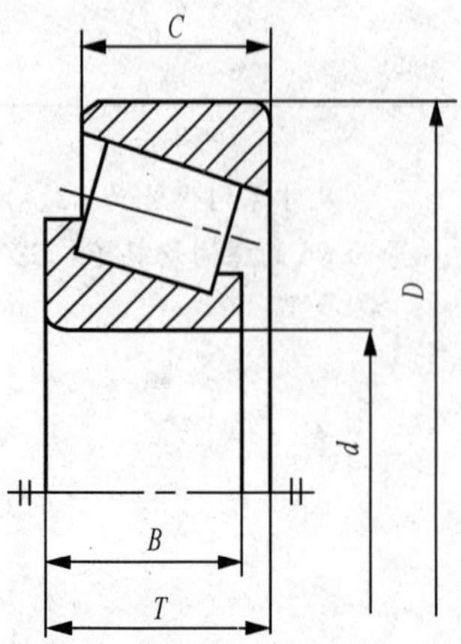

代号示例

尺寸系列代号为 03、内径代号为 12 的深沟切轴承：30312

类型代号

3

单位：mm

续表

轴承代号		外形尺寸					轴承代号		外形尺寸				
		d	*D*	*B*	*C*	*T*			*d*	*D*	*B*	*C*	*T*
02系列	30203	17	40	12	11	13.25	03系列	30302	15	42	13	11	14.25
	30204	20	47	14	12	15.25		30303	17	47	14	12	15.25
	30205	25	52	15	13	16.25		30304	20	52	15	13	16.25
	30206	30	62	16	14	17.25		30305	25	62	17	15	18.25
	30207	35	72	17	15	18.25		30306	30	72	19	16	20.75
	30208	40	80	18	16	19.75		30307	35	80	21	18	22.75
	30209	45	85	19	16	20.75		30308	40	90	23	20	25.25
	30210	50	90	20	17	21.75		30309	45	100	25	22	27.25
	30211	55	100	21	18	22.75		30310	50	110	27	23	29.25
	30212	60	110	22	19	23.75		30311	55	120	29	25	31.5
	30213	65	120	23	20	24.75		30312	60	130	31	26	33.5
								30313	65	140	33	28	36.0
23系列	32304	20	52	21	18	22.25							
	32305	25	62	24	20	25.25							
	32306	30	72	27	23	28.75							
	32307	35	80	31	25	32.75							
	32308	40	90	33	27	35.25							
	32309	45	100	36	30	38.25							
	32310	50	110	40	33	42.25							
	32311	55	120	43	35	45.50							
	32312	60	130	46	37	48.50							
	32313	65	140	48	39	51							
	32314	70	150	51	42	54							
	32315	75	160	55	45	58							
	32316	80	170	58	48	61.50							

附表 15　推力球轴承(GB/T 301—1995)

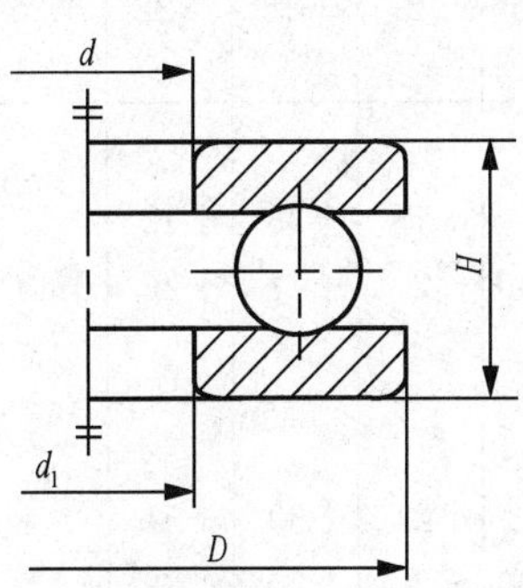

类型代号

5

代号示例

尺寸系列代号为 12、内径代号为 10 的深沟切轴承：51210

单位：mm

续表

轴承代号		外形尺寸				轴承代号		外形尺寸			
		d	D	H	d_{1min}			d	D	H	d_{1min}
12系列	51202	15	32	12	17	13系列	51304	20	47	18	22
	51203	17	35	12	19		51305	25	52	18	27
	51204	20	40	14	22		51306	30	60	21	32
	51205	25	47	15	27		51307	35	65	24	37
	51206	30	52	16	32		51308	40	78	26	42
	51207	35	62	18	37		51309	45	85	28	47
	51208	40	68	19	42		51310	50	95	31	52
	51209	45	73	20	47		51311	55	105	35	57
	51210	50	78	22	52		51312	60	110	35	62
	51211	55	90	25	57		51313	65	115	36	67
	51212	60	95	26	62		51314	70	125	40	72
							51315	75	135	44	77

附表 16　优先配合中轴的极限偏差(摘自 GB/T 1800.2—2009)

公称尺寸/mm		公差带												
		c	d	f	g	h				k	n	p	s	u
大于	至	11	9	7	6	6	7	9	11	6	6	6	6	6
—	3	−60 −120	−20 −45	−6 −16	−2 −8	0 −6	0 −10	0 −25	0 −60	+6 0	+10 +4	+12 +6	+20 +14	+24 +18
3	6	−70 −145	−30 −60	−10 −22	−4 −22	0 −8	0 −12	0 −30	0 −75	+9 +1	+16 +8	+20 +12	+27 +19	+31 +23
6	10	−80 −170	−40 −76	−13 −28	−5 −14	0 −9	0 −15	0 −36	0 −90	+10 +1	+19 +10	+24 +15	+32 +23	+37 +28
10	14	−95 −205	−50 −93	−16 −34	−6 −17	0 −11	0 −18	0 −43	0 −110	+12 +1	+23 +12	+29 +18	+39 +28	+44 +33
14	18													
18	24	−110 −240	−65 −117	−20 −41	−7 −20	0 −13	0 −21	0 −52	0 −130	+15 +2	+28 +15	+35 +22	+48 +35	+54 +41
24	30													+61 +48
30	40	−120 −280	−80 −142	−25 −50	−9 −25	0 −16	0 −25	0 −62	0 −160	+18 +2	+33 +17	+42 +26	+59 +43	+76 +60
40	50	−130 −290												+86 +70
50	65	−140 −330	−100 −174	−30 −60	−10 −29	0 −19	0 −30	0 −74	0 −190	+21 +2	+39 +20	+51 +32	+72 +53	+106 +87
65	80	−150 −340											+78 +59	+121 +102

续表

公称尺寸/mm		公差带												
		c	d	f	g	h				k	n	p	s	u
大于	至	11	9	7	6	6	7	9	11	6	6	6	6	6
80	100	−170 −390	−120 −207	−36 −71	−12 −34	0 −22	0 −35	0 −87	0 −220	+25 +3	+45 +23	+59 +37	+93 +71	+146 +124
100	120	−180 −400											+101 +79	+166 +144
120	140	−200 −450	−145 −245	−43 −83	−14 −39	0 −25	0 −40	0 −100	0 −250	+28 +3	+52 +27	+68 +43	+117 +92	+195 +170
140	160	−210 −460											+125 +100	+215 +190
160	180	−230 −480											+133 +108	+235 +210
180	200	−240 −530	−170 −285	−50 −96	−15 −44	0 −29	0 −46	0 −115	0 −290	+33 +4	+60 +31	+79 +50	+151 +122	+265 +236
200	225	−260 −550											+159 +130	+287 +258
225	250	−280 −570											+169 +140	+313 +284
250	280	−300 −620	−190 −320	−56 −108	−17 −49	0 −32	0 −52	0 −130	0 −320	+36 +4	+66 +34	+88 +56	+190 +158	+347 +315
280	315	−330 −650											+202 +170	+382 +350
315	355	−360 −720	−210 −350	−62 −119	−18 −54	0 −36	0 −57	0 −140	0 −360	+40 +4	+73 +37	+98 +62	+226 +190	+426 +390
355	400	−400 −760											+244 +208	+471 +435
400	450	−440 −840	−230 −385	−68 −131	−20 −60	0 −40	0 −63	0 −155	0 −400	+45 +5	+80 +40	+108 +68	+272 +232	+530 +490
450	500	−480 −880											+292 +252	+580 +540

附表 17 优先配合中孔的极限偏差（摘自 GB/T 1800.2—2009）

公称尺寸/mm		公差带												
		C	D	F	G	H				K	N	P	S	U
大于	至	11	9	8	7	7	8	9	11	7	7	7	7	7
—	3	+120 +60	+45 +20	+20 +6	+12 +2	+10 0	+14 0	+25 0	+60 0	0 −10	−4 −14	−6 −16	−14 −24	−18 −28
3	6	+145 +70	+60 +30	+28 +10	+16 +4	+12 0	+18 0	+30 0	+75 0	+3 −9	−4 −16	−8 −20	−15 −27	−19 −31
6	10	+170 +80	+76 +40	+35 +13	+20 +5	+15 0	+22 0	+36 0	+90 0	+5 −10	−4 −19	−9 −24	−17 −32	−22 −37
10	14	+205 +95	+93 +50	+43 +16	+24 +6	+18 0	+27 0	+43 0	+110 0	+6 −12	−5 −23	−11 −29	−21 −39	−26 −44
14	18													
18	24	+240 +110	+117 +65	+53 +20	+28 +7	+21 0	+33 0	+52 0	+130 0	+6 −15	−7 −28	−14 −35	−27 −48	−33 −54
24	30													−40 −61
30	40	+280 +120	+142 +80	+64 +25	+34 +9	+25 0	+39 0	+62 0	+160 0	+7 −18	−8 −33	−17 −42	−34 −59	−51 −76
40	50	+290 +130												−61 −86
50	65	+330 +140	+174 +100	+76 +30	+40 +10	+30 0	+46 0	+74 0	+190 0	+9 −21	−9 −39	−21 −51	−42 −72	−76 −106
65	80	+340 +150											−48 −78	−91 −121
80	100	+390 +170	+207 +120	+90 +36	+47 +12	+35 0	+54 0	+87 0	+220 0	+10 −25	−10 −45	−24 −59	−58 −93	−111 −146
100	120	+400 +180											−66 −101	−131 −166
120	140	+450 +200	+245 +145	+106 +43	+54 +14	+40 0	+63 0	+100 0	+250 0	+12 −28	−12 −52	−28 −68	−77 −117	−155 −195
140	160	+460 +210											−85 −125	−175 −215
160	180	+480 +230											−93 −133	−195 −235

续表

公称尺寸/mm		公差带												
		C	D	F	G	H				K	N	P	S	U
大于	至	11	9	8	7	7	8	9	11	7	7	7	7	7
180	200	+530 +240											−105 −151	−219 −265
200	225	+550 +260	+285 +170	+122 +50	+61 +15	+46 0	+72 0	+115 0	+290 0	+13 −33	−14 −60	−33 −79	−113 −159	−241 −287
225	250	+570 +280											−123 −169	−267 −313
250	280	+620 +300	+320 +190	+137 +56	+69 +17	+52 0	+81 0	+130 0	+320 0	+16 −36	−14 −66	−36 −88	−138 −190	−295 −347
280	315	+650 +330											−150 −202	−330 −382
315	355	+720 +360	+350 +210	+151 +62	+75 +18	+57 0	+89 0	+140 0	+360 0	+17 −40	−16 −73	−41 −98	−169 −226	−369 −426
355	400	+760 +400											−187 −244	−414 −471
400	450	+840 +440	+385 +230	+165 +68	+83 +20	+63 0	+97 0	+155 0	+400 0	+18 −45	−17 −80	−45 −108	−209 −272	−467 −530
450	500	+880 +480											−229 −292	−517 −580

附表 18　常用热处理和表面处理（GB/T 7232—1999 和 JB/T 8555—2008）

名称	有效硬化层深度和硬度标注举例	说明	目的
退火	退火（163～197）HBS 或退火	加热→保温→缓慢冷却	用来消除铸、锻、焊零件的内容应力，降低硬度，以利切削加工，细化晶粒，改善组织，增加韧性
正火	正火（170～217）HBS 或正火	加热→保温→空气冷却	用于处理低碳钢、中碳结构钢及渗碳零件，细化晶粒，增加强度与韧性，减少内应力，改善切削性能
粹火	淬火（42～47）HRC	加热→保温→急冷 工件加热奥氏体化后以适当方式冷却获得马氏体或（和）贝氏体的热处理工艺	提高机件强度及耐磨性。但淬火后引起内应力，使钢变脆，所以淬火后必须回火

续表

名称	有效硬化层深度和硬度标注举例	说明	目的
回火	回火	回火是将淬硬的钢件加热到临界点（Ac_1）以下的某一温度，保温一段时间，然后冷却到室温	用来消除淬火后的脆性和内应力，提高钢的塑性和冲击韧性
调质	调质（200～230）HBS	淬火→高温回火	提高韧性及强度、重要的齿轮、轴及丝杠等零件需调质
感应淬火	感应淬火 DS＝0.8～1.6，（48～52）HRC	用感应电流将零件表面加热→急速冷却	提高机件表面的硬度及耐磨性，而心部保持一定的韧性，使零件既耐磨又能承受冲击，常用来处理齿轮
渗碳淬火	渗碳淬火 DC＝0.8～1.2，（58～63）HRC	将零件有渗碳介质中加热、保温，使碳原子渗入钢的表面后，再淬火回火渗碳硬度（0.8～1.2）mm	提高机件的表面硬度、耐磨性、抗拉强度等，适用于低碳、中碳（C＜0.40％）结构钢的中小型零件
渗氮	渗氮 DN＝0.25～0.4，≥850HV	将零件放入氨气内加热，使氮原子渗入钢表面。氮化层（0.25～0.4）mm，氮化时间（40～50）h	提高机件的表面硬度、耐磨性、疲劳强度和抗蚀能力。适用于合金钢、碳钢、铸铁件，如机床主轴、丝杠、重要液压元件中的零件
碳氮共渗淬火	碳氮共渗淬火 DC＝0.5～0.8，（58～63）HRC	钢件在含碳氮的介质中加热，使碳、氮原子同时渗入钢表面。可得到（0.5～0.8）mm 硬化层	提高表面硬度、耐磨性、疲劳强度和耐蚀性，用于要求硬度高、耐磨的中小型、薄片零件及刀具等
时效	自然时效人工时效	机件精加工前，加热到（100～150）℃后，保温（5～20）h，空气冷却，铸件也可自然时效（露天放一年以上）	消除内应力，稳定机件形状和尺寸，常用于处理精密机件，如精密轴承、精密丝杠等
发蓝、发黑	发蓝或发黑	将零件置于氧化剂内加热氧化、使表面形成一层氧化铁保护膜	防腐蚀、美化，如用于螺纹紧固件
镀镍	镀镍	用电解方法，在钢件表面镀一层镍	防腐蚀、美化
镀铬	镀铬	用电解方法，在钢件表面镀一层铬	提高表面硬度、耐磨性和耐蚀能力，也用于修复零件上磨损了的表面

续表

名称	有效硬化层深度和硬度标注举例	说明	目的
硬度	HBS(布氏硬度见GB/T 231.1—2009) HRC(洛氏硬度见GB/T 230.1—2009) HV(维氏硬度见GB/T 4340.1—2009)	材料抵抗硬物压入其表面的能力 依测定方法不同而有布氏、洛氏、维氏等几种	检验材料经热处理后的力学性能 ——硬度HBS用于退火、正火、调制的零件及铸件 ——HRC用于经淬火、回火及表面渗碳、渗氮等处理的零件 ——HV用于薄层硬化零件

注："JB/T"为机械工业行业标准的代号。

附表19　铁和钢

1. 灰铸铁（摘自GB/T 9439—2010）、工程用铸钢（摘自GB/T 11352—2009）

牌　号	统一数字代号	使　用　举　例	说　　明
HT150 HT200 HT350		中强度铸铁：底座、刀架、轴承座、端盖 高强度铸铁：床身、机座、齿轮、凸轮、联轴器、机座、箱体、支架	"HT"表示灰铸铁，后面的数字表示最小抗拉强度(MPa)
ZG230—450 ZG310—570		各种形状的机件、齿轮、飞轮、重负荷机架	"ZG"表示铸钢，第一组数字表示屈服强度（MPa）最低值，第二组数字示抗拉强度（MPa）最低值

2. 碳素结构钢（摘自BG/T 700—2006）、优质碳素结构钢（摘自GB/T 699—1999）

牌　号	统一数字代号	使　用　举　例	说　　明
Q215 Q235 Q255 Q275		受力不大的螺钉、轴、凸轮、焊件等 螺栓、螺母、拉杆、钩、连杆、轴、焊件 金属构造物中的一般机件、拉杆、轴、焊件 重要的螺钉、拉杆、钩、连杆、轴、销、齿轮	"Q"表示钢的屈服点，数字为屈服点数值（MPa），同一钢号下分质量等级，用A，B，C，D表示质量依次下降，例如Q235-A
30 35 40 45 65Mn	U20302 U20352 U20402 U20452 U21652	曲轴、轴销、连杆、横梁 曲轴、摇杆、拉杆、键、销、螺栓 齿轮、齿条、凸轮、曲柄轴、链轮 齿轮轴、联轴器、衬套、活塞销、链轮 大尺寸的各种扁、圆弹簧、如座板簧/弹簧发条	牌号数字表示钢中平均含碳量的万分数，例如："45"表示平均含碳量为0.45%，数字依次增大，表示抗拉强度、硬度依次增加，延伸率依次降低。当含锰量在0.7%～1.2%时需注出"Mn"

续表

3. 合金结构钢（摘自 BG/T 3077—1999）

牌　号	统一数字代号	使　用　举　例	说　　明
15Cr 40Cr 20CrMnTi	A20152 A20402 A26202	用于渗透零件、齿轮、小轴、离合器、活塞销 活塞销，凸轮。用于心部韧性较高的渗碳零件 工艺性好，汽车拖拉机的重要齿轮，供渗碳处理	符号前数字表示含碳量的万分数，符号后数字表示元素含量的百分数，当含量小于1.5%时，不注数字

附表 20　有色金属及其合金

1. 加工黄铜（摘自 BG/T 5231—2001）、铸造铜合金（摘自 BG/T 1176—1987）

牌号或代号	使　用　举　例	说　　明
H62（代号）	散热器、垫圈、弹簧、螺钉等	“H”表示普通黄铜，数字表示铜含量的平均百分数
ZCuZn38Mn2Pb2 ZCuSn5Pb5Zn5 ZCuAl10Fe3	铸造黄铜：用于轴瓦、轴套及其他耐磨零件 铸造锡青铜：用于承受摩擦的零件，如轴承 铸造铝青铜：用于制造钢轮、衬套和耐蚀性零件	“ZCu”表示铸造铜合金，合金中其他主要元素用化学符号表示，符号后数字表示该元素的含量平均百分数

2. 铝及铝合金（摘自 GB/T 3190—2008）、铸造铝合金（摘自 GB/T 1173—1995）

牌　　号	使　用　举　例	说　　明
1060 1050A 2A12 2A13	适于制作储槽、塔、热交换器、防止污染及深冷设备 适用于中等强度的零件，焊接性能好	铝及铝合金牌号用 4 位数字或字符表示，部分新旧牌对照如下： 新　旧　新　旧 1060　L2　2A12　LY12 1050A　L3　2A13　LY13
牌号或代号	**使　用　举　例**	**说　　明**
ZAlCu5Mn （代号 ZL201） ZAlMg10 （代号 ZL301）	砂型铸造，工作温度在 175℃～300℃的零件，如内燃机缸头、活塞 在大气或海水中工作，承受冲击载荷，外形不太复杂的零件，如舰船配件、氨用泵体等	“ZAl”表示铸造铝合金，合金中的其他元素用化学符号表示，符号后数字表示该元素含量平均百分数。代号中的数字表示合金系列代号和顺序号

参 考 文 献

[1] 钱可强．机械制图[M]．3版．北京：高等教育出版社，2011.
[2] 朱强．机械制图[M]．北京：人民邮电出版社，2009.
[3] 王其昌，翁民玲．机械制图[M]．2版．北京：人民邮电出版社，2009.

北京大学出版社高职高专机电系列规划教材

序号	书号	书名	编著者	定价	出版日期
1	978-7-301-12181-8	自动控制原理与应用	梁南丁	23.00	2012.1 第 3 次印刷
2	978-7-5038-4869-8	设备状态监测与故障诊断技术	林英志	22.00	2013.2 第 4 次印刷
3	978-7-301-13262-3	实用数控编程与操作	钱东东	32.00	2013.8 第 4 次印刷
4	978-7-301-13383-5	机械专业英语图解教程	朱派龙	22.00	2013.1 第 5 次印刷
5	978-7-301-13582-2	液压与气压传动技术	袁　广	24.00	2013.8 第 5 次印刷
6	978-7-301-13662-1	机械制造技术	宁广庆	42.00	2010.11 第 2 次印刷
7	978-7-301-13574-7	机械制造基础	徐从清	32.00	2012.7 第 3 次印刷
8	978-7-301-13653-9	工程力学	武昭晖	25.00	2011.2 第 3 次印刷
9	978-7-301-13652-2	金工实训	柴增田	22.00	2013.1 第 4 次印刷
10	978-7-301-14470-1	数控编程与操作	刘瑞已	29.00	2011.2 第 2 次印刷
11	978-7-301-13651-5	金属工艺学	柴增田	27.00	2011.6 第 2 次印刷
12	978-7-301-12389-8	电机与拖动	梁南丁	32.00	2011.12 第 2 次印刷
13	978-7-301-13659-1	CAD/CAM 实体造型教程与实训(Pro/ENGINEER 版)	诸小丽	38.00	2012.1 第 3 次印刷
14	978-7-301-13656-0	机械设计基础	时忠明	25.00	2012.7 第 3 次印刷
15	978-7-301-17122-6	AutoCAD 机械绘图项目教程	张海鹏	36.00	2011.10 第 2 次印刷
16	978-7-301-17148-6	普通机床零件加工	杨雪青	26.00	2013.8 第 2 次印刷
17	978-7-301-17398-5	数控加工技术项目教程	李东君	48.00	2010.8
18	978-7-301-17573-6	AutoCAD 机械绘图基础教程	王长忠	32.00	2013.8 第 2 次印刷
19	978-7-301-17557-6	CAD/CAM 数控编程项目教程(UG 版)	慕　灿	45.00	2012.4 第 2 次印刷
20	978-7-301-17609-2	液压传动	龚肖新	22.00	2010.8
21	978-7-301-17679-5	机械零件数控加工	李　文	38.00	2010.8
22	978-7-301-17608-5	机械加工工艺编制	于爱武	45.00	2012.2 第 2 次印刷
23	978-7-301-17707-5	零件加工信息分析	谢　蕾	46.00	2010.8
24	978-7-301-18357-1	机械制图	徐连孝	27.00	2012.9 第 2 次印刷
25	978-7-301-18143-0	机械制图习题集	徐连孝	20.00	2011.1
26	978-7-301-18470-7	传感器检测技术及应用	王晓敏	35.00	2012.7 第 2 次印刷
27	978-7-301-18471-4	冲压工艺与模具设计	张　芳	39.00	2011.3
28	978-7-301-18852-1	机电专业英语	戴正阳	28.00	2013.8 第 2 次印刷
29	978-7-301-19272-6	电气控制与 PLC 程序设计(松下系列)	姜秀玲	36.00	2011.8
30	978-7-301-19297-9	机械制造工艺及夹具设计	徐　勇	28.00	2011.8
31	978-7-301-19319-8	电力系统自动装置	王　伟	24.00	2011.8
32	978-7-301-19374-7	公差配合与技术测量	庄佃霞	26.00	2013.8 第 2 次印刷
33	978-7-301-19436-2	公差与测量技术	余　键	25.00	2011.9
34	978-7-301-19010-4	AutoCAD 机械绘图基础教程与实训(第 2 版)	欧阳全会	36.00	2013.1 第 2 次印刷
35	978-7-301-19638-0	电气控制与 PLC 应用技术	郭　燕	24.00	2012.1
36	978-7-301-19933-6	冷冲压工艺与模具设计	刘洪贤	32.00	2012.1
37	978-7-301-20002-5	数控机床故障诊断与维修	陈学军	38.00	2012.1
38	978-7-301-20312-5	数控编程与加工项目教程	周晓宏	42.00	2012.3
39	978-7-301-20414-6	Pro/ENGINEER Wildfire 产品设计项目教程	罗　武	31.00	2012.5
40	978-7-301-15692-6	机械制图	吴百中	26.00	2012.7 第 2 次印刷
41	978-7-301-20945-5	数控铣削技术	陈晓罗	42.00	2012.7
42	978-7-301-21053-6	数控车削技术	王军红	28.00	2012.8
43	978-7-301-21119-9	数控机床及其维护	黄应勇	38.00	2012.8
44	978-7-301-20752-9	液压传动与气动技术(第 2 版)	曹建东	40.00	2012.8
45	978-7-301-18630-5	电机与电力拖动	孙英伟	33.00	2011.3
46	978-7-301-16448-8	Pro/ENGINEER Wildfire 设计实训教程	吴志清	38.00	2012.8
47	978-7-301-21239-4	自动生产线安装与调试实训教程	周　洋	30.00	2012.9
48	978-7-301-21269-1	电机控制与实践	徐　锋	34.00	2012.9
49	978-7-301-16770-0	电机拖动与应用实训教程	任娟平	36.00	2012.11
50	978-7-301-20654-6	自动生产线调试与维护	吴有明	28.00	2013.1
51	978-7-301-21988-1	普通机床的检修与维护	宋亚林	33.00	2013.1
52	978-7-301-21873-0	CAD/CAM 数控编程项目教程(CAXA 版)	刘玉春	42.00	2013.3
53	978-7-301-22315-4	低压电气控制安装与调试实训教程	张　郭	24.00	2013.4
54	978-7-301-19848-3	机械制造综合设计及实训	裘俊彦	37.00	2013.4
55	978-7-301-22632-2	机床电气控制与维修	崔兴艳	28.00	2013.7
56	978-7-301-22672-8	机电设备控制基础	王本轶	32.00	2013.7
57	978-7-301-22678-0	模具专业英语图解教程	李东君	22.00	2013.7
58	978-7-301-22917-0	机床电气控制与 PLC 技术	林盛昌	36.00	2013.8
59	978-7-301-22916-3	机械图样的识读与绘制	刘永强	36.00	2013.8

北京大学出版社高职高专电子信息系列规划教材

序号	书号	书名	编著者	定价	出版日期
1	978-7-301-12180-1	单片机开发应用技术	李国兴	21.00	2010.9 第 2 次印刷
2	978-7-301-12386-7	高频电子线路	李福勤	20.00	2013.8 第 3 次印刷
3	978-7-301-12384-3	电路分析基础	徐　锋	22.00	2010.3 第 2 次印刷
4	978-7-301-13572-3	模拟电子技术及应用	刁修睦	28.00	2012.8 第 3 次印刷
5	978-7-301-12390-4	电力电子技术	梁南丁	29.00	2010.7 第 2 次印刷
6	978-7-301-12383-6	电气控制与 PLC(西门子系列)	李　伟	26.00	2012.3 第 2 次印刷
7	978-7-301-12387-4	电子线路 CAD	殷庆纵	28.00	2012.7 第 4 次印刷
8	978-7-301-12382-9	电气控制及 PLC 应用(三菱系列)	华满香	24.00	2012.5 第 2 次印刷
9	978-7-301-16898-1	单片机设计应用与仿真	陆旭明	26.00	2012.4 第 2 次印刷
10	978-7-301-16830-1	维修电工技能与实训	陈学平	37.00	2010.7
11	978-7-301-17324-4	电机控制与应用	魏润仙	34.00	2010.8
12	978-7-301-17569-9	电工电子技术项目教程	杨德明	32.00	2012.4 第 2 次印刷
13	978-7-301-17696-2	模拟电子技术	蒋　然	35.00	2010.8
14	978-7-301-17712-9	电子技术应用项目式教程	王志伟	32.00	2012.7 第 2 次印刷
15	978-7-301-17730-3	电力电子技术	崔　红	23.00	2010.9
16	978-7-301-17877-5	电子信息专业英语	高金玉	26.00	2011.11 第 2 次印刷
17	978-7-301-17958-1	单片机开发入门及应用实例	熊华波	30.00	2011.1
18	978-7-301-18188-1	可编程控制器应用技术项目教程(西门子)	崔维群	38.00	2013.6 第 2 次印刷
19	978-7-301-18322-9	电子 EDA 技术(Multisim)	刘训非	30.00	2012.7 第 2 次印刷
20	978-7-301-18144-7	数字电子技术项目教程	冯泽虎	28.00	2011.1
21	978-7-301-18519-3	电工技术应用	孙建领	26.00	2011.3
22	978-7-301-18770-8	电机应用技术	郭宝宁	33.00	2011.5
23	978-7-301-18520-9	电子线路分析与应用	梁玉国	34.00	2011.7
24	978-7-301-18622-0	PLC 与变频器控制系统设计与调试	姜永华	34.00	2011.6
25	978-7-301-19310-5	PCB 板的设计与制作	夏淑丽	33.00	2011.8
26	978-7-301-19326-6	综合电子设计与实践	钱卫钧	25.00	2013.8 第 2 次印刷
27	978-7-301-19302-0	基于汇编语言的单片机仿真教程与实训	张秀国	32.00	2011.8
28	978-7-301-19153-8	数字电子技术与应用	宋雪臣	33.00	2011.9
29	978-7-301-19525-3	电工电子技术	倪　涛	38.00	2011.9
30	978-7-301-19953-4	电子技术项目教程	徐超明	38.00	2012.1
31	978-7-301-20000-1	单片机应用技术教程	罗国荣	40.00	2012.2
32	978-7-301-20009-4	数字逻辑与微机原理	宋振辉	49.00	2012.1
33	978-7-301-20706-2	高频电子技术	朱小祥	32.00	2012.6
34	978-7-301-21055-0	单片机应用项目化教程	顾亚文	32.00	2012.8
35	978-7-301-17489-0	单片机原理及应用	陈高锋	32.00	2012.9
36	978-7-301-21147-2	Protel 99 SE 印制电路板设计案例教程	王　静	35.00	2012.8
37	978-7-301-19639-7	电路分析基础(第 2 版)	张丽萍	25.00	2012.9
38	978-7-301-22362-8	电子产品组装与调试实训教程	何　杰	28.00	2013.6
39	978-7-301-22546-2	电工技能实训教程	韩亚军	22.00	2013.6
40	978-7-301-22390-1	单片机开发与实践教程	宋玲玲	24.00	2013.6
41	978-7-301-14453-4	EDA 技术与 VHDL	宋振辉	28.00	2013.8 第 2 次印刷
42	978-7-301-22923-1	电工技术项目教程	徐超明	36.00	2013.8
43	978-7-301-22959-0	电子焊接技术实训教程	梅琼珍	24.00	2013.8